ADI 器件应用系列丛书

电动机的 ADSP 控制
——ADI 公司 ADSP 应用

王晓明　编著

北京航空航天大学出版社

内 容 简 介

电动机的数字控制成为工业控制中的一项最重要的内容。世界上各大处理器制造商都努力打造具有各自特点的专用处理器,来满足电动机数字控制市场的要求。ADI 公司推出的专用于工业控制的 ADSP-2199x 系列 DSP,具有速度极快的特点,很适合用于高性能的电动机数字控制。本书注重讲述 ADSP-21990 对直流电动机、交流异步电动机、交流永磁同步电动机、步进电动机、无刷直流电动机和开关磁阻电动机这些常用电动机的控制方法和编程方法。书中给出了大量的编程实例,全部经过调试验证;并给出了非常详细的注释,使读者很容易理解和掌握。

本书适合于对电动机数字控制感兴趣的初学者使用,可作为从事电动机控制和电气传动研究的工程技术人员、高校教师、研究生和本科生自学用书。

图书在版编目(CIP)数据

电动机的 ADSP 控制:ADI 公司 ADSP 应用 / 王晓明编著. -- 北京:北京航空航天大学出版社,2010.10
ISBN 978-7-5124-0235-5

Ⅰ. ①电… Ⅱ. ①王… Ⅲ. ①电动机-数字控制
Ⅳ. ①TM320.12

中国版本图书馆 CIP 数据核字(2010)第 193500 号

版权所有,侵权必究。

电动机的 ADSP 控制——ADI 公司 ADSP 应用
王晓明 编著
责任编辑 董云凤 张金伟 张 淳
*
北京航空航天大学出版社出版发行
北京市海淀区学院路 37 号(邮编 100191) http://www.buaapress.com.cn
发行部电话:(010)82317024 传真:(010)82328026
读者信箱:bhpress@263.net 邮购电话:(010)82316936
北京时代华都印刷有限公司印装 各地书店经销
*
开本:787×960 1/16 印张:25.75 字数:577 千字
2010 年 11 月第 1 版 2010 年 11 月第 1 次印刷 印数:5 000 册
ISBN 978-7-5124-0235-5 定价:49.00 元(含光盘 1 张)

序

这些年,在与电子技术领域的工程师、学者以及大学师生交流的时候,他们的聪明才智和创新能力给我留下了深刻的印象。他们所做的设计和项目,无一不让我感觉到中国工程师队伍的成长之快,以及中国电子行业巨大的发展潜力。但另一方面,他们的经历和成功,也带给了我很多思考。

ADI 在模拟和数字信号领域中已经发展了 40 多年。在这几十年间,我们不断推动技术的创新和进步,不断提高相关领域各类产品的性能以满足客户的广泛需求,包括消费电子、通信、医疗、运输和工业等方面。令人欣慰的是,至 2009 年,ADI 已经拥有遍布世界各地的 60,000 余家客户。而通过大学计划、培训、研讨会等活动所积累起来的资源更是不计其数。如何让我们的客户,让 ADI 技术产品的使用者和爱好者,真正准确、有效、快捷地掌握相关知识与设计技巧,是我们需要考虑的,也是我们为所有用户提供的非常重要的服务之一。

经过多年的运行和完善,ADI 已经拥有一整套对中国工程师以及在校工科类学生的培养计划,如每年一届的中国大学创新设计竞赛、在高校建立的联合实验室、各类线上线下研讨会、在多个城市开展的高水平培训课程等。这些计划架起了 ADI 与用户之间最直接、最有效的沟通桥梁。同时,为了使更多的电子技术领域的从业者和爱好者了解数字信号处理和电子产品设计的理念,我们还邀请了业内具有较深影响力的专家、学者、教授共同编写并出版一套基于 ADI 模拟和数字产品的应用技术丛书。

该丛书详细介绍 ADI 产品在医疗电子、通信、工业仪器仪表、汽车电子等行业的应用,以理论与实际案例相结合的方式为读者讲解世界先进处理器的设计与使用。

丛书的出版凝聚了来自众多院校老师、专家丰富的经验和智慧。在此，感谢他们对 ADI 出版计划的大力支持。同时，也感谢北京航空航天出版社对本丛书出版所给予的鼎力协助！

衷心希望能得到读者朋友的意见反馈，在你们提出的问题和建议下，我们将不断完善 ADI 丛书，不断完善 ADI 的产品和技术，与客户们一起共同开拓中国市场。

ADI 公司亚太区副总裁
2010 年 5 月

前 言

随着越来越多的自动化设备采用了电动机数字控制技术,对高性能的电动机数字控制的需求也在日益增长。高性能的电动机数字控制是指高精度且可快速跟踪的速度控制或位置控制。这种控制往往采用现代控制手段,如模糊控制、自适应控制等智能控制。另一方面,电动机的数字控制同时也是对实时性要求很高的一种控制。这些都要求实现电动机数字控制的控制器的运算速度一定要非常快。也就是说,要求这种控制器在每一个采样周期内能够完成尽可能多的运算次数。

汇编语言与 C 语言相比可以大大地减少代码的冗余度,因此也可以提高程序的执行速度,节约程序存储器。只不过对于程序员来说,通常的烦恼是读写汇编语言比读写 C 语言相对困难一些。

本书向读者推荐 ADI 公司的 ADSP 系列 DSP,它可以很好地解决上述问题,满足应用要求。ADSP 系列 DSP 是目前速度最快的电动机控制专用 DSP 之一,最高速度可达 160 MIPS。也就是说,如果采样周期是 1 ms,它可以在这段时间内完成 16 万次乘加(减)计算。此外,ADSP 的指令集、汇编语言结构与高级语言极为相似,因此容易学习,可读/写性好。

本书共有 8 章和 2 个附录。第 1 章介绍了 ADI 公司 ADSP-21990 的结构原理和用于电动机控制的基本外设。第 2~8 章分别介绍了直流电动机、交流异步电动机、交流永磁同步电动机、步进电动机、无刷直流电动机和开关磁阻电动机的结构特点、驱动方法、调速控制原理,以及用 ADSP 实现调速的方法和编程例子。全部程序例子均通过调试验证。附录 A 给出了 ADSP-2190 系列指令说明及举例,使读者能够快速地掌握指令系统。附录 B 给出了书中所附光盘内容说明。

全书由王晓明编写。谭微负责第3章、第6章和第7章程序的设计与调试；李光旭负责第5章程序的设计和调试；倪鹏负责第8章程序的设计和调试；李海龙负责第3章和第4章程序的设计和调试。此外，佟绍成、李卫民、张广安、曾红、王天利、卫绍元、鲁宝春、李成英、杨艳、李国义、齐世武、何勋、王宏祥、张波、潘静、王晓磊、庄喜润、张桐、冯准、郑军、张涛、赵博、刘卓、王瑶、孙造也参与了硬件设计和程序调试工作，并对作者的工作给予了各种支持和精神鼓励。

感谢ADI公司大学计划部的景霓经理和高威在各方面所给予作者的支持和技术指导。也感谢北京航空航天大学出版社对本书出版的大力支持。

由于作者水平有限，书中难免有错误和不完善之处，敬请读者批评指正。作者联系电子信箱：motor-nc@126.com 和 motor-nc@sohu.com。

辽宁工业大学　王晓明
2010年5月

目　录

第1章　ADSP-21990 DSP
1.1　ADSP-21990的特点与结构 ……………………………………………………… 2
1.1.1　ADSP-21990的特点 …………………………………………………………… 2
1.1.2　ADSP-21990的结构 …………………………………………………………… 4
1.2　计算单元 ………………………………………………………………………… 10
1.2.1　计算单元的模式设置 ………………………………………………………… 12
1.2.2　算术逻辑单元(ALU) ………………………………………………………… 13
1.2.3　乘法器(MAC) ………………………………………………………………… 16
1.2.4　移位器 ………………………………………………………………………… 18
1.3　系统信号 ………………………………………………………………………… 20
1.3.1　引脚功能 ……………………………………………………………………… 20
1.3.2　DSP的复位 …………………………………………………………………… 24
1.3.3　DSP的时钟管理 ……………………………………………………………… 25
1.3.4　FIO模块 ……………………………………………………………………… 30
1.4　存储器、数据地址发生器和外部接口 ………………………………………… 35
1.4.1　存储器 ………………………………………………………………………… 35
1.4.2　数据地址发生器 ……………………………………………………………… 39
1.5　程序控制器 ……………………………………………………………………… 43
1.5.1　程序控制器功能 ……………………………………………………………… 43
1.5.2　指令流水线 …………………………………………………………………… 45
1.5.3　指令缓存 ……………………………………………………………………… 46
1.5.4　分支结构 ……………………………………………………………………… 48
1.5.5　循环 …………………………………………………………………………… 49
1.5.6　中断 …………………………………………………………………………… 50
1.5.7　堆栈 …………………………………………………………………………… 53
1.5.8　外设中断 ……………………………………………………………………… 56

1.6 PWM ··· 59
　1.6.1 定时器 ·· 59
　1.6.2 辅助 PWM 单元 ··· 66
　1.6.3 PWM 模块 ··· 69
　1.6.4 编码器接口 ··· 85
1.7 A/D 转换器 ··· 94
　1.7.1 A/D 转换器的内部结构和参考电压 ································ 94
　1.7.2 A/D 转换器寄存器 ··· 95
　1.7.3 A/D 转换器的操作 ··· 97

第 2 章 直流电动机的 ADSP 控制
2.1 直流电动机的控制原理 ··· 100
2.2 直流电动机单极性驱动可逆 PWM 系统 ······························ 103
2.3 直流电动机双极性驱动可逆 PWM 系统 ······························ 105
2.4 直流电动机的 ADSP 控制方法及编程例子 ··························· 107
　2.4.1 数字 PI 调节器的 ADSP 实现方法 ································ 107
　2.4.2 定点 ADSP 的数据 Q 格式表示方法 ······························ 111
　2.4.3 单极性可逆 PWM 系统 ADSP 控制方法及编程例子 ··············· 112
　2.4.4 双极性可逆 PWM 系统 ADSP 控制方法及编程例子 ··············· 121

第 3 章 交流电动机的 SPWM 与 SVPWM 技术以及 ADSP 控制的实现
3.1 交流异步感应电动机变频调速原理 ··································· 128
　3.1.1 变频调速原理 ··· 128
　3.1.2 变频与变压 ··· 128
　3.1.3 变频与变压的实现——SPWM 调制波 ···························· 131
3.2 三相采样型电压 SPWM 波生成原理与控制算法 ······················ 135
　3.2.1 自然采样法 ··· 136
　3.2.2 对称规则采样法 ··· 137
　3.2.3 不对称规则采样法 ··· 138
　3.2.4 不对称规则采样法的 ADSP 编程 ································· 140
3.3 电压空间矢量 SVPWM 技术 ·· 154
　3.3.1 电压空间矢量 SVPWM 技术基本原理 ···························· 155
　3.3.2 电压空间矢量 SVPWM 技术的 ADSP 实现方法 ··················· 161

第 4 章 交流异步电动机的 ADSP 矢量控制
4.1 交流异步电动机的矢量控制基本原理 ································· 177
4.2 矢量控制的坐标变换 ··· 181

4.2.1 Clarke 变换 ………………………………………………………… 182
  4.2.2 Park 变换 …………………………………………………………… 186
 4.3 转子磁链位置的计算 ……………………………………………………… 189
 4.4 交流异步电动机的 ADSP 矢量控制 …………………………………… 191
  4.4.1 三相异步电动机的 ADSP 控制系统 ………………………… 191
  4.4.2 三相异步电动机的 ADSP 控制编程例子 …………………… 192

第 5 章 三相永磁同步伺服电动机的 ADSP 控制
 5.1 三相永磁同步伺服电动机的结构和工作原理 ………………………… 225
 5.2 转子磁场定向矢量控制与弱磁控制 …………………………………… 226
 5.3 三相永磁同步伺服电动机的 ADSP 控制 ……………………………… 227
  5.3.1 三相永磁同步伺服电动机的 ADSP 控制系统 ……………… 227
  5.3.2 三相永磁同步伺服电动机的 ADSP 控制编程例子 ………… 228

第 6 章 步进电动机的 ADSP 控制
 6.1 步进电动机的工作原理 ………………………………………………… 257
  6.1.1 步进电动机的结构 ……………………………………………… 257
  6.1.2 步进电动机的工作方式 ………………………………………… 259
 6.2 步进电动机的 ADSP 控制方法 ………………………………………… 263
  6.2.1 步进电动机的脉冲分配 ………………………………………… 264
  6.2.2 步进电动机的速度控制(双轴联动举例) …………………… 268
 6.3 步进电动机的驱动 ……………………………………………………… 278
  6.3.1 双电压驱动 ……………………………………………………… 279
  6.3.2 高低压驱动 ……………………………………………………… 279
  6.3.3 斩波驱动 ………………………………………………………… 280
  6.3.4 集成电路驱动 …………………………………………………… 281
 6.4 步进电动机的运行控制 ………………………………………………… 282
  6.4.1 步进电动机的位置控制 ………………………………………… 282
  6.4.2 步进电动机的加减速控制 ……………………………………… 284

第 7 章 无刷直流电动机的 ADSP 控制
 7.1 无刷直流电动机的结构和原理 ………………………………………… 291
  7.1.1 无刷直流电动机的结构 ………………………………………… 291
  7.1.2 无刷直流电动机的工作原理 …………………………………… 292
 7.2 三相无刷直流电动机星形联结全桥驱动原理 ………………………… 294
 7.3 三相无刷直流电动机的 ADSP 控制 …………………………………… 297
  7.3.1 三相无刷直流电动机的 ADSP 控制策略 …………………… 297
  7.3.2 位置检测 ………………………………………………………… 298

7.3.3 速度计算 …… 300
7.3.4 无刷直流电动机的 ADSP 控制编程例子 …… 300
7.4 无位置传感器的无刷直流电动机 ADSP 控制 …… 310
7.4.1 利用感应电动势检测转子位置原理 …… 310
7.4.2 用 ADSP 实现无位置传感器无刷直流电动机控制的方法 …… 311
7.4.3 ADSP 控制编程例子 …… 313

第 8 章 开关磁阻电动机的 ADSP 控制

8.1 开关磁阻电动机的结构、工作原理和特点 …… 331
8.2 开关磁阻电动机的功率驱动电路 …… 334
8.3 开关磁阻电动机的线性模式分析 …… 336
8.3.1 开关磁阻电动机理想的相电感线性分析 …… 336
8.3.2 开关磁阻电动机转矩的定性分析 …… 337
8.4 开关磁阻电动机的控制方法 …… 338
8.5 开关磁阻电动机的 ADSP 控制及编程例子 …… 340

附录 A ADSP-219x 指令集说明及举例

A.1 ALU 指令 …… 353
A.1.1 相关内容 …… 353
A.1.2 ALU 指令的格式与功能 …… 355
A.2 MAC 指令 …… 363
A.2.1 相关内容 …… 363
A.2.2 MAC 指令的格式与功能 …… 363
A.3 移位器指令 …… 367
A.4 多功能指令 …… 372
A.4.1 相关内容 …… 372
A.4.2 多功能指令的格式和功能 …… 373
A.5 数据移动指令 …… 376
A.5.1 相关内容 …… 376
A.5.2 数据移动指令的格式与功能 …… 379
A.6 程序流指令 …… 387
A.6.1 相关内容 …… 387
A.6.2 程序流指令的格式与功能 …… 390

附录 B 光盘内容说明

B.1 "本书程序"子目录 …… 400
B.2 "ADI 公司文件"子目录 …… 401

参考文献 …… 402

第 1 章

ADSP - 21990 DSP

ADSP - 2199x 系列 DSP 是 ADI 公司最新推出的工业控制用 DSP。它可以用于电动机控制、机器人控制、工业过程控制、设备控制、工业检测、智能系统、便携式仪器、智能传感器、电源控制等广泛的领域。

在电动机控制方面，与以前推出的 ADMC 系列 DSP 相比，ADSP - 2199 系列 DSP 的最高频率由 26 MHz 提高到 160 MHz，是目前世界上速度最快的用于工业控制的 16 位定点 DSP。

ADSP - 2199x 系列 DSP 目前的产品型号、工作频率、存储器容量、工作电压和封装形式见表 1 - 1。

表 1 - 1　ADSP - 2199x 系列 DSP

型　号	工作频率/MHz	存储器			核 I/O 工作电压/V	引脚数/封装
		DM RAM	PM RAM	PM ROM		
ADSP - 21990BST	160	4K	4K	4	2.5/3.3	176/LQFP
ADSP - 21990BBC	150	4K	4K	4	2.5/3.3	196/MBGA
ADSP - 21991BST	160	8K	32K	4	2.5/3.3	176/LQFP
ADSP - 21991BBC	150	8K	32K	4	2.5/3.3	196/MBGA
ADSP - 21992BST	160	16K	32K	4	2.5/3.3	176/LQFP
ADSP - 21992BBC	150	16K	32K	4	2.5/3.3	196/MBGA
ADSP - 21992YST	100	16K	32K	4	2.5/3.3	176/LQFP
ADSP - 21992YBC	150	16K	32K	4	2.5/3.3	196/MBGA

注：B＝工业级温度范围(－40～＋85 ℃)；
　　Y＝特级温度范围(－40～＋125 ℃)；
　　MBGA 封装＝Mini Ball Grid Array (15 mm×15 mm)；
　　LQFP 封装＝Low-profile Quad Flat Pack(24 mm×24 mm)。

VisualDSP++是一个容易使用的项目管理综合性开发平台,它由一个集成性的开发环境(IDE)和Debugger组成。VisualDSP++支持所有的ADSP。软件开发工具包括C/C++编译器、C函数库、DSP和算术库、汇编器、链接器、装载器、仿真器、模拟器、绘图和统计功能,并为第三方开发系统开放API接口。VisualDSP++3.5试用版可以从ADI公司网站上免费下载。

EZ-KIT Lite for the ADSP-2199x DSP Family为开发者提供了最有效的实用工具。这套系统包括一个评估板硬件和一个调试软件。该软件工作在VisualDSP++环境,通过PC主机的USB接口与评估板相连,用于调试和仿真。

1.1 ADSP-21990 的特点与结构

1.1.1 ADSP-21990 的特点

ADSP-21990 DSP是采用ADSP-219x内核的混合信号处理器,适用于各种高性能的电动机控制和工业信号处理应用。它与早期的以ADSP-217x为内核的ADMC系列DSP在代码上兼容。

ADSP-21990可以提供160 MIPS速度,集成了常见的串行接口、1个DMA控制器、3个可编程定时器、通用可编程I/O引脚、片内程序和数据存储器,以及一整套高度集成的用于快速电动机控制和信号处理的嵌入式控制外围模块。

使用ADSP-219x高性能的内核与高性能的总线(PM、DM、DMA)相配合,保证了每个周期都能执行一条计算指令。总线和指令缓存确保到内核的数据流快速无阻、高速执行。

ADSP-21990 DSP的功能框图如图1-1所示。片内3条总线分别是程序总线(PM)、数据总线(DM)和DMA总线。

程序总线(PM)既可以访问指令,也可以访问程序中的数据。在一个周期内,这些总线可以使控制器同时访问两个操作数(一个来自于PM,另一个来自于DM),以及访问一次指令(来自于指令缓存)。

外部总线为处理器提供了与外部存储器、外部I/O、外部引导存储器的接口。外部接口起到了总线仲裁、控制信号共享、扩展存储器和I/O口的作用。

图1-2给出了处理器内核的详细结构,有如下特点:
- 计算单元:包括乘法器、ALU、移位器和数据寄存器列阵。
- 程序顺序控制器:包括指令缓存、定时器和数据地址发生器(DAG1和DAG2)。
- 两块SRAM。
- 与片外存储器、外围和主机的接口。
- 一个SPORT串行接口、一个SPI串行接口。

第1章 ADSP-21990 DSP

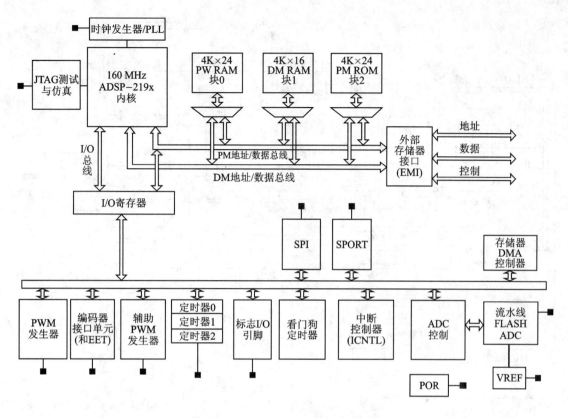

图 1-1 ADSP-21990 DSP 功能框图

> 混合信号和嵌入式控制外围：A/D 转换器、编码器接口模块、PWM 模块。
> JTAG 接口。

ADSP-21990 从以下 5 个方面满足要求：

① 快速灵活的算法计算单元。所有的计算指令执行均使用一个周期，从而保证快速运算和一系列算法的实现。

② 往返计算单元的数据流不受限制。ADSP-21990 采用改进的哈佛结构与数据存储器文件相结合。在一个周期内 DSP 可以从存储器中读 2 个数据或向存储器写 1 个数据；完成 1 次计算；向寄存器列阵写 3 个值。

③ 可扩展计算精度和动态范围。有 40 位的可扩展精度，可以控制 16 位的整数和小数格式（二进制补码和无符号数），通过计算单元中的结果寄存器扩展精度，从而限制了中间计算的舍入误差。

④ 支持循环缓存的两个数据地址发生器。两个数据地址发生器可提供直接和间接（预修改和过修改）寻址。支持模数（Modulus）和位反转操作，存储器页只限制数据缓存的分布。

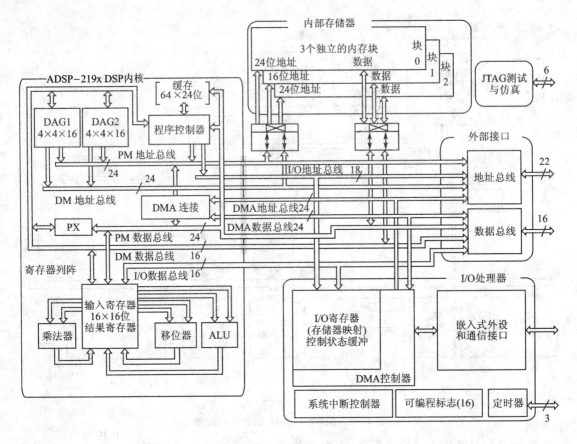

图 1-2　DSP 内核结构

⑤ 有效的程序顺序控制。DSP 支持快速建立和退出循环的方法,循环是可嵌套(硬件支持 8 级嵌套)和可中断的。处理器支持延迟和非延迟分支。

1.1.2　ADSP-21990 的结构

1. DSP 的内核结构

在图 1-2 中,给出了 ADSP-219x 的内核结构。它包含 3 个计算单元:ALU、乘法器/累加器和移位器。计算单元处理寄存器列阵中的 16 位数据,支持多精度计算。ALU 可以进行算术和逻辑运算,也支持简单除法。乘法器在单周期内可以完成单乘法运算、乘加运算或乘减运算。乘法器有两个 40 位的累加器,它可以防止数据溢出。移位器可以进行逻辑和算术移位、规格化和反规格化、二进制提取指数操作。

寄存器用于存放输入数据和结果数据。在大多数操作中,计算单元的数据寄存器作为"数据寄存器列阵"来使用,它允许任意一个输入或结果寄存器可以作为任一次计算的数据输入。对于反馈操作,计算单元允许任何单元的输出(结果)作为下一个周期中任何单元的输入。但对于条件指令或多功能指令则有一些限制。

程序顺序控制器控制程序的流程。控制器支持条件跳转、子程序调用和中断。由于使用了内部的循环计数器和循环堆栈,ADSP-21990可以执行高效率的循环指令,不需要用外部的JUMP指令来维持循环。

两个数据地址发生器DAG可以同时进行两个寻址操作(对数据存储器寻址和对程序存储器寻址),每一个DAG可以维护和更新4个16位地址指针。无论何时地址指针用于访问数据(间接寻址),都可以通过对4个指针的任一个进行预修改和过修改寻址。一个长度数据和一个基地址与每个指针结合,都可以实现循环缓冲寻址,但是这些循环缓冲区不能跨越存储器的64K页边界。二级缓冲寄存器复制了DAG主寄存器的全部内容,以利于实现数据的快速切换。

内核通过使用下列内部总线来获得高效的数据传递:
- 程序存储器地址总线(PMA);
- 程序存储器数据总线(PMD);
- 数据存储器地址总线(DMA);
- 数据存储器数据总线(DMD);
- DMA地址总线;
- DMA数据总线。

所有的内部地址总线都与一条外部地址总线接口,允许扩展片外存储器。同样,所有的内部数据总线也都与一条外部数据总线接口。引导存储器和外部I/O存储器也共用这条外部总线。

程序存储器可以储存指令和数据,允许DSP内核在单个周期内可以同时取两个操作数,一个来自于内部程序存储器,一个来自于内部数据存储器。DSP的双存储器总线也允许DSP内核在一个周期中从内部数据存储器中取一个操作数,同时从内部程序存储器中取下一条指令。

2. DSP外围结构

图1-1给出了DSP芯片的外围结构,它包括外部存储器接口、JTAG检测和仿真接口、通信接口、混合信号外设、定时器、I/O标志寄存器和中断控制器。

ADSP-21990有一个外部存储器接口,它连接DSP内核、DMA控制器和DMA可用外设(包括SPORT串行口、SPI串行口和A/D转换器)。这个外部接口有8位或16位的数据总线,以及22位的地址总线。数据总线可以选择使用8位或16位。DSP对数据打包的支持使DSP可直接使用来自于外部存储器的16或24位数据,而不用考虑外部数据总线的宽度是多少。

存储器 DMA 控制器允许 ADSP-21990 在外部和内部存储器之间传输数据。片内的外设也可以使用这个接口实现与存储器间的 DMA 数据传送。

ADSP-21990 最多能响应 17 个中断：3 个内部中断（堆栈、仿真内核和掉电中断）、2 个外部中断（仿真和复位中断）和 12 个用户自定义（外设）中断。用户可以指定任一个外设中断作为这 12 个自定义中断之一，同时也定义了这 12 个中断的优先级。几个外设中断也可以组合在一起使用一个中断请求。

3 个可编程的定时器能产生周期性的中断信号。每一个定时器都可以在以下 3 种模式之一下独立操作：

- PWM 模式；
- 脉宽计数和捕捉模式；
- 外部事件看门狗模式。

每个定时器都有一个双向引脚和 4 个用于控制它的操作模式的寄存器：一个配置寄存器、一个记数器、一个周期寄存器和一个脉宽寄存器。定时器全局状态和控制寄存器包含 3 个定时器的状态。在模式状态寄存器中的一个特定位可以全局地控制所有 3 个定时器的使能或无效。而在每个定时器配置寄存器中的一个特定位只能控制相应的定时器的使能或无效，而不影响其他的定时器。

以下简单介绍各外围模块。

(1) DSP 串行接口（SPORT）

ADSP-21990 为多处理器串行通信提供一个同步的串口（SPORT）。SPORT 支持以下形式：

- SPORT 有独立的发送和接收引脚，支持双向操作。
- SPORT 有 8 级深的发送和接收缓冲接口；一个数据寄存器用于和 DSP 其他部分之间传送数据字；还有一个移位寄存器，将数据移入或移出数据寄存器。
- 每一个发送和接收引脚或者使用一个外部串行时钟（≤80 MHz），或者使用内部自己的时钟，频率范围为 1144 Hz～80 MHz。
- SPORT 支持的串行数据的长度为 3～16 位，可选择以高位先行或低位先行方式传送。
- 每一个发送和接收口都可以选择使用或不使用帧同步信号。
- 按照 ITU 推荐的 G.711 标准，SPORT 支持按 A 法则或 μ 法则实现硬件压扩格式。
- 在 DMA 的帮助下，SPORT 能自动地接收和发送整个数据块，实现每个 DSP 周期传送一个数据字。
- 在完成一个数据字传送后，或使用 DMA 完成整个数据块的传送后，每一个发送或接收接口都能产生一个中断。
- SPORT 支持 H.100 多通道标准。

(2) 串行外围接口(SPI)

ADSP-21990 有一个独立的串行外围接口 SPI,它为各种 SPI 兼容外围提供一个 I/O 接口。SPI 接口有其自身控制寄存器和数据缓冲设置。使用一系列的可配置选项,SPI 提供了一个非粘性的硬件接口,用于与其他各种 SPI 兼容外围接口。

SPI 有 4 个引脚,它们包括两个数据引脚、一个片选引脚和一个时钟引脚。SPI 是全双工同步串行接口,支持主模式、从模式和多主环境。对于一个多从环境,ADSP-21990 能使用可编程标志引脚 PF1~PF7,作为给 SPI 从设备发出的从选信号。

SPI 引脚的波特率、时钟相位或极性是可编程的。发送和接收通道都可以分别配置为 DMA 传送。但 SPI 的 DMA 控制器是单方向的,只能在任何给定时间里进行单方向(发送或接收)DMA 操作。

在数据传送过程中,SPI 接口可同时在它的两条串行数据线上串行地移入和移出数据。串行时钟使两条串行数据线上的数据移位和采样同步。

(3) A/D 转换系统

ADSP-21990 包括一个快速、高精度、多输入通道的 A/D 转换系统。这个 A/D 转换系统可实现对所需的模拟信号进行快速和精确的转换。

A/D 转换系统是建立在一个管道式快速转换内核基础之上,它包含两个输入采样和保持放大器,因此支持两个输入信号的同时采样。ADC 内核提供一个峰峰值为 2.0 V 范围的模拟输入电压和 14 位数字量输出。系统转换时钟频率可在 HCLK/4 和 HCLK/30 之间进行编程选择,最大转换时钟频率为 20 MHz。

ADC 结构支持 8 个独立的模拟输入,其中每 4 个共用一个采样和保持放大器,因此有两个采样和保持放大器 A_SHA 和 B_SHA。在 20 MHz(外围)HCLK 时,第一个数据完成转换大约需要 375 ns,所有 8 通道完成一次转换最快所需时间大约是 725 ns。

(4) PWM 模块

PWM 模块是一个可灵活编程的三相 PWM 波形发生器,可以通过编程来产生所需的开关模式,控制三相电压源逆变器,用以驱动交流感应电动机(ACIM)或永磁同步电动机(PMSM),以及其他电动机。

PWM 模块还包括特殊的功能,它大大地简化了对电子换向电动机如无刷直流电机(BD-CM)控制所需的 PWM 开关模式的产生方法。如果将特定引脚 PWMSR 接地,就可以对开关磁阻电动机(SRM)进行控制。

6 个 PWM 输出信号包括 3 个上桥臂驱动引脚(AH、BH 和 CH)和 3 个下桥臂驱动引脚(AL、BL 和 CL),产生的 PWM 信号的极性由 PWMPOL 输入引脚决定,故通过将 PWMPOL 输入引脚拉高或拉低,就会相应地产生一个高有效(HI)或者一个低有效(LO)的 PWM 模式。通过对一个 16 位的 PWMTM 寄存器进行编程,可以产生 PWM 开关的频率。

PWM 发生器可以操作在两种不同模式下:单更新模式或双更新模式。在单更新模式中,占空比在每个PWM周期中只能改变一次,因此PWM波形是关于PWM周期中点对称的。在双更新模式中,占空比在每个PWM周期中点处还可以进行第二次改变,因此可以产生不对称的PWM波形,在三相PWM逆变器中降低了谐波的成分。

(5) 辅助PWM模块

ADSP-21990集成了一个具有双通道的16位辅助PWM输出单元,可以根据各种不同的频率、不同的占空比值对PWM输出进行编程设置,通过AUX0、AUX1引脚输出。

该模块有两个工作模式:独立工作模式和偏移工作模式。在独立工作模式中,两个辅助PWM发生器是完全独立的,每一个辅助PWM输出的开关频率和占空比是分别编程的。在偏移模式中,AUX0、AUX1引脚的两个PWM输出的开关频率是相同的。AUXCTRL寄存器用来选择工作模式。

辅助PWM模块还有一个输入引脚($\overline{\text{AUXTRIP}}$),可以用做关闭PWM输出信号,例如,当一个故障信号作用在该引脚时。

(6) 编码器接口模块

ADSP-21990集成了一个强大的编码器接口模块,用于高性能电动机控制系统中提供位置反馈的增量式编码器接口。

编码器接口单元(EIU)包含一个32位的正交增减计数器、一个可编程的编码输入信号和零标志输入信号的噪声过滤器和4个专用引脚。

正交编码信号可以通过EIA和EIB引脚输入,也可以选择这些引脚作为频率和方向信号输入。在EIZ和EIS引脚上分别提供零标志输入和选通输入,当EIZ和EIS引脚上的输入信号有效时,可以将正交计数器的内容锁存到寄存器EIZLATCH和EISLATCH中。

EIZ和EIS引脚上的输入信号可编程设置为上升沿有效(只锁存事件),也可设置为正转时上升沿有效、反转时下降沿有效(用软件实现零标志功能)。

编码器接口单元的4个输入引脚都集成了可编程噪声过滤器,以防止干扰。编码器接口单元的工作频率与HCLK的频率相同,但编码信号的最高频率限制在13.25 MHz,因此相应编码器计数器的最高频率是53 MHz(对输入信号4倍频)。

(7) I/O外围模块

ADSP-21990包含一个可编程的FIO模块,它服务于通用并行I/O接口,支持16个双向多功能数字I/O引脚(PF15~PF0)。所有的16个标志位都能独立地进行配置,可设置为输入或输出,也可以设置为FIO中断源。

(8) JTAG口

在ADSP-21990上的JTAG(Joint Test Action Group)口支持IEEE1149.1标准。这种标准定义了一种方法,可以连续地扫描系统中部件的I/O状态。仿真器使用JTAG接口监视和控制DSP,它通过检查和修改存储器、寄存器和堆栈来实现全速的仿真操作。基于JTAG技术的仿真不影响目标系统的加载和时序。

3. 存储器结构

ADSP-21990 DSP 除了内部和外部的存储器空间外,还有 I/O 存储空间和引导存储器空间。

整个 DSP 存储器包含 256 个页(页 0~255),每一页 64K 字长。DSP 的两个内部存储器块都在第 0 页上。

外部存储空间含有 4 个存储器体(体 3~0),支持多数的 SRAM。每一个存储器体可通过存储器选择引脚($\overline{MS3}$~$\overline{MS0}$)来选择,可配置页边界、等待状态和等待状态模式。

片内引导 ROM 位于第 255 页开始的 1K 字长的地址中。除了页 0、页 255 外,其余的 254 页是片外寻址。

I/O 存储器页不同于外部存储器页,每个 I/O 页是 1K 字长,外部 I/O 页有它自己的选择引脚($\overline{IOMS}$)。I/O 存储器空间的第 0~7 页在片内,含有外设配置寄存器。

DSP 内核和 DMA 外设可以访问 DSP 的整个存储器空间。

(1) 内部(on-chip)存储器

ADSP-21990 实行的是程序和数据存储器统一编址,共含有 16M 存储器地址空间,可以通过 24 位地址总线(PMA 和 DMA)访问它。DSP 有 3 种方法访问整个存储器空间。

- DAG 为整个 DSP 存储器空间的数据寻址产生 24 位地址。因为 DAG 索引(地址)寄存器是 16 位宽的,所以该寄存器只保存低 16 位地址,高 8 位地址则由 DAG 的页寄存器提供。
- 程序控制器为指令寻址产生 24 位地址。对于相对寻址指令,程序控制器根据 24 位的程序计数器 PC 中的值进行相应的跳转、调用和循环。对于直接寻址指令(双字指令),则由指令直接给出一个 24 位的地址值。
- 程序控制器使用 8 位的间接跳转页寄存器(IJPG)为间接寻址提供高 8 位地址,低 16 位地址则由 DAG 提供。在页之间进行跳转或调用前,程序必须先将 IJPG 寄存器设置成正确的数值。

ADSP-21990 片内有 4K 字的 ROM 可用于引导程序。如果选择了外设引导,DSP 就从所选的外设开始执行引导程序。

(2) 外部(off-chip)存储器

每一个 ADSP-21990 的片外存储器空间使用各自的控制寄存器,因此可对每一个空间进行唯一的控制参数配置。控制参数包括读/写等待计数、等待状态完成模式、I/O 时钟分频率、写保持时间延迟、选通脉冲极性和数据总线宽度。内核时钟和外部时钟的比率影响外部存储器选通脉冲的宽度。

外部空间包括:

- 外部存储器空间($\overline{MS3}$~$\overline{MS0}$ 控制引脚);
- I/O 存储器空间($\overline{IOMS}$ 控制引脚);

➢ 引导存储器空间（$\overline{BMS}$控制引脚）。

所有这些外部空间都可以通过外部接口访问。外部接口可被配置为 8 位或 16 位宽。

外部存储器空间：外部存储器空间含有 4 个存储器体。在复位时,体 0 包括存储器的第 1～63 页;体 1 包括第 64～127 页;体 2 包括第 128～191 页;体 3 包括第 192～254 页。$\overline{MS3}$～$\overline{MS0}$存储器体引脚用于选择体 3～0,以此类推。外部存储器接口先检测地址的页寄存器,判断选择了哪一个存储器体。DSP 内核和 DMA 外设可以访问 DSP 的全部外部存储器空间。

I/O 存储器空间：ADSP-21990 支持外部 I/O 存储器空间。这个存储器空间可以是简单外设接口（如数据转换器或外部寄存器）,也可以是 ASIC 的数据寄存器接口。I/O 存储器空间共有 256 页,其中低 32 页（I/O 第 0～31 页）用于内部外设;高 224 页（I/O 第 32～255 页）用于外部外设,必须通过$\overline{IOMS}$引脚来选择。DSP 的指令集为访问 I/O 空间提供指令,这些指令使用 18 位地址,它是由一个 8 位 I/O 页寄存器和指令中的一个 10 位立即数组合而成。

引导存储器空间（与 ROM 重合）：外部引导存储器空间是一个 253 页的片外存储器体,可由$\overline{BMS}$引脚选择。DSP 内核和 DMA 外设可以访问 DSP 的外部引导存储器空间。

1.2　计算单元

DSP 的计算单元用于 DSP 的数字运算。计算单元可分为 3 个部分：算术/逻辑单元（ALU）、乘法/累加器（MAC）和移位器（SHIFTER）。它们从数据寄存器列阵（一组专用于计算单元的寄存器）中得到或保存数据。DSP 所提供的计算指令用于定点操作,对计算单元操作的每一条指令可以在单周期内完成。

计算单元的 3 个部分各有不同的功能。ALU 执行算术和逻辑运算;乘法器可进行高速乘法运算、乘加运算和乘减运算;移位器执行算术移位和逻辑移位,它也可以进行规格化和指数提取操作。

计算单元的结构如图 1-3 所示。由图可见,任何计算单元操作数的输入和操作结果的输出都必须通过数据寄存器列阵进行,因为总线只与寄存器列阵端口相连接,它是 ALU、乘法器和移位器与内存之间进行数据传送的必经之路。这个数据寄存器列阵包括 16 个 16 位的主寄存器和对应的 16 个辅助寄存器,图中给出了这 16 个寄存器的名称。

程序存储器和数据存储器通过各自的 PM 和 DM 数据总线访问寄存器列阵。在一个周期内可以有一次 PM 数据总线访问和/或一次 DM 数据总线访问。

如果是对指定的寄存器进行读和写两种操作,则读发生在前半个周期,写发生在后半个周期。因此可在更新结果数据之前,使用旧的数据作为操作数。如果在同一个周期中,对同一个位置进行写操作,优先级高者获得写的权利。其优先级次序从最高到最低为：

① 对于数据传送操作：寄存器到寄存器,寄存器到内存或内存到寄存器。

② 对于数据计算操作：ALU、乘法器或移位器。

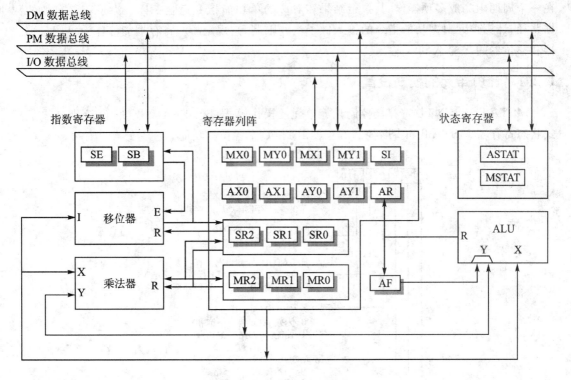

图 1-3 计算单元的结构

ALU 将计算结果储存在 AR 中或者 AF 中。AR 是寄存器列阵中的一个寄存器;而 AF 则是 ALU 的中间数据寄存器,专用于作为 ALU 的一个反馈通道(可以作为 ALU 下一条指令中 Y 操作数的存储器),AF 不能通过数据移动指令进行操作。

在数据寄存器列阵中,由 16 位寄存器 SR2、SR1、SR0 组成 SR 寄存器,由 MR2、MR1、MR0 组成 MR 寄存器。SR 和 MR 寄存器除了与其他数据寄存器列阵一样可作为输入、输出寄存器外,它们还专用于为乘法器(MAC)作为累加器来使用,SR 寄存器还可以作为移位结果寄存器来使用。

移位单元寄存器 SB 和移位指数寄存器 SE 专用于移位器。

图 1-3 中的数据寄存器列阵、SB、SE、AF 寄存器都伴随着相应的辅助寄存器(阴影部分),因此有两套数据寄存器列阵,每次只能使用一套。辅助寄存器可用于在某些场合中快速的切换上下文,例如在一个中断服务子程序中用于保存现场。通过模式状态寄存器(MSTAT)的第 0 位控制主寄存器列阵和辅助寄存器列阵的切换。

有两个状态寄存器:模式状态寄存器(MSTAT)和算术状态寄存器(ASTAT)。前者为计算单元设置计算模式;后者记录计算结果的状态。

由于计算单元使用许多并行的数据传送路线,所以 DSP 支持多功能指令。这些指令可以在一个周期内完成多项操作,其执行结果和对应的单功能指令完全一样。为了获得有效的数据路径,计算单元对多功能指令的输入做了一些限制,它规定哪些寄存器能够作为 ALU、乘法器和移位器的 X 输入和 Y 输入。

1.2.1 计算单元的模式设置

MSTAT 和 ICNTL 寄存器控制计算单元的操作模式。图 1-4 和图 1-5 分别列出了模式状态寄存器 MSTAT 和中断控制寄存器 ICNTL 中各位的功能。

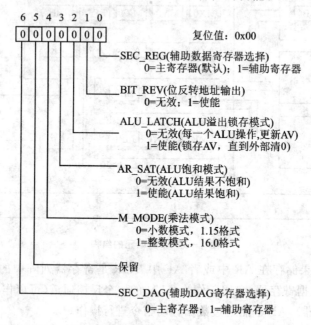

图 1-4 模式状态寄存器 MSTAT

以下介绍各种模式:

1. ALU 溢出锁存模式

ALU 溢出锁存模式决定 ALU 的溢出标志是否可以更新。当溢出锁存模式无效时,AV 位可以随时被更新;当溢出锁存模式有效时,AV 位被锁存,它保持着最近一次的溢出标志,直到用户将其清 0。MSTAT 寄存器的第 2 位决定溢出模式的选择。

2. ALU 饱和模式

DSP 支持 ALU 饱和模式。当 ALU 饱和模式有效时,如果 ALU 的计算结果出现上溢或下溢,则 ALU 会自动地保持结果为最大的正值或最小的负值。表 1-2 列出了在饱和模式下,算术状态寄存器 ASTAT 中 AV 和 AC 的状态标志与 ALU 结果寄存器 AR 中内容的对应关系。

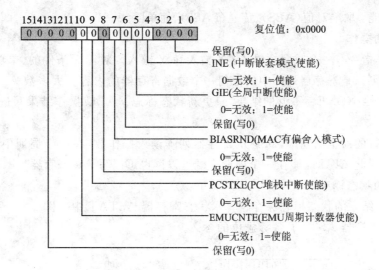

图 1-5 中断控制寄存器 ICNTL

表 1-2 AR_SAT 位使能时 AV、AC 与 AR 的对应关系

AV	AC	AR	AV	AC	AR
0	0	ALU 输出不饱和	1	0	ALU 输出饱和,最大正值 0x7FFF
0	1	ALU 输出不饱和	1	1	ALU 输出饱和,最大负值 0x8000

MSTAT 寄存器中的第 3 位决定饱和模式的选择。但该位只影响 AR 寄存器,如果 ALU 的运算结果写到 AF 寄存器,将不会进行饱和处理,但 AV 和 AC 标志仍然反映饱和状态。

3. 乘法模式

乘法模式决定乘法操作是选用 1.15 小数格式还是选择 16.0 整数格式。乘法器通过所选模式自动地调整乘积的格式。

MSTAT 寄存器中的第 4 位决定乘法模式。

4. 乘积偏差舍入模式

DSP 的乘法器支持两种乘积偏差舍入模式,一种是有偏差舍入模式,另一种是无偏差舍入模式。中断控制寄存器 ICNTL 第 7 位决定乘积偏差舍入模式的选择。

1.2.2 算术逻辑单元(ALU)

ALU 可以实现 16 位定点数据的算术和逻辑运算功能。ALU 的算术和逻辑功能包括:
- 定点加法、减法;
- 定点带进位加法、带借位减法、加 1、减 1;
- 逻辑"与"、"或"、"异或"、"非";

➢ 函数功能：取绝对值(ABS)、传递(PASS)、简单除法。

1. ALU 的操作

ALU 操作指令有一个或两个输入：X 输入和 Y 输入。对于无条件的、单功能指令，这些输入(操作数)可以是寄存器列阵中的任何一个数据寄存器的内容。大多数 ALU 操作返回一个结果，但是指令 NONE＝不返回结果，只更新状态标志。ALU 操作结果写进 AR 或 AP 寄存器中。

在指令执行的前半周期中，DSP 从寄存器列阵读入操作数，在后半周期中把结果传送到结果寄存器。因此 ALU 能够在一个周期中既可以读也可以写 AR 寄存器。

2. ALU 的状态标志

ALU 操作结果的状态标志保存在算术状态寄存器 ASTAT 中。图 1-6 和表 1-3 中给出了算术状态寄存器 ASTAT 各标志位的含义。

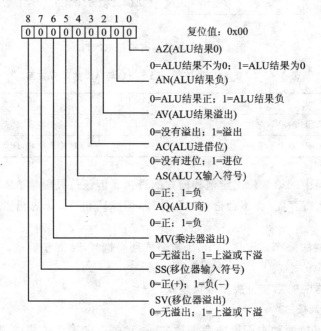

图 1-6 算术状态寄存器 ASTAT

表 1-3 算术状态寄存器 ASTAT 各位标志含义

标志位	名 称	定 义
AZ	零标志	如果 ALU 输出零，则置 1
AN	负数位	如果 ALU 输出是负数，则置 1
AV	溢出位	如果 ALU 输出有溢出，则置 1

续表 1-3

标志位	名 称	定 义
AC	进位	如果加法有进位或减法无借位,则置 1
AS	符号位	X 输入数的符号位,只受 ABS 指令影响
AQ	商	只受 DIVS 和 DIVQ 指令影响

向 ASTAT 寄存器的写操作并不会立即生效,有一个周期的延迟。

3. ALU 数据流程框图

图 1-7 是 ALU 数据流程框图。

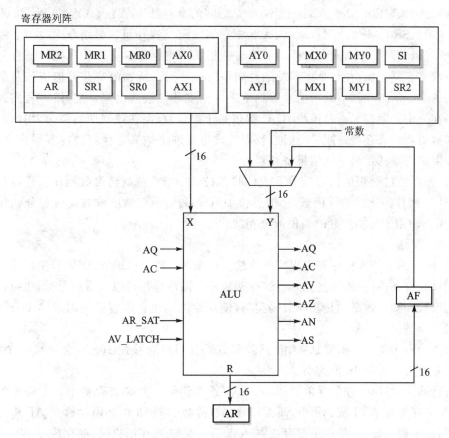

图 1-7 ALU 数据流程框图

如图 1-7 所示,ALU 的宽度是 16 位的,它有两个 16 位输入端口 X 和 Y,还有一个 16 位输出端口 R。ALU 还能接收一个进位信号,这个信号是处理器的算术状态寄存器(ASTAT)的进位位。

ALU 的运算能产生 6 个状态信号：零状态(AZ)、负数状态(AN)、进位状态(AC)、溢出状态(AV)、X 输入的符号状态(AS)和商状态(AQ)。所有的算术状态信号，在每个周期结束时都锁存到 ASTAT 寄存器中。

除非执行指令 NONE，ALU 的输出结果不是存入 ALU 反馈寄存器 AF 就是存入 ALU 结果寄存器 AR。AR 寄存器是寄存器列阵的一部分，而 AF 寄存器则是 ALU 的内部寄存器。

在无条件指令和单功能指令操作中，X 和 Y 端口可以读包括 AR 和寄存器列阵在内的任何寄存器的内容，Y 端口还可以访问反馈寄存器 AF。

只有在对有条件指令和多功能指令操作中，寄存器列阵中的某些寄存器才可以作为 ALU 的输入。它保留了对 ADSP-218x 指令的支持。因此，X 端口能访问的寄存器有 AR、SR1、SR0、MR2、MR1、MR0、AX0、AX1。Y 端口能访问的寄存器有 AY0、AY1、AF。如果 X 端口访问 AR、SR1、SR0、MR2、MR1、MR0、AX0 或 AX1，则 Y 操作可以是指令中的一个常数。

ALU 可以在同一个周期内对任何一个与它相关的寄存器进行读和写操作。在每个周期的开始读取寄存器的值，在每个周期的结尾向该寄存器写。所读的寄存器值应该是前一个周期末所写的值。给寄存器写的新值要等到下一个周期才能被读出来。这种读/写模式允许输入寄存器在一个周期的开始时候给 ALU 提供一个操作数，而在该周期结束时，用内存里的另一个操作数更新该寄存器。同样，这种读/写模式也允许将结果寄存器的内容写到内存中，在同一个周期中用新的结果更新结果寄存器。

ALU 可以通过使用进借位信号和进位状态位 AC 来支持高精度数操作。进位信号是由前一次 ALU 操作产生的 AC 状态。"带进位加"(＋C)用于高精度数的高位部分相加；"带借位减"(＋C－1)用于高精度数的高位部分相减。

4. ALU 除法

ALU 使用两个特殊指令来实现简单除法。这个两个指令(DIVS、DIVQ)使程序执行一个"不可恢复的、有条件(误差检查)的加减"除法算法。除法操作可以是有符号的，也可以是无符号的。但除数和被除数必须是相同数据类型，使用除法的更多内容请见附录 A ADSP-219x 指令集说明及举例。

如果进行一个单精度的除法操作，其被除数是 32 位，除数是 16 位，会生成一个 16 位的商。这个除法运算需要 16 个周期。

在进行除法运算时，除数存放在 AX0、AX1 或者任何一个 R 寄存器中。有符号的被除数的高 16 位可存放在 AY1 或 AF 中，而无符号的被除数的高 16 位必须存放在 AF 中。无论什么情况下，被除数的低 16 位一定要存放在 AY0 中。除法操作结束时，商存放在 AY0 中。

在有符号除法操作中，必须先执行一个 DIVS 指令，以确定商的符号。

1.2.3 乘法器(MAC)

乘法器可以实现定点的乘法操作、乘加和乘减操作。它使用 16 位的定点数据，产生 40 位的乘积。输入的操作数可以是小数也可以是整数、无符号数或二进制补码。乘法指令包括：
> 乘法操作；
> 带舍入选项的乘加操作；
> 带舍入选项的乘减操作；
> 舍入操作、饱和操作和对结果寄存器的清0操作。

图1-8给出了乘法/累加器结构框图。

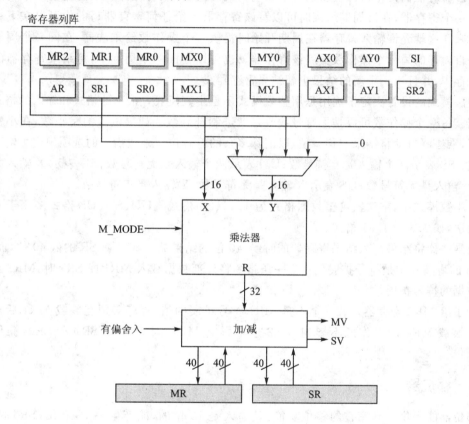

图1-8 乘法器块图

乘法器有两个16位输入端口X和Y，以及一个32位的乘积输出端口R。32位乘积被立即传递到一个40位加/减法器中。这个加/减法器可以将新乘积与MR或SR寄存器里以前的内容相加或相减，当然也可以不进行相加或相减操作，直接将乘积储存到乘积寄存器MR或SR中。MR和SR寄存器都是40位宽，实际上是由16位寄存器MR0、MR1、MR2和SR0、SR1、SR2组成。

加/减法器的宽度大于32位，允许在乘加操作中出现中间溢出。当出现溢出时，乘法溢出状态位(MV或SV)置1。此时，MR或SR寄存器的高9位不再是符号位了。需要指出的是，

MR 或 SR 寄存器中的数据是二进制补码形式的有符号数。

对于无条件、单功能指令，乘法器的输入（操作数）可以是寄存器列阵中的任何寄存器。对于有条件指令和多功能指令，寄存器的使用要受限制。乘法器的 X 端口可以读寄存器 MX0、MX1、AR、MR2、MR1、MR0、SR1 和 SR0，Y 端口可以读寄存器 MY0、MY1 和 SR1（由于是特殊通道）。Y 端口也可以直接和 X 端口相联，执行 X 的平方操作。

乘法器对任何寄存器都可以在一个周期内同时进行读/写操作。乘法器在一个周期的开始时读一个寄存器，在该周期结束时可以写该寄存器。给任何寄存器写的值可以在下一个周期读出来。这就允许输入寄存器在周期开始时提供一个操作数给乘法器，在同一个周期结束时用来自内存的另一个操作数更新该寄存器。也可以在同一个周期中，将结果寄存器的内容写到内存中，并且用一个新的结果更新结果寄存器。

乘法模式的设置决定了选用是用整数模式还是小数模式。乘积的格式和输入的格式必须相匹配。每一个操作数可以是无符号数或是二进制补码数。如果输入的是小数，在小数乘法模式下，乘法器自动将结果左移一位，以消除多余的符号位。乘法指令的选项规定了输入数据的格式：SS 表示两个输入是有符号数；UU 表示两个输入是无符号数；SU 表示 X 输入是有符号数，Y 输入是无符号数；US 表示 X 输入是无符号数，Y 输入是有符号数。

在小数模式中，乘法器希望数据格式为 1.15、SS 格式。UU、SU、US 格式多用于支持多精度乘法，如 1.31×1.31 格式。

当乘法器将结果写入结果寄存器的时候，40 位的结果放入 MR 或 SR 的低 40 位，而 MR2 或 SR2 的最高 8 位是符号扩展位。当一条指令将外部数据载入 MR1 或 SR1 时，MR2 或 SR2 是该数据的符号扩展。

为了给 MR2 寄存器装载一个不是 MR1 符号扩展的值，程序必须在装载 MR1 后再装载 MR2。装载 MR0 的操作既不影响 MR2 也不影响 MR1，对于 SR2、SR1 和 SR0，操作也是如此。

1.2.4 移位器

移位器能提供一套完整的移位功能，其输入是 16 位的，能产生一个 40 位（SR）的输出。移位功能包括算术移位（ASHIFT）、逻辑移位（LSHIFT）和规格化（NORM）。移位器也可以完成提取指数（EXP）和从一个数据块中提取块指数（EXPADJ）操作。这些基本功能结合起来使用，更有效地完成了对任何阶次数据格式（包括全浮点数和高精度数）的控制。

图 1-9 给出了移位器结构框图。移位器由以下部分组成：移位器、OR/PASS 逻辑、指数识别器和指数比较逻辑。

移位器可以在一个周期里接收 16 位的输入，并把它放到 40 位输出域中的任何位置，可能有 57 种放置方法。

16 个输入位如何放置是由指令中给定的一个控制码 C 和一个状态信号 HI/LO 来决定。

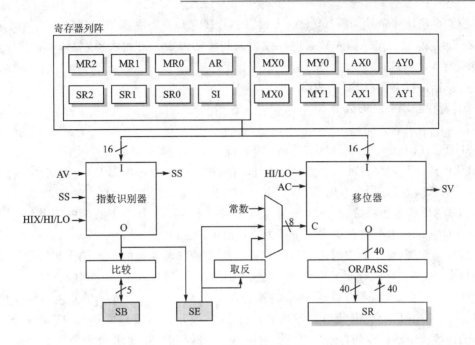

图1-9 移位器结构块图

大部分移位器指令可接受数据寄存器列阵的任何寄存器作为输入,这包括立即移位指令、寄存器之间有条件和多功能数据传送指令。尽管限制多功能指令使用并行数据在内存间的传送,但移位器仍然可接受寄存器 SI、AR、MR2、MR1、MR0、SR2、SR1、SR0 的输入。

输入是同时提供给移位器组和指数识别器的。移位器结果寄存器 SR 是 40 位宽,由 SR0、SR1 和 SR2 组成,它是寄存器列阵的一部分。SR 寄存器也反馈给 OR/PASS 逻辑,以允许双精度移位操作。

移位器的指数寄存器 SE 在规格化和反规格化操作中用于保存指数(二进制补码)。尽管它是一个 16 位寄存器,但操作中只使用其低 8 位,用于保存提取的指数,其他位用于符号扩展。SE 不是寄存器列阵的一部分,但是可以通过 DM 或 PM 总线访问它。

移位器的块指数寄存器 SB 在浮点块操作中非常有用,它用来保存块指数值(二进制补码)。尽管它是 16 位寄存器,但块指数操作中只使用它的低 5 位,其他位用于符号扩展。SB 也不是寄存器列阵的一部分,但是它也能通过 DM 或 PM 总线访问。

SI、SE、SR 中的任何一个寄存器都能在同一个周期内进行读或写。在每个周期的开始处读一个寄存器,在同一个周期的结尾处写此寄存器。读出的是上一个周期结束时写入的值,而一个新写入寄存器的数值只能在下一个周期读出。因此,一个输入寄存器可以在一个周期开始时提供操作数给移位器,而在该周期的末尾时用另一个操作数来更新该寄存器;也可以将一个结果寄存器的内容存到存储器中,并在同一个周期中用新的结果更新该结果寄存器。

移位指令给出一个控制码(C)和一个状态信号(HI、LO)来决定怎样移位。控制码是一个8位的有符号数,它决定了输入数据的移位方向和移动位数。正数表示左移,负数表示右移。控制码C有3个来源:

> 移位器指数寄存器SE的内容;
> SE寄存器求补后的数值;
> 指令中给出的立即数。

ASHIFT、LSHIFT指令可以直接使用SE寄存器,而NORM指令则不能。

HI/LO选项决定移位的参考点。当在HI状态时,所有的移位以SR1(输出的高半部)作为参考;而在LO状态时,所有的移位以SR0(输出的低半部)作为参考。在对32位数据进行移位时,HI/LO状态选项特别有用,因为可以用同一个控制码对一个数据的两个部分进行移位。HI/LO状态选项可以在每次使用移位器时由用户选择。

在移位操作中,输出域中数据右边的位被填0,而该数据左边的位被填入扩展位。依据所执行的指令,扩展位可能有3个来源:输入数据的最高位、算术状态寄存器的AC位或一个0。

OR/PASS逻辑允许将一个多精度的被移位部分组合成一个单一量。在一些移位指令中,移位后的输出可以和SR寄存器的内容进行逻辑"或"运算,即移位器组的输出和SR寄存器的当前内容按位进行逻辑"或"运算后,再装入SR寄存器,这要求指令中要有[SR OR]选项。当在指令中没有[SR OR]选项时,移位器阵列输出不进行任何修改,直接传送到移位器的结果寄存器SR中。

1.3 系统信号

本节描述ADSP-21990 DSP的引脚功能、复位信号、时钟信号和FIO模块。

1.3.1 引脚功能

表1-4列出了ADSP-21990的引脚符号、引脚类型、功能和复位状态。其中的符号表示为

G:地; I:输入; O:输出; P:电源; B:双向; T:三态;
D:数字; A:模拟; CKG:时钟; PU:内部上拉; PD:内部下拉; OD:漏极开路。

除了ADDR21~0、DATA15~0、PF7~0之外,不用的输入引脚应该连接到V_{DD}或拉到地。所有的有内部上拉或下拉电阻的输入引脚(TRST、BMODE0、BMODE1、BMODE2、BYPASS、TCK、TMS、TDI、PWMPOL、PWMSR、RESET)都可以是悬空的,因为这些引脚内部有一个逻辑电平保持电路。PWMTRIP虽然有内部下拉电阻,但是不能悬空,以防止不必要的PWM关断。

第 1 章　ADSP - 21990 DSP

表 1 - 4　ADSP - 21990 的引脚符号、引脚类型、功能和复位状态

引脚符号	类　型	功　　能	复位状态
A19～A0	D、OT	外部接口地址总线	高阻态
D15～D0	D、BT	外部接口数据总线	高阻态
$\overline{RD}$	D、OT	外部接口读选通	驱动高
$\overline{WR}$	D、OT	外部接口写选通	驱动高
$\overline{ACK}$	D、I	外部接口访问准备就绪应答	输入,未定义
$\overline{BR}$	D、I、PU	外部接口总线请求	驱动高
$\overline{BG}$	D、O	外部接口总线允许	驱动高;在复位过程中对应$\overline{BR}$
$\overline{BGH}$	D、O	外部接口总线允许挂起	驱动高
$\overline{MS0}$	D、OT	外部接口存储器选择 0	驱动高
$\overline{MS1}$	D、OT	外部接口存储器选择 1	驱动高
$\overline{MS2}$	D、OT	外部接口存储器选择 2	驱动高
$\overline{MS3}$	D、OT	外部接口存储器选择 3	驱动高
$\overline{IOMS}$	D、OT	外部接口 I/O 存储器选择	驱动高
$\overline{BMS}$	D、OT	外部接口引导存储器选择	驱动高
CLKIN	D、I、CKG	时钟输入/振荡器输入/晶振连接 0	输入
XTAL	D、O、CKG	振荡器输出/晶振连接 1	输出
CLKOUT	D、OT	时钟输出(HCLK)	驱动低
BYPASS	D、I、PU	PLL BYPASS 模式选择	驱动高
$\overline{RESET}$	D、I、PU	复位	驱动高
$\overline{POR}$	D、O	上电复位输出	驱动低
BMODE2	D、I、PU	引导模式选择输入 2	驱动高
BMODE1	D、I、PD	引导模式选择输入 1	驱动低
BMODE0	D、I、PU	引导模式选择输入 0	驱动高
TCK	D、I	JTAG 测试时钟	驱动高
TMS	D、I、PU	JTAG 测试模式选择	驱动高
TDI	D、I、PU	JTAG 测试数据输入	驱动高
TDO	D、OT	JTAG 测试数据输出	高阻态
$\overline{TRST}$	D、I、PU	JTAG 测试复位输入	驱动高
$\overline{EMU}$	D、OT、PU	仿真器状态	驱动高
VIN0	A、I	ADC 输入 0	ADC 输入

续表 1-4

引脚符号	类型	功　能	复位状态
VIN1	A、I	ADC 输入 1	ADC 输入
VIN2	A、I	ADC 输入 2	ADC 输入
VIN3	A、I	ADC 输入 3	ADC 输入
VIN4	A、I	ADC 输入 4	ADC 输入
VIN5	A、I	ADC 输入 5	ADC 输入
VIN6	A、I	ADC 输入 6	ADC 输入
VIN7	A、I	ADC 输入 7	ADC 输入
ASHAN	A、I	采样保持放大器 SHA_A 输入	采样保持放大器 SHA_A 输入
BSHAN	A、I	采样保持放大器 SHA_B 输入	采样保持放大器 SHA_B 输入
CAPA	A、O	噪声减小引脚	噪声减小引脚
CAPB	A、O	噪声减小引脚	噪声减小引脚
VREF	A、I、O	电压参考引脚(根据 SENSE 的状态选择)	电压参考引脚(根据 SENSE 的状态选择)
SENSE	A、I	电压参考选择引脚	电压参考选择引脚
CML	A、O	共模引脚	普通模式级引脚
CONVST	D、I	ADC 转换开始输入	输入，未定义
PF15	D、BT、PD	通用 I/O 口 15	驱动低
PF14	D、BT、PD	通用 I/O 口 14	驱动低
PF13	D、BT、PD	通用 I/O 口 13	驱动低
PF12	D、BT、PD	通用 I/O 口 12	驱动低
PF11	D、BT、PD	通用 I/O 口 11	驱动低
PF10	D、BT、PD	通用 I/O 口 10	驱动低
PF9	D、BT、PD	通用 I/O 口 9	驱动低
PF8	D、BT、PD	通用 I/O 口 8	驱动低
PF7/SPISEL7	D、BT、PD	通用 I/O 口 7/SPI,从选择输出 7	驱动低
PF6/SPISEL6	D、BT、PD	通用 I/O 口 6/SPI,从选择输出 6	驱动低
PF5/SPISEL5	D、BT、PD	通用 I/O 口 5/SPI,从选择输出 5	驱动低
PF4/SPISEL4	D、BT、PD	通用 I/O 口 4/SPI,从选择输出 4	驱动低
PF3/SPISEL3	D、BT、PD	通用 I/O 口 3/SPI,从选择输出 3	驱动低
PF2/SPISEL2	D、BT、PD	通用 I/O 口 2/SPI,从选择输出 2	驱动低
PF1/SPISLE1	D、BT、PD	通用 I/O 口 1/SPI,从选择输出 1	驱动低

续表 1-4

引脚符号	类 型	功 能	复位状态
PF0/SPISLE0	D、BT、PD	通用 I/O 口 0/SPI,从选择输出 0	驱动低
SCK	D、BT	SPI 时钟	输入,未定义
MISO	D、BT	SPI 主输入从输出	输入,未定义
MOSI	D、BT	SPI 主输出从输入	输入,未定义
DT	D、OT	SPORT 数据发送	高阻态
DR	D、I	SPORT 数据接收	输入,未定义
RFS	D、BT	SPORT 接收帧同步	输入,未定义
TFS	D、BT	SPORT 发送帧同步	输入,未定义
TCLK	D、BT	SPORT 发送时钟	输入,未定义
RCLK	D、BT	SPORT 接收时钟	输入,未定义
EIA	D、I	编码器 A 通道输入	输入,未定义
EIB	D、I	编码器 B 通道输入	输入,未定义
EIZ	D、I	编码器 Z 通道输入	输入,未定义
EIS	D、I	编码器 S 通道输入	输入,未定义
AUX0	D、O	辅助 PWM 通道 0 输出	驱动低
AUX1	D、O	辅助 PWM 通道 1 输出	驱动低
$\overline{\text{AUXTRIP}}$	D、I、BT	辅助 PWM 关断引脚	驱动低
TMR2	D、BT	定时器 2 输入/输出引脚	输入,未定义
TMR1	D、BT	定时器 1 输入/输出引脚	输入,未定义
TMR0	D、BT	定时器 0 输入/输出引脚	输入,未定义
AH	D、O	通道 A 上桥臂 PWM 输出	取决于 PWMPOL 引脚的状态
AL	D、O	通道 A 下桥臂 PWM 输出	取决于 PWMPOL 引脚的状态
BH	D、O	通道 B 上桥臂 PWM 输出	取决于 PWMPOL 引脚的状态
BL	D、O	通道 B 下桥臂 PWM 输出	取决于 PWMPOL 引脚的状态
CH	D、O	通道 C 上桥臂 PWM 输出	取决于 PWMPOL 引脚的状态
CL	D、O	通道 C 下桥臂 PWM 输出	取决于 PWMPOL 引脚的状态
PWMSYNC	D、BT	PWM 同步	输入,未定义
PWMPOL	D、I、PU	PWM 极性	驱动高
PWMTRIP	D、I、PD	PWM 关断信号	驱动低
PWMSR	D、I、PU	PWM SR 模式选择引脚	驱动高
AV_{DD}	A、P	模拟电源	模拟电源

续表 1-4

引脚符号	类型	功 能	复位状态
AV_{SS}	A、G	模拟地	模拟地
VDDINT	D、P	内部数字电源	内部数字电源
VDDEXT	D、P	外部数字电源	外部数字电源
GND	D、G	数字地	数字地

以下是对不使用引脚的推荐处理方法：

- 如果不使用 CLKOUT 引脚，可通过清 PLL 控制寄存器的第 6 位（CKOUTEN）将它关断。
- 如果不使用可产生外中断的 FIO 引脚，可在复位时将它们配置为输入，并根据引脚的极性设置，将它们拉到不活动状态。
- 如果不使用 FIO 引脚，可将它们配置为输出。如果由于某些原因它们不能配置为输出，将它们配置为输入，并使用 100 kΩ 的上拉电阻将其连到 V_{DD}，如果这种方法也不可行，就使用 100 kΩ 的下拉电阻将其连到地。
- 如果 SPORT 口的引脚没有全部使用、并且这些引脚没有第二功能，可将其无效，使引脚悬空。
- 如果只使用 SPORT 口作为接收，则在 SPORT 口的其他引脚上使用电阻。但是，如果其他引脚是输出引脚，就让它们悬空。

1.3.2 DSP 的复位

1. 硬复位

当加电时，$\overline{RESET}$引脚被拉低，使 ADSP-21990 硬件复位。ADSP-21990 内部集成一个上电复位电路（POR）。如果给 ADSP-21990 加电，或供电电压降到门槛电压以下，都会输出一个复位信号$\overline{POR}$。ADSP-21990 可以使用外部$\overline{RESET}$信号，或通过将$\overline{POR}$引脚连接到$\overline{RESET}$引脚来进行内部上电复位。

在加电过程中，$\overline{RESET}$信号要持续足够长的时间，以保证 DSP 内核的内部时钟稳定。加电复位过程所需的时间为：当电源电压升到有效的 V_{DD} 后，晶振电路稳定所需的时间与内部锁相环（PLL）锁定特定的晶振频率所需的时间之和。这个过程最少需要 2 000 个周期才可以保证 PLL 被锁定（但不包括晶振启动时间）。

内部复位电路可作为一个电源供电监视器使用，如果它识别电源电压比 V_{RST} 低时，置$\overline{POR}$引脚为低。

在加电时，如果$\overline{RESET}$保持低电平，但不输入任何时钟信号，内部晶体管的状态就会是未知的、不可控的，这将使处理器容易损坏。

ADSP-21990DSP 内核寄存器及 I/O 寄存器在 $\overline{\text{RESET}}$ 复位后的状态可参见各节内容;其他寄存器在复位时未定义;片内内存的内容在复位后不变;计算单元(ALU、MAC、SHIFTER)的内容和数据地址发生器(DAG1、DAG2)寄存器的内容在 $\overline{\text{RESET}}$ 后未知。

在 $\overline{\text{RESET}}$ 过程中,CLKOUT 信号继续由处理器产生,除非它被关闭。

当 $\overline{\text{RESET}}$ 被释放时,处理器启动引导操作,引导模式取决于 BMODEx 引脚的状态。

2. 软复位

给软件复位寄存器里的软件复位位(SWRST)写 1,就能启动软件复位。软件复位只影响内核和外设的状态。

在软件复位过程中,DSP 不采样 BMODEx 引脚的状态,而是从下一个系统配置寄存器(NXTSCR)中得到引导信息。下一个系统配置寄存器(NXTSCR)和各位功能见图 1-10。

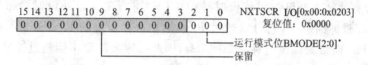

* 外部 BMODE2 和 BMODE0 引脚有上拉电阻,BMODE1 引脚有下拉电阻。此状态可通过把外部引脚连接到其他电平上而改变。

图 1-10 下一个系统配置寄存器(NXTSCR)

在正常操作中,DSP 内核自动地将 BMODE0、BMODE1 和 BMODE2 引脚状态写入下一个系统配置寄存器(NXTSCR)中。在其后的软件复位时,DSP 会用 NXTSCR 寄存器更新系统配置寄存器(SYSCR)。系统配置寄存器(SYSCR)的各位功能与 NXTSCR 寄存器相同,可参看图 1-11。因此它的低 3 位对应 BMODE0、BMODE1 和 BMODE2 引脚,用于决定以后的硬件复位或软件复位的引导模式。

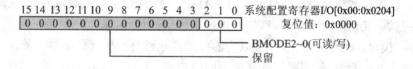

图 1-11 系统配置寄存器(SYSCR)

由于 ADSP-21990 的内部数据存储器的写缓存 FIFO 的原因,为了保证在软件复位后的正确操作,在对软件复位位(SWP)进行写操作之前,软件必须先对内存执行两个假写操作。

当电源和时钟保持正常有效时,软件复位后,芯片上内存的内容不变。

1.3.3 DSP 的时钟管理

一个晶体振荡器或者一个经过缓冲和整形的外部时钟都可以作为 ADSP-21990 的时钟源。如果选用晶体振荡器,它应该连接到 CLKIN 和 XTAL 引脚,同时使用两个电容。电容值取决于晶振的类型,可参考晶振生产厂商所提供的数据。

如果使用外部时钟,它应连接到 DSP 的 CLKIN 引脚上。在正常的操作过程中,CLKIN 输入信号不能被停止、改变或低于给定的频率,同时该时钟信号还应该是 TTL 兼容信号。当使用外部时钟时,XTAL 引脚悬空。

DPS 为用户提供了可编程的输入时钟,编程范围是 1~32 倍频,可以使用小数倍,支持 128 种外部与 DSP 内核的时钟比率。BYPASS 引脚和 PLL 控制寄存器里的 MSEL6~0 位和 DF 位,决定了在复位时输入时钟的倍频数。在 DSP 运行时,倍频数还可以通过软件进行控制。为了能支持输入时钟大于 100 MHz,PLL 使用一个额外的位(DF)。如果所需的输入时钟大于 100 MHz,就必须将 DF 位置 1;如果所需的输入时钟小于 100 MHz,则必须将 DF 位清 0。

内核以外的模块统称为外设。外设的时钟(HCLK)也可以通过 CLKOUT 引脚输出。ADSP - 21990 所有的片上外设都用外设时钟(HCLK)进行工作。外设时钟可以选择等于内核时钟或者是内核时钟的一半,它可以通过 PLLCTL 寄存器里的 IOSEL 进行控制。最大内核时钟是 160 MHz,而最大外设时钟是 80 MHz,因此一定要注意不能超过这些限制。

1. 锁相环 PLL

作为通用 DSP,一般其应用范围应该满足包括嵌入式、便携式和低功耗的特殊设计要求。DSP 的应用范围越大,就越要求时钟电路要有大范围的频率与之相对应。锁相环电路 PLL 正是为了这个目的而设计的。

通过在 PLL 反馈电路中的可编程分频器和输出配置模块的组合,可使 PLL 输出 1~32 倍频的时钟。PLL 的配置和控制是由 PLL 控制寄存器(PLLCTL)控制的,该寄存器位于 I/O 存储器中(参见图 1-13)。

2. 时钟控制模块

时钟控制模块(CKGEN)包含一个时钟控制逻辑,通过它可以选择和改变主时钟频率和低功耗模式。该模块产生两个输出时钟:用于 DSP 内核的 CCLK 时钟和用于外设的 HCLK 时钟。模块提供了灵活的应用方式,例如可通过执行软件代码,来改变时钟的模式(倍频数和低功耗模式)。模块还包含复位逻辑,可以为芯片的其他部分产生复位信号。复位逻辑和复位配置寄存器连接在一起,可起到同软件复位相同的功能。CKGEN 模块也有一个计数器,用于指示 PLL 何时被锁定。

时钟控制模块(CKGEN)包括以下功能:
- 产生硬件复位;
- 产生软件复位;
- 产生时钟和 PLL 控制;
- 低功耗。

(1) 产生硬件复位

CKGEN 模块为 ADSP - 21990 外部的 $\overline{\text{RESET}}$ 引脚与 DSP 内核、总线、外设、系统硬件之

第 1 章 ADSP-21990 DSP

间提供了必要的接口。

$\overline{\text{RESET}}$ 信号启动 ADSP-21990 的主复位。在加电复位过程中，$\overline{\text{RESET}}$ 信号必须保持为低，且时间要足够长，以使内部时钟稳定。如果 $\overline{\text{RESET}}$ 在加电后的任何时间又被激活，时钟继续运行，不需要稳定时间。

$\overline{\text{RESET}}$ 输入信号会有些磁滞现象。如果使用 RC 电路产生 $\overline{\text{RESET}}$ 信号，电路中应该使用一个外部斯密特触发器。

主复位使所有的内部堆栈都被清空，屏蔽所有中断，并清空 MSTAT 寄存器。当 $\overline{\text{RESET}}$ 被释放的时候，如果没有总线请求，芯片被配置为引导模式，执行引导操作，程序控制指针跳到芯片引导 ROM 地址 0xFF0000 处。

ADSP-21990 的内部上电复位电路(POR)在 $\overline{\text{POR}}$ 引脚上产生一个信号，$\overline{\text{POR}}$ 引脚可以直接连到 $\overline{\text{RESET}}$ 引脚，为芯片产生复位信号。

在硬件复位过程中，DSP 也检测某些外部引脚上的电平，以确定芯片的外部配置。如果是多功能引脚，则它们肯定被弱上拉或者下拉；如果是专用引脚(例如 BMODE2~0)，它们应该被连接到 V_{DD} 或 GND 上。当 $\overline{\text{RESET}}$ 功能释放后，其检测结果被锁存到系统配置寄存器(SYSCR)中，可以通过软件访问和修改。被检测的芯片引脚，其状态在复位后还应维持几个周期的时间。如果以后还需要软件复位操作，则在开始软件复位之前，这些引脚的状态必须通过软件修改到用户所要求的值。

在正常的芯片操作过程中，复位参数可以通过 DSP 内核写到 I/O 存储器的下一个系统配置寄存器(NXTSCR)中。随后的软件复位将用 NXTSCR 寄存器的内容自动地更新系统配置寄存器(SYSCR)的状态，写给 NXTSCR 寄存器里的值直到这时才开始生效。下一个系统配置寄存器(NXTSCR)和系统配置寄存器(SYSCR)的各位功能见图 1-10 和图 1-11。

(2) 产生软件复位

DSP 内核的软件复位是通过给软件复位寄存器的位[2:0]写 0x07 来实现的。软件复位只影响内核和大部分外设的状态，它不使用硬件复位定时器和复位逻辑，也不复位 PLL 和 PLL 控制寄存器。软件复位时，系统配置寄存器被下一个系统配置寄存器里的值更新，随着软件复位，DSP 转为引导模式，从地址 0xFF0000 处开始执行。

软件复位寄存器(SWRST)的配置如图 1-12 所示。

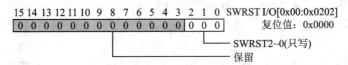

图 1-12 软件复位寄存器(SWRST)

(3) 时钟与 PLL 的控制

时钟控制电路通过读 PLL 控制寄存器的相应配置，来控制 DSP 内核时钟(CCLK)、外设时钟(HCLK)的产生,它还控制输入时钟 CLKIN 对 CCLK 或 HCLK 的倍频数。此外,它还控制产生各种低功耗模式和 CLKOUT 引脚上输出信号的频率。

PLL 控制寄存器(PLLCTL)各位控制功能见图 1-13。

PLLCTL 寄存器的值在软件复位时是不变的。

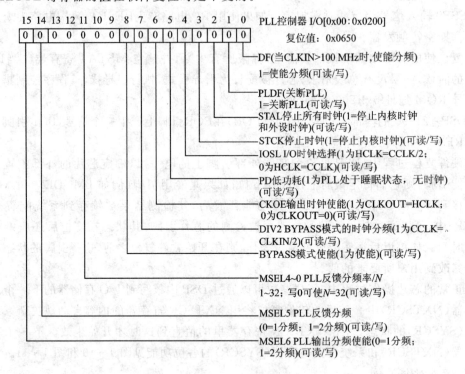

图 1-13 PLL 控制寄存器(PLLCTL)

PLL 可以有两种操作模式:BYPASS 模式或 MULTIPLICATION 模式。在复位时,DSP 读 BYPASS 引脚,如果 BYPASS 引脚是 0,PLL 使用 MULTIPLICATION 模式,这时系统判断 MSEL 位和 DF 位的设置,来配置不同的 PLL 时钟分频。如图 1-13 所示,DF 位使能 PLL 的输入分频;MSEL[6]使能 PLL 的输出分频;MSEL[5:0]控制 PLL 的反馈分频率。反馈分频率包含两个级别:MSEL 位[4:0]控制反馈分频率(1~31),作为第一级;第二级由 MSEL 位[5]控制,反馈分频率为 1 和 2。当 MSEL 位[5]=1 时,DF 位必须由用户设置为 1。PLL 的配置和 MSEL、DF 位的作用可参见图 1-14。

VCOCLK(锁相环输出时钟)输出频率与 DF 位、MSEL 位[5]的关系见表 1-5。这里 N 的值是 MSEL 位[4:0]所给定的值。MSEL 位[4:0] = 0 可看作是一个特例,即 $N = 32$。如果 MSEL 位[6] = 0,则内核时钟 CCLK = VCOCLK;如果 MSEL 位[6] = 1,则 VCOCLK 被二分频,也即 CCLK = VCOLK/2。

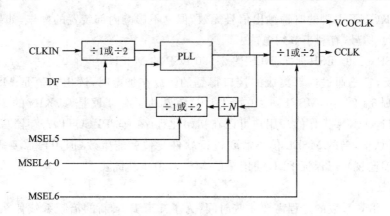

图 1-14　Multiplication 模式下的 PLL 功能框图

表 1-5　CLKIN、VCOCLK 与 DF、MSEL[5]位的函数关系

DF	MSEL[5]	VCOCLK	DF	MSEL[5]	VCOCLK
0	0	NxCLKIN	1	0	NxCLKIN/2
0	1	不允许	1	1	NxCLKIN

相同的输出时钟频率(CCLK)可以通过 MSEL 位[4∶0]和 DF 位的不同组合来获得。在一些特定应用中,例如是运行在低功耗(DF=1)好呢还是运行在 VCO 最小频率好呢?可以通过选择其中一种最优的组合来解决。

VCO 最小频率为 10 MHz,因此不管怎样设置 MSEL 位值,要使 VCOCLK 频率小于 10 MHz,用户只能选择 PLL 的 BYPASS 模式。例如,如果 CLKIN = 3.33 MHz,将 PLLCTL 寄存器的高 8 位设置为 0x01,选择 BYPASS 模式。另一方面,如果 CLKIN = 3.33 MHz,并且 MSEL 各位设置为 0x0C,这时选择 MULTIPLICATION 模式,VCOCLK 输出是 CLKIN 的 6 倍频,即 20 MHz。

当 PLLCTL 寄存器的 BYPS 位设置为 1 时,就选择 BYPASS 模式。在这种模式下,PLL 电路被旁路,内核时钟 CCLK 的频率只能由 CLKIN 频率和 PLLCTL 寄存器的 DIV2 位的值来决定。如果 DIV2=0,CCLK=CLKIN;如果 DIV2=1,CCLK=CLKIN/2。

对于 ADSP-21990 系列 DSP,BYPASS 引脚是内部上拉的,因此如果 BYPASS 引脚悬空,就默认为是 BYPASS 模式。

时钟产生电路也产生外设时钟(HCLK),它为 ADSP-21990 所有的外设提供时钟。HCLK 或者等于 CCLK,或者等于 CCLK/2,由 PLLCTL 寄存器的 IOSL 位决定。如果 IOSL=1,HCLK=CCLK/2;如果 IOSL=0,HCLK=CCLK。HCLK 的最大值是 80 MHz。

通过设置 PLLCTL 寄存器中的 DKOE 位为 1,可以使 CLKOUT 等于 HCLK。若 CKOE

位清 0，在 CLKOUT 引脚的时钟输出信号无效，但这不影响内部装置的操作，如果在应用中不使用 CLKOUT 信号，有利于节约电能。

不像 ADSP-219x DSP 那样，ADSP-21990 DSP 的 MSEL 位[6:0]不是通过片外引脚的电平得到的，相反，它是通过内部集成的接口得到的。故在加电时，读出的值是 MSEL[6:0]=0x03(即 MSEL[6:2]=0，MSEL[1:0]=1)。这就默认了 CCLK 是 CLKIN 的 3 倍频，随后的引导操作是以这个频率工作的。用户可以在初始化程序中向 PLLCTL 寄存器写新值，来改变 MSEL 位的默认值，新的 MSEL 值不需要进行软件复位就能生效，但用户需要等足够长的时间(用锁计数器监视)，以保证 PLL 使用新的 MSEL 值重新同步。

(4) 锁计数器

改变 PLL 倍频系数的过程需要一些时间，为了知道 PLL 新的倍频系数什么时候被锁定，就需要使用锁计数器(LOCKCNT)。锁计数器是一个 10 位寄存器，其地址位于 I/O 存储器的 0x00～0x201 处。锁计数器的值取决于充电的频率(电容充电频率越高，需要锁定的时间就越长)。在加电时，锁计数器被初始化为零，在复位过程中，锁信号处于活动状态。复位信号必须保持足够长的时间，以保证在复位结束时 PLL 被有效的锁定，或者在 PLL 产生正确的时钟源之前，让软件处于等待状态。

在正常操作下，锁计数器读出的值为 0x200 时，表示 PLL 可以正确地工作了。当启用 PLL 时(例如 PLLCTL 寄存器的位 PLOF 清 0)，或者从深度休眠中唤醒时，或者让 MSEL 的值改变时，锁计数器的值都被设置为 0x0000，并且每过一个 HCLK 加 1。在锁计数器的值达到 0x200 之前，不能保证 PLL 和时钟电路操作的正确性。

1.3.4 FIO 模块

ADSP-2990 内部集成了一个可编程的 FIO 模块，它控制并行 I/O 接口——16 个 I/O 双向多功能数字信号引脚(PF15～PF0)。除了作为 I/O 口外，它也可以作为 FIO 中断、三相 PWM 波关断源和 SPI 串口的从选择线来使用。

1. FIO 寄存器的设置

这个模块包括一个 FIO 控制寄存器和 7 个用来配置每个 I/O 口线功能的 16 位寄存器。这 8 个寄存器分别是：FLAG、DIR、MASKA、MASKB、POLAR、EDGE、BOTH 和 FIOPWM。这些寄存器都位于 I/O 存储器中，每种寄存器实际上都有两个寄存器，分别占据两个连续的地址。

FIO 控制寄存器(FLAG)、屏蔽寄存器 A(MASKA)、屏蔽寄存器 B(MASKB)、FIO PWM 关断选择寄存器(FIOPWM)这 4 个寄存器都具有粘性特点：只有写 1 才可以改变相应的位。向偶数地址写 1 就会将相应的位清 0，而向奇数地址写 1 就会把相应的位置 1。例如，向 FLAGC 寄存器的位 0 写 1(地址为 0x0002)，就会清 FLAG 寄存器的位 0。如果向 FLAGS 寄存器的位 0 写 1(地址为 0x0003)，就会将 FLAG 寄存器的位 0 置 1。而向 FLAGC 和 FLAGS

寄存器写 0,都不会产生任何影响。

在编程设置这些 FIO 寄存器时,需要注意以下一些事情:

➢ 为了避免不需要的中断,可以先将相应的中断位(MASKx[n])屏蔽,然后再用软件改变 FLAGx[n]位。

➢ 在 POLARx[n]位被改变之后,必须紧跟 5 条 NOP 指令或者其他指令,而且相应的 FLAGx[n]位必须在相应的中断位使能之前清 0。

➢ 只有当 POLARx[n]=0 时,才能检测到高有效的窄脉冲输入;只有当 POLARx[n]=1 时,才能检测到低有效的窄脉冲输入。

(1) FIO 方向寄存器的设置

PIO 方向寄存器(DIR)可以将一个 FIO 引脚设置为输入或输出。向 DIR 寄存器(对两个 I/O 地址均可)的某位写 1,则相应的 FIO 引脚就设置为输出,而写 0 则把相应的引脚设置为输入。图 1-15 给出 DIR 寄存器的功能,每一位对应一个 FIO 引脚。

15	14	13	12	11	10	9	8	7	6	5	4	3	2	1	0	
0	0	0	0	0	0	0	0	0	0	0	0	0	0	0	0	I/O[0x06:0x0000/0x0001] 复位值: 0x0000
rw	rw	rw	rw	rw	rw	rw	rw	rw	rw	rw	rw	rw	rw	rw	rw	

图 1-15 FIO 方向寄存器(DIR)

(2) FIO 控制寄存器(FLAGC 和 FLAGS)的设置

FIO 控制寄存器的功能就是置 1 或者清 0 某个 FIO 引脚。FIO 控制寄存器由两个寄存器组成:FIO 清 0 寄存器(FLAGC)和 FIO 置 1 寄存器(FLAGS)。

FIO 清 0 寄存器(FLAGC)用来将 FIO 引脚清 0,无论该引脚被设置为输入或者输出。向该位写 1 使相应的 FIO 引脚清 0;而写 0 对这些 FIO 引脚无效。图 1-16 给出 FLAGC 寄存器的功能,每一位对应一个 FIO 引脚。

15	14	13	12	11	10	9	8	7	6	5	4	3	2	1	0	
0	0	0	0	0	0	0	0	0	0	0	0	0	0	0	0	I/O[0x06:0x0002] 复位值: 0x0000
w1c	w1c	w1c	w1c	w1c	w1c	w1c	w1c	w1c	w1c	w1c	w1c	w1c	w1c	w1c	w1c	

图 1-16 FIO 清 0 寄存器(FLAGC)

无论该引脚被设置为输入或者输出,FIO 置 1 寄存器(FLAGS)用来将 FIO 引脚置 1。向该位写 1 使相应的 FIO 引脚置 1;而写 0 对这些 FIO 引脚无效。图 1-17 给出 FLAGS 寄存器的功能,每一位对应一个 FIO 引脚。

(3) FIO 中断屏蔽寄存器(MASKAC、MASKAS、MASKBC 和 MASKBS)

FIO 中断屏蔽寄存器用来使能 FIO 引脚作为中断源。这时该引脚既可以设置为输入,也可以设置为输出。通过设置 MASKA 和 MASKB 寄存器,可以将 16 个 FIO 引脚设置为两种不同的中断优先级。

15	14	13	12	11	10	9	8	7	6	5	4	3	2	1	0	I/O[0x06:0x0003]
0	0	0	0	0	0	0	0	0	0	0	0	0	0	0	0	复位值：0x0000
w1s	w1s	w1s	w1s	w1s	w1s	w1s	w1s	w1s	w1s	w1s	w1s	w1s	w1s	w1s	w1s	

图 1-17　FIO 置 1 寄存器（FLAGS）

FIO 中断屏蔽寄存器 MASKA 和 MASKB 的中断使能寄存器分别是 MASKAS 和 MASKBS，用来使能 FIO 中断。向 MASKAS 和 MASKBS 寄存器某位写 1 则使能相应引脚的中断功能，而写 0 则对这些引脚没有影响。

图 1-18 和图 1-19 给出 MASKAS 和 MASKBS 寄存器的功能，每一位对应一个 FIO 引脚。

15	14	13	12	11	10	9	8	7	6	5	4	3	2	1	0	I/O[0x06:0x0005]
0	0	0	0	0	0	0	0	0	0	0	0	0	0	0	0	复位值：0x0000
w1s	w1s	w1s	w1s	w1s	w1s	w1s	w1s	w1s	w1s	w1s	w1s	w1s	w1s	w1s	w1s	

图 1-18　FIO 中断使能寄存器 A（MASKAS）

15	14	13	12	11	10	9	8	7	6	5	4	3	2	1	0	I/O[0x06:0x0007]
0	0	0	0	0	0	0	0	0	0	0	0	0	0	0	0	复位值：0x0000
w1s	w1s	w1s	w1s	w1s	w1s	w1s	w1s	w1s	w1s	w1s	w1s	w1s	w1s	w1s	w1s	

图 1-19　FIO 中断使能寄存器 B（MASKBS）

FIO 中断屏蔽寄存器 MASKA 和 MASKB 的中断禁止寄存器分别是 MASKAC 和 MASKBC，用来禁止 FIO 中断。向 MASKAC 和 MASKBC 寄存器某位写 1 则禁止相应引脚的中断功能，而写 0 则对这些引脚没有影响。

图 1-20 和图 1-21 给出 MASKAC 和 MASKBC 寄存器的功能，每一位对应一个 FIO 引脚。

15	14	13	12	11	10	9	8	7	6	5	4	3	2	1	0	I/O[0x06:0x0004]
0	0	0	0	0	0	0	0	0	0	0	0	0	0	0	0	复位值：0x0000
w1c	w1c	w1c	w1c	w1c	w1c	w1c	w1c	w1c	w1c	w1c	w1c	w1c	w1c	w1c	w1c	

图 1-20　FIO 中断禁止寄存器 A（MASKAC）

15	14	13	12	11	10	9	8	7	6	5	4	3	2	1	0	I/O[0x06:0x0006]
0	0	0	0	0	0	0	0	0	0	0	0	0	0	0	0	复位值：0x0000
w1c	w1c	w1c	w1c	w1c	w1c	w1c	w1c	w1c	w1c	w1c	w1c	w1c	w1c	w1c	w1c	

图 1-21　FIO 中断禁止寄存器 B（MASKBC）

（4）FIO 极性控制寄存器（POLAR）

FIO 极性控制寄存器（POLAR）用来选择触发中断信号的高低电平。

注意：FIO 极性选择仅在 FIO 引脚为输入状态时（DIR[n]=0）有效。

向 POLAR 寄存器某位写 0 则设置相应引脚为高电平输入信号有效；而写 1 则设置相应引

脚为低电平输入信号有效。图 1-22 给出 POLAR 寄存器的功能,每一位对应一个 FIO 引脚。

```
15 14 13 12 11 10 9 8 7 6 5 4 3 2 1 0    I/O[0x06:0x0008/0x0009]
 0  0  0  0  0  0 0 0 0 0 0 0 0 0 0 0    复位值:0x0000
rw rw rw rw rw rw rw rw rw rw rw rw rw rw rw rw
```

图 1-22　FIO 极性控制寄存器(POLAR)

(5) FIO 触发选择寄存器(EDGE 和 BOTH)

FIO 触发选择寄存器决定输入引脚(DIR[n]=0 时)的触发方式。可以选择边沿触发或电平触发,如果是边沿触发,则还可以指定 FIO 引脚的触发边沿是上升沿、下降沿,还是二者都触发。

FIO 边沿/电平触发选择寄存器(EDGE)用来决定是边沿触发还是电平触发。向 EDGE 寄存器的某一位写 0,则设置相应的引脚为电平触发;写 1 则设置相应的引脚为边沿触发。图 1-23 给出 EDGE 寄存器的功能,每一位对应一个 FIO 引脚。

```
15 14 13 12 11 10 9 8 7 6 5 4 3 2 1 0    I/O[0x06:0x000A/0x000B]
 0  0  0  0  0  0 0 0 0 0 0 0 0 0 0 0    复位值:0x0000
rw rw rw rw rw rw rw rw rw rw rw rw rw rw rw rw
```

图 1-23　FIO 边沿/电平触发选择寄存器(EDGE)

FIO 单双沿选择寄存器(BOTH)用来确定触发的边沿是上升沿、下降沿(与 POLAR[n] 位有关)、还是两者都触发。向 BOTH 寄存器的某一位写 0,则设置相应的引脚为单沿触发(是上升沿还是下降沿由 POLAR[n] 位决定);写 0 则设置相应的引脚为双沿触发。图 1-24 给出 BOTH 寄存器的功能,每一位对应一个 FIO 引脚。

```
15 14 13 12 11 10 9 8 7 6 5 4 3 2 1 0    I/O[0x06:0x000C/0x000D]
 0  0  0  0  0  0 0 0 0 0 0 0 0 0 0 0    复位值:0x0000
rw rw rw rw rw rw rw rw rw rw rw rw rw rw rw rw
```

图 1-24　FIO 单双沿触发选择寄存器(BOTH)

(6) FIO 数据输入寄存器(DATA_IN)

FIO 数据输入寄存器(DATA_IN)用来观测 FIO 引脚的输入电平信号,它是只读寄存器,随输入电平变化。图 1-25 给出该寄存器的功能,每一位对应一个 FIO 引脚。

```
15 14 13 12 11 10 9 8 7 6 5 4 3 2 1 0    I/O[0x06:0x0013]
 u  u  u  u  u  u u u u u u u u u u u    复位值:0x0000
ro ro ro ro ro ro ro ro ro ro ro ro ro ro ro ro
```

图 1-25　FIO 数据输入寄存器(DATA_IN)

2. FIO 模块的操作

FIO 模块可以独立地控制每一个 FIO 引脚。复位之后,FIO 口默认为电平触发的输入模式,FIO 中断被屏蔽,所有的 FIO 配置寄存器都被初始化为 0。

在更改模块设置时,注意不要引起不希望的中断事件。因此,在更改触发方式时,注意必须先屏蔽中断。在更改极性时,注意必须先将触发方式设置为电平触发且屏蔽中断。

(1) FIO 配置为输出

当 FIO 方向寄存器(DIR)中的某一位为 1 时,该位就处于输出状态,其输出值根据 FIO 控制寄存器(FLAG)的内容确定。在这种模式下,FIO 控制寄存器(FLAG)中的内容只能通过软件写 1 访问或复位来改变。写 1 访问偶数地址的寄存器(FLAGC)会将相应的位清 0,访问奇数地址的寄存器(FLAGS)则将相应的位置 1。向这个寄存器写 0 是无效的。而对这两个地址的任意一个寄存器的读访问都能得到该寄存器的内容。

(2) FIO 配置为输入

当 FIO 方向寄存器(DIR)中的某一位为 0 时,该位对应的引脚就处于输入状态。引脚设置为输入状态时,可以作为普通数字输入引脚、FIO 中断引脚和三相 PWM 波关断引脚。

可用 POLAR 寄存器选择输入信号的极性,还可以使用 EDGE 和 BOTH 寄存器选择输入信号是电平触发还是边沿触发。可以通过 FIO 寄存器(FLAG)来观测到 FIO 引脚有效的电平或边沿,因此 POLAR、EDGE、BOTH 寄存器的设置会影响 FLAG 寄存器的内容。在数据输入寄存器(DATA_IN)中只能观测到有效电平。因此只有 POLAR 寄存器的值会影响 DATA_IN 寄存器的值。

当 $EDGE[n]==0$ 时,表示电平触发,这时 FLAG 寄存器的内容随输入信号变化(如果 $POLAR[n]==1$ 时则相反),不能通过写访问来修改。当 $EDOE[n]==1$ 时,表示边沿触发,这时 FLAG 寄存器在输入信号的上升沿置 1(如果 $POLAR[n]==1$ 则在下降沿置 1),置 1 的状态一直保持,直到通过向偶数地址的 FLAG 寄存器写 1 或者通过复位来清 0。当上升沿置 1 操作与写访问冲突时,上升沿置 1 操作优先执行。

(3) 中断

FIO 模块能够产生两个中断请求:FIO_IRQA 和 FIO_IRQB。二者可以分别触发 DSP 内核的两个用户中断,也可以经过逻辑"或"之后再触发 DSP 内核的一个用户中断。通过设置屏蔽寄存器 A(MASKA)可以使能 FIO_IRQA 中断源;设置屏蔽寄存器 B(MASKB)可以使能 FIO_IRQB 中断源。FIO_IRQA 和 FIO_IRQB 是通过外围中断控制器与 DSP 内核中断连接的,因此可以设置不同的优先级。

(4) FIO 唤醒输出

这个模块可以在 DSP 内核休眠时产生一个异步的唤醒信号 FIO_WAKEUP 来唤醒 DSP。它是通过被使能的多个外部 FIO 输入信号经过逻辑"或"来产生的。同时 FIO_WAKEUP 信号产生的条件是 FIO 引脚设置为输入引脚和中断使能。FIO 极性控制寄存器(POLAR)的设置会改变输入信号的有效电平。当 POLAR 寄存器的某位为 0 时,FIO 输入的高电平信号将激活 FIO_WAKEUP 信号。同样,当 POLAR 寄存器的某位为 1 时,FIO 输入的低电平信号激活

FIO_MKEUP 信号。

(5) FIO 引脚作为 PWM 关断源

FIO 口可以设置成 ADSP-21990 的三相 PWM 波的关断源。因此 ADSP-21990 的 FIO 模块增加了 FIO PWM 关断选择寄存器(FIOPWM)。该寄存器的操作也具有粘性特点,写 1 清 0,写 0 无效。因此,它也有两个寄存器,占用两个相邻的 I/O 寄存器地址。向偶数地址寄存器写 1 将相应位置 1,向奇数地址寄存器写 1 将相应的位清 0。图 1-26 和图 1-27 分别给出 PIOPWMC 和 FIOPWMS 寄存器的功能,每一位对应一个 FIO 引脚。

15	14	13	12	11	10	9	8	7	6	5	4	3	2	1	0	I/O[0x06:0x000E]
0	0	0	0	0	0	0	0	0	0	0	0	0	0	0	0	复位值:0x0000
w1c	w1c	w1c	w1c	w1c	w1c	w1c	w1c	w1c	w1c	w1c	w1c	w1c	w1c	w1c	w1c	

图 1-26 FIO PWM 关断选择寄存器(清 0)(FIOPWMC)

15	14	13	12	11	10	9	8	7	6	5	4	3	2	1	0	I/O[0x06:0x000F]
0	0	0	0	0	0	0	0	0	0	0	0	0	0	0	0	复位值:0x0000
w1s	w1s	w1s	w1s	w1s	w1s	w1s	w1s	w1s	w1s	w1s	w1s	w1s	w1s	w1s	w1s	

图 1-27 FIO PWM 关断选择寄存器(置 1)(FIOPWMS)

将 FIOPWM 寄存器中的某位置 1,就可以将相应的 FIO 引脚配置为三相 PWM 波关断源,同时,该 FIO 引脚必须设置为输入。

将 FIOPWM 寄存器中的某位清 0 时,相应的 PWM 波关断源就被禁止了,因此这个引脚就可以用做其他目的。

一旦 FIO 引脚被设置为 PWM 波关断源,加在该引脚上的一个低电平(如果 POLAR[n]位=1 则是一个高电平)就会产生一个异步的 PWM 关断信号,其作用与专用的 $\overline{\text{PWMTRIP}}$ 引脚信号的作用一样。换句话说,这样的 FIO 引脚上的一个低电平(POLAR[n]位=0)就可以将 6 个 PWM 输出全部关断,并产生一个 DSP 内核 PWMTRIP 中断。

在 PWM 输出全部关断之后,只有将该 FIO 引脚变为高电平(如果 POLAR[n]位=1 则是一个低电平)才能再次使能 PWM 输出。而 PWM 模块则必须通过对 PWM 控制寄存器的写操作来重新使能。

1.4 存储器、数据地址发生器和外部接口

1.4.1 存储器

ADSP-21990 DSP 片内集成了内部存储器,并且可以扩展外部存储器。包括内部存储器和外部存储器,DSP 内核总共可以有寻址 16M 字存储器空间的能力。

ADSP-21990 DSP 采用改进的哈佛结构。这种结构仍然采用程序总线和数据总线分离

结构,但是程序和数据总线是统一编址的。数据存储器总线 DM 只能传送数据,程序存储器总线 PM 既可以传送指令也可以传送数据,因此这种存储器结构可以实现双数据访问。

1. 存储器地址和数据总线

如图 1-28 所示,DSP 有两条内部总线:程序存储器总线(PM)和数据存储器总线(DM),它们连接到内部存储器。I/O 处理器(DMA 控制器、DMA 通道仲裁和外设的全称)也连接到

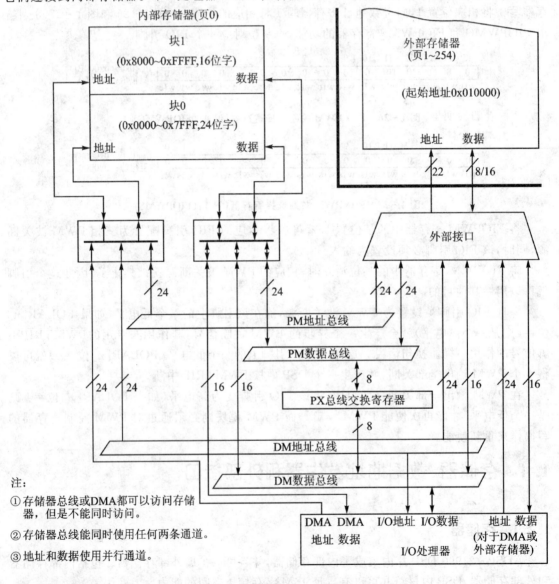

图 1-28 存储器和内部总线块图

内部存储器和外部接口上。PM、DM 总线和 I/O 处理器(对于 DMA 传送)三者共用两个内部存储器接口(每块一个)。DSP 的内核(计算单元、数据地址发生器或程序控制器)访问内部存储器时,都使用 PM 或 DM 总线。对于非 DMA 存储器的访问,I/O 处理器也使用 DM 总线。但是对于 DMA 传送,则使用两条不同的线路连接到存储器的接口。DMA 使用这两条线路并通过挤时间的方式,使 I/O 处理器能够在内部存储器和 DSP 的通信接口(外部接口、SPORT 接口和 SPI 接口)之间提供数据传送,而不会干扰 DSP 内核对内部存储器的访问。

DSP 内核和 DMA 外设都可以访问内部存储器。内部存储器中的每一个块在每个周期里都允许 DSP 内核或 DMA 外设访问。但是如果两者同时访问,DMA 访问将被挂起。

如果内核试图在同一个周期里两次访问同一个内部存储器块,则会发生内存访问冲突。当有冲突发生时,需要增加一个额外的周期,DM 总线的访问总是先完成,PM 总线的访问则在那个额外的周期里完成。

图 1-28 也给出了通过 DSP 的外部接口、PM 总线、DM 总线和 I/O 处理器访问的外部总线(引脚 DATA15~0、ADDR19~0)。可以通过外部接口访问系统外部存储器和外部外设。

外部地址总线是 22 位宽的。有 20 条地址线,根据外部数据的宽度和是否进行打包来决定怎样使用;另有引脚($\overline{MS3}$~$\overline{MS0}$),用于选择外部存储器的体(也相当于高 2 位地址线)。外部存储器连接到 DSP 的外部接口上,它扩展了 DSP 的外部地址和数据总线。DSP 通过外部接口在对外部存储器进行访问的过程中,能自动地将访问的外部数据转换成适当的字宽。

如果 DSP 内核的 PM、DM 总线和 I/O 处理器在同一个周期里都试图访问内部存储器或外部存储器,这会产生访问冲突。DSP 有一个仲裁系统来处理这个冲突。仲裁系统使用以下优先级:DM 总线(最高优先级)、PM 总线、I/O 处理器(最低优先级)。因为 I/O 处理器的访问可以是不连续的,因此 DSP 内核总线从不会被挂起超过 4 个周期。

2. 内部数据总线交换

内部数据总线交换是指数据在 PM 和 DM 总线之间传送。

如图 1-29 所示,PM 总线交换寄存器(PX)允许数据在 PM 与 DM 总线间流动,当数据在 PM 与 DM 之间传送时,PX 寄存器保留数据的低 8 位。PX 寄存器属于第 3 寄存器组(REG3)中的寄存器,可以进行寄存器到寄存器间的数据传送。

当同时从程序存储器和数据存储器中读数据时,从程序存储器数据总线(PMD)

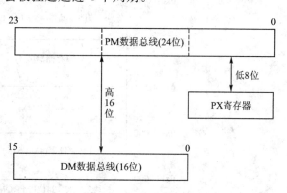

图 1-29 PM 总线交换寄存器(PX)

的高 16 位到计算单元的 Y 寄存器之间有一条专用通道,这个只读通道不能用于总线交换。

对于从 PMD 总线传送的数据,PX 寄存器有以下特点:

➢ 无论数据(不是一条指令)何时从程序存储器读到任何寄存器,PX 寄存器都会自动载入。

➢ 当数据写到程序存储器时,其低 8 位自动地读出。

对于从数据存储器数据总线 DMD 中传送数据,PX 寄存器有以下特点:

➢ 当执行一个数据移动指令且明确地指定 PX 寄存器作为目地时,数据的低 8 位被保留,高 8 位被抛弃。

➢ 当执行一个数据移动指令且明确地指定 PX 寄存器作为源时,从 PX 寄存器中读出的高 8 位值全是 0。

无论何时将寄存器的内容写到程序存储器,寄存器提供的都是高 16 位数据,PX 寄存器里的内容自动加到低 8 位。如果通过 PMD 总线传送给程序存储器的低 8 位数据是比较重要的,应该在向程序存储器写操作之前,通过 DMD 总线将该数据装入到 PX 寄存器。

3. ADSP - 21990 存储器组织结构

ADSP - 21990 的存储器结构如图 1 - 30 所示。由图可见,整个 DSP 存储器是由 256 页(第 0~255 页)组成,每页是 64K 字长。内部 RAM 位于存储器的第 0 页。外部存储器还包括 4 个体,体的大小可以设置。在复位时,默认外部存储器的体 0 包含第 1~63 页;体 1 包含第 64~127 页;体 2 包含第 128~191 页;体 3 包含第 192~254 页。可分别地通过 $\overline{MS3}$ ~ $\overline{MS0}$ 体

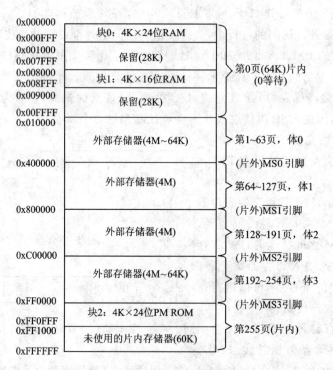

图 1 - 30 ADSP - 21990 存储器映射表

选引脚来选择体3～0。第255页的高4K是片内引导ROM。DSP内核和DMA外设能访问DSP的外部存储器空间,所有外部存储器的访问都由外部存储器接口单元(EMI)来管理。

ADSP－21990还有另一个存储空间,称为I/O存储器。I/O存储空间是单独寻址的,它也由256页组成,每个页包含1024个地址。I/O存储器空间有256K地址,其中低32K地址(I/O第0～31页)用于内部外设;高224K地址(I/O第32～255页)用于外部外设,必须通过$\overline{IOMS}$引脚来选择。

DSP的指令集为访问I/O空间提供指令。这些访问使用18位地址,它是由一个8位I/O页寄存器(IOPG)和指令中的一个10位立即数组合而成。DSP内核和DMA外设能访问DSP的整个存储空间。

引导存储器空间是一个253页片外的体,$\overline{BMS}$引脚用于选择外部引导存储器空间。DSP内核和DMA外设可以访问DSP的引导存储器空间。如果DSP被配置为从引导存储器空间启动,DSP先从内部引导ROM开始执行指令,从而启动引导程序。

ADSP－21990的I/O存储器和引导存储器结构如图1－31所示。

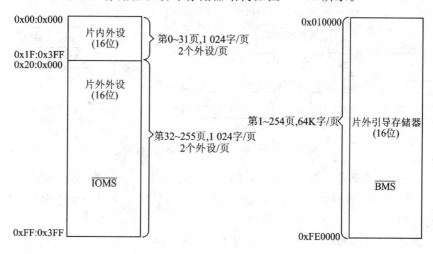

图1－31　ADSP－21990 I/O存储器和引导存储器映射表

1.4.2　数据地址发生器

DSP的数据地址发生器(DAG)为数据存储器和程序存储器之间传送数据产生地址。DAG的结构见图1－32。它有以下几种功能:

- 提供地址和过修改地址功能:在数据传送过程中提供一个地址,并自动地增加地址用于下一次数据传送。
- 提供预修改地址功能:在数据传送过程中提供一个已修改的地址,但原地址不改变。
- 修改地址功能:只改变原地址,而不传送数据。

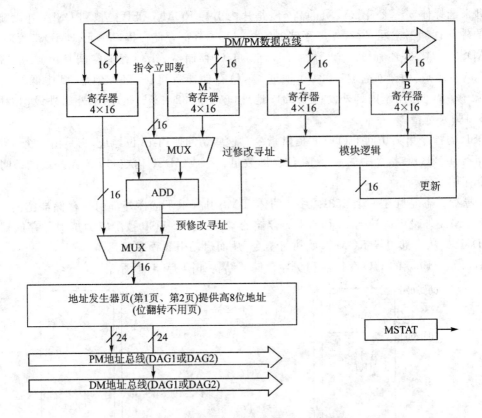

图 1-32 数据地址发生器(DAG)框图

- 位翻转地址：在数据传送过程中，提供一个位翻转地址，但不改变原地址。

从图1-32中可以看到，每个DAG都有5类寄存器。这些寄存器用于保存DAG产生的地址。它们分别是：

- 索引寄存器（对于DAG1是I0~I3，对于DAG2是I4~I7）。索引寄存器中保存一个地址，它起到一个指向存储器指针的作用。例如，DAG将指令中的DM(I0)和PM(I4)解释为地址。
- 修改寄存器（对于DAG1是M0~M3，对于DAG2是M4~M7）。修改寄存器为索引寄存器在数据传送过程中通过"预"或"过"修改来提供地址增量或步长。例如，DM(I0+=M1)指令，它说明DAG先输出寄存器I0里的地址，然后使用M1寄存器的内容与I0寄存器的内容相加，来修改I0寄存器的内容。
- 长度和基地址寄存器（对于DAG1是L0~L3和B0~B3，对于DAG2是L4~L7和B4~B7）。长度和基地址寄存器用于设定地址范围和循环缓冲的起始地址。
- DAG存储器页寄存器（对于DAG1是DMPG1，对于DAG2是DMPG2）。页寄存器给存储器的访问提供高 8 位地址,16 位索引寄存器或基地址寄存器则提供低 16 位地址。

1. DAG 模式的设置

模式状态寄存器 MSTAT 控制 DAG 的操作模式。图 1-4 给出了 MSTAT 寄存器中所有的位,其中以下位控制数据地址发生器模式:

- 位翻转地址使能位(位 1)BIT_REV。BIT_REV=1 时,位翻转地址有效;否则无效。
- DAG 的辅助寄存器选择位(位 6)SEC_DAG。SEC_DAG=0 时,选择使用 DAG 主寄存器;SEC_DAG=1 时,选择使用 DAG 辅助寄存器。

(1) DAG 辅助寄存器

每一个 DAG 都有一个辅助寄存器,用于实现快速上下文转换。DSP 对所有数据寄存器、结果寄存器和数据地址发生器寄存器都设置了辅助寄存器。MSTAT 寄存器中的 SEC_DAG 位控制 DAG 辅助寄存器和主寄存器的切换。

(2) DAG 位翻转模式

MSTAT 寄存器中的 BIT_REV 位可以使能位翻转寻址模式。当 BIT_REV 置 1 时,DAG 对输入的 16 位地址进行位翻转操作,并将结果从 DAG1 索引寄存器 I0、I1、I2、和 I3 输出。

(3) DAG 页寄存器(DMPGx)

DAG 与 DAG 页寄存器共同作用,为访问指令中的数据产生 24 位地址。其中 DAG 页寄存器提供 24 位地址中的高 8 位地址,即数据所在的页地址,24 位地址的低 16 位则由 DAG 提供。

DMPG1 页寄存器和 DAG1(寄存器 I0~I3)可实现间接寻址和立即寻址。

DMPG2 和 DAG2(寄存器 I4~I7)可实现间接寻址。

在上电复位时,DSP 将两个页寄存器初始化为 0。当寻址的数据不是位于当前页时,需要重新给页寄存器赋值。当初始化 DAG 索引寄存器来设置数据缓存时,程序应该设置相应的页寄存器。

(4) DAG 状态

DAG 不像计算单元和程序控制器那样能产生状态信息,因此在执行循环缓存寻址时,DAG 不提供缓存溢出信息。如果一个程序需要循环缓存溢出的状态信息,程序需要设计一个地址范围检测子程序,来捕捉这个条件。

2. DAG 操作

DSP 的 DAG 可以有几种方法来产生数据地址,如图 1-32 所示,DAG 寄存器和 MSTAT 寄存器控制 DAG 的操作。

(1) 使用 DAG 寻址

DAG 支持两类修改寻址,预修改寻址和过修改寻址。

在预修改寻址中,DAG 给 I 寄存器加一个偏移量(或修改量)产生地址输出,这个偏移量来自于 M 寄存器或者来自一个立即数。预修改寻址不改变(或更新)I 寄存器的内容。

在过修改寻址中,DAG 先根据 I 寄存器值输出一个地址,然后 DAG 将 M 寄存器的值或一个立即数加到 I 寄存器,更新 I 寄存器值。图 1-33 将预修改寻址和过修改寻址做一个比较。

预修改和过修改指令在 DSP 汇编语言中的区别是 I、M 之间的操作符不同。如果在 I 寄存器和 M 寄存器之间的操作符是"+=",这个指令是过修改指令;如果是"+",这个指令是预修改指令。

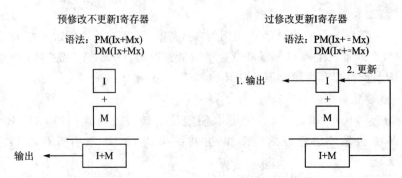

图 1-33 预修改寻址和过修改寻址

(2) 循环缓冲寻址

DAG 支持循环缓冲寻址,循环缓冲区是在数据存储器中开辟一片存储区域。通过索引指针(I 寄存器)按一定的步长(可正或负)来循环寻址该缓冲区,步长(或偏移量)存储在 M 寄存器或仅仅使用一个立即数,用过修改的方式更新 I 寄存器的索引值。如果索引指针寻址到缓冲区外,DAG 减去或加上缓冲区长度,把索引指针拉回到缓冲区的起始处。

DAG 循环缓冲的起始地址称为缓冲基地址(存放在 B 寄存器),基地址的值没有限制。不要跨越存储器页边界开辟循环缓冲区,循环缓冲区必须位于同一个存储器页中。

(3) 位翻转寻址

对于一些算法(特别是 FFT 运算)的编程,需要位翻转寻址,以获得有序的连续结果。为了适应这些算法的需要,设计 DAG 的位翻转寻址来重复地细分数据次序,以位翻转的次序存储数据。

位翻转地址输出只能用于 DAG1。因为这两个 DAG 可以分别地独立操作,使用中可以让 DAG2 产生正常顺序的地址读数据,让 DAG1 产生位翻转顺序的地址写该数据。

当 MSTAT 寄存器的 BIT_REV 位置 1 时,使用位翻转寻址。这时,位翻转的地址从 DAG1 索引寄存器 I0、I1、I2 和 I3 输出。注意,位翻转只是对 DAG 输出的地址进行翻转,而不修改 I 寄存器的内容。

(4) DAG 寄存器的修改

DAG 有只修改索引寄存器的值但不输出地址的功能,这个功能对地址指什维护非常有用。DAG 使用 Modify 指令修改索引寄存器的内容而不输出地址,如果建立了循环缓冲区,Modify 指令还可起到一个使缓冲区循环的功能。Modify 指令功能类似于过修改寻址(Index ＋＝修改值)。Modify 指令的修改值既可以使用 8 位有符号立即数,也可以使用 M 寄存器的值。

1.5 程序控制器

1.5.1 程序控制器功能

DSP 程序控制器控制程序的流程,为 DSP 要执行的下一条指令提供地址。

DSP 的程序大部分都是顺序执行的,也存在非顺序执行的程序,其中非顺序执行指令包括:

- 循环:一组指令按一定条件执行多次。
- 子程序调用:程序处理器暂停执行当前程序,转而执行位于程序存储区的另一个指令块。
- 跳转:程序流程转移到程序存储区的指定区域执行。
- 中断:触发事件使程序流程暂时转向执行中断子程序。
- 闲置:程序处理器停止操作,保持当前状态,当有一个中断发生时,程序处理器完成中断服务后,继续执行正常操作。

程序控制器通过选择下一条要执行指令的地址,来管理这些程序结构的执行。为此,控制器处理以下的任务:PC 加 1;维护堆栈;测试条件;循环计数器减 1;计算新地址;维护指令缓存;处理中断。

图 1-34 是程序控制器内部逻辑。控制器的地址选择器从几个地址源中选择一个地址,所取的地址进入指令流水线,保存到程序计数器(PC)中。在流水线中完成解码和执行指令的过程。PC 堆栈保存着返回地址。所有的程序控制器产生的地址都是 24 位程序存储器地址。

如果 DSP 执行一条需要通过 PM 数据总线进行数据访问的指令,因为控制器需要使用 PM 数据总线取指,所以就会有一个总线冲突。

当通过 DM 总线传送数据,且该数据与 DSP 正在取的指令在同一个存储块时,就会有一个块冲突,因为总线一次只能访问一个块。

当有总线冲突或块冲突时,程序控制器使用指令缓存。由于使用了指令缓存,DSP 访问数据存储器和从指令缓存中取指可以在同一周期内进行。

电动机的 ADSP 控制——ADI 公司 ADSP 应用

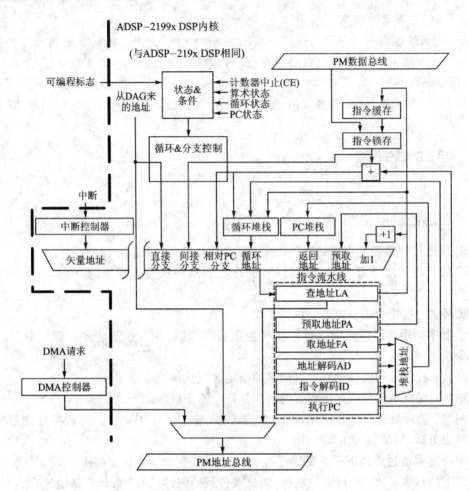

图 1-34 程序控制器结构框图

数据地址发生器 DAG 除了提供数据地址外,还可为程序控制器的直接分支提供指令地址。

程序控制器使用来自状态寄存器的信息测试条件指令和循环终止条件。循环堆栈支持循环嵌套。状态堆栈为中断服务子程序提供状态寄存器的保护。

表 1-6 和表 1-7 列出了程序控制器中的寄存器和与其相关的寄存器。程序控制器中的所有寄存器都被分到寄存器组 1(Reg1)、组 2(Reg2)或者组 3(Reg3)中,因此它们可以访问其他数据寄存器和存储器。除了 PC 外,程序控制器中的所有寄存器都可以直接读/写。通过外部指令和可读/写的 PC 堆栈页寄存器(STACKP)与堆栈地址寄存器(STACKA),可以人为地使 PC 进栈或出栈。循环堆栈和状态堆栈的进出栈也可以使用外部指令。

表 1-6 程序控制器的延迟

寄存器	内容	位	延迟
CNTR	在下一个 DO/UNTIL 循环装入循环数	16	1
IJPG	跳转页（地址的高 8 位）	8	1
IOPG	I/O（地址的高 8 位）	8	1
DMPG1	DAG1 页（地址的高 8 位）	8	1
DMPG2	DAG2 页（地址的高 8 位）	8	1

注：如果不是 CE 指令，CNTR 有一个周期延迟，其他情况没有延迟。

表 1-7 系统寄存器的延迟

寄存器	内容	位	延迟	寄存器	内容	位	延迟
ASTAT	算术状态	9	1	IRPTL	中断锁存	16	1
MSTAT	模式状态	7	0	IMASK	中断屏蔽	16	1
SSTAT	系统状态	8	N/A	ICNTL	中断控制	16	1
CCODE	条件代码	16	1	CACTL	缓存控制	3	5

有一组系统控制寄存器用于配置程序控制器或给程序控制器提供输入，这些寄存器包括 ASTAT、MSTAT、CCODE、IMASK、IRPTL 和 ICNTL。向这些寄存器的写操作内容在写后的下一个周期生效。表 1-6 和表 1-7 给出了程序控制器中的寄存器和系统寄存器在写操作生效时所延迟的周期数。其中 0 表示在写指令执行后立即有效，或在写的下一个周期里可以读出；1 表示需要一个额外周期。

1.5.2 指令流水线

ADSP-21990 采用 6 级指令流水线，这 6 级分别是查找地址（LA）、预取地址（PA）、取地址（FA）、地址解码（AD）、指令解码（ID）和指令执行（PC）。

指令流水线需要考虑到存储器的读延迟，从给内部存储器发送一个地址，到内核得到该数据，需要两个周期。

程序控制器通过检查当前执行的指令和当前处理器的状态来决定下一条指令的地址。如果没有条件要求，DSP 顺序地执行从程序存储器中来的指令。使用指令流水线，DSP 在 6 个时钟周期内对指令的处理为：

➤ 查找地址（LA），DSP 从地址选择器中决定哪一个地址是指令源。

➤ 预取地址（PA）和取地址（FA），DSP 从指令缓存或从程序存储器中读指令。

➤ 地址解码（AD）和指令解码（ID），DSP 对指令解码，产主控制指令执行的条件。

➤ 执行（PC），DSP 执行指令，指令操作在单周期内完成。

如表 1-8 所列,在顺序控制的程序流程中,当某条指令被取时,3 个周期前取的指令正在执行。除了几个例外之外,在顺序控制的程序流程中每个周期执行一条指令。这几个例外是由于执行了双周期指令,例如:使用间接寻址写 16 位或 24 位立即数指令、长跳转指令(LJUMP)和长调用指令(LCALL)。

表 1-8 指令流水线周期

周期	LA	PA	FA	AD	ID	PC
1	0x08≫					
2	0x09≫	0x08≫				
3	0x0A≫	0x09≫	0x08≫			
4	0x0B≫	0x0A≫	0x09≫	0x08≫		
5	0x0C≫	0x0B≫	0x0A≫	0x09≫	0x08≫	
6	0x0D≫	0x0C≫	0x0B≫	0x0A≫	0x09≫	0x08≫
7	0x0E≫	0x0D≫	0x0C≫	0x0B≫	0x0A≫	0x09≫
8	0x0F≫	0x0E≫	0x0D≫	0x0C≫	0x0B≫	0x0A≫

非顺序控制的程序流程会降低 DSP 指令的处理速度,它们包括:
- 与取指冲突的数据访问;
- 跳转;
- 子程序调用和返回;
- 循环;
- 中断和返回。

1.5.3 指令缓存

通常控制器每个周期都要从程序存储器中取指令,但有时因为总线的限制,妨碍了数据和指令在单周期内被提取。为了减少这些限制,DSP 使用了指令缓存,如图 1-35 所示。

为了避免总线冲突和块冲突,DSP 将指令储存到缓存,以减少延迟。

当 DSP 第一次遇到提取冲突时,DSP 必须等待到下一个周期取指,这就产生一个延迟。之后,DSP 自动地将取到的指令写入指令缓存中,以防止延迟再次发生。

程序控制器在每一个 PM 数据访问或块冲突时,都检查缓存。如果所需的指令在缓存中,就从缓存里取指,同时从程序存储器里取数据,这样就不会发生延迟。

因为 ADSP-21990 是 6 级指令流水线,当 DSP 执行一条要求访问 PM 数据或能引起块冲突的指令时(假设在地址 n),如果程序是顺序控制,则此时也正是在地址 $n+3$ 处取指时,因此缓存里装的指令是从地址 $n+3$ 处取来的指令,而不是引起冲突的指令。

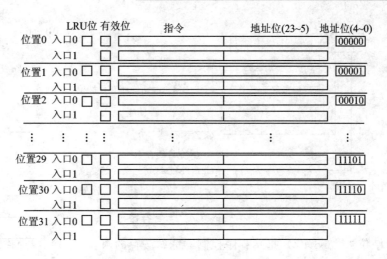

图 1-35　指令缓存结构

如果"避免冲突所需的指令"在缓存中,缓存在数据访问执行的同时提供指令;如果"避免冲突所需的指令"不在缓存中,则在数据访问后的下一个周期里开始取指令,延迟一个周期。如果缓存一直使能,缓存中总存放着那条避免冲突的指令,因此可以避免同样的冲突再次发生。

图 1-35 展示了指令缓存的结构框图。在指令缓存中有 64 个指令—地址对,这些指令—地址对(或者称缓存入口)根据指令地址的 5 个最低位(4~0)进行安置,共有 32 个位置(编号 0~31)。每个位置有两个入口(入口 0 和入口 1),每个入口都有一个有效位,指示该入口是否存放有效指令。每个位置还有一个最少使用位(LRU),指示哪一个入口最近没有被使用(0——入口 0;1——入口 1)。

缓存根据指令地址的 5 个最低位在相应的入口中放入指令。当程序控制器从缓存中检查提取指令时,它使用 5 个地址最低位作为缓存位置的索引,指向指令缓存的某一位置。在该位置中,程序控制器检查地址和两个入口的有效位,查找所需的指令。如果缓存中含有所需的指令,程序控制器使用该入口,并更新 LRU 位,以指示另一个入口不包含该指令。

当缓存中不包括所需的指令时,缓存就装入这个新指令和它的地址,将它们放到最少使用过的位置的入口中,并修改 LRU 位。

DSP 复位后,缓存开始清空(不含指令)、解冻和使能。从这时起,缓存控制寄存器(CACTL)控制指令缓存的操作模式。作为系统控制寄存器,CACTL 能通过"reg(CACTL0=dreg)"和"dreg=reg(CACTL)"指令访问。图 1-36 给出了 CACTL 寄存器的所有位。

以下是 CACTL 寄存器控制缓存各位的功能。

➢ DM 总线访问缓存使能位:位 5(CDE),指示程序控制器缓存冲突的 DM 总线访问(为 1),或不缓存冲突的 DM 总线访问(为 0)。

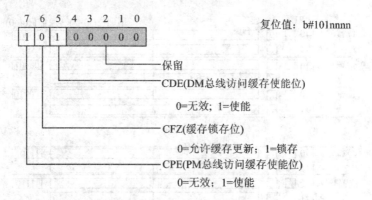

图 1-36 CACTL 寄存器

- 缓存冻结位：位 6(CFZ)，指示程序控制器冻结缓存的内容(为 1)，或允许新的入口代替在缓存中的入口(为 0)。
- PM 总线访问缓存使能位：位 7(CPE)，指示程序控制器缓存冲突的 PM 总线访问(为 1)，或不缓存冲突的 PM 总线访问(为 0)。

复位后，CDE、CPE 置 1，CFZ 清 0。

当程序存储器改变时，程序需要用 Flush Cache 指令重新同步指令缓存。这个指令擦除指令缓存，使当前缓存中的所有指令无效，因此下一次取指肯定会访问程序存储器。

1.5.4 分支结构

非顺序控制结构之一就是分支结构。当执行 Jump、Call 或 Return 指令时，程序指针指向一个新地址，而不是下一个顺序地址，这样就会产生分支控制。有一些参数可用于分支：

- Jump、Call 和 Return 指令可以是有条件的。程序控制器测试状态条件，决定是否执行分支。如果没有指定条件，就直接分支。
- Jump、Call 和 Return 指令可以是立即分支或延迟分支。立即分支有 4 个周期的延迟；延迟分支有 2 个周期的延迟。
- Jump、Call 和 Return 指令可以在 Do/Until Counter(CE) 或 (FOREVER) 循环中使用，但是 Jump 或 Call 指令不能是循环中的最后指令。

分支可以是直接分支或是间接分支。直接分支是由程序控制器直接产生地址；而间接分支是由 PM 数据地址发生器(DAG2)产生地址。

1. 间接跳转页寄存器(IJPG)

IJPG 寄存器给间接跳转和间接调用指令提供高 8 位地址。该寄存器属于 DSP 内核寄存器，位于寄存器组 3(Reg3)。当执行一个间接分支时，程序控制器从 I 寄存器得到低 16 位分支地址，从 IJPG 寄存器得到高 8 位地址。

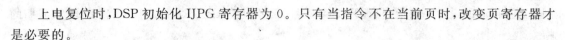

上电复位时,DSP 初始化 IJPG 寄存器为 0。只有当指令不在当前页时,改变页寄存器才是必要的。

2. 条件分支

条件分支指令的执行取决于对一个 if 条件的检测。关于条件类型和条件代码寄存器(CCOD)请参见附录 A。

3. 立即分支和延迟分支

指令流水线影响程序控制器如何处理分支。

对于立即分支,指令不带修饰语 DB(Delayed Branches)。当流水线为空,并且被新分支的指令重新占据时,将有 4 个指令周期的延迟。分支指令后面处于取指和解码阶段中的 4 条指令将不执行。对于 Call 指令,紧随着 Call 之后的地址就是返回地址。在这 4 个周期里,流水线取指和解码分支后的第一条指令。

对于延迟分支,指令带修饰语 DB,将只有 2 个指令周期的延迟,因为 DSP 在分支后继续执行两条指令,然后流水线开始被新分支的指令重新占据。DSP 在分支后继续执行两条指令,与此同时,对分支后的第一条指令进行取址和解码操作。对 Call 指令,其返回地址是分支后的第三个地址。尽管延迟分支要比立即分支效率更高,然而延迟分支的程序代码要比立即分支的代码难于理解。除此以外,延迟分支也因指令流水线的结构有很多限制。因为延迟分支指令和两个随后的指令必须连续执行,所以,随延迟分支指令之后的两条指令不能是以下指令:

➢ 其他分支指令(不允许 Jump、Call、或 Rti/Rts 指令);
➢ 任何堆栈操作指令(不允许 Push 或 Pop 指令,或写给 PC 的堆栈指令);
➢ 在连续操作中的任何循环或中断(不允许 Do/Until 或 Idle 指令);
➢ 双周期指令不能出现在第 2 个延迟周期中,但可以出现在第 1 个延迟周期中。

中断也受延迟分支和指令流水线的影响。因为延迟分支指令和随后的两个指令必须连续执行,所以在延迟分支指令和随后两个指令之间出现中断申请时,DSP 不会立即响应中断,等到分支完成后才执行中断。

1.5.5 循 环

另一个非顺序结构是循环。当使用 Do/Until 指令使 DSP 无限地(FOREVER)或有限地(CE)重复地执行一系列指令时,产生循环。

结束 Do/Until 指令的逻辑条件是循环计数器 CE 是否满。也有其他的办法用于退出循环,例如使用条件跳转指令,但要有一些限制。

Do/Until 指令提供一个简洁循环表示,它不需要像其他汇编指令那样额外地增加如分支指令、测试条件指令或计数器减 1 指令。

程序控制器的循环特性限制了在循环结尾处或邻近循环结尾处的指令类型。一个重要限制是：在循环的最后一条指令（循环结束标号处）不能是 Call/Return、Jump(DB) 或双周期的指令。

对嵌套循环也有限制，例如嵌套循环不能使用相同的循环结束指令地址。

在内循环里使用 Push Loop 和 Pop Loop 指令一定要小心，最好在循环外进行堆栈操作。

为了使循环耗时最少，DSP 在 3 个堆栈里（循环起始堆栈、循环结果堆栈和计数堆栈）存储循环控制信息。如果使用计数器满(Do/Until CE)来结束循环，则程序控制器管理这些堆栈；如果以条件跳转来结束循环，则堆栈的管理需要外部维护。

当执行一条 Do/Until 指令时，程序控制器把循环的最后一条指令的地址和循环结束条件的地址堆入循环结束堆栈中。程序控制器也把循环起始地址（指令 Do/Until 后的地址）推入循环起始堆栈中。

程序控制器的指令流水线结构影响循环的结束。因为指令是流水作业的，控制器必须检测结束条件，并在每次循环后给计数器减 1。根据检测的结果来决定下一个取指是退出循环还是返回到循环起始处。

Do/Until 指令支持无限循环，使用无限循环条件 FOREVER 代替 CE。通过条件跳转指令退出 Do/Until 的无限循环。如果使用条件跳转指令退出 Do/Until 的无限循环，必须用软件(Pop Loop)释放堆栈。

1.5.6 中　断

控制器支持的另一个非顺序控制结构是中断。中断是由处理器内部和外部的多种条件引起的。对于中断的处理是：程序控制器到一个预先定义好的地址（中断向量地址），执行一个子程序调用。

DSP 为每一个中断分配一个惟一的向量地址。DSP 内核支持 5 个固定中断源(Emulator、Reset、Powerdown、Loop 和 PC Stack、Emulation Kernel Interrupts)。Emulator 中断是不可屏蔽的（它不能被 IMASK 寄存器和全局中断控制位 GIE 所屏蔽）。Powerdown 中断是可屏蔽的，只能通过 ICNTL 寄存器的 GIE 位屏蔽。

此外，DSP 内核允许最多 12 个用户设定中断。这些用户设定中断由专用的外设产生，由外部中断控制模块(EIU)管理它们的取舍和优先权。

各种中断的屏蔽由 IMASK 处理器寄存器控制，未决的中断锁存由 IRPTL 程序寄存器控制。这两个寄存器都属于 DSP 内核寄存器，位于寄存器组 1(Reg1) 中，不映射到任何存储器。这两个寄存器各位所负责的中断内容见图 1-37，其中的每一个位，都与固定的或用户设定的中断源相关。

此外，每一个中断在中断向量表中都有 32 个字空间。中断与其所对应的中断向量地址和在 IRPTL、IMASK 寄存器中的位数见表 1-9。

复位值：0x0000

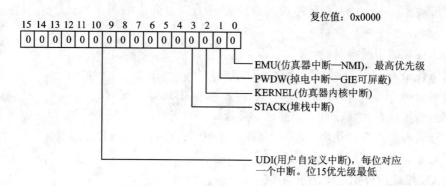

图 1-37 IMASK 和 IRPTL 寄存器

表 1-9 中断向量地址

中断源	IPRPTL/IMASK 位	向量地址	中断源	IPRPTL/IMASK 位	向量地址
复位（不可屏蔽）最高优先级	N/A	N/A	USR4：用户自定义	8	0x000100
仿真器（不可屏蔽）	0	0x000000	USR5：用户自定义	9	0x000120
掉电（不可屏蔽）	1	0x000020	USR6：用户自定义	10	0x000140
仿真器内核	2	0x000040	USR7：用户自定义	11	0x000160
循环和 PC 堆栈	3	0x000060	USR8：用户自定义	12	0x000180
USR0：用户自定义	4	0x000080	USR9：用户自定义	13	0x0001A0
USR1：用户自定义	5	0x0000A0	USR10：用户自定义	14	0x0001C0
USR2：用户自定义	6	0x0000C0	USR11：用户自定义，最低优先级	15	0x0001E0
USR3：用户自定义	7	0x0000E0			

引导中断有所不同，它是不可屏蔽的，复位后，跳到内部程序存储器 ROM 的起始地址（0xFF0000）处，执行存储在那里的引导程序。由该引导程序控制引导装载和开始执行用户程序。除非引导操作被选择，否则在成功的引导装载后，从地址 0x000000 处取第一条用户程序指令。

堆栈溢出或写 IRPTL 寄存器中断位可以引发内部中断。如果出现以下情况，DSP 会响应一个中断：

> DSP 正在执行指令或正处于闲置状态；
> 中断没有被屏蔽；
> 全局中断控制位使能；
> 没有高优先级中断请求；

当 DSP 响应一个中断时,程序控制器跳到一个相应的中断向量地址。为了处理一个中断,程序控制器则:
- 输出正确的中断向量地址;
- 将下一个 PC 值(返回地址)堆入 PC 堆栈;
- 将当前 ASTAT 寄存器和 MSTAT 寄存器的值推入状态堆栈;
- 将中断锁存寄存器(IRPTL)的相应位清 0。

在中断服务子程序的结尾,程序控制器通过中断返回指令(RTI)处理返回,操作如下:
- 返回存储在 PC 堆栈顶的地址;
- 从 PC 堆栈中弹出这个地址值;
- 从状态堆栈中弹出状态值。

所有的中断服务子程序都应该用 RTI 指令结束。

程序控制器支持屏蔽/锁存一个中断。除了 Emulation、Reset 和 Powerdown 中断外,所有其他中断都是可屏蔽的。如果一个屏蔽中断是锁存的,一旦它解除屏蔽,DSP 就响应这个锁存中断。可以全局屏蔽中断或有选择性地屏蔽中断。ICNTL 和 IMASK 寄存器的位控制中断屏蔽。这些位是:
- 全局中断控制位:ICNTL 寄存器的第 5 位(GIE),控制 DSP 所有中断的使能和屏蔽。
  1——使能;0——屏蔽。
- 可选择中断使能位:IMASK 位 15~0,控制 DSP 相应中断的使能或屏蔽。
  1——使能;0——屏蔽。

除了不可屏蔽中断和引导中断外,所有的中断都默认屏蔽。

当 DSP 识别一个中断时,DSP 的中断所在(IRPTL)寄存器将相应位置 1,记录中断的发生。在这个寄存器中,记录了所有的当前正在处理的或未处理的中断。因为这些寄存器是可读/写的,任何位可以用软件置 1 或清 0。当响应一个中断时,程序控制器清 IRPTL 寄存器中的相应位。在执行中断服务程序时,DSP 能在程序执行中锁存相同的中断。IRPTL 寄存器中的中断锁存位与 IMASK 寄存器的屏蔽位相对应,两个寄存器的中断位按优先级排列,中断优先级为 0(最高)~15(最低)。中断优先级决定哪一个中断优先服务,优先级也决定哪一个中断可以嵌套,通过给外设中断的分配不同,一个事件可以产生多个中断,多个事件也可以触发相同的中断。

程序控制器支持中断嵌套,用 ICNTL、IMASK 和 IRPTL 寄存器中的位控制着中断嵌套。其中,中断控制寄存器(ICNTL)属于 DSP 内核寄存器,位于寄存器组 1(reg1)中,不映射到任何存储器。该寄存器的各位功能见图 1-5。

ICNTL、IMASK 和 IRPTL 寄存器中负责控制中断嵌套的位是:
- 中断嵌套使能位:ICNTL 寄存器的位 4(INE),允许 DSP 使能(为 1)或无效(为 0)中断嵌套。

➢ 中断屏蔽位:IMASK 寄存器的全部 16 位,每一个位对应一个中断。这些位如果为 1,不屏蔽相应的中断;如果为 0,屏蔽相应的中断。
➢ 中断锁存位:IRPTL 寄存器的全部 16 位,每一个位对应一个中断。这些位如果为 1,锁存相应的中断;如果为 0,不锁存相应的中断。

当中断嵌套无效时,高优先级中断不能中断低优先级中断服务子程序,这些中断申请被锁存,等待当前中断结束。当中断嵌套使能时,高优先级中断能中断低优先级服务子程序。低优先级中断被锁存,等待高优先级中断结束。

程序只能在中断服务子程序之外改变中断嵌套使能位 INE。嵌套使能时,如果高优先级中断在低优先中断响应之后立即产生,这个高优先级中断的服务子程序将被延迟几个周期。这个延迟使低优先级中断服务子程序的第一条指令被执行。如果在嵌套使能时同一个中断再次发生,而它的服务程序正在运行,则 DSP 不在 IRPTL 寄存器中锁存该中断,它一直等待,直到 RTI 指令完成。

1.5.7 堆 栈

程序控制器有 5 个堆栈:PC 堆栈、循环起始堆栈、循环结束堆栈、计数器堆栈和状态堆栈。这些堆栈保存在执行分支过程时的程序流程信息。图 1-38 给出了这些堆栈相互关联情况,以及如何压入和弹出这些堆栈寄存器。除此之外,图 1-38 还给出了在执行不同类型的分支时(循环 Do/Until、调用 Call/Return 和中断),DSP 自动地压入或弹出哪一个堆栈。

这些堆栈有不同的深度,PC 堆栈是 33 级深;状态堆栈是 16 级深;循环起始堆栈、循环结束堆栈和计数器堆栈都是 8 级深。当堆栈的所有入口都填满时,产生堆栈满状态。SSTAT 寄存器中的位指示堆栈状态,图 1-39 给出了 SSTAT 寄存器里的各位功能。

堆栈状态条件能产生一个堆栈中断。这个堆栈中断经常由堆栈上溢条件产生,但是也能通过堆栈上溢状态位(STKOVERFLOW)和堆栈高/低级状态位(PCSTKLVL)的"或"结果产生。在以下情况下,高/低级位置 1:
➢ PC 堆栈有进栈,栈顶等于或高于高警戒线。
➢ PC 堆栈有出栈,栈顶等于或低于低警戒线。

这种使用堆栈状态产生堆栈中断的模式称为溢出—填充模式,它在复位时无效。ICNTL 寄存器中的一些位控制这种模式是否有效(可参见图 1-5)。这些位是:
➢ 全局中断使能:位 5(GIE),全局无效(如果 0),或使能(如果 1)中断。
➢ PC 堆栈中断使能:位 9(PCSTKE),使 DSP 无效(如果 0),或使能(如果 1)溢出—填充模式。

当溢出—填充模式有效时,也许会发生超出低警戒线的堆栈中断。这时,可将某些值推入栈中,使栈顶高于低警戒线。

堆栈通过内部和外部操作产生入栈或出栈。内部堆栈操作是 DSP 执行一个分支指令

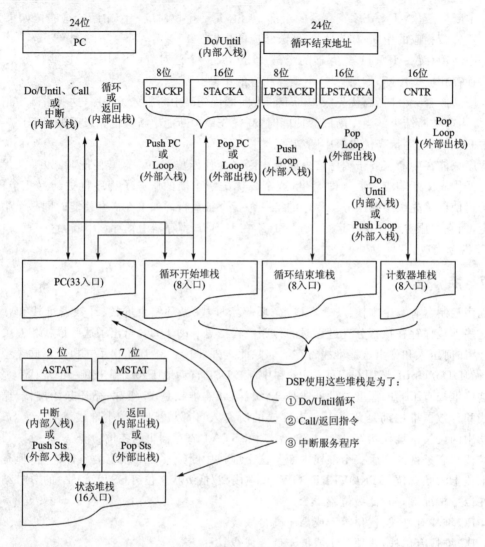

图 1-38 堆栈关系图

(Call/Return、Do/Until),或响应一个中断的行为。外部堆栈操作是 DSP 执行堆栈指令 (Push、Pop)的行为。

如图 1-38 所示,入栈值的源和出栈值的目的根据堆栈操作是外部操作还是内部操作的不同来确定。

在内部堆栈操作中,入栈值的源来自寄存器(PC、CNTR、ASTAT、MSTAT)和计算地址(循环结束地址、PC+1)。

使 DSP 执行内部堆栈操作的第 2 个指令是 Do/Until 指令。当计数器堆栈的计数结束

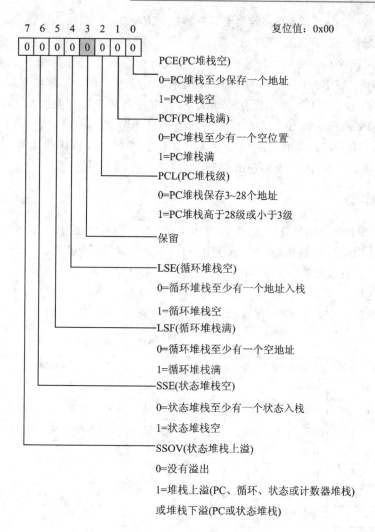

图 1-39 SSTAT 寄存器

时，循环终止。DSP 弹出 3 个循环堆栈内容，继续执行后面的程序。计数减操作是在堆栈中进行的，而不是在 CNTR 寄存器中进行的。

使 DSP 执行内部堆栈操作的第 3 个指令是中断/返回指令。当中断时，DSP 将 PC 推入 PC 堆栈，将 ASTAT 和 MSTAT 寄存器推入到状态堆栈，然后跳到中断服务子程序的向量地址。在中断服务子程序的结尾，RTI 指令使 DSP 执行弹出这些堆栈的操作，然后继续执行后面的指令。

在外部堆栈操作中，程序对堆栈的访问通过下列寄存器实现：STACKP、STACKA、LPSTACKP、LPSTACKA、CNTR、ASTAT 和 MSTAT。其中 PC 堆栈页寄存器（STACKP）

用于保存 PC 地址的高 8 位,该寄存器属于寄存器组 3(Reg3);PC 堆栈地址寄存器(STACKA)用于保存 PC 地址的低 16 位,该寄存器属于寄存器组 1(Reg1);循环堆栈页寄存器(LPSTACKP)用于保存循环结束地址的高 8 位,该寄存器属于寄存器组 3(Reg3);循环堆栈地址寄存器(LPSTACKA)用于保存循环结束地址的低 16 位,该寄存器属于寄存器组 2(Reg2);计数寄存器(CNTR)用于保存循环次数,该寄存器属于寄存器组 2(Reg2)。Pop 指令从相应的堆栈(PC、Loop 或 Sts)中重新将这些值或地址放回到相应的寄存器中,如图 1-38 所示。Push 指令将寄存器中的值或地址推入到相应的堆栈中。程序使用外部堆栈操作维护堆栈,例如使用条件跳转退出 Do/Until 循环时,需要这样的堆栈管理。

1.5.8 外设中断

ADSP-21990 DSP 内核支持 12 个用户定义中断,它们可以来自于 ADSP-21990 上的任何外设中断。外设中断控制器是一个 ADSP-21990 专用的外设单元,它可以通过 I/O 映射寄存器进行访问。外设中断控制器的功能是管理 32 个外设中断,将它们与 12 个 DSP 内核用户定义中断相连接。

ADSP-21990 有 17 个(除去保留的)独立外设中断源,见表 1-10。

表 1-10 外设中断源

外设中断标识	IPR 寄存器位	中断名	中断源功能
0	IPR0[3:0]	SPORT0_RX_IRQ	SPORT 接收中断
1	IPR0[7:4]	SPORT0_TX_IRQ	SPORT 发送中断
2	IPR0[11:8]	SPI_IRQ	SPI 接收/发送中断
3	IPR0[15:12]		保留
4	IPR1[3:0]		保留
5	IPR1[7:4]		保留
6	IPR1[11:8]		保留
7	IPR1[15:12]		保留
8	IPR2[3:0]	PWMSYNC_IRQ	PWM 同步中断
9	IPR2[7:4]	PWMTRIP_IRQ	PWM 关断中断
10	IPR2[11:8]		保留
11	IPR2[15:12]		保留
12	IPR3[3:0]	EIU0TMR_IRQ	EIU 循环定时器中断
13	IPR3[7:4]	EIU0LATCH_IRQ	EIU 锁存中断
14	IPR3[11:8]	EIU0ERR_IRQ	EIU 错误中断
15	IPR3[15:12]	ADC0_IRQ	ADC 转换结束中断

第1章 ADSP-21990 DSP

续表 1-10

外设中断标识	IPR 寄存器位	中断名	中断源功能
16	IPR4[3:0]		保留
17	IPR4[7:4]		保留
18	IPR4[11:8]		保留
19	IPR4[15:12]		保留
20	IPR5[3:0]	TMR0_IRQ	定时器 0 中断
21	IPR5[7:4]	TMR1_IRQ	定时器 1 中断
22	IPR5[11:8]	TMR2_IRQ	定时器 2 中断
23	IPR5[15:12]	MEMDMA_IRQ	存储器 DMA 中断
24	IPR6[3:0]	FIO_IRQA	FIO 中断 A
25	IPR6[7:4]	FIO_IRQB	FIO 中断 B
26	IPR6[11:8]	AUXSYNC_IRQ	辅助 PWM 同步中断
27	IPR6[15:12]	AUXTRIP_IRQ	辅助 PWM Trip 中断
28	IPR7[3:0]		保留
29	IPR7[7:4]		保留
30	IPR7[11:8]		保留
31	IPR7[15:12]		保留

ADSP-21990 外设中断控制器设计可容纳最多 32 个独立的外设中断源。每一个外设中断源都有一个专用 4 位代码,允许用户给 12 个用户定义中断指定外设中断。因此外设中断控制器共有 8 个 16 位中断优先级寄存器(IPR0~IPR7)。该寄存器如图 1-40 所示。

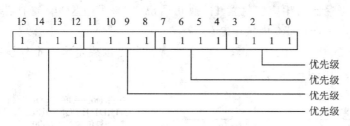

图 1-40 中断优先级寄存器 IPR0~IPR7

每一个中断优先级寄存器有 4 个 4 位代码,每一个指定代码对应一个外设中断。例如,中断优先级寄存器 IPR0 包括外设中断 0~3 的代码,见表 1-10。为了将特定的外设中断源与相应的用户中断相连接,用户可以在 0x0 和 0xB 之间选一个值写到相应的地址中。如果写 0x0,则将外设中断连接到 USR0;如果写 0xB,则将外设中断连接到 USR11。内核中断 USR0

为最高优先级用户中断,而 USR11 为最低优先级。如果写一个 0xC 和 0xF 之间的值,就可以达到使指定的外设中断与 ADSP - 21990 DSP 的用户中断断开连接的目的。用户也可以分配多个外设中断给一个 ADSP - 21990 DSP 用户中断,在这种情况下,用户必须用软件通过读状态位来确定哪个中断源引发的中断。

用户可以安排外设中断在中断优先寄存器中的位置,动态地控制 12 个内核中断的优先级。此外由内核寄存器 IMASK 和 IRPTL 控制 12 个中断的屏蔽和中断标志。外设中断源没有屏蔽要求,因为如果不将它们连接到内核中断上,就不会产生中断。

外设中断控制器提供一个附加的 32 位外设中断屏蔽寄存器(两个 16 位的寄存器 PIMASKL 和 PIMASKH),可用于屏蔽任何中断。这是一个冗余设计,因为中断既可以通过 IMASK 寄存器屏蔽,也可以通过向中断优先级寄存器写 0xF 屏蔽。但是 PIMASKL 和 PIMASKH 寄存器可以方便地提供临时屏蔽的方法。对 PIMASKL 和 PIMASKH 寄存器的位写 1(默认值),不屏蔽中断;清 0,则屏蔽相应中断。该寄存器如图 1-41 所示。

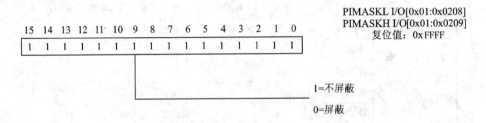

图 1-41 外设中断屏蔽寄存器 PIMASKL 和 PIMASKH

外设中断控制器提供 12 个 32 位外设中断源寄存器(INTRDxL、INTRDxH),它们是只读寄存器。12 个内核中断的每一个都对应一个中断源寄存器。这个寄存器由一个低 16 位和一个高 16 位组成,例如与 USR0 内核中断相对应的中断源寄存器是 INTRD0L 和 INTRD0H。如果外设中断产生,中断源寄存器的相应位就置 1。换句话说,如果 INTRD0L 寄存器的位 0 置 1,那么中断信号源 0 产生一个 USR0 内核中断。

当有多个外设中断源分配给一个内核中断时,用这些寄存器可以决定哪一个外设中断源引发该内核中断。该寄存器如图 1-42 所示。

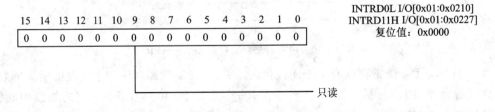

图 1-42 外设中断源寄存器 INTRD0L～INTRD11H

1.6 PWM

本节介绍定时器、辅助 PWM、PWM 模块和编码器接口这些与电动机控制相关的内容。

1.6.1 定时器

ADSP - 21990 有 3 个完全相同的 32 位定时器,每一个定时器都能独立地设置成为以下 3 种工作模式:PWM(PWMOUT)模式、脉宽计数捕捉(WDTH_CAP)模式和外部事件看门狗(EXT_CLK)模式。

1. 定时器的结构

每个定时器都有一个专用的双向引脚 TMRx。该引脚在 PWMOUT 模式中是作为输出引脚,而在 WDTH_CAP 和 EXT_CLK 模式中是作为输入引脚。为了提供这些功能,每个定时器都有 8 个 16 位的寄存器。根据范围和精度的要求,这些寄存器中有 6 个可以配成 3 对(高字/低字),这样就可以组合成 32 位数据,如图 1-43 所示。

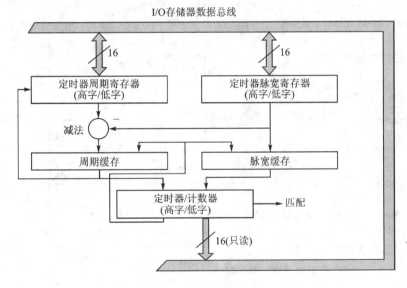

图 1-43 定时器模块结构图

因为配对的"计数器"寄存器是作为一个整体操作,所以定时器、计数器是 32 位宽的。当使用内部时钟时,时钟源就是 ADSP - 21990 的外设时钟(HCLK)。假设外设时钟频率是 80 MHz,则定时器的最大周期是 $[(2^{32}-1) \times 12.5 \text{ ns}] = 53.69$ s。因为计数器是 32 位的,计数器硬件结构上保证了其高低字边界上的进借位总是协调的。但是对于读取计数器的值时,则必须要分别读取。因此,在读 32 位计数值之前,应该先通过软件停止定时器。

2. 定时器的寄存器

每一个定时器都有 8 个寄存器,见表 1-11。

表 1-11 定时器寄存器

寄存器名	功 能	地 址	复位值
T_CFGRx	定时器 x 配置寄存器	T_CFGR0 0x05:0x201 T_CFGR1 0x05:0x209 T_CFGR2 0x05:0x211	0x0000
T_CNTHx	定时器 x 高字计数寄存器	T_CNTH0 0x05:0x203 T_CNTH1 0x05:0x20B T_CNTH2 0x05:0x213	0x0000
T_CNTLx	定时器 x 低字计数寄存器	T_CNTL0 0x05:0x202 T_CNTL1 0x05:0x20A T_CNTL2 0x05:0x212	0x0000
T_PRDHx	定时器 x 高字周期寄存器	T_PRDH0 0x05:0x205 T_PRDH1 0x05:0x20D T_PRDH2 0x05:0x215	0x0000
T_PRDLx	定时器 x 低字周期寄存器	T_PRDL0 0x05:0x204 T_PRDL1 0x05:0x20C T_PRDL2 0x05:0x214	0x0000
T_WHRx	定时器 x 高字脉宽寄存器	T_WHR0 0x05:0x207 T_WHR1 0x05:0x20F T_WHR2 0x05:0x217	0x0000
T_WLRx	定时器 x 低字脉宽寄存器	T_WLR0 0x05:0x206 T_WLR1 0x05:0x20E T_WLR2 0x05:0x216	0x0000
T_GSRx	定时器 x 全局状态和控制寄存器	T_GSR0 0x05:0x200 T_GSR1 0x05:0x208 T_GSR2 0x05:0x210	0x0000

3. 定时器的操作

(1) 定时器的使能与禁止

定时器的使能和禁止是通过定时器 x 全局状态和控制寄存器(T_GSRx)来实现的。T_GSRx 寄存器保存着 3 个定时器的状态和 3 个定时器的控制位,其各位功能见图 1-44。

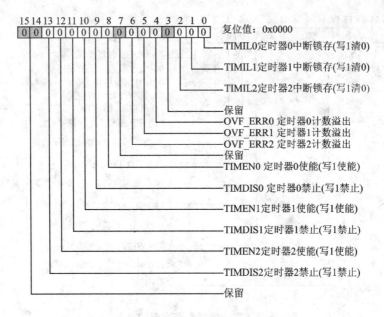

图 1-44 定时器全局状态寄存器(T_GSRx)

在 T_GSRx 寄存器中,每个定时器对应两个"粘性"状态位。一个是"写1置1"(TIMENx),用来使能定时器;另一个是"写1清0"(TIMDISx),用来禁止定时器。当定时器禁止时,计数器保持它们的状态不变;当定时器重新使能时,计数器根据所处的操作模式重新进行初始化。计数寄存器是只读的,不能通过软件直接地改写或预置。

在使能一个定时器之前,要先对相应的定时器配置寄存器(T_CFGRx)进行编程设置。这个寄存器决定定时器的操作模式、TMRx 引脚的极性和定时器的中断行为。在定时器运行时不要改变其操作模式。T_CFGRx 寄存器各位的详细描述见图 1-45。

(2) 定时器的状态与中断

定时器对应的全局状态和控制寄存器(T_GSRx)保存 3 个定时器的状态,只需要一个读操作就可以确定每个定时器的状态。每一个 T_GSRx 寄存器还包括一个中断锁存位(TIMILx)和相应定时器的溢出/错误标志位(OVF_ERRx)。这些"粘性"位是通过定时器硬件置 1 的,可以通过软件进行监视,也需要通过软件直接写 1 清 0。而当进行定时器使能或禁止操作时,中断和溢出标志位也同时清 0。

如果要使能一个定时器的中断,可以将定时器配置寄存器(T_CFGRx)的 IRQ_ENA 位置1,然后通过将 IMASK 寄存器的相应位置 1 来使能该定时器的中断。如果 IRQ_ENA 位清 0,中断禁止,则定时器的中断锁存位(TIMILx)不会置 1。在没有定时器中断时,要想将 TIMILx 位置 1,可以通过程序先将定时器中断屏蔽,然后使 IRQ_ENA 位置 1。

中断使能之后,要确保中断服务子程序在 RTI 指令前一定要将 TIMILx 锁存位清 0,以保

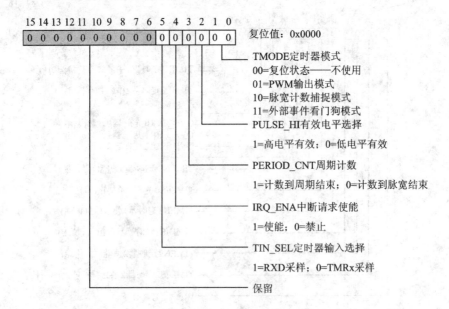

图1-45 定时器配置寄存器(T_CFGRx)

证中断请求不会重复发出。在外部时钟看门狗(EXT_CLK)模式中,中断锁存位应该在中断子程序一开始就通过软件进行复位,这样才不会遗漏任何定时器事件。

4. 定时器的工作模式

(1) PWM输出模式(PWMOUT)

将定时器配置寄存器(T_CFGRx)中的 TMODE 位设置为01,就可以使能 PWMOUT 模式。在 PWMOUT 模式里,定时器的 TMRx 引脚是一个输出引脚。只要 TMODE 位保持为01,这种模式就处于有效状态。

定时器采用内部 HCLK 时钟工作。PWMOUT 模式既可以产生脉宽调制波形,也可以在 TMRx 引脚产生一个单脉冲,这取决于 T_CFGRx 寄存器中 PERIOD_CNT 位的设置方式。

在使能定时器之前给 TMODE 位设置为01,然后给脉宽寄存器和周期寄存器设置合适的值。需要注意的是,对于 T_PRDHx、T_PRDLx 和 T_WHRx 寄存器,它们都有各自对应的缓存寄存器。当向 T_WLRx 寄存器进行写操作之后,就会触发这些缓存寄存器,同时更新 T_PRDHx、T_PRDLx 和 T_WHRx 值,这就保证了这4个寄存器间操作时序的一致性。

当定时器被激活时,定时器自动检查周期和脉宽值是否合理(不受 PERIOD_CNT 位的影响)。当存在以下任何情况时,定时器就不会开始计数:

➤ 脉宽等于0;

➤ 周期值比脉宽值小;

➤ 脉宽值等于周期值。

在对 T_WLRx 寄存器进行写操作时,定时器模块就会检测这些条件。因此在 T_WLRx 寄存器进行写操作之前,一定要确保 T_PRDHx、T_PRDLx 和 T_WHRx 寄存器设置正确。

当检测到不合理状态时,定时器就会在两个 HCLK 周期后将 TIMOVFx 位和 TIMIRQx 位置 1。因此计数寄存器就不被改变。注意,在复位之后,定时器寄存器的值都是 0。

如果周期和脉宽值在使能后的检测是合理的,计数寄存器自动载入一个值,这个值等于 0xFFFFFFFF 减去宽度值。然后定时器向上计数一直到 0xFFFFFFFE(注意,不会计数到 0xFFFFFFFF),然后使用 0xFFFFFFFF-(周期值-宽度值)重新载入到计数寄存器。如此反复,交替进行。

在 PWM_OUT 模式中,当定时器禁止时,不论 PULSE_HI 位的状态如何,TMRx 引脚总是处于低电平状态。然而,当定时器运行时,TMRx 引脚极性则由 PULSE_HI 位的设置情况而定。

① PWM 波形的产生

当配置(T_CFGRx)寄存器中的 PERIOD_CNT 位置 1 时,基于内部时钟的定时器就会产生已给定周期和占空比的矩形波信号。这个模式也可以为需要实时处理的 DSP 产生周期性的中断。

如果定时器处于这种模式,每当脉宽与设定值匹配时,TMRx 引脚就会被拉到非有效电平状态;当周期值匹配时或定时器启动时,该引脚就会被拉到有效电平状态。

将相应 T-CFGRx 寄存器里的 PULSE_HI 位清 0 或者置 1(清 0 则低有效,置 1 则高有效),就可以对 TMRx 引脚输出的电平状态进行控制。

如果定时器处于使能状态,则它就会在每个周期结束时产生中断。在中断服务程序里必须将中断锁存位 TIMIRQx 清 0。当然,也可以在这个中断子程序里改变周期值和脉宽值。在实际的脉宽调制应用中,往往需要在定时器运行时通过软件更新周期值和脉宽值。因此,不仅要确保高字和低字的同时性,还要确保周期值和脉宽值的同时性,故双缓存是必不可少的。

通过程序向 T_PRDHx、T_PRDLx 和 T_WHRx 寄存器的写操作,在 T_WLRx 寄存器进行写操作之后才生效。如果要更新这 3 个寄存器中的某一个,则必须在这个寄存器更新完成后再对对 T_WLRx 寄存器进行一次写操作。如果 T_WLRx 值不可随时修改,中断服务程序就会必须读回 T_WLRx 寄存器的当前值并重新写入。在下一次计数器重载时,4 个寄存器的值开始生效。

计数器在每一个周期和每一个脉冲结束时都重载一次。而产生的波形取决于 T_WLRx 的更新是在脉宽匹配之前还是在这之后。

在 TMRx 输出引脚上,要想产生最高频率的输出,可以设置周期值为 2,设置脉宽值为 1,这样就使 TMRx 引脚每一个 HCLK 时钟周期都产生一个占空比 50% 的波形。

当定时器运行时,如果脉冲宽度需要实时改变,可以在一个中断服务程序中向脉宽寄存器写入新值来完成。如图 1-46 所示,在当前的脉宽结束前,如果对 T_WLRx 进行写操作,就会导致错误周期的产生。这很可能就是因为中断发生在每个周期的结束。

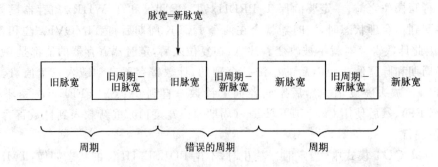

图 1-46 实时更新脉宽可能导致的错误周期

如果实际应用中,不允许有这种单个不对齐的 PWM 脉冲,那么可以使用图 1-47 所示的方法来设计程序。这种方法暂时改变周期值,并在下一个 PWM 周期开始时就恢复原始的周期值,这样就可以获得恒定的 PWM 周期。注意,若是只修改周期值则不会出现这样的问题。

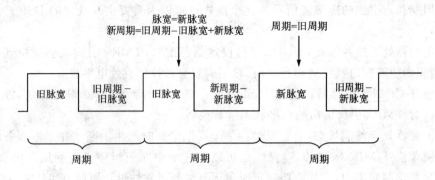

图 1-47 推荐使用的实时更新脉宽的操作时序

② 单脉冲的产生

在 PWMOUT 模式下,如果配置寄存器(T_CFGRx)中的 PERIOD_CNT 位清 0,则在 TMRx 引脚上就会在每个定时器周期产生一个单脉冲。脉宽值通过脉宽寄存器进行设置,而不使用周期寄存器。

在脉冲的末尾,中断锁存位 TIMIRQx 被置 1,定时器自动停止工作。为了产生一个高有效的脉冲,将单脉冲模式的 PULSE_HI 位置 1。这个模式中,建议不要采用低有效脉冲,因为定时器在不运行时,TMRx 引脚也处于低电平有效。

(2) 脉宽计数捕捉模式(WDTH_CAP)

将 T_CFGRx 寄存器中的 TMODE 区域设置为 10,即可使能这种模式。在 WDTH_CAP 模式中,TMRx 引脚是个输入引脚。此时定时器工作基于内部时钟,用于测量外部输入的矩形波周期和脉宽。周期寄存器和脉宽寄存器在 WIDTH_CAP 模式中都是只读的。

当处于这种模式时,定时器将把 T_CNTHx 和 T_CNTLx 计数寄存器复位为 0x00000001,当检查到 TMRx 引脚有上升沿信号时就开始计数,计数不断累加,直到检查到波形的下降沿时,定时器将捕捉到的 T_CNTHx 和 T_CNTLx 计数寄存器 32 位当前值传送给 T_WHRx 和 T_WLRx 脉宽寄存器。在紧接着的那个上升沿,定时器将 T_CNTHx 和 T_CNTLx 计数寄存器的 32 位当前值传送给 T_PRDHx 和 T_PRDLx 周期寄存器。此后计数寄存器自动复位到 0x00000001,定时器继续计数,直到它被禁止或者计数值达到 0xFFFFFFFF。图 1-48 是定时器 WDTH_CAP 模式流程图。

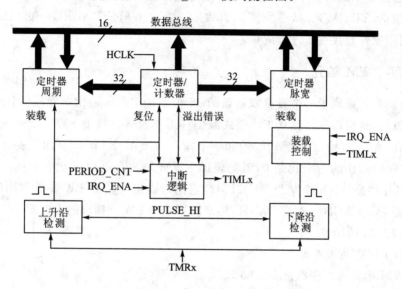

图 1-48 定时器流程框图——脉宽捕捉模式

在这个模式中,可以用来测量输入脉冲的脉宽和周期。通过对 T_CFGRx 寄存器里的 PULSE_HI 位进行设置,可以对 TMRx 引脚的有效上升沿或下降沿进行控制。若 PULSE_HI 位清 0,则测量由一个下降沿开始,计数寄存器的值在上升沿被送到脉宽寄存器,而周期值在紧接着的下降沿被送到周期寄存器。

而 T_CFGRx 寄存器中的 PERIOD_CNT 位用来选择中断触发源:是脉宽值被捕捉到时产生中断,还是周期值被捕捉到时产生中断(假设中断已经使能)。如果 PERIOD_CNT 位置 1,当周期值被捕捉到时,中断锁存位(TIMILx)置 1;如果 ERIOD_CNT 清 0,当捕捉到脉宽值时,TIMILx 位置 1。

如果 PERIOD_CNT 位清 0,当第一个中断产生时,第一个周期值还没有测量到,因此,此时的周期值是无效的。如果中断服务子程序必须读取一个周期值,则在这种情况下,定时器返回的周期值为 0。

由于同步延迟,在 WDTH_CAP 模式中捕捉到的第一个脉宽值也是错误的。为了避免这个错误,软件必须在设置 WDTH_CAP 模式和设置 T_GSRx 寄存器中的 TIMENx 位程序代码之间加两个 NOP 指令,TIMENx 位随后就可以置 1,后面也不需再使用 NOP 指令。

如果配置寄存器(T_CFGRx)的 IRQ_ENA 位置 1,则在 WDTH_CAP 模式中,脉宽寄存器变为"粘性"。也就是说,一旦一个脉宽事件(下降沿)被检测到,并且正确地进行了锁存操作,除非 IRQx 位被软件清 0,否则脉宽寄存器不再更新。而周期寄存器仍然在每检测到一个上升沿时就进行一次更新。

当计数器达到 0xFFFFFFFF 时,如果中断使能,则定时器也会产生一个中断。与此同时,定时器自动禁止,TIMOVFx 状态位置 1,以表示计数已溢出。TIMIRQx 和 TIMOVFx 都是粘性位,必须用软件直接写 1 进行清 0。

1.6.2 辅助 PWM 单元

ADSP-21990 集成了一个具有双通道的 16 位辅助 PWM 输出单元,其频率和占空比可以通过编程设置,也可以选择独立工作模式或偏移工作模式。辅助 PWM 模块提供的两个输出引脚 AUX0、AUX1(输出 PWM 信号)和一个输入引脚 AUXTRIP(可用于关断 PWM)。复位后,辅助 PWM 输出的占空比是 0,因此辅助 PWM 输出是低电平状态。相应的两个辅助 PWM 周期寄存器是 AUXTM0 和 AUXTM1,它们可以定义辅助 PWM 的周期值或偏移值。占空比寄存器为 AUXCH0 和 AUXCH1,用来设置辅助 PWM 输出的占空比。

1. 辅助 PWM 的操作

(1) 辅助 PWM 的寄存器

辅助 PWM 单元的寄存器见表 1-12。

表 1-12 辅助 PWM 寄存器

寄存器名	功能	地址	复位值
AUXCTRL	辅助 PWM 控制寄存器	0x0C:0x0000	0x0000
AUXSTAT	辅助 PWM 状态寄存器	0x0C:0x0001	不确定
AUXTM0	辅助 PWM 周期寄存器 0	0x0C:0x0002	0xFFFF
AUXTM1	辅助 PWM 周期寄存器 1	0x0C:0x0004	0xFFFF
AUXCH0	辅助 PWM 占空比寄存器 0	0x0C:0x0003	0x0000
AUXCH1	辅助 PWM 占空比寄存器 1	0x0C:0x0005	0x0000
AUXSTAT2	辅助 PWM 状态寄存器 2	0x0C:0x000E	不确定

(2) 辅助 PWM 的关断

通过读取辅助 PWM 状态寄存器(AUXSTAT)的位 8 来确定是否有辅助 PWM 关闭信号,必须除去外部关闭信号,以确保辅助 PWM 启动操作。如果使能了中断,挂起的中断也应该清除,可以通过对辅助 PWM 状态寄存器的位 0(辅助 PWM 同步中断)和位 4(辅助 PWM 关闭中断)置 1 来清除。辅助 PWM 状态寄存器的各位功能见图 1-49。

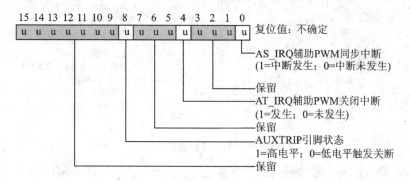

图 1-49 辅助 PWM 状态寄存器(AUXSTAT)

该模块的两个辅助 PWM 通道使用同一个低电平有效的 $\overline{\text{AUXTRIP}}$ 关闭输入信号。当 $\overline{\text{AUXTRIP}}$ 有效时(低电平),两个辅助 PWM 输出逻辑低。$\overline{\text{AUXTRIP}}$ 引脚内部有一个下拉电阻。当 $\overline{\text{AUXTRIP}}$ 输入信号发生故障时,用于产生辅助 PWM 关闭信号。这样,不管有没有外部 $\overline{\text{AUXTRIP}}$ 信号,辅助 PWM 输出 AUX0 和 AUX1DO 都能工作可靠。当 $\overline{\text{AUXTRIP}}$ 输入信号有效时,辅助 PWM 控制寄存器(AUXCTRL)寄存器里的 AUX_EN 位也被复位,这意味着辅助 PWM 通道输出被禁止了。在辅助 PWM 通道被重新初始化之前,这种状态一直保持不变。辅助 PWM 关闭的状态被锁存在 AUXSTAT 寄存器中的位 4,它也会产生一个 $\overline{\text{AUXTRIP}}$ 中断,所以必须在中断子程序里对位 4 写 1 来清除这个中断。

2. 辅助 PWM 的操作模式

ADSP-21990 的辅助 PWM 单元可有两种不同的操作模式,分别为独立模式和偏移模式。图 1-50 是辅助 PWM 控制寄存器(AUXCTRL)的各位功能。AUXCTRL 寄存器的位 4 (AUX_PH)决定操作模式。位 4 置 1,则是独立模式;位 4 清 0,则进入偏移模式。一般来说,如果在辅助 PWM 输出或同步使能的情况下,不推荐改变 AUXCTRL 寄存器的操作模式位。

(1) 独立模式

在独立模式中,两个辅助 PWM 发生器完全独立,可以为每个辅助 PWM 输出编程设置各自的开关频率和占空比。在该模式中,16 位辅助 PWM 周期寄存器 0(AUXTM0)用来设置在 AUX0 输出引脚信号的开关频率。同理,辅助 PWM 周期寄存器 1(AUXTM1)用来设置在 AUX1 输出引脚信号的开关频率。辅助 PWM 输出的基本时间单位是外设时钟率 HCLK(或 t_{ck}),因此相应的开关周期由下式给出:

$$T_{\text{AUX0}} = (\text{AUXTM0} + 1) \times t_{ck} \qquad (1-1)$$

$$T_{\text{AUX1}} = (\text{AUXTM1} + 1) \times t_{ck} \qquad (1-2)$$

因为 AUXTM0 和 AUXTM1 寄存器的取值范围为 0~0xFFFF,对于一个 75 MHz 的外

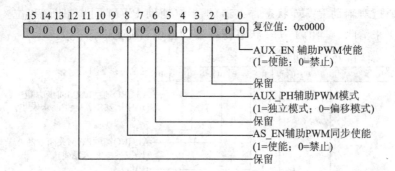

图 1-50 辅助 PWM 控制寄存器(AUXCTRL)

设时钟来说,辅助 PWM 信号的可用开关频率范围为 1.14 kHz～37.5 MHz。两个辅助 PWM 信号的占空比可通过对两个 16 位辅助 PWM 占空比寄存器(AUXCH0 和 AUXCH1)进行编程设定,由如下公式计算:

$$T_{ON,AUX0} = AUXCH0x \times t_{ck} \qquad (1-3)$$

$$T_{ON,AUX1} = AUXCH1 \times t_{ck} \qquad (1-4)$$

因此输出占空比范围可以为 0%～100%。如果开的时间值超过了周期值,则占空比就定为 100%。典型的独立模式下的辅助 PWM 波形如图 1-51 所示。

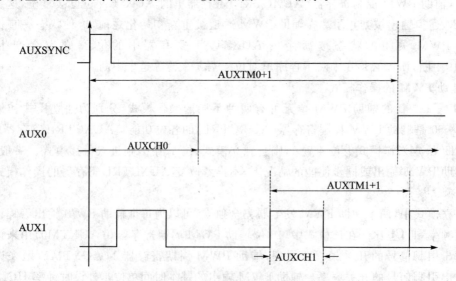

图 1-51 典型的独立模式下的辅助 PWM 波形

(2) 偏移模式

当辅助 PWM 控制寄存器(AUXCTRL)的位 4 清 0 时,辅助 PWM 通道被设置为偏移模式。在偏移模式中,在 AUX0、AUX1 两个引脚的信号开关频率相同,由 AUXTM0 寄存器控制。此外,AUXCH0 和 AUXCH1 寄存器控制 AUX0 和 AUX1 信号的脉宽。而 AUXTM1 寄存器用于定义从 AUX0 引脚与 AUX1 引脚信号的上升沿之间的偏移时间,根据下式来计算:

$$T_{\text{OFFSET}} = (\text{AUXTM1} + 1) \times t_{\text{ck}} \tag{1-5}$$

在该模式下,为了保证操作正确,必须保证 AUXTM1 寄存器的值小于 AUXTM0 寄存器的值。典型的偏移模式下的辅助 PWM 的波形如图 1-52 所示。这个模式中的占空比变化范围也是 0%~100%。

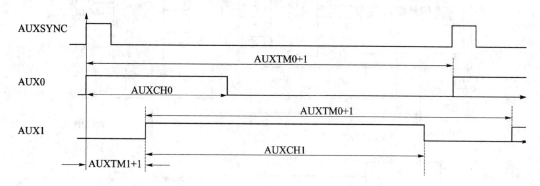

图 1-52 典型的偏移模式下的辅助 PWM 信号

1.6.3 PWM 模块

PWM 模块是一个可编程的三相 PWM 波形发生器,通过编程可以灵活地产生所需要的开关模式,用以控制交流感应电动机(ACIM)或永磁同步电动机(PMSM)等三相电压源逆变器。PWM 模块还包含特殊的功能,它大大地简化了电子换向电动机(ECM)和无刷直流电动机(BDCM)的控制驱动方法。只要将引脚 $\overline{\text{PWMSR}}$ 连接到地,就可以进入一个专门用于开关磁阻电动机(SRM)控制驱动的特殊模式。

1. PWM 模块结构

PWM 发生器有 6 个 PWM 输出引脚(AH、AL、BH、BL、CH 和 CL),可以产生 3 对 PWM 信号。这 6 个 PWM 输出信号包括 3 个上桥臂驱动信号(AH、BH 和 CH)和 3 个下桥臂驱动信号(AL、BL 和 CL)。产生的 PWM 信号的极性由 $\overline{\text{PWMPOL}}$ 引脚决定。因此通过将 $\overline{\text{PWMPOL}}$ 引脚拉高或拉低,就会相应产生高有效或者低有效的 PWM 模式。PWM 开关频率和死区时间可以通过 PWM 周期寄存器(PWMTM)和 PWM 死区时间寄存器(PWMDT)进行编程设置。此外,3 个 PWM 占空比寄存器(PWMCHA、PWMCHB 和 PWMCHC)直接控制着 3 对 PWM 信号的占空比。

PWM 模块的结构框图见图 1-53。引脚 AH~CL 产生的 6 个 PWM 信号由以下 6 个重要的单元控制:

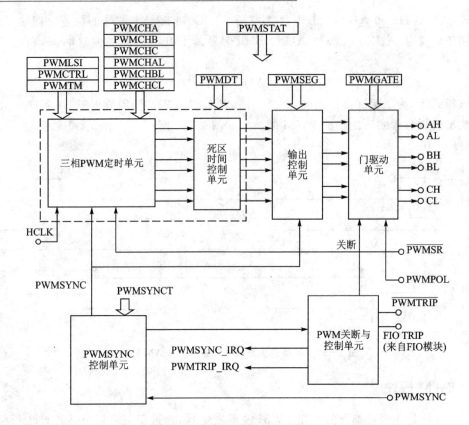

图 1-53　PWM 模块结构框图

① 三相 PWM 定时单元,是 PWM 控制器的核心,产生 3 对互补的以中心为基点的 PWM 信号和 PWMSYNC 同步信号。

② 死区时间控制单元在三相 PWM 定时单元与输出控制单元之间插入死区时间。

③ 输出控制单元可以改变每个通道的输出桥臂,从而实现交叉控制功能。同时,输出控制单元还能够单独地使能或禁止任意 PWM 输出的信号。

④ 门驱动单元根据 PWMPOL 引脚状态输出正确极性的 PWM 信号。门驱动模块也可以产生高频斩波信号及其与 PWM 相混合的输出信号。

⑤ PWM 关断和中断控制器有多种 PWM 关断模式(通过 $\overline{\text{PWMTRIP}}$ 引脚、FIO 引脚或 PWM 控制寄存器来控制)。该单元为三相 PWM 定时单元提供正确的复位信号,给中断控制模块提供中断信号。

⑥ PWMSYNC 同步脉冲控制单元产生内部 PWMSYNC 同步脉冲,也可用于控制是否使用外部 PWMSYNC 同步脉冲。

2. PWM 模块寄存器

PWM 模块的寄存器见表 1-13。下面介绍这些寄存器的功能和使用方法。

表 1-13　PWM 模块寄存器

寄存器名	功能	地址	复位值
PWMCTRL	PWM 控制寄存器	0x08：0x000	0x0000
PWMSTAT	PWM 状态寄存器	0x08：0x001	不确定
PWMTM	PWM 周期寄存器	0x08：0x002	0x0000
PWMDT	PWM 死区时间寄存器	0x08：0x003	0x0000
PWMGATE	PWM 门驱动寄存器	0x08：0x004	0x0000
PWMCHA PWMCHB PWMCHC	PWM 占空比寄存器	0x08：0x005 0x08：0x006 0x08：0x007	0x0000
PWMSEG	PWM 通道控制寄存器	0x08：0x008	0x0000
PWMSYNCWT	PWM 同步信号脉宽寄存器	0x08：0x009	0x03FF
PWMCHAL PWMCHBL PWMCHCL	PWM 下桥臂占空比寄存器	0x08：0x00A 0x08：0x00B 0x08：0x00C	0x0000
PWMLSI	PWM 下桥臂反相寄存器	0x08：0x00D	0x0000

3. PWM 模块功能设置

(1) PWM 的工作模式选择

PWM 发生器有两种不同的工作模式，即单更新模式和双更新模式。在单更新模式中，占空比在每个 PWM 周期只更新 1 次，因此所产生的 PWM 波形是关于中点对称的。在双更新模式中，在 PWM 周期的中点还可以对 PWM 寄存器再进行一次更新，因此可以产生非对称的 PWM 波形，这可以使三相 PWM 的谐波畸变更微弱些。

PWM 控制器的操作模式由 PWM 控制寄存器（PWMCTRL）中的 PWM_DBL 位来决定，如果该位为 0，PWM 就工作在单更新模式下；如果该位置 1，PWM 则工作在双更新模式。复位后 PWM 控制寄存器（PWMCTRL）中的 PWM_DBL 位清 0，因此默认的操作模式为单更新模式。

PWM 控制寄存器（PWMCTRL）的各位功能见图 1-54。

在单更新模式下，每个 PWM 周期都产生一个 PWMSYNC 同步脉冲。这个信号的上升沿标志着 PWM 周期的开始，并将来自 PWM 配置寄存器（PWM 周期寄存器 PWMTM、PWM 死区时间寄存器 PWMDT、PWM 同步信号脉宽寄存器 PWMSYNCWT）和 PWM 占空比寄存

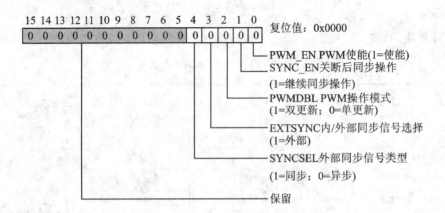

图 1-54　PWM 控制寄存器(PWMCTRL)

器(PWMCHA、PWMCHB、PWMCHC、PWMCHAL、PWMCHBL、PWMCHCL)的新值锁存到三相定时单元。此外,PWM 通道控制寄存器(PWMSEG)也在 PWMSYNC 脉冲的上升沿被锁存到输出控制模块。这也就是说,PWM 信号的频率、占空比等参数只能在每个周期的开始处更新一次。因此,PWM 波形是对称的,即关于每个周期的中点对称。

在双更新模式下,每一个 PWM 周期的中点也会产生一个 PWMSYNC 脉冲。这个新的 PWMSYNC 脉冲的上升沿也可以将 PWM 配置寄存器、占空比寄存器和 PWM 通道控制寄存器(PWMSEG)中的新值再一次锁存到输出控制模块。这样,就可以在每一个 PWM 周期的中点改变参数(例如开关频率、死区时间和 PWMSYNC 脉宽以及输出占空比等)。因此,可以产生一个关于周期中点非对称的 PWM 波形。

在双更新模式中,有时需要知道现在处于哪一个更新点。这个信息由 PWM 状态寄存器(PWMSTAT)的 PWMPHASE 位提供,这个位在每个 PWM 周期的前半段清 0(位于两个 PWMSYNC 脉冲的上升沿之间),在 PWM 周期的后半段置 1。根据这个状态位,用户可以在 PWMSYNC 同步中断服务子程序中设置新参数。

PWM 状态寄存器(PWMSTAT)的各位功能见图 1-55。

双更新模式的好处是 PWM 输出的谐波成分降低,实现快速响应。然而在双更新模式中,PWMSYNC 脉冲频率是给定的 PWM 开关频率的 2 倍。因为新占空比值必须在每一个 PWMSYNC 同步中断服务子程序中计算,所以说双更新模式要占用更多的 DSP 计算资源。但另一方面,当与单更新有相同 PWM 波形更新频率时,其开关频率却可以减半,这样就降低了开关损耗。

(2) PWM 的开关频率设置

16 位 PWM 周期寄存器(PWMTM)用于控制 PWM 的开关频率。

PWM 控制器的基本定时单位是 t_{CK}。因此,对于一个 80 MHz 外设时钟 HCLK 来说,其基本的时间增量为 $t_{CK}=12.5$ ns。写到 PWM 周期寄存器(PWMTM)的有效值就是在半个

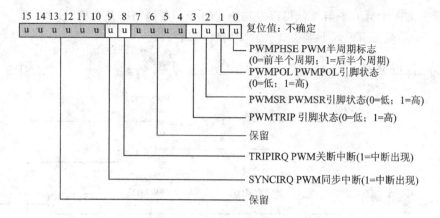

图 1-55 PWM 状态寄存器(PWMSTAT)

PWM 周期中 t_{CK} 时钟的增量(个数)。所需的 PWM 值与 PWM 开关频率有如下关系:

$$\text{PWMTM} = \frac{f_{CK}}{2 \times f_{PWM}} \quad (1-6)$$

因此,PWM 开关周期 T_S 可以写成:

$$T_S = 2 \times \text{PWMTM} \times t_{CK}$$

例如,对一个 80 MHz 的外设时钟 HCLK,要求输出一个 10 kHz(T_S=100 ms)的 PWM 开关频率,PWM 周期寄存器(PWMTM)的值是:

$$\text{PWMTM} = \frac{80 \times 10^6}{2 \times 10 \times 10^3} = 4\,000$$

当 16 位 PWM 周期寄存器(PWMTM)的 PWM 值是最大值 0xFFFF = 65 535 时,对应最低的 PWM 开关频率为:

$$f_{PWM,\min} = \frac{80 \text{ Hz} \times 10^6}{2 \times 65\,535} = 610 \text{ Hz}$$

注意:PWM 周期寄存器(PWMTM)的值 0 和 1 时没有意义,不要写入。

(3) PWM 的占空比设置

3 个 16 位 PWM 占空比寄存器(PWMCHA、PWMCHB 和 PWMCHC)控制 6 个 PWM 输出信号 AH~CL 的占空比(开关磁阻模式除外)。

PWMCHA 寄存器的二进制补码整数值控制 AH、AL 输出的占空比,PWMCHB 寄存器控制 BH、BL 的占空比,PWMCHC 寄存器控制 CH、CL 的占空比。PWM 占空比寄存器以 t_{CK} 为基本时间单位进行编程,定义半个 PWM 周期内上桥臂 PWM 信号的开时间。占空比寄存器值的范围是(-PWMTM/2-PWMDT)~(PWMTM/2+PWMDT),因此这个范围的中间值 0 就代表 PWM 占空比是 50%。由三相定时单元最终产生的开关信号,也会根据 PWM 死区时间寄存器(PWMDT)的设定值进行相应的调整。三相定时单元产生的信号为低有效,因此，这里产生的一个低电平信号就可以在输出时打开相应的功率开关管。

图 1-56 是单更新模式下典型的一对 PWM 输出波形。

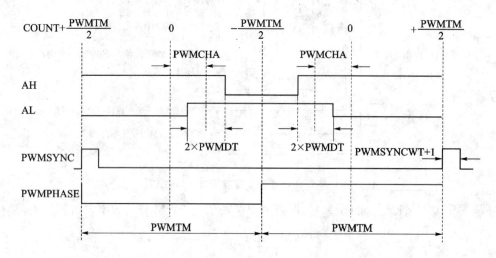

图 1-56 单更新模式下典型的 PWM 波形图(低有效)

首先，可以看出在单更新模式中，波形是严格的关于开关周期中点对称的。这是因为 PWM 占空比寄存器(PWMCHA)、PWM 周期寄存器(PWMTM)和 PWM 死区时间寄存器(PWMDT)的值在两个"半周期"里是相等的。

图中还可以看到占空比和死区时间如何结合而产生一对 PWM 信号。很明显，死区时间使一对信号(AH 和 AL)"关"的时候提前关，"开"的时候延迟开。所有"开"和"关"边沿都通过一个 PWMDT×t_{CK} 进行了提前或延迟的平移，因此可以保持输出波形的对称。

由图还可以看到 PWMSYNC 脉冲的上升沿表示开关周期的开始，它的宽度由 PWM 同步信号脉宽寄存器(PWMSYNCWT)来设置。在 PWM 状态寄存器(PWMSTAT)中的 PWMPHASE 位告诉我们当前操作是在前半个 PWM 周期还是后半个 PWM 周期。

由图可知，在一个 PWM 周期中，PWM 信号的脉宽时间(低有效)可由下式计算：

$$T_{AH}=[PWMTM+2(PWMCHA-PWMDT)]\times t_{CK} \quad (1-7)$$

T_{AH} 的范围是 $0\sim 2\times PWMTM\times t_{CK}$。

$$T_{AL}=[PWMTM+2(PWMCHA+PWMDT)]\times t_{CK} \quad (1-8)$$

T_{AL} 的范围是 $0\sim 2\times PWMTM\times t_{CK}$。

注意 PWMCHA 是有符号数。相应的占空比为：

$$\left. \begin{aligned} d_{AH}&=\frac{T_{AH}}{T_S}=\frac{1}{2}+\frac{PWMCHA-PWMDT}{PWMTM} \\ d_{AL}&=\frac{T_{AL}}{T_S}=\frac{1}{2}+\frac{PWMCHA+PWMDT}{PWMTM} \end{aligned} \right\} \quad (1-9)$$

显然，T_{AH} 和 T_{AL} 不允许为负数，最小允许值是 0，它对应一个 0% 的占空比；类似地，最大允许值是 T_S，对应 100% 的占空比。

在双更新模式中，三相定时单元的输出信号如图 1-57 所示，这是一个一般性的例子。注意，其中开关频率、死区时间和占空比在 PWM 周期的后半个周期全部发生了变化。当然，在这两个"半周期"中也可以不改变这些参数。死区时间的插入方式与单更新模式的相同。尽管如此，在双更新模式中可能会产生不对称的 PWM 信号波形，如图 1-57 所示。

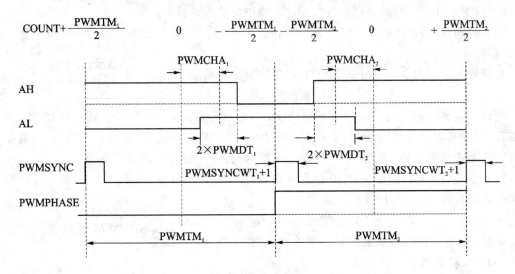

图 1-57 双更新模式下典型 PWM 波形(低有效)

在双更新模式下的一个 PWM 周期中，PWM 信号的脉宽时间(低有效)可定义为：

$$\left.\begin{aligned} T_{AH} &= \left(\frac{PWMTM_1}{2} + \frac{PWMTM_2}{2} + PWMCHA_1 + PWMCHA_2 - PWMDT_1 - PWMDT_2\right) \times t_{CK} \\ T_{AL} &= \left(\frac{PWMTM_1}{2} + \frac{PWMTM_2}{2} + PWMCHA_1 + PWMCHA_2 + PWMDT_1 + PWMDT_2\right) \times t_{CK} \\ T_S &= (PWMTM_1 + PWMTM_2) \times t_{CK} \end{aligned}\right\} \quad (1-10)$$

式中，下标 1 代表在第 1 个半周期中的值，下标 2 代表在第 2 个半周期的值。相应的占空比是：

$$\left.\begin{aligned} d_{AH} &= \frac{T_{AH}}{T_S} = \frac{1}{2} + \frac{(PWMCHA_1 + PWMCHA_2 - PWMDT_1 - PWMDT_2)}{PWMTM_1 + PWMTM_2} \\ d_{AL} &= \frac{T_{AL}}{T_S} = \frac{1}{2} + \frac{(PWMCHA_1 + PWMCHA_2 + PWMDT_1 + PWMDT_2)}{PWMTM_1 + PWMTM_2} \end{aligned}\right\} \quad (1-11)$$

T_{AH} 和 T_{AL} 的值被限制在 0 和 T_S 之间。

对于 PWMCHB 和 PWMCHC 寄存器，其计算公式与 PWMCHA 的相同，因此在 BH、

BL、CH、CL 引脚上输出相似的 PWM 信号。

(4) PWM 的死区时间设置

死区时间在 PWM 模块初始化时是个重要的参数,对于普通的三相逆变器来说,在关断一个开关管和打开同一个桥臂上的另一个开关管时,为了防止短路,要插入一个叫做死区的时间段。在这段时间里,保证在一个桥臂开关被打开之前,同一桥臂的另一个开关管完全关断。死区时间可以有效地防止上下桥臂发生短路。这个死区时间是通过 PWM 发生模块的硬件来插入,并通过 PWM 死区时间寄存器(PWMDT)来进行编程设置。

死区时间寄存器(PWMDT)是一个 10 位的寄存器。它用来控制 3 对 PWM 输出信号的死区时间。

如果死区时间为 T_D,则与 PWMDT 寄存器值的关系如下:

$$T_D = \text{PWMDT} \times 2 \times t_{CK} \tag{1-12}$$

死区时间 T_D 是以 $2t_{CK}$(对于一个 80 MHz 外设时钟来说是 12.5 ns)为最小增量的方式进行编程设置的,因此,如果 PWM 死区时间寄存器(PWMDT)的值为 0x00A(=10),则就在上下桥臂开关管开关交替之间插入一个 250 ns 的时间延迟(假如 HCLK=80 MHz)。PWM 死区时间寄存器(PWMDT)是一个 10 位寄存器,因此它的最大值是 0x3FF(=1023),对应最大可编程死区时间为(假如 HCLK=80 MHz):

$$T_{D,\max} = 1023 \times 2 \times t_{CK} = 1023 \times 2 \times 12.5 \text{ ns} = 25.6 \text{ μs} \tag{1-13}$$

显然,死区时间可以被编程为 0,即令 PWMDT 寄存器的值等于 0。

(5) PWM 的极性控制

由 6 个输出引脚 AH~CL 产生的 PWM 信号的极性可以通过 $\overline{\text{PWMPOL}}$ 引脚来改变。将 $\overline{\text{PWMPOL}}$ 接地,则选择低电平为有效的 PWM 输出,也就是说低电平信号可以打开相关的功率开关管。相反地,把 $\overline{\text{PWMPOL}}$ 引脚连接到 V_{DD} 上,则选择高电平为有效的 PWM 输出,也就是说,高电平信号可以打开相关的功率开关管。$\overline{\text{PWMPOL}}$ 引脚有一个内部上拉电阻,因此,如果这个引脚悬空,则默认高电平有效。$\overline{\text{PWMPOL}}$ 引脚的状态可以从 PWM 状态寄存器(PWMSTAT)的位 $\overline{\text{PWMPOL}}$ 读出,0 表示低电平有效,1 表示高电平有效。

(6) 交叉特性

如果使能了交叉模式,例如 AH 和 AL 引脚对,那么原来应该从 AH 发出的 PWM 信号就会从 AL 引脚输出。当然,原来应该从 AL 发出的 PWM 信号也会从 AH 引脚输出。这对于控制 ECM 电动机或 BDCM 电动机来说是很方便的。

PWM 通道控制寄存器(PWMSEG)包含 3 个交叉使能位,每一对 PWM 输出对应一个使能位。如果 PWM 通道控制寄存器(PWMSEG)的 AHAL_XOVR 位置 1,则将 PWM 的 AH/AL 引脚对使能为交叉模式;同样,BHBL_XOVR 位置 1,则将 PWM 的 BH/BL 引脚对使能为交叉模式;CHCL_XOVR 置 1,则将 PWM 的 CH/CL 引脚对使能为交叉模式。PWM 通道控制寄存器各位功能见图 1-58。

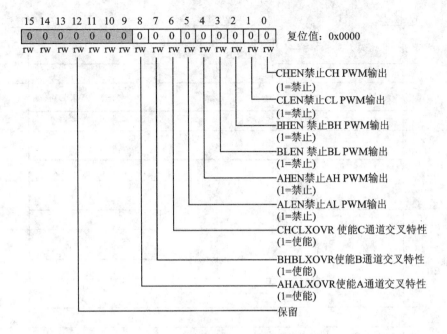

图1-58 PWM通道控制寄存器(PWMSEG)

复位后,3个交叉位清0,因此交叉模式无效。注意,在交叉模式下,也应该插入死区时间,以防止发生桥臂短路。

图1-59是使用交叉功能的电子换向电动机控制信号波形(低有效)。

(7) 输出使能

PWM通道控制寄存器(PWMSEG)也包含6位(5~0)输出使能位,每一个对应6个PWM输出,用于控制这些输出的使能或禁止。AL_EN位控制AL引脚的PWM信号输出;AH_EN位控制AH引脚的PWM信号输出;BL_EN位控制BL引脚的PWM信号输出;BH_EN位控制BH引脚的PWM信号输出;CL_EN位控制CL引脚的PWM信号输出;CH_EN位控制CH引脚的PWM信号输出。如果这些位置1,则相应引脚的PWM输出无效,PWM输出信号就一直保持在OFF状态,而不管相应占空比寄存器的值如何。复位后,PWM通道控制寄存器(PWMSEG)的所有6个使能位都清0,因此所有的PWM输出默认为使能。与PWM占空比寄存器一样,在每个PWMSYNC信号的上升沿PWMSEG寄存器的值被锁存,因此在单更新模式中,这个寄存器在每个PWM周期的开始处更新。在双更新模式中,PWM通道控制寄存器(PWMSEG)也可以在PWM周期的中点处更新。

(8) PWM的同步

PWMSYNC同步信号可以从内部自动产生,也可以从外部输入。内外部同步的选择由PWM控制寄存器(PWMCTRL)来决定。在多通道的PWM操作中,各通道可以使用各自独

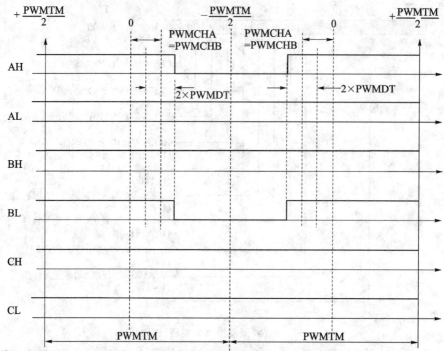

图 1-59 使用交叉功能的电子换相电动机控制信号波形(低有效)

立的 PWMSYNC 信号,也可以共享一个外部 PWMSYNC 同步信号。而外部 PWMSYNC 信号往往与内部时钟是异步的。

① 内部 PWM 同步信号 PWMSYNC 的产生

PWM 控制器能够产生一个 PWMSYNC 同步脉冲,在单更新模式中,同步脉冲的频率等于输出的 PWM 开关频率;在双更新模式中,则是 2 倍的 PWM 频率。该脉冲可在 PWMSYNC 引脚输出,供外部使用。PWMSYNC 脉冲的宽度通过一个 10 位可读/写 PWM 同步信号脉宽寄存器(PWMSYNCWT)来进行编程设置。

PWMSYNC 脉冲的宽度 T_{PWMSYNC} 由下式给出:

$$T_{\text{PWMSYNC}} = t_{\text{CK}} \times (\text{PWMSYNCWT} + 1) \tag{1-14}$$

因此脉冲的宽度在 $1t_{\text{CK}} \sim 1024 t_{\text{CK}}$ 之间变化,如果 HCLK=80 MHz,则同步脉冲宽度的变化范围为 12.5 ns~12.8 μs。复位后,PWM 同步信号脉宽寄存器(PWMSYNCWT)的内容为 0x3FF(1023),因此默认的 PWMSYNC 脉宽是 12.8 μs(HCLK=80 MHz)。

② 外部 PWM 同步信号 PWMSYNC 的操作

若将 PWM 控制寄存器(PWMCTRL)的 PWM_EXTSYNC 位置 1,就使用来自 PWMSYNC

引脚的外部同步信号。可以通过使 PWM 控制寄存器(PWMCTRL)的 PWM_SYNCSEL 位为 0,设置外部同步信号的类型为异步。

外部同步信号 PWMSYNC 周期最好是内部同步信号 PWMSTNC 周期的整数倍。当外部 PWMSYNC 信号的上升沿被识别时,就启动一个新的 PWM 周期。如果外部同步信号 PWMSYNC 的周期不是内部 PWMSYNC 的整数倍,则部分 PWM 信号将会被裁掉。当外部同步信号 PWMSYNC 的类型选择是同步时,波形上可能会有一个很小的抖动。

在同步模式中,从 PWMSYNC 信号产生到在 PWM 状态寄存器(PWMSTAT)的 PWMPHSE 位有效,需要 3 个 HCLK 周期延迟,而异步模式的延迟为 5 个 HCLK 周期。

③ PWM 的关断与中断控制

当外部出现错误事件时,出于安全考虑,必须立即关断 PWM 系统输出。PWM 输出信号的关断可以采用不同的方法。

在硬件方面,如果在 $\overline{\text{PWMTRIP}}$ 引脚上出现一个下降沿,即可立即将 PWM 控制器关断。这个硬件切断过程是异步的,因此,相关的 PWM 关断电路不需要时钟即可实现,这样即使在 DSP 时钟丢失的情况下,也会保证 PWM 关断的安全性。PWM 控制寄存器(PWMCTRL)里的 PWM_EN 位在硬件关断时复位为 0,但是所有其他的寄存器都保持其各自的当前状态。

FIO 引脚也可以用做 PWM 关断引脚。FIO 关断的处理方法与 $\overline{\text{PWMTRIP}}$ 输入引脚的相同。$\overline{\text{PWMTRIP}}$ 引脚和 FIO 引脚都有内部下拉电阻,因此,如果这些引脚连接不良,PWM 就会禁止。$\overline{\text{PWMTRIP}}$ 引脚的状态可以从状态寄存器的 $\overline{\text{PWMTRIP}}$ 位读出。除了可以硬件关断外,PWM 系统也可以通过软件禁止。将 PWM 控制寄存器(PWMCTRL)里的 PWM_EN 位清 0,就可以实现软件关断。PWM 状态寄存器(PWMSTAT)中提供关于 PWM 模块的状态信息,特别是提供 $\overline{\text{PWMTRIP}}$、$\overline{\text{PWMPOL}}$ 和 $\overline{\text{PWMSR}}$ 三个引脚的状态,还提供记录当前操作是在 PWM 的前半周期还是在后半周期的状态位。PWM 状态寄存器(PWMSTAT)还包括 PWMSYNCINT 中断位和 PWMTRIPINT 中断位,二者均可以映射到 DSP 内核的用户中断。当发生中断事件时,这两个中断位锁存,通常在中断服务子程序中,用软件写 1 清 0。

当关断 PWM 时(用 $\overline{\text{PWMTRIP}}$ 引脚或 FIO 引脚),就会产生 $\overline{\text{PWMTRIP}}$ 中断,PWMTRIPINT 中断位置 1。PWM 被切断后,假如外部错误被撤消,而 $\overline{\text{PWMTRIP}}$ 或 FIO 引脚也处于高电平状态,可以向 PWM 控制器(PWMCTRL)里的 PWM_EN 位写 1,重新使能 PWM,则 PWM 控制器就会重新开始工作,且工作方式与此之前的一样。也就是说,除了 PWM 控制寄存器(PWMCTRL)里的 PWM_EN 位被改变以外,其他 PWM 寄存器的值都保持不变。

当然,如果 PWM 同步中断在关断前已经使能,则尽管 PWM 本身被关断,但 PWMSYNC 脉冲还会继续,PWM 同步中断还会产生,PWMSYNCINT 中断位还会置 1。

(9) PWM 定时器操作

PWM 模块的内部操作由 PWM 定时器控制,其时钟是外设时钟,周期为 t_{CK}。图 1-60 给出了定时器在一个 PWM 周期内的操作过程。可以看出,在前半个周期(PWM 状态寄存器的 PWMHASE 位清 0),PWM 定时器的二进制补码值从 +PWMTM/2 减少到 -PWMTM/2。在这个周期中点处,计数方向改变,定时器从 -PWMTM/2 增加到 +PWMTM/2。图 1-60 也表示了 PWMSYNC 脉冲在单更新和双更新模式中的时序。显然,在双更新模式时,在 PWM 周期的中点处增加了一个 PWMSYNC 脉冲。PWM 周期寄存器(PWMTM)的值可以在中点处改变。在这种情况下,后半个周期的周期值可以不同于前半个周期的周期值。由于 PWM 周期寄存器(PWMTM)是双缓冲的,在某"半个周期"改变的值,只能在下一个"半周期"中生效。

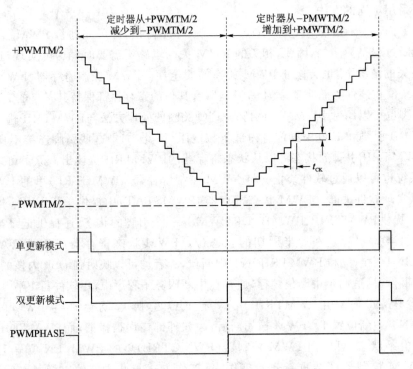

图 1-60 内部 PWM 定时器操作过程

(10) PWM 的分辨率

PWM 具有 16 位分辨率,但是其精度取决于 PWM 周期。在单更新模式中,PWMCHA、PWMCHB 和 PWMCHC 使用相同值来设置两个"半周期"的开时间,因此,PWM 的有效精度是 $2t_{CK}$(对于 80 MHz 的外设时钟来说是 25 ns)。占空比寄存器每增加一个数,每一个"半周期"的开时间都会增加 $1t_{CK}$,而对于整个周期就是 $2t_{CK}$。在双更新模式下,精度可以提高。因为在两个 PWM"半周期"中都可以改变占空比值，因此在双更新模式中，有效 PWM 精度为 $1t_{CK}$（对于 80 MHz 的外设时钟来说是 12.5 ns）。

(11) 正常调制与全开全关

PWM 定时模块在 PWM 输出引脚上可以产生不同占空比的 PWM 信号。如果在调制过程占空比采用极限值 0% 和 100%，则分别称这两个模式为全关和全开；而占空比在二者之间，则称其为正常调制模式。

① 全开。在连续的 PWMSYNC 脉冲上升沿之间，HI 端输出为开状态时，则称之为工作在全开模式。可以通过控制占空比和相应的死区时间来进入这一模式。

② 全关。在连续的 PWMSYNC 脉冲上升沿之间，HI 端输出为关状态时，则称之为工作在全关模式下。可以通过控制占空比和死区时间来进入这一模式。

③ 正常调制。如果在连续的 PWMSYNC 脉冲之间，占空比不是 0% 和 100% 时，则称之为工作在正常调制模式下。

当 PWM 输出模式在全关和全开模式之间转换时，有必要插入额外的死区时间，以防止逆变器桥臂意外短路。交叉特性的使用也可能会产生这样的短路情况，当这些过渡状态被自动识别时，模块会在合适的条件下自动地插入额外的死区时间来防止短路。

在全关和全开模式之间的过渡过程中，额外的死区时间要插入到 PWM 信号中将要变为开状态的信号上（或者说在开之前要加死区时间），延迟时间为 $2 \times PWMDT \times t_{CK}$（从相配对的输出引脚信号的上升沿计算起）。在经过这段时间延迟后，PWM 信号才允许转到开状态。

图 1-61 给出了两个这样的例子。在图 1-61(a)中为双更新模式，一个桥臂在半个周期从正常模式变为全开模式（低电平有效）时，不需要额外的特殊操作。然而在图 1-61(b)中，当 AH 转变为全关模式（低电平有效）时，就需要在 AL 插入一个死区时间，以延迟这个信号将要转变为开。

由此可见，在全关和全开模式之间的过渡过程中，死区的插入方式以及死区的大小都不同于在正常调制模式中那样，这一过程是自动完成的。

4. 电动机控制的特殊模式

除了采用上述常规方法对交流感应电动机（ACIM）或永磁同步电动机（PMSM）控制外，PWM 模块还提供以下特殊模式，可以对无刷直流电动机（BDCM）和开关磁阻电动机（SRM）等进行控制。

(1) 无刷直流电动机（电子换相电动机）控制模式

在对一台无刷直流电动机的控制中，同一时刻只有两个逆变桥臂参与工作，经常是一个桥臂的上桥臂开关状态与另一个桥臂的下桥臂状态一样。因此，可以通过给两个 PWM 通道设置同样的占空比值（比如 PWMCHA=PWMCHB），并将 PWM 通道控制寄存器（PWMSEG）的 BHBL_XOVR 位置 1，使能 BH/BL 输出引脚对的交叉功能。这样就可以实现在 AH 和 BL 同时开关的状态。

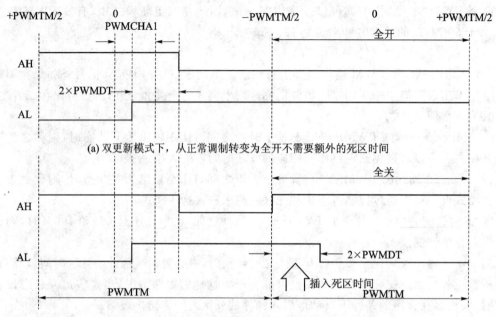

图 1-61 从正常的调制模式转为全开或全关模式时额外死区时间的插入

在电子换相电动机（ECM）的控制中，常常要将第 3 个逆变桥臂（在这个例子中是 C 通道）禁止数个 PWM 周期。这可以通过设置相应的 PWM 通道控制寄存器（PWMSEG）的 CHEN 和 CLEN 位、禁止 CH 和 CL 来实现，如图 1-62 所示。可以看出，因为 PWMCHA = PWMCHB 且 B 相的交叉位被设置，所以 AH 和 BL 信号是相同的，其他 4 个信号（AL、BH、CH 和 CL）可以通过设置相应的 PWM 通道控制寄存器（PWMSEG）使其无效。本例中，PWM 通道控制寄存器（PWMSEG）的设置值是 0x00A7。在一般的 ECM 操作中，引脚是轮换着无效的，因此要根据转子轴的位置相应地改变 PWM 通道控制寄存器（PWMSEG）的值，实现这种轮换。

（2）高频斩波模式

PWM 控制器的门驱动单元简化了开关管隔离驱动电路的设计工作。如果使用变压器去耦合功率门驱动放大器，则有效的 PWM 信号（可以打开功率开关管的信号）必须被高频斩波。高频斩波 PWM 信号可能用于上桥臂驱动，也能用于下桥臂驱动，或者两桥臂都要求。通过 10 位可读/写的 PWM 门驱动寄存器（PWMGATE），可以对高频斩波的模式进行编程设置，这个寄存器有两个位专门控制这些模式。PWM 门驱动寄存器的各位功能见图 1-63。

上桥臂（AH、BH 和 CH）的 PWM 输出高频斩波通过设置 PWMGATE 寄存器的位 8 来使能。下桥臂（AH、BH 和 CH）的 PWM 输出高频斩波通过设置 PWMGATE 寄存器的位 9

第1章 ADSP-21990 DSP

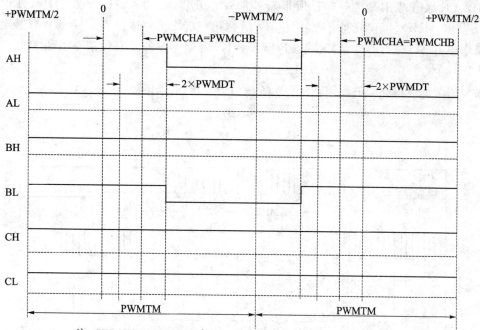

图 1-62 低有效 PWM 信号的 ECM 电动机的控制信号波形

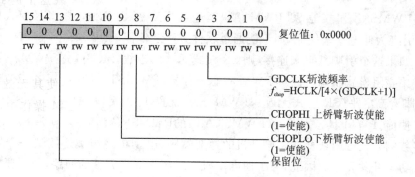

图 1-63 PWM 门驱动寄存器(PWMGATE)

来使能。高频斩波频率由 PWMGATE 寄存器的 GDCLK 位(0~7)控制。高频斩波的周期可由下式确定：

$$T_{chop} = [4 \times (GDCLK+1)] \times t_{CK} \quad (1-15)$$

因此，斩波频率为(取整数值)：

$$f_{chop} = \frac{f_{CK}}{4 \times (GDCLK+1)} \quad (1-16)$$

GDCLK 取值范围是 0～255，所以斩波频率范围是 78.13 kHz～20 MHz（外设时钟 HCLK 为 80 MHz）。门驱动特性必须在 PWM 输出使能之前完成设置，而在 PWM 控制器的正常操作中不可以进行改变。复位后，PWMGATE 寄存器里的所有位清 0，因此默认高频斩波禁止。

典型的两桥臂双驱动的高频斩波 PWM 输出信号见图 1-64。

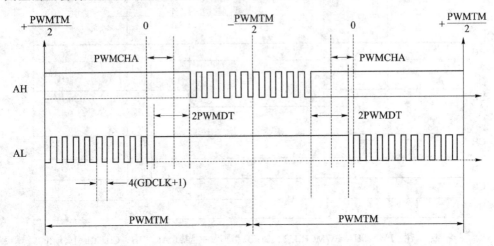

图 1-64 典型的两桥臂双驱动的高频斩波 PWM 输出信号

(3) 开关磁阻模式

如果将 $\overline{PWMSR}$ 引脚接地，则 PWM 模块就进入开关磁阻(SR)模式。SR 模式只能通过连接 $\overline{PWMSR}$ 引脚为低电平来使能，而不能通过软件方法来使能。$\overline{PWMSR}$ 引脚有一个内部上拉电阻，因此，如果这个引脚悬空未连接，则 SR 模式无效。当然，SR 模式在 $\overline{PWMSR}$ 引脚拉高时也无效。开关磁阻模式状态可以从 PWM 状态寄存器(PWMSTAT)的 $\overline{PWMSR}$ 位读出。如果 $\overline{PWMSR}$ 引脚为高电平(SR 模式无效)，$\overline{PWMSR}$ 位就置 1；相反地，如果 $\overline{PWMSR}$ 引脚是低电平，SR 模式使能，PWM 状态寄存器(PWMSTAT)的 $\overline{PWMSR}$ 位清 0。

在大多数的开关磁阻或变磁阻电动机的逆变器中，电动机绕组被连接到一个给定逆变器桥臂的两个功率开关管上。因此，为了使电动机绕组产生一个完整的回路，必须要同时打开这两个开关管。

SR 模式分为 4 种工作方式：硬斩波方式(Hard Chop)、交替斩波方式(Alternate Chop)、下开软斩波方式(Soft Chop-Bottom On)和上开软斩波方式(Soft Chop-Top On)。3 个新的寄存器 PWMCHAL、PWMCHBL 和 PWMCHCL 用于定义 PWM 通道下桥臂的占空比。PWM 死区时间寄存器 PWMDT 在这个模式不使用，当 $\overline{PWMSR}$ 引脚为低电平时，通过硬件内部强制 PWMDT 寄存器为 0，而通过控制 PWM 下桥臂反相寄存器(PWMLSI)里的 3 个位 PWM_SR_LSI_A～PWM_SR_LSI_C 来实现上述 4 种 SR 的斩波工作方式。PWM 下桥臂反相寄存器(PWMLSI)的各位功能见图1-65。

PWMCHA和PWMCHAL寄存器是可以单独进行编程设置的,使用PWMCHA寄存器来定义A通道上桥臂的占空比,使用PWMCHAL来定义下桥臂的占空比。同理,PWMCHB和PWMCHBL寄存器、PWMCHC和PWMCHCL寄存器也是这样设置。

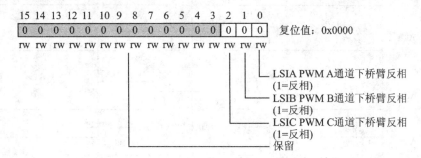

图1-65　PWM下桥臂反相寄存器(PWMLSI)

图1-66是SR模式的4种工作方式在高有效时的PWM输出信号波形。

在硬斩波工作方式中,可以独立地编程设置上桥臂和下桥臂在前后两个半周期中的上升沿和下降沿的位置。PWMCHA寄存器用于上桥臂;PWMCHAL寄存器用于下桥臂。B、C通道的控制与此类似。

交替斩波工作方式类似于一般PWM操作,但PWM通道的上桥臂和下桥臂信号边沿总是反相,并可分别编程实现。PWMCHA寄存器用于上桥臂;PWMCHAL寄存器用于下桥臂。B、C通道的控制与此类似。PWM下桥臂反相寄存器(PWMLSI)中的位PWM_SR_LSI_A～位PWM_SR_LSI_C分别用于反相对应的PWM通道下桥臂。下桥臂反相输出是硬斩波工作方式和交替斩波工作方式的唯一区别。

下开软斩波工作方式在通道的下桥臂使用100%的占空比,上开软斩波工作方式在通道上桥臂使用100%占空比。类似于硬斩波模式,PWMCHA寄存器用于上桥臂,PWMCHAL寄存器用于下桥臂。B、C通道的控制与此类似。

1.6.4　编码器接口

ADSP-21990集成了一个强大的编码器接口模块(EIU),可以用于高性能电动机控制系统中提供位置和速度反馈的增量式编码器接口。

1. 编码器的结构

编码器接口模块的功能结构如图1-67所示。

编码器接口模块(EIU)包括一个32位的正交加减计数器、4个专用输入引脚(EIA、EIB、EIZ和EIS)、一个编码器循环定时器单元、一个对输入信号进行可编程噪声过滤和零标识模块、一个编码器事件定时器单元(EET)。

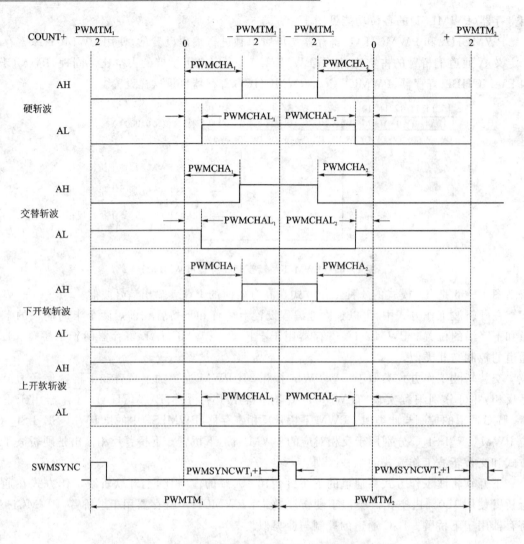

图 1-66 开关磁阻模式的 4 种 PWM 输出波形（高有效）

EIA 和 EIB 是正交输入信号，经过滤波后送到 32 位正交加减计数器。EIA 和 EIB 输入也可编程设置为频率信号输入和方向信号输入。

EIZ 输入引脚可以给编码器提供零标识输入信号，用于对 32 位的支持加减操作的 EIU 计数寄存器（EIUCNT）进行硬件或软件复位。在 EIZ 和 EIS 引脚上的外部事件输入，可以用来将 EIUCNT 寄存器的内容锁存到 EIS 计数锁存寄存器（EISLATCH）和 EIZ 计数锁存寄存器（EIZLATCH），并引发相应的中断。所有这些输入信号都必须通过可编程噪声过滤单元去同步化和滤除噪声。

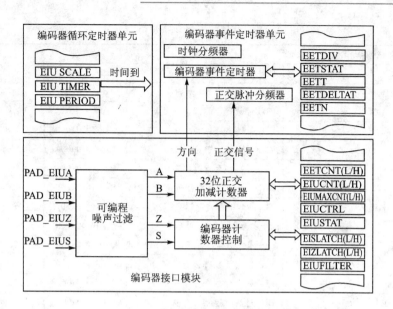

图 1-67 编码器接口模块功能结构图

ADSP-21990 的编码器接口单元有一个 16 位自动装载的编码器循环定时器单元，这个定时器单元是由一个 16 位的 EIU 循环定时器寄存器（EIUTIMER）、一个 16 位的 EIU 循环周期寄存器（EIUPERIOD）和一个 8 位的 EIU 循环定时器比例寄存器（EIUSCALE）组成。EIU 循环定时器是以 HCLK 作为计数时钟的，可以产生周期性的中断。

EIU 循环定时器通过设置 EIU 控制寄存器（EIUCTRL）的第 5 位使能。使能后，16 位循环定时器寄存器（EIUTIMER）每 N 个周期减一，其中 N-1 是 8 位 EIUSCALE 寄存器中的值。当 EIUTIMER 寄存器的值减到 0 时，将产生一个 EIU 循环定时器时间到中断。然后，自动地将 EIPERIOD 寄存器中的 16 位值装入 EIUTIMER 寄存器。

编码器接口模块有一个高性能的编码器事件定时器单元（EET），如图 1-67 所示。它可以对编码器输入的连续事件进行精确定时，因此，就可以实现对电动机转子位置和速度的更精确的计算，特别是在低速旋转时。

来自 EET 单元的寄存器的数据可以用两种方式进行锁存。

在第一种方式中，当 EIU 循环定时器时间到时，EIU 计数寄存器（EIUCNT）和所有相关的 EET 寄存器（EET 定时器周期寄存器和 EET 时间增量寄存器）均被锁存。

在第二种方式中，当读取 EIUCNT 寄存器的同时也锁存 EET 寄存器。可以通过 EIUCTRL 寄存器的相关控制位对这两种方式进行选择。

2. 编码器寄存器

编码器寄存器见表 1-14

表 1-14 编码器寄存器

寄存器名	功 能	地 址	复位值
EIUCTRL	EIU 控制寄存器	0x0A：0x000	0x0000
EIUSTAT	EIU 状态寄存器	0x0A：0x001	不确定
EIUCNT_LO	EIU 计数寄存器低字	0x0A：0x002	0x0000
EIUCNT_HI	EIU 计数寄存器高字	0x0A：0x003	0x0000
EETCNT_LO	EIU 计数锁存寄存器低字	0x0A：0x004	0x0000
EETCNT_HI	EIU 计数锁存寄存器高字	0x0A：0x005	0x0000
EIZCNT_LO	EIZ 计数锁存寄存器低字	0x0A：0x006	0x0000
EIZCNT_HI	EIZ 计数锁存寄存器高字	0x0A：0x007	0x0000
EISCNT_LO	EIS 计数锁存寄存器低字	0x0A：0x008	0x0000
EISCNT_HI	EIS 计数锁存寄存器高字	0x0A：0x009	0x0000
EIUMAXCNT_LO	EIU 最大计数寄存器低字	0x0A：0x00A	0x0000
EIUMAXCNT_HI	EIU 最大计数寄存器高字	0x0A：0x00B	0x0000
EIUFILTER	EIU 过滤器控制寄存器	0x0A：0x00C	0x0000
EIUPEIRIOD	EIU 循环定时器周期寄存器	0x0A：0x00D	0x0000
EIUSCALE	EIU 循环定时器比例寄存器	0x0A：0x00E	0x0000
EIUTIMER	EIU 循环定时器寄存器	0x0A：0x00F	0x0000
EIUCNT_SHDW_LO	EIU 缓存计数寄存器低字	0x0A：0x0010	0x0000
EIUCNT_SHDW_HI	EIU 缓存计数寄存器高字	0x0A：0x0011	0x0000
EETN	EET 正交脉冲分频寄存器	0x0A：0x0020	0x0000
EETDIV	EET 时钟分频寄存器	0x0A：0x0021	0x0000
EETDELTAT	EET 时间增量寄存器	0x0A：0x0022	0x0000
EETT	EET 定时器周期寄存器	0x0A：0x0023	0x0000
EETSTAT	EET 状态寄存器	0x0A：0x0024	0x0000

3. 编码器接口的操作

(1) 可编程输入信号噪声过滤器

编码器接口单元在 4 个输入引脚上集成了可编程噪声过滤功能,可以防止干扰脉冲对正交编码计数器造成的不利影响。

4 个同步的输入信号(EIAS、EIBS、EIZS 和 EISS)都要经过 3 个时钟周期的延迟过滤,以确保这些信号稳定。

编码器噪声过滤电路所使用的时钟频率可以通过 EIU 过滤器控制寄存器(EIUFILTER)编程设置。EIUFITER 寄存器的 8 位值是 HCLK 时钟的分频比,用于给编码器噪声过滤器提供时钟源。如果向 EIUFILTER 寄存器写一个值 N,则编码器噪声过滤器所使用的时钟源周期就是 $(N+1)\times$HCLK(HCLK 的单位是周期)。这种滤波结构可以保证编码器脉冲宽度窄

于 $2×(N+1)×HCLK$ 时将被滤掉,而编码器脉冲宽于 $3×(N+1)×HCLK$ 时肯定会通过滤波器。但是编码器脉冲宽度在 $2×(N+1)×HCLK$ 和 $3×(N+1)×HCLK$ 之间时,则可能通过,也可能被滤波器滤掉。

(2) 编码器计数方向的设置

正交计数器的方向由 EIU 控制寄存器(EIUCTRL)的 DIR 位(位 0)决定。EIU 控制寄存器的各位功能见图 1-68。

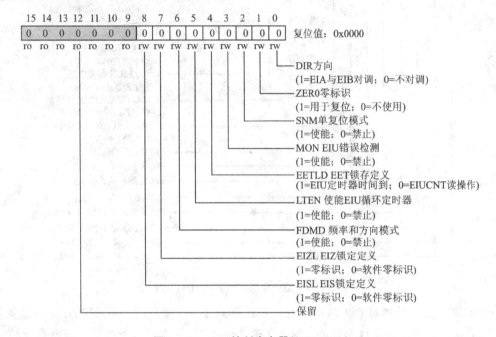

图 1-68　EIU 控制寄存器(EIUCTRL)

两个引脚的输入信号共同生成一个正交信号,它与方向位相结合,控制编码器计数器和编码事件定时器进行加计数和减计数。方向信号位的状态由 EIU 状态寄存器(EIUSTAT)的位 1 来记录。当编码器计数器进行加计数时,位 1 置 1;同理,当编码器计数器进行减计数时,位 1 清 0。EIU 状态寄存器的各位功能见图 1-69。

(3) 可选择的频率和方向输入模式

编码器接口单元除了可以接收正交的 EIA 和 EIB 输入信号外,还可以接收频率和方向输入信号,通过设置 EIUCTRL 寄存器的位 6 来使能这种模式。在这个被称为 FD 的模式中,EIA 引脚作为频率信号输入引脚,EIB 引脚作为方向信号输入引脚。在这些引脚上的信号也要服从前面所描述的同步和滤波逻辑。但是在这个模式中,正交计数器对 EIA 引脚信号的上升沿和下降沿都会进行加或减计数操作。如果 EIB 引脚为高电平,即假设为正向运动,则正交计数器对 EIA 频率输入信号的每一个沿都加 1。相反,如果 EIB 引脚为低电平,即假设为

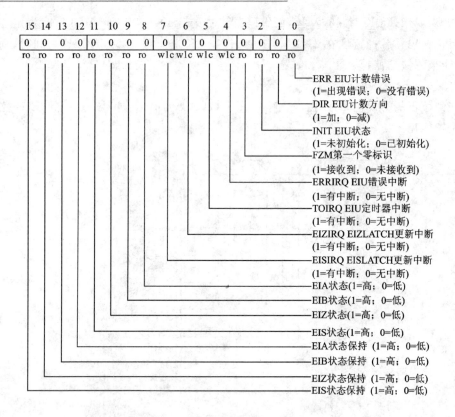

图1-69 EIU状态寄存器(EIUSTAT)

反向运动,则正交计数器对输入信号的每一个沿都减1。在复位时,EIUCTRL寄存器的第6位清0,因此这个模式默认是无效的。当FD模式使能时,不支持以下模式:编码器计数器复位模式、单复位模式(Single North Marker)、编码器错误检查模式。换句话说,当EIUCTRL寄存器的位6置1时,位1、2、3就会清0。

(4) 编码器计数器的复位

EIUCTRL寄存器的ZERO位(位1)决定编码器零标识信号是否对编码器接口的加减计数器进行硬件复位。当EIUCTRL寄存器的位1置1时,EIZ引脚的零标识信号就会将加减计数器清0(当正转时),或者用EIU最大计数器寄存器(EIUMAXCNT)里的值覆盖加减计数器的值(当反转时)。

EIU最大计数寄存器(EIUMAXCNT)是一个32位寄存器,可用于编码器系统初始化。通过对EIUMAXCNT寄存器进行写操作,来初始化编码器接口单元,使EIUSTAT寄存器的第2位(标志是否初始化)置1。EIUMAXCNT寄存器的内容也可用于EIU错误的检查。

每当零标识被识别后,编码器都在下一个正交脉冲到来时复位。为了保证编码器计数的正确性(既不丢失信号也不要有伪码),编码器会在执行第一个复位操作时,锁存正确的信号沿。此后，编码器复位操作总会在那个信号沿上进行。

为了识别不同宽度的零标识信号，规定当正向运动时，零标识信号在 EIZ 信号的上升沿识别；当反向运动时，则在下降沿识别。

当 EIUCTRL 寄存器的 ZERO 位清 0 时，零标识不再用于复位计数器。在这种情况下，用 EIUMAXCNT 寄存器中的内容来复位加减计数器。因此，对于 N 线的增量式编码器，写到 EIUMAXCNT 寄存器中的正确值是 $4N-1$。

(5) Z、S 信号与软件零标识模式

ADSP-21990 编码器接口单元提供两个标识信号 EIZ 和 EIS，两者与其他的编码输入信号一样需要进行过滤和同步，以产生 Z 和 S 信号。Z 信号可用于编码器计数器硬件复位。然而在许多应用中，编码器硬件复位不是很理想，因为计数器不正确的设置可能会导致灾难性的后果。将 EIUCTRL 寄存器的位 1 清 0，并且将 0XFFFFFFFF 写入 EIUMAXCNT 寄存器，编码器计数器可以进入到一个 32 位滚动模式。在这种模式下，正交计数器使用 EIUCNT 寄存器的全部 32 位。

对 Z、S 上的信号可以这样设置，当在这些引脚上出现已定义的事件时，模块自动地将 EIUCNT 寄存器里的内容锁存进入指定的内存映射寄存器(Z 信号进入 EIZLATCH 寄存器；S 信号进入 EISLATCH 寄存器)。定义的事件由 EIUCTRL 寄存器的第 7 位(对于 Z 输入信号)和第 8 位(对于 S 输入信号)来决定。

如果 EIUCTRL 寄存器里的位 7 清 0，EIUCNT 寄存器的内容在 Z 信号的上升沿发生时就自动地锁存到 EIZLATCH 寄存器。在这个模式中，当一个外部事件(如限位开关或其他触发器)发生时，此信号可以用来锁存或冻结 EIUCNT 寄存器的内容。

如果 EIUCTRL 寄存器里的位 7 置 1，在增计数下，EIUCNT 寄存器的内容在 Z 信号的上升沿之后的下一个正交脉冲发生时，自动地锁存到 EIZLATCH 寄存器；在减计数下，EIUCNT 寄存器的内容在 Z 信号下降沿之后紧接着那个正交脉冲发生时，自动地锁存到 EIZLATCH 寄存器。这个模式的作用类似于一个零标识，它的优点是 EIUCNT 寄存器的内容在正确的零标识输入出现时自动锁存，但是正交计数器本身的内容不受影响(不复位)。

EIUCTRL 寄存器的位 8 定义了 EIUCNT 寄存器内容被锁存到 EISLATCH 寄存器的 S 事件。如果 EIUCTRL 寄存器里的位 8 清 0，在 S 信号的上升沿出现时，EIUCNT 寄存器的内容被锁存到 EIZLATCH 寄存器，这与 Z 输入信号的作用是一样的。

如果 EIUCTRL 寄存器里的位 8 置 1，操作则与 Z 输入信号的有些不同。当增计数时，EIUCNT 寄存器的内容在 S 信号的上升沿自动地锁存到 EIZLATCH 寄存器；当减计数时，EIUCNT 寄存器的内容在 S 信号的下降沿自动地锁存到 EIZLATCH 寄存器。可见区别在于 S 信号的锁存是发生在 S 输入事件，而不是像 Z 信号那样发生在下一个正交脉冲事件。

(6) 单复位模式

这是编码器接口单元的另一种复位模式，称为单复位模式(Single North Marker)。该模式通过将 EIUCTRL 寄存器的位 2(SNM)置 1 来使能。为了使能这种模式,EIUCTRL 寄存器的位 1(ZERO)也必须置 1。在该模式中,EIUCNT 寄存器的值只在第一个零标识出现时进行复位(被设置为 0 还是设置成 EIUMAXCNT 寄存器的值要取决于方向)。以后,EIUCNT 寄存器的复位是通过自然滚动到 0 或 EIUMAXCNT 寄存器的值来实现的。

上电复位后 SNM 位清 0。EIUSTAT 寄存器的位 3(FZM)用于表示第一个零标识信号是否出现。当第一个零标识被 EIU 识别后,EIUSTAT 寄存器的位 3 就会自动置 1。

(7) 编码器事件定时器

编码器事件定时器单元(EET)是由一个 16 位的编码器事件定时器、一个 EET 正交脉冲分频寄存器(EETN)和一个 EET 时钟分频寄存器(EETDIV)组成,如图 1-67 所示。

EET 时钟频率通过 16 位可读/写的时钟分频寄存器(EETDIV)来进行设置。编码器事件定时器里的值在每个分频时钟信号的上升沿自动加 1。

来自编码器接口单元的正交信号也同样根据一个 8 位的可读/写 EET 正交脉冲分频寄存器(EETN)来进行分频。

当使用编码器事件定时器中的数据时,需要及时地在同一时刻锁存 3 份数据,它们分别是:

➢ EIU 正交加减计数寄存器(EIUCNT)的内容;
➢ 时间间隔寄存器的内容(最近两个速度事件之间的准确时间间隔);
➢ 编码器事件定时器的当前值(最近的一次速度事件之后经过了多少时间)。

来自 EET 的数据可以在两个不同事件发生时进行锁存操作,具体由哪个事件触发则由 EIUCTRL 寄存器的位 4(EETLATCH)来选择。将 EETLATCH 位置 1,会使数据在编码器循环定时器寄存器(EIUTIMER)的时间到中断时被锁存。这时,EIU 计数寄存器(EIUCNT)的内容将被锁存到一个 32 位只读的 EIU 计数锁存寄存器(EETCNT)中。时间间隔寄存器的内容将被锁存到 EETT 寄存器中,编码器事件定时器的内容则被锁存到 EET 时间增量寄存器(EETDELTAT)中。于是这 3 个寄存器 EETCNT、EETT 和 EETDELTAT 就包括控制算法所需的 3 份(位置/速度)数据。而且,如果 EIUTIMER 寄存器的"时间到"用于产生一个 EIU 循环定时中断,则所需的数据自动锁存并等待中断服务子程序去处理(如果在系统中有多个中断源,可能会有一些时间滞后)。通过将 EIUCNT 寄存器的内容锁存到 EETCNT 寄存器中,就不用担心在执行 EIU 循环定时器中断服务之前,EIUCNT 寄存器中内容发生变化。

另一种 EET 锁存事件是通过将 EIUCTRL 寄存器的 EETLATCH 位清 0 来使能的。在这个模式中,每当 EIUCNT 寄存器被读取时,时间间隔寄存器的当前值就会被锁存到 EETT 寄存器中,而编码器事件定时器的内容则被锁存到 EETDELTAT 寄存器中。这时,这 3 个寄存器 EIUCNT、EETT 和 EETDELTAT 就包含控制算法所需的 3 份(位置/速度)数据。注意与以前不同的是,现在编码器计数器值是储存在 EIUCNT 寄存器中而不是在 EETCNT 寄存器中。

有一个 1 位的 EET 状态寄存器(EETSTAT)，专门用于指示是否有 EET 溢出发生。

(8) 编码器错误检查

编码器接口单元有错误检查功能。EIU 错误检查功能是通过 EIUCTRL 寄存器的位 3 (MON)来使能的。EIUCTRL 寄存器的 ZER0 位也必须同时置 1。在此模式下，当检测到有零标识时，EIUCNT 寄存器的内容就会自动地与预先设定的期望值进行比较(这个值是 0 还是 EIUMAXCNT 寄存器的值取决于方向)。

如果检测到的值不是期望值，就会产生错误状态，EIUSTAT 寄存器的位 0 就会自动置 1，并触发一个 EIU 计数错误中断。在错误被识别后，编码器继续记录输入的脉冲沿。在下一个零标识发生时，若错误条件已经不存在，同时 EIUCNT 寄存器重新与期望值相匹配了，则 EIUSTAT 寄存器的位 0 清 0。

(9) 输入/输出引脚状态

EIU 状态寄存器(EIUSTAT)中有两组只读的状态位(见图 1-69)，它们提供了 4 个 EIU 输入引脚的状态信息，位 8～11 表示 EIU 输入引脚信号的状态。只要输入引脚的信号有变化，这些位都要进行更新。而位 12～15 只有在 EIUCNT_LO 寄存器被读取时才进行更新，其他时候保持状态不变，这样就可以捕捉到最近的 EIA 和 EIB 输入的状态。典型的操作是在读取 EIUCNT_LO 寄存器后，常常立即读取 EIU 状态寄存器(EIUSTAT)，这样就可以读取到引起 EIUCNT 值最新变化的 EIA 和 EIB 引脚输入状态，同样也可以捕捉到 EIZ 和 EIS 输入的状态。

(10) 中　　断

共有 3 个中断输出：循环定时器时间到中断、EIU 错误中断，以及 Z 和 S 信号锁存中断。在 EIUSTAT 寄存器中有 4 个与中断输出相关的状态位，这 4 个位都需要写 1 清 0。当一个中断被触发时，EIUSTAT 寄存器相应的状态位就会置 1。即使当产生中断的硬件条件消失了，这些粘性的状态位仍然会保持置 1 状态，因此需要通过软件写 1 来清除中断(写 1 清 0)。

Z 和 S 信号锁存中断是一个特殊中断，当 EIZLATCH 寄存器或 EISLATCH 寄存器被更新时就会产生这个中断。这两个中断条件经过逻辑"或"后，通过一个中断申请 EIULATC_IRQ 输出，可以通过查询 EIUSTAT 寄存器中的两个标志位来区分哪一个中断发生。

(11) 32 位寄存器的访问

因为 I/O 数据总线是 16 位宽的，所以访问 32 位内存映射的寄存器需要分两次进行。每一个 32 位寄存器都由两个 16 位寄存器构成，它们的外设地址空间彼此相邻。低 16 位(记为 LO)在低地址，高 16 位(HI)在高地址。这样的寄存器有 6 对：EIU 计数寄存器(EIUCNT)、EIU 最大计数寄存器(EIUMAXCNT)、EIU 计数锁存寄存器(EETCNT)、EIZ 计数锁存寄存器(EIZLATCH)、EIS 计数锁存寄存器(EISLATCH)和 EIU 缓存计数寄存器(EIUCNT_SHDW)。

对寄存器的两个 16 位值的读/写操作次序很重要。为了区分起见，我们把有 HI/LO 后缀的寄存器对看成是 32 位的。

如果只要求 16 位精度,那么就只需要对 LO 寄存器进行访问即可,HI 寄存器不需要写操作,因为它们在复位后默认为 0。如果需要 32 位精度的寄存器,则必须先对 HI 寄存器进行写操作,然后再对 LO 寄存器进行写操作,以保证高低数据字的连贯性。

为了读取一个连续的 32 位值,必须先读 LO 寄存器,再读 HI 寄存器。

1.7 A/D 转换器

ADSP－21990 集成了一个快速精确的多通道 A/D 转换器。A/D 转换器采用 6 级流水线 FLASH 结构,包含两个输入采样保持放大器,支持两路输入信号的同时采样。单个通道的转换完成时间大约在 7.5 个 A/D 转换器时钟周期。A/D 转换器内核提供的模拟输入电压范围是峰峰值 0～2.0 V,具有 14 位精度,最大时钟频率为 20 MHz。此外,ADSP－21990 A/D 转换器还有延迟锁存数据功能和 DMA 数据传送功能,A/D 转换系统内部还提供一个精确的 1.0 V 参考电压。

1.7.1 A/D 转换器的内部结构和参考电压

1. 内部结构

整个 A/D 转换系统的功能结构见图 1-70。

A/D 转换器的输入结构支持 8 个独立的模拟量输入,其中每 4 个被编为一组,共有两组(即 VIN0～VIN3 和 VIN4～VIN7),分别在两个采样保持放大器 SHA 中进行转换。引脚 ASHAN 和 BSHAN 分别连接到两个采样保持放大器的反相输入端,用于实现外部控制 A/D 转换范围的偏移。在 20 MHz 的时钟频率下,启动 A/D 转换后,第一个数据完成转换大约需要 375 ns,8 个通道全部完成连续转换大约需要 725 ns(375 ns+50 ns×7),也就是说,以后每 50 ns 就可完成一个通道的转换。

A/D 转换系统包含 10 个专用的模拟输入引脚(VIN0～VIN7、AHSAN 和 BSHAN),5 个用于提供电压参考的专用引脚(CAPT、CAPB、V_{REF}、SENSE、CML)和一个启动转换引脚 CONVST(数字输入触发),A/D 转换系统还有 4 个专用供电电源引脚:2 个 AV_{DD}(模拟 V_{DD})和 2 个 AV_{SS}(模拟地)。

2. 参考电压

ADSP－21990 片内有参考电压,可以为 A/D 系统提供 1.0 V 的内部参考电压,或者用来为外部 V_{REF} 引脚纠正零点漂移误差,当然也可以使用 V_{REF} 引脚输入的电压作为参考电压。V_{REF} 值(内部产生的参考电压或外部 V_{REF} 引脚输入的参考电压)定义了 A/D 内核的最大输入电压,而最小输入电压则自动定义为 $-V_{REF}$。

SENSE 引脚用于选择使用内部参考或外部参考电压。如果使用内部参考电压,则 SENSE 引脚应该连接到 AV_{SS} 引脚上,在这种模式中,在 V_{REF} 引脚上有个内部产生的 1.0 V 参

第1章 ADSP-21990 DSP

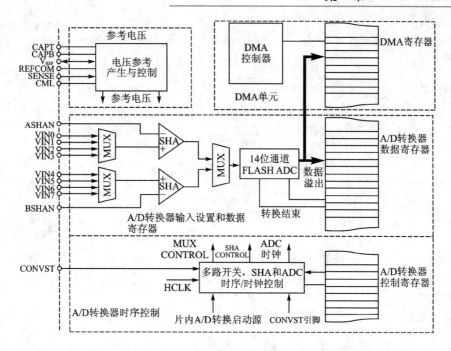

图 1-70　ADSP-21990 A/D 转换器系统功能结构图

考电压。如果使用外部电压参考,则 SENSE 引脚必须连接到 AV_{DD} 引脚上,外部参考电压应加载在 V_{REF} 引脚上。

1.7.2　A/D 转换器寄存器

A/D 转换器共有 19 个寄存器,它们都位于 I/O 存储器中,这些寄存器的名称、功能、地址和复位值见表 1-15。

表 1-15　A/D 转换器寄存器

寄存器名称	功　　能	地　　址	复位值
ADCCTRL	ADC 控制寄存器	0x0D：0x0000	0x0200
ADCSTAT	ADC 状态寄存器	0x0D：0x0002	0x0000
SOFTCONVST	ADC 软启动寄存器	0x0D：0x0003	0x0000
ADC0～ADC7	ADC 数据寄存器	0x0D：0x0004～ 0x0D：0x000B	0x0000
ADCLATCHA	ADC 数据锁存寄存器 A	0x0D：0x000E	0x0000
ADCLATCHB	ADC 数据锁存寄存器 B	0x0D：0x000F	0x0000
ADCCOUNTA	ADC 计数器 A 寄存器	0x0D：0x0010	0x0000

续表 1-15

寄存器名称	功 能	地 址	复位值
ADCCOUNTB	ADC 计数器 B 寄存器	0x0D：0x0011	0x0000
ADCTIMER	ADC 定时器寄存器	0x0D：0x0012	0x0000
ADCD_PTR	ADC DMA 当前指针寄存器	0x0D：0x0100	0x0000
ADCD_CFG	ADC DMA 配置寄存器	0x0D：0x0101	0x0002
ADCD_SRP	ADC DMA 起始页寄存器	0x0D：0x0102	0x0000
ADCD_SRA	ADC DMA 起始地址寄存器	0x0D：0x0103	0x0000
ADCD_CNT	ADC DMA 计数器寄存器	0x0D：0x0104	0x0000
ADCD_CP	ADC DMA 下一个描述符指针寄存器	0x0D：0x0105	0x0000
ADCD_CPR	ADC DMA 描述符准备就绪寄存器	0x0D：0x0106	0x0000
ADCD_IRQ	ADC DMA 中断寄存器	0x0D：0x0107	0x0000
ADCXTRA0	ADC 额外数据寄存器 0	0x0D：0x00C	0x0000
ADCXTRA4	ADC 额外数据寄存器 4	0x0D：0x00D	0x0000

A/D 转换器的控制寄存器和状态寄存器的各位功能见图 1-71 和图 1-72。

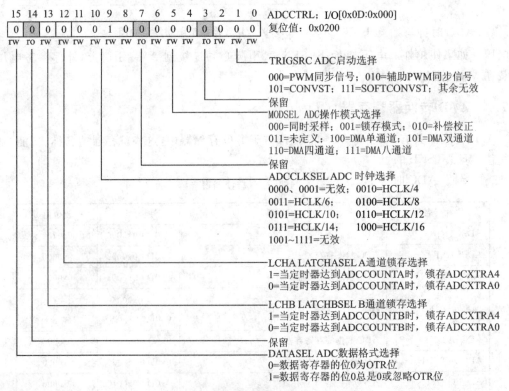

图 1-71 ADC 控制寄存器（ADCCTRL）

第1章 ADSP-21990 DSP

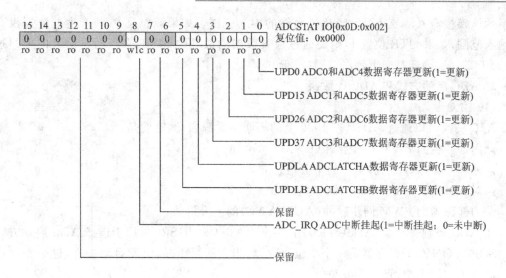

图1-72 ADC状态寄存器(ADCSTAT)

1.7.3 A/D转换器的操作

1. ADC时钟与数据格式

(1) ADC时钟

ADSP-21990的ADC时钟频率是通过外设时钟HCLK分频得到的。用户通过A/D转换器控制寄存器(ADCCTRL)中的位[11:8](ADCCLKSEL)对ADCCLK进行编程设置。ADCCLK和外设时钟的关系为：

$$ADCLOCK = HCLK/(2 \times ADCCLKSEL) \quad ADCCLKSEL \in [2,15] \quad (1-17)$$

ADCCLKSEL的值不可以是0和1，如果给ADCCLKSEL写一个1或者0将禁止A/D转换器时钟。ADC时钟的默认值是2，对应ADC时钟频率是HCLK频率的1/4(例如HCLK为80 MHz时，ADC时钟是20 MHz)。此外，还有一个单独的DMA时钟，它决定将采样数据传送到DMA FIFO缓存的速度。它被设置为ADCCLOCK/8，是固定不变的，因此，每8个ADC时钟周期，就有一个A/D转换值被放入到DMA的FIFO中。

(2) ADC数据格式

ADSP-21990的ADC控制模块中的寄存器ADC0～ADC7、ADCXTRA0、ADCXTRA4、ADCLATCHA和ADCLATCHB用于存放数据。这些寄存器中的14位数据是左对齐的二进制补码。数据寄存器(ADC0～ADC7)的位0(OTR)还包含一个超范围位，这个位的值取决于ADCCTRL寄存器的DATASEL位(数据格式选择位)的状态。如果DATASEL=1，OTR位不影响数据寄存器的值，即数据寄存器的位0总是0；如果DATASEL=0，则ORT位被写到A/D转换器数据寄存器的位0。对应每一个由A/D通道产生的数据，都有一个OTR位用于指示该模拟输入信号是否已经超过允许的输入范围。如果该位是 0,则产生的数据没有超过输入范围;如果 OTR 位置 1,则要通过检查数据的最高位 MSB,来判断是信号向上超过范围(大于 $2 \times V_{REF}$)还是向下超出范围(小于 0 V)。

2. ADC 启动方式和 ADC 计数器

(1) 启动方式

A/D 转换可以通过 ADSP - 21990 上的不同触发源启动,它们是:

> 内部产生的 PWM 同步脉冲(PWMSYNC)的上升沿;
> 外部 CONVST 引脚信号的上升沿;
> 对 SOFTCONVST 寄存器的写操作;
> 内部源辅助 PWM 同步脉冲(AUXSYNC)的上升沿。

在 ADC 控制寄存器(ADCCTRL)中的位[2∶0](TRIGSRC),用于选择 ADC 启动方式。SOFTCONVST 寄存器是一个 1 位寄存器,当软件写 1 时,引发启动事件,这个寄存器在一个 ADCCLK 周期后就自动复位。

(2) ADC 计数器

ADC 控制单元包括两个专用的减计数器,可用于提供锁存信号,在启动 A/D 转换之后延迟一段时间,将 ADCXTRA4 和 ADCXTRA0 寄存器的内容锁存。这个延迟时间是由这两个减计数器提供的。锁存时,分别将 ADCXTRA0 和 ADCXTRA4 寄存器的内容锁存到 ADCLATCHA 和 ADCLATCHB 寄存器。

这两个独立的专用 16 位减计数器允许用户分别地设置延迟时间。通过对 ADCCTRL 寄存器里的两个位(LATCHASEL 和 LATCHBSEL)设置锁存的次序,用户还可以选择哪一个模拟输入 VIN0 或 VIN4 的数据先锁存。在启动 A/D 转换后,也可以在不同时间锁存同一输入通道的两个值。

用户通过向 ADCCOUNTA 和 ADCCOUNTB 寄存器写值,就可以定义锁存时间。这个定时器的当前值能随时通过 ADCTIMER 寄存器读出。

当有锁存事件发生时,在 ADCSTAT 寄存器中有两个状态位置 1:当 ADCLATCHA 寄存器更新时,UPDLA 位置 1;当 ADCLATCHB 寄存器更新时,UPDLB 位置 1。所有状态位都在启动 A/D 转换时清 0。锁存事件不产生中断。

3. ADC 转换模式

A/D 转换器的转换模式分为两大类:定时转换类和 DMA 类。这里只介绍定时转换类。

定时转换类中分为 3 种操作模式:同时采样模式(默认模式)、锁存模式、补偿校正模式。

(1) 同时采样模式

同时采样模式是默认的操作模式,通过在 A/D 转换器控制寄存器里设置 MODSEL = 000 来选择。在同时采样模式中,两个模拟输入(每组一个)被同时采样,因此 VIN0 和 VIN4、VIN1 和 VIN5、VIN2 和 VIN6、VIN3 和 VIN7 代表 4 对同时采样输入。在这个模式中,在采样每对模拟输入之间有两个 ADCCLOCK 周期的延迟。每次启动转换后，内部控制逻辑同时采样第一对输入信号。随后，这些输入被转换为 14 位的数字量。经过两个 A/D 转换器时钟延迟后，模拟输入的第 2 对(VIN1 和 VIN5)被立即采样，然后被转换，直到 4 对模拟输入采样和转换全部完成。

当特定的模拟输入转换完成时，对应的数字信号被写到 16 位二进制补码、左对齐的数据寄存器中，这个寄存器被存映射到 DSP 内核的数据存储器空间。ADC 数据寄存器 ADC0 对应 VIN0 的转换数据，以此类推。

在每一对模拟输入转换结束后，ADCSTAT 寄存器中的相应的位就置 1。这个高效流水线结构使转换开始后的 725 ns(假设 A/D 转换器 CLOCK 频率为 20 MHz)，所有 8 个 ADC 数据寄存器都包含有效的转换结果。当所有数据被写到 ADC0~ADC7 中时，就会产生一个专用的 ADC 中断。如果需要更高速地使用数据，则可以读取 ADCSTAT 寄存器，一旦有模拟输入被转换成功，就立刻将数据取出。

一旦转换完成后，所有的 8 个 ADC 数据寄存器完成更新，A/D 转换器就会自动地在 VIN0 和 VIN4 引脚开始转换模拟输入。

在这个周期中，A/D 转换器采样 VIN0 和 VIN4 上的模拟输入，并将转换结果放到额外的 ADCXTRA0 和 ADCXTRA4 寄存器中。这样在这些寄存器中的数据，每隔一个 A/D 转换器时钟都会被有效地更新，这样就可以连续地监视在 VIN0 和 VIN4 的模拟输入。

而且，在这个模式中，通过使用 ADC 定时计数器，ADCXTRA0 和 ADCXTRA4 的锁存值可以在 ADCLATCHA 和 ADCLATCHB 寄存器中获得。

(2) 锁存模式

将 ADCCTRL 寄存器中的 MODSEL 设置为 001，就进入锁存模式。在该模式中，触发信号并不启动所有的模拟通道。每隔一个 ADC 时钟周期，ADC 控制器只同步采样 VIN0 和 VIN4 通道的模拟输入信号。这就是说，每隔一个 ADC 时钟周期，VIN0 和 VIN4 通道的转换结果就会更新一次，数据只在 ADCXTRA0 和 ADCXTRA4 寄存器中可用。同前一种模式一样，这两个 ADC 减计数器被重载和启动，最多能锁存 2 个信号，处理方式同上。这个模式克服了计数器的最低限制，允许计数器取零和(周期−1)之间的任何值。

(3) 补偿校正模式

这个操作模式通过在 ADCCTRL 寄存器中设置 MODSEL = 010 来选择。在该模式中，所有的模拟输入(VIN0~VIN7，ASHAN 和 BSHAN)都不连接到采样保持放大器上。相反，每个采样保持放大器的输入端和参考电压连接到一起。转换结束后，在 ADC0~ADC3 寄存器里的数据可以作为第一个采样保持放大器补偿的 4 个分量。同理，在 ADC4~ADC7 中的数据可以作为第 2 个采样保持放大器的补偿分量。可以将这些数据取平均值，作为采样保持放大器的飘移值，这样就可以用这个量来补偿以后的测量。在转换结束时状态位被更新。中断的产生方式与同时采样模式相同。

第 2 章
直流电动机的 ADSP 控制

直流电动机是最早出现的电动机,也是最早能实现调速的电动机。长期以来,直流电动机一直占据着速度控制和位置控制的统治地位。由于它具有良好的线性调速特性、简单的控制性能、高质高效平滑运转的特性,尽管近年来不断受到其他电动机(如交流变频电动机、步进电动机等)的挑战,但到目前为止,就其性能来说仍然无可比拟。在欧美等国家,大型成套生产装置和成套生产线仍然多用直流调速。

近年来,直流电动机的结构和控制方式都发生了很大的变化。随着计算机进入控制领域,以及新型的电力电子功率元器件的不断出现,使采用全控型的开关功率元件进行脉宽调制(Pulse Width Modulation,PWM)控制方式已成为绝对主流;这种控制方式已作为直流电动机数字控制的基础。

随着永磁材料和工艺的发展,已将直流电动机的励磁部分用永磁材料代替,产生永磁直流电动机,由于这种直流电动机体积小、结构简单、省电,所以目前已在中小功率范围内得到广泛的应用。

在直流调速控制中,可以采用各种控制器,ADSP 是一种不错的选择。由于 ADSP 具有高速运算性能,因此可以实现诸如模糊控制等复杂的控制算法。另外它可以自己产生有死区的 PWM 输出,所以可以使外围硬件最少。

本章将重点介绍利用 ADSP 控制技术对直流电动机实现控制的方法。

2.1 直流电动机的控制原理

根据图 2-1 他励直流电动机的等效电路,可以得到直流电动机的数学模型。
电压平衡方程为:

$$U_a = E_a + R_a I_a + L_a \frac{dI_a}{dt} \qquad (2-1)$$

式中，U_a 为电枢电压；I_a 为电枢电流；R_a 为电枢电路总电阻；E_a 为感应电动势；L_a 为电枢电路总电感。

其中感应电动势为：

$$E_a = K_e \Phi n \qquad (2-2)$$

式中，K_e 为感应电动势计算常数；Φ 为每极磁通；n 为电动机转速。

将式(2-2)代入式(2-1)可得：

$$n = \frac{U_a - \left(I_a R_a + L_a \dfrac{dI_a}{dt}\right)}{K_e \Phi} \qquad (2-3)$$

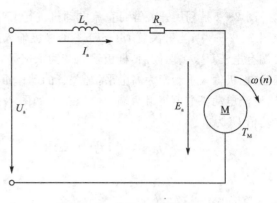

图 2-1 直流电动机等效电路

直流电动机的电磁转矩为：

$$T_M = K_T I_a \qquad (2-4)$$

转矩平衡方程为：

$$T_M = T_L + J \frac{d\omega}{dt} \qquad (2-5)$$

式中，J 为折算到电动机轴上的转动惯量；T_M 为电动机的电磁转矩；T_L 为负载转矩；ω 为电动机角速度；K_T 为电动机转矩常数。

由式(2-3)可得，直流电动机的转速控制方法可分为两类：对励磁磁通 Φ 进行控制的励磁控制法和对电枢电压 U_a 进行控制的电枢电压控制法。

励磁控制法是在电动机的电枢电压保持不变时，通过调整励磁电流来改变励磁磁通，从而实现调速的。这种调速法的调速范围小，在低速时受磁极饱和的限制，在高速时受换向火花和换向器结构强度的限制，并且励磁线圈电感较大，动态响应较差，因此这种控制方法用的很少。

电枢电压控制法是在保持励磁磁通不变的情况下，通过调整电枢电压来实现调速的。在调速时，保持电枢电流不变，即保持电动机的输出转矩不变，可以得到具有恒转矩特性的大的调速范围，因此大多数应用场合都使用电枢电压控制法。本章我们主要介绍这种方法的 ADSP 控制。

对电动机的驱动离不开半导体功率器件。在对直流电动机电枢电压的控制和驱动中，对半导体功率器件的使用上又可分为两种方式：线性放大驱动方式和开关驱动方式。

线性放大驱动方式是使半导体功率器件工作在线性区。这种方式的优点是：控制原理简单，输出波动小，线性好，对邻近电路干扰小。但是功率器件在线性区工作时会将大部分电功率用于产生热量，效率和散热问题严重，因此，这种方式只用于数瓦以下的微小功率直流电动机的驱动。

绝大多数直流电动机采用开关驱动方式。开关驱动方式是使半导体功率器件工作在开关状态，通过脉宽调制(PWM)来控制电动机电枢电压，实现调速。

图 2-2 是利用开关管对直流电动机进行 PWM 调速控制的原理图和输入输出电压波形。在图 2-2(a)中,当开关管 MOSFET 的栅极输入高电平时,开关管导通,直流电动机电枢绕组两端有电压 U_S。t_1 时间后,栅极输入变为低电平,开关管截止,电动机电枢两端电压为 0。t_2 时间后,栅极输入重新变为高电平,开关管的动作重复前面的过程。这样,对应着输入的电平高低,直流电动机电枢绕组两端的电压波形如图 2-2(b)所示。电动机的电枢绕组两端的电压平均值 U_a 为:

$$U_a = \frac{t_1 U_S + 0}{t_1 + t_2} = \frac{t_1}{T} U_S = \alpha U_S \quad (2-6)$$

$$\alpha = \frac{t_1}{T} \quad (2-7)$$

式中,α 为占空比。

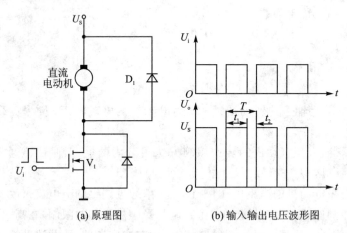

(a) 原理图　　　　　(b) 输入输出电压波形图

图 2-2　PWM 调速控制原理和电压波形图

占空比 α 表示在一个周期 T 里,开关管导通的时间长短与周期的比值。α 的变化范围为 $0 \leqslant \alpha \leqslant 1$。由式(2-6)可知,当电源电压 U_S 不变的情况下,电枢的端电压的平均值 U_a 取决于占空比 α 的大小,改变 α 值就可以改变端电压的平均值,从而达到调速的目的,这就是 PWM 调速原理。

在 PWM 调速时,占空比 α 是一个重要参数。以下 3 种方法都可以改变占空比的值:

➢ 定宽调频法。这种方法是保持 t_1 不变,只改变 t_2,这样使周期 T(或频率)也随之改变。
➢ 调宽调频法。这种方法是保持 t_2 不变,而改变 t_1,这样使周期 T(或频率)也随之改变。
➢ 定频调宽法。这种方法是使周期 T(或频率)保持不变,而同时改变 t_1 和 t_2。

前两种方法由于在调速时改变了控制脉冲的周期(或频率),当控制脉冲的频率与系统的固有频率接近时,将会引起振荡,因此这两种方法用的很少。目前,在直流电动机的控制中,主要使用定频调宽法。

ADSP 内部集成了 PWM 控制信号发生器,它可以通过调整 PWM 周期寄存器来调整 PWM 的频率;通过调整 PWM 占空比寄存器来调整 PWM 的占空比;通过调整死区时间控制寄存器来设定死区时间;通过专用的 PWM 输出口输出占空比可调的带有死区 PWM 控制信号;从而省去了其他控制器所用的外围 PWM 波发生电路和时间延迟(死区)电路。

ADSP 的高速运算功能可以实现直流电动机的实时控制,通过软件实现名符其实的全数字控制,从而省去了外围的 PID 调节电路和比较电路。因此使用 ADSP 控制直流电动机可以获得高性能和低成本。

直流电动机通常要求工作在正反转的场合,这时需要使用可逆 PWM 系统。可逆 PWM 系统分为单极性驱动和双极性驱动,以下分别介绍单极性驱动和双极性驱动可逆 PWM 系统。

2.2 直流电动机单极性驱动可逆 PWM 系统

单极性驱动是指在一个 PWM 周期里,电动机电枢的电压极性呈单一性(或者正、或者负)变化。单极性驱动电路有两种,一种称为 T 型,它由两个开关管组成,采用正负电源,相当于两个不可逆系统的组合,由于形状像横放的"T"字,所以称为 T 型。T 型单极性驱动由于电流不能反向,并且两个开关管动态切换(正反转切换)的工作条件是电枢电流等于零,因此动态性能较差,很少采用。

另一种称为 H 型,其形状像"H"字,也称桥式电路。H 型双极性驱动应用较多,因此在这里将详细介绍。

图 2-3 是 H 型单极可逆 PWM 驱动系统。它由 4 个开关管和 4 个续流二极管组成,单电

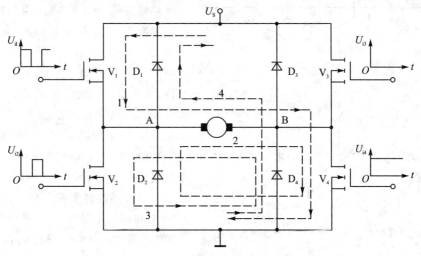

图 2-3 H 型单极可逆 PWM 驱动系统

源供电。当电动机正转时，V_1 开关管根据 PWM 控制信号同步导通或关断，而 V_2 开关管则受 PWM 反相控制信号控制，V_3 保持常闭，V_4 保持常开。当电动机反转时，V_3 开关管根据 PWM 控制信号同步导通或关断，而 V_4 开关管则受 PWM 反相控制信号控制，V_1 保持常闭，V_2 保持常开。

单极性驱动系统的 PWM 占空比仍用式(2-7)来计算。

当要求电动机在较大负载情况下正转工作时，平均电压 U_a 大于感应电动势 E_a。在每个 PWM 周期的 $0\sim t_1$ 区间，V_1 导通，V_2 截止，电流 I_a 经 V_1、V_4 从 A 到 B 流过电枢绕组，如图 2-3 中的虚线 1。在每个 PWM 周期的 $t_1\sim t_2$ 区间，V_2 导通，V_1 截止，电源断开，在自感电动势的作用下，经二极管 D_2 和开关管 V_4 进行续流，使电枢中仍然有电流流过，方向是从 A 到 B，如图 2-3 中的虚线 2。这时由于二极管 D_2 的钳位作用，V_2 实际不能导通，其电流波形见图 2-4(a)。

当电动机在进行制动运行时，平均电压 U_a 小于感应电动势 E_a。在每个 PWM 周期的 $0\sim t_1$ 区间，在感应电动势和自感电动势共同作用下，电流经二极管 D_4、D_1 流向电源，方向是从 B 到 A，如图 2-3 中虚线 4 所示，电动机处在再生制动状态。在每个 PWM 周期的 $t_1\sim t_2$ 区间，V_2 导通，V_1 截止，在感应电动势的作用下，电流经 D_4、V_2 仍然是从 B 到 A 流过绕组，如图 2-3 中虚线 3 所示，电动机处在耗能制动状态。电动机制动时的电流波形如图 2-4(b)所示。

当电动机轻载或空载运行时，平均电压 U_a 与感应电动势 E_a 几乎相等。在每个 PWM 周期的 $0\sim t_1$ 区间，V_2 截止，电流先

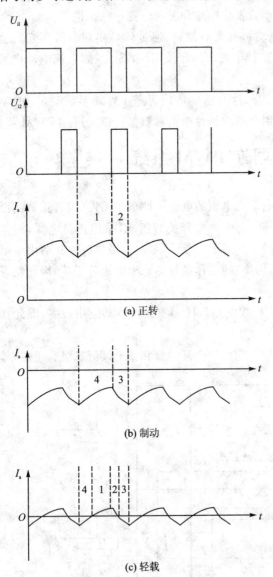

图 2-4 H 型单极性可逆 PWM 驱动电流波形

是沿虚线 4 流动，当减小到零后，V_1 导通接通电源，电流改变方向，沿虚线 1 流动。在每个 PWM 周期的 $t_1\sim t_2$ 区间，V_1 截止，电流先是沿虚线 2 续流，当续流电流减小到零后，V_2 导通，

在感应电动势的作用下,电流改变方向,沿虚线3流动。因此,在一个PWM周期中,电流交替呈现再生制动、电动、续流电动、耗能制动4种状态,电流围绕着横轴上下波动,如图2-4(c)所示。

由此可见,单极性可逆PWM驱动的电流波动较小,可以实现4个象限运行,是一种应用非常广泛的驱动方式。使用时要注意加"死区",避免同一桥臂的开关管发生直通短路。

2.3 直流电动机双极性驱动可逆PWM系统

双极性驱动是指在一个PWM周期里,电动机电枢的电压极性呈正负变化。

双极性驱动电路也有T型和H型两种。

T型双极性驱动由于开关管要承受较高的反向电压,因此只用在低压小功率直流电动机驱动。而H型双极性驱动应用较多,因此在这里将详细介绍。

图2-5是H型双极可逆PWM驱动系统。4个开关管分成两组,V_1、V_4为一组,V_2、V_3为另一组。同一组的开关管同步导通或关断,不同组的开关管导通与关断正好相反。

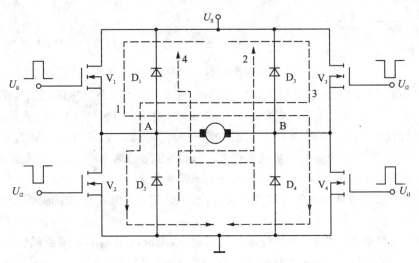

图2-5 H型双极可逆PWM驱动系统

在每个PWM周期里,当控制信号U_{i1}为高电平时,开关管V_1、V_4导通,此时U_{i2}为低电平,因此V_2、V_3截止,电枢绕组承受从A到B的正向电压;当控制信号U_{i1}为低电平时,开关管V_1、V_4截止,此时U_{i2}为高电平,因此V_2、V_3导通,电枢绕组承受从B到A的反向电压,这就是所谓"双极"。

由于在一个PWM周期里电枢电压经历了正反两次变化,因此其平均电压U_a可用下式决定:

$$U_a = \left(\frac{t_1}{T} - \frac{T-t_1}{T}\right)U_S = \left(\frac{2t_1}{T} - 1\right)U_S = (2\alpha - 1)U_S \tag{2-8}$$

由式(2-8)可见,双极性可逆 PWM 驱动时,电枢绕组所承受的平均电压取决于占空比 α 大小。当 $\alpha=0$ 时,$U_a=-U_S$,电动机反转,且转速最大;当 $\alpha=1$ 时,$U_a=U_S$,电动机正转,转速最大;当 $\alpha=1/2$ 时,$U_a=0$,电动机不转。虽然此时电动机不转,但电枢绕组中仍然有交变电流流动,使电动机产生高频振荡,这种振荡有利于克服电动机负载的静摩擦,提高动态性能。

下面讨论电动机电枢绕组的电流。电枢绕组中的电流波形见图 2-6,分以下 3 种情况。

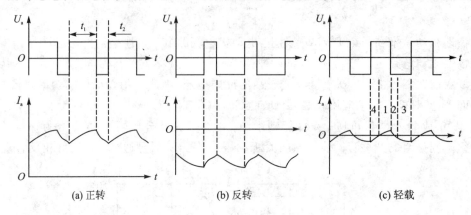

图 2-6 H 型双极性可逆 PWM 驱动电流波形

当要求电动机在较大负载情况下正转工作时,平均电压 U_a 大于感应电动势 E_a。在每个 PWM 周期的 $0 \sim t_1$ 区间,V_1、V_4 导通,V_2、V_3 截止,电枢绕组中电流的方向是从 A 到 B,如图 2-5 中的虚线 1 所示。在每个 PWM 周期的 $t_1 \sim t_2$ 区间,V_2、V_3 导通,V_1、V_4 截止,虽然电枢绕组加反向电压,但由于绕组的负载电流较大,电流的方向仍然不变,只不过电流幅值的下降速率比前面介绍的单极性系统的要大,因此电流的波动较大。

当电动机在较大负载情况下反转工作时,情形正好与正转时相反,电流波形如图 2-6(b)所示,这里不再介绍。

当电动机在轻载下工作时,负载使电枢电流很小,电流波形基本上围绕横轴上下波动(见图 2-6(c)),电流的方向也在不断地变化。在每个 PWM 周期的 $0 \sim t_1$ 区间,V_2、V_3 截止。开始时,由于自感电动势的作用,电枢中的电流维持原流向——从 B 到 A,电流线路如图 2-5 中虚线 4 所示,经二极管 D_4、D_1 到电源,电动机处于再生制动状态。由于二极管的 D_4、D_1 钳位作用,此时 V_1、V_4 不能导通。当电流衰减到零后,在电源电压的作用下,V_1、V_4 开始导通。电流经 V_1、V_4 形成回路,如图 2-5 中虚线 1 所示。这时电枢电流的方向从 A 到 B,电动机处于电动状态。在每个 PWM 周期的 $t_1 \sim t_2$ 区间,V_1、V_4 截止。电枢电流在自感电动势的作用下继续从 A 到 B,其电流流向如图 2-5 中虚线 2 所示,电动机仍处于电动状态。当电流衰减为零后,V_2、V_3 开始导通,电流线路如图 2-5 中的虚线 3 所示,电动机处于耗能制动状态。因此,在轻载下工作时,电动机的工作状态呈电动和制动交替变化。

双极性驱动时,电动机可在 4 个象限上工作,低速时的高频振荡有利于消除负载的静摩擦,低速平稳性好。但在工作的过程中,由于 4 个开关管都处在开关状态,功率损耗较大,因此双极性驱动只用于中小功率直流电动机。使用时也要加"死区",防止开关管直通。

2.4 直流电动机的 ADSP 控制方法及编程例子

2.4.1 数字 PI 调节器的 ADSP 实现方法

任何电动机的调速系统都以转速为给定量,并使电动机的转速跟随给定值进行控制。为了使系统具有良好的调速性能,通常要构建一个闭环系统。一般来说,电动机的闭环调速系统可以是单闭环系统(速度闭环),也可以是双闭环系统(速度外环和电流内环),因此,需要速度调节器和电流调节器。

速度调节器的作用是对给定速度与反馈速度之差按一定规律进行运算,并通过运算结果对电动机进行调速控制。由于电动机轴的转动惯量和负载轴的转动惯量的存在,使速度时间常数较大,系统的响应较慢。

电流调节器的作用有两个:一个是在启动和大范围加减速时起电流调节和限幅作用。因为此时速度调节器呈饱和状态,其输出信号一般作为极限给定值加到电流调节器上,电流调节器的作用结果是使绕组电流迅速达到并稳定在其最大值上,从而实现快速加减速和电流限流作用。电流调节器的另一个作用是使系统的抗电源扰动和负载扰动的能力增强。如果没有电流环,扰动会使绕组电流随之波动,使电动机的速度受影响。

虽然速度环可以最终使速度稳定,但需要的时间较长。而加入电流环,由于电的时间常数较小,电流调节器会使受扰动的电流很快稳定下来,不至于发展到对速度产生大的影响,因此,使系统的快速性和稳定性得到改善。

在电动机的闭环控制中,速度调节器和电流调节器一般采用 PI 调节器,即比例积分调节器。

常规的模拟 PI 控制系统原理框图见图 2-7。该系统由模拟 PI 调节器和被控对象组成。图中,$r(t)$ 是给定值,$y(t)$ 是系统的实际输出值,给定值与实际输出值构成控制偏差 $e(t)$ 为:

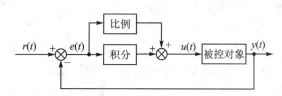

图 2-7 模拟 PI 控制系统原理图

$$e(t) = r(t) - y(t) \tag{2-9}$$

$e(t)$ 作为 PI 调节器的输入,$u(t)$ 作为 PI 调节器的输出和被控对象的输入。所以模拟 PI 控制器的控制规律为:

$$u(t) = K_P\left[e(t) + \frac{1}{T_I}\int_0^t e(t)\mathrm{d}t\right] + u_0 \qquad (2-10)$$

式中，K_P 为比例系数；T_I 为积分常数。

比例调节的作用是对偏差瞬间做出快速反应。偏差一旦产生，控制器立即产生控制作用，使控制量向减少偏差的方向变化。控制作用的强弱取决于比例系数，比例系数越大，控制越强，但过大会导致系统振荡，破坏系统的稳定性。

积分调节的作用是消除静态误差。但它也会降低系统的响应速度，增加系统的超调量。

采用 ADSP 对电动机进行控制时，使用的是数字 PI 调节器，而不是模拟 PI 调节器，也就是说，用程序取代 PI 模拟电路，用软件取代硬件。

将式 (2-10) 离散化处理就可以得到数字 PI 调节器的算法：

$$u_k = K_P\left(e_k + \frac{T}{T_I}\sum_{j=0}^k e_j\right) + u_0 \qquad (2-11)$$

或：

$$u_k = K_P e_k + TK_I \sum_{j=0}^k e_j + u_0 \qquad (2-12)$$

式中，k 为采样序号，$k=0,1,2,\cdots$；u_k 为第 k 次采样时刻的输出值；e_k 为第 k 次采样时刻输入的偏差值；K_I 为积分系数，$K_I = K_P/T_I$；u_0 为开始进行 PI 控制时的原始初值。

用式 (2-12) 计算 PI 调节器的输出 u_k 比较繁杂，可将其进一步变化。令第 k 次采样时刻的输出值增量为：

$$\Delta u_k = u_k - u_{k-1} = K_P(e_k - e_{k-1}) + TK_I e_k \qquad (2-13)$$

所以：

$$u_k = u_{k-1} + K_P(e_k - e_{k-1}) + TK_I e_k \qquad (2-14)$$

或：

$$u_k = u_{k-1} + K_1 e_k + K_2 e_{k-1} \qquad (2-15)$$

式中，u_{k-1} 为第 $k-1$ 次采样时刻的输出值；e_{k-1} 为第 $k-1$ 次采样时刻输入的偏差值；$K_1 = K_P + TK_I$；$K_2 = -K_P$。

用式 (2-14) 或式 (2-15) 即可通过有限次数的乘法和加法快速地计算出 PI 调节器的输出 u_k。

以下是用式 (2-15) 计算 u_k 的程序代码。

程序清单 2-1　数字 PI 调节子程序

```
PI:
    ENA M_MODE;
    SI = DM(UK);                //u_{k-1}, Q0 格式
    SR = LSHIFT SI BY 12(LO);   //Q12 格式
    MX0 = DM(EK);               //MX0 = e_{k-1}, Q0 格式
```

```
MY0 = DM(K2);                      //K2 是 Q12 格式
SR = SR + MX0 * MY0(SS);           //SR = u_{k-1} + e_{k-1} × K2, Q12 格式
AX0 = DM(GIVE);                    //给定值, Q0 格式
AY0 = DM(MEASURE);                 //反馈值, Q0 格式
AR = AX0 - AY0;                    //偏差, Q0 格式
DM(EK) = AR;                       //保存偏差 e_k, Q0 格式
MX0 = DM(EK);                      //Q0 格式
MY0 = DM(K1);                      //K1 是 Q12 格式
SR = SR + MX0 * MY0(SS);           //MR = u_{k-1} + e_k × K1 + e_{k-1} × K2, Q12
MR1 = SR1;
MR0 = SR0;
SR = ASHIFT MR1 BY 4(HI);          //左移 4 位
SR = SR OR LSHIFT MR0 BY 4(LO);
DM(UK) = SR1;                      //保存 u_k, Q0 格式
RTS;
```

如果用 150 MIPS，以上程序代码只需 127 ns 时间，足可以用于实时控制。

实际上，控制器的输出量还要受一些物理量的极限限制，如电源额定电压、额定电流、占空比最大和最小值等，因此对输出量还需要检验是否超出极限范围。

引入积分环节的目的主要是为了消除静态误差，提高控制精度。当在电动机的启动、停车或大幅度增减设定值时，短时间内系统输出很大的偏差，这会使 PI 运算的积分积累很大，引起输出的控制量增大。这一控制量很容易超出执行机构的极限控制量，从而引起强烈的积分饱和效应，这将会造成系统振荡、调节时间延长等不利结果。

为了消除积分饱和带来的不利影响，可以使用防积分饱和 PI 调节器，如图 2-8 所示。其算法如下：

$$\left. \begin{array}{l} U = R_{k-1} + K_\mathrm{P} e_k \\ u_k = \begin{cases} u_{\max} & (U \geqslant u_{\max}) \\ u_{\min} & (U \leqslant u_{\min}) \\ U & \end{cases} \\ R_k = R_{k-1} + K_\mathrm{I} e_k + K_\mathrm{C}(u_k - U) \end{array} \right\} \qquad (2-16)$$

式中，$K_\mathrm{I} = K_\mathrm{P} T/T_\mathrm{I}$；积分饱和修正系数 $K_\mathrm{C} = K_\mathrm{I}/K_\mathrm{P} = T/T_\mathrm{I}$。

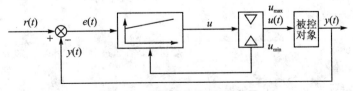

图 2-8 防积分饱和 PI 调节器

防积分饱和 PI 调节器程序代码如下。

程序清单 2-2　防积分饱和数字 PI 调节子程序

```
SATU:
    ENA M_MODE;
    SI = DM(RK);                          //R_{k-1}, Q0 格式
    SR = LSHIFT SI BY 12(LO);             //Q12 格式
    AX0 = DM(GIVE);                       //给定值, Q0 格式
    AY0 = DM(MEASURE);                    //反馈值, Q0 格式
    AR = AX0 - AY0;
    DM(EK) = AR;                          //保存偏差, Q0 格式
    MX0 = DM(EK);
    MY0 = DM(KP);                         //K_P 是 Q12 格式
    SR = SR + MX0 * MY0(SU);              //SR = R_{k-1} + e_k × K_P
    MR1 = SR1;
    MR0 = SR0;
    SR = ASHIFT MR1 BY 4(HI);             //左移 4 位
    SR = SR OR LSHIFT MR0 BY 4(LO);
    DM(U) = SR1;                          //Q0 格式
    AX0 = SR1;                            //检测调节器输出的正负
    AY0 = 0x8000;
    AR = AX0 AND AY0;
    IF EQ JUMP UPIMAGZEROS;               //如果正, 跳转
    AX0 = DM(UMIN);                       //否则是负, 检测是否超过下限。UMIN 是 Q0 格式
    AY0 = DM(U);
    AR = AX0 - AY0;
    IF GT JUMP NEG_SAT;                   //超过下限进入饱和区则跳转
    AX0 = DM(U);                          //否则正常调整
    JUMP LIMITERS;
    Nop;
    Nop;
NEG_SAT:
    AX0 = DM(UMIN);                       //下限值 Q0 格式
    JUMP LIMITERS;
UPIMAGZEROS:
    AX0 = DM(UMAX);                       //检测是否超过上限。UMAX 是 Q0 格式
    AY0 = DM(U);
    AR = AX0 - AY0;
    IF LT JUMP POS_SAT;                   //超过上限进入饱和区则跳转
```

```
        AX0 = DM(U);                    //否则正常跳转
        JUMP LIMITERS;
        Nop;
        Nop;
POS_SAT:
        AX0 = DM(UMAX);                 //上限值
        Nop;
LIMITERS:
        DM(UK) = AX0;                   //输出 u_k,Q0 格式
        AY0 = DM(U);
        AR = AX0 - AY0;
        MX0 = AR;
        MY0 = DM(KC);                   //K_C = K_I/K_P,Q12 格式
        SI = DM(RK);                    //R_{k-1},Q0 格式
        SR = LSHIFT SI BY 12(LO);
        SR = SR + MX0 * MY0(SU);        //SR = R_{k-1} + K_C × (u_k - U),Q12 格式
        MX0 = DM(EK);                   //Q0 格式
        MY0 = DM(KI);                   //Q12 格式
        SR = SR + MX0 * MY0(SU);        //SR = R_{k-1} + K_C × (u_k - U) + K_I × e_K,Q12 格式
        MR1 = SR1;
        MR0 = SR0;
        SR = ASHIFT MR1 BY 4(HI);
        SR = SR OR LSHIFT MR0 BY 4(LO);
        DM(RK) = SR1;                   //更新 R_{k-1},Q0 格式
        RTS;
```

2.4.2 定点 ADSP 的数据 Q 格式表示方法

上面程序中的数据采用了 Q 格式,那么 Q 格式是怎样一回事呢?

ADSP – 21990 属于定点 DSP,而不是浮点。因此,在对含有小数这样的实数进行运算时,就必须采用 Q 格式对数据进行规格化处理。

如果一个 16 位数被规格化为 Q_K 格式,它的一般表达式为:

$$Z = b_{15-K} \times 2^{15-K} + b_{14-K} \times 2^{14-K} + \cdots + b_0 + b_{-1} \times 2^{-1} + b_{-2} \times 2^{-2} + \cdots + b_{-K} \times 2^{-K}$$

这里 K 暗中包含了小数的位数。

例如,实数 $\pi(3.14159)$,如果用 Q13 格式表示,可以表示为:

$0 \times 2^2 + 1 \times 2^1 + 1 \times 2^0 + 0 \times 2^{-1} + 0 \times 2^{-2} + 1 \times 2^{-3} + 0 \times 2^{-4} + 0 \times 2^{-5} + 1 \times 2^{-6} + 0 \times 2^{-7} + 0 \times 2^{-8} + 0 \times 2^{-9} + 0 \times 2^{-10} + 1 \times 2^{-11} + 1 \times 2^{-12} + 1 \times 2^{-13}$

$= 011.0010010000111$

实质上，Q_K格式是将一个数放大了2^K倍，然后舍去剩余小数，形成一个全是整数的替代数。这样，这个数才可以进行能够保证一定精度的定点运算。

一个数的小数部分的多少会影响这个数的精度，而它的整数部分会影响这个数的动态变化范围。既要保证足够的精度，又要保证足够的动态范围，对于位数（如16位）一定的数据来讲，这是一对矛盾。例如一个Q15格式的16位数可以表示最高精度（15位小数），但却表示了最小的数的范围(-1,1)。因此，在最初设计时，一般的原则是先估计一个数的变化范围，然后再去设计这个数的精度表示，如果精度不够，可以用扩大数的位数的方法来弥补，最终给出一个满意的Q格式数据。

Q格式数据间的运算遵循如下原则：

① 加减运算。加减运算时，必须要保证参与运算的数据是相同的Q格式。

② 乘运算。不同Q格式的数可以进行乘运算，例如Q_A格式的数乘Q_B格式的数，运算结果为Q_{A+B}格式。

③ 除运算。同样可以使用不同Q格式的数进行除运算，例如Q_A格式的数除以Q_B格式的数，运算结果为Q_{A-B}格式。

2.4.3 单极性可逆PWM系统ADSP控制方法及编程例子

图2-9是直流电动机全数字双闭环控制的框图。全部控制模块如速度PI调节、电流PI调节、PWM控制都是通过软件来实现的。

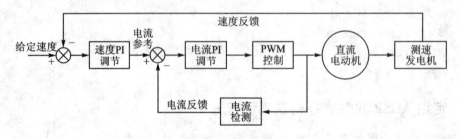

图2-9 直流电动机调速双闭环控制框图

图2-10是根据图2-9的控制原理所设计的用ADSP-21990实现直流电动机调速的控制和驱动电路。

图2-10中采用了H型驱动电路，上下桥臂都采用N沟道MOSFET。通过ADSP-21990的PWM输出引脚AH、AL、BH、BL输出的控制信号进行控制。用电流采样电阻检测电流变化，经放大后通过VIN0引脚输入给ADSP-21990，经A/D转换产生电流反馈信号。采用直流测速发电机检测电动机的速度变化，其信号通过VIN4引脚输入给ADSP-21990，经A/D转换获得速度反馈信号。由于电机正反转时测速发电机会产生正负电压输出，通过将A/D转换器的转换结果取绝对值，再结合转向标志，来控制A桥臂PWM占空比（正转）或B

第2章 直流电动机的 ADSP 控制

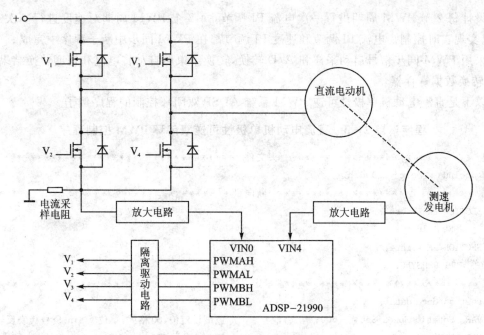

图 2-10 直流电动机 ADSP 控制和驱动电路

桥臂 PWM 占空比(反转)。

试验所用电动机型号：90ZYT55 No.0609101；工作电压为 24 V；额定功率为 80 W；额定转速为 1500 r/min；额定电流为 5 A。

用 ADSP-21990 实现直流电动机速度控制的软件由两部分组成：主程序和 PWM 同步中断子程序。图 2-11 是 PWM 同步中断子程序框图。其中主程序只进行初始化和电动机的转向判别。用户可以在主程序中添加其他应用程序。

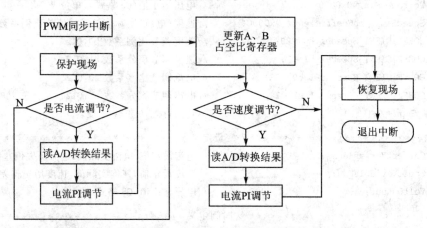

图 2-11 PWM 同步中断子程序框图

设计每 2 个 PWM 周期进行一次电流 PI 调节,每 8 个 PWM 周期对速度进行一次 PI 调节,以实现实时控制。电流 PI 调节和速度 PI 调节都在 PWM 同步中断子程序中完成。

采用 PWM 同步信号启动采样和 A/D 转换,转换结束后自动将电流和速度转换结果存入 A/D 转换数据寄存器。

以下是直流电动机单极性可逆 PWM 系统 ADSP 双闭环控制的程序例子。

程序清单 2-3　直流电动机单极性可逆双闭环 PWM 控制程序

```
/*****************************头文件****************************************/
#include <adsp-21990.h>
/*****************************中断向量***************************************/
.SECTION/PM IVreset;
    JUMP Main;
.SECTION/PM IVint4;
    JUMP PWMSYNC;
/*****************************常量定义***************************************/
.section/data data1;
.VAR    RotationSpeed_Set = -500;                //速度设定值,Q0 格式,单位 r/min,负号代表反转
.VAR    TPWM = 0x186A;                           //PWM 周期为 250 μs,Q0 格式
.VAR    TM_Volt = 260;                           //PWM 周期与最大电压(24 V)的比例系数,Q0
.VAR    COEFFICIENT_VoltageDivideRotationspeed = 4;   //电压(Q8)与速度(Q0)的比例系数
.VAR    DEADTIME = 300;                          //死区时间 8 μs
.VAR    Current_Max = 0x5000;                    //电流最大值 Q12,单位 A
.VAR    Current_Min = 0x0000;                    //电流最小值 Q12,单位 A
.VAR    CurrentSamplingCoefficient = 0x0005;     //电流实际值与采样值的比例系数 Q13
.VAR    Voltage_Max = 0x1800;                    //电压最大值(Q8 格式),单位 V
.VAR    Voltage_Min = 0x0000;                    //电压最小值(Q8 格式),单位 V
.VAR    SpeedSamplingCoefficient = 0x000C;       //速度(电压)实际值与采样值的比例系数 Q12
.VAR    COEFFICIENT_SpeedPI_b0 = 20;             //速度调节比例系数 b0,Q12
.VAR    COEFFICIENT_SpeedPI_b1 = 1;              //速度调节积分系数 b1,Q12
.VAR    COEFFICIENT_CurrentPI_b0 = 32;           //电流调节比例系数 b0,Q12
.VAR    COEFFICIENT_CurrentPI_b1 = 1;            //电流调节积分系数 b1,Q12
.VAR    _Sign = 0;                               //转向标志,0 正转,1 反转
/*****************************变量定义***************************************/
.VAR    CurrentVariable[3];                      //电流设定值,电流实际值,电流历史偏差值,Q12 格式
.VAR    SpeedVariable[3];                        //速度设定值,速度实际值,速度历史偏差值,Q8 格式
.VAR    VoltOutput;                              //电压输出值,Q8 格式
/*****************************时间定义***************************************/
.VAR    CurrentRegulateTimer = 0x0002;           //每 2 个 PWM 周期调节 1 次电流
```

```
.VAR    SpeedRegulateTimer = 0x0008;         //每 8 个 PWM 周期调节 1 次速度
/*************************** 主程序 ***************************************/
.section/PM program;
Main:
    LCALL SYSTEM_SETUP;                      //系统设置
    ENA M_MODE;
    AR = DM(RotationSpeed_Set);              //速度 Q0 格式
    AX0 = 0x0000;
    AR = AR - AX0;                           //判断正反转
    IF GE JUMP DirectionP;                   //电机正转,B 交叉使能,C 禁止
    AR = ABS AR;                             //电机反转,转速取绝对值
    AX0 = 1;
    DM(_Sign) = AX0;                         //置反转标志
    Nop;
DirectionP:
    AY0 = DM(COEFFICIENT_VoltageDivideRotationspeed);
    MR = AR * AY0(UU);
    DM(VoltOutput) = MR0;                    //转换为电压值 Q8 格式
    DM(SpeedVariable) = MR0;                 //设定转速对应的输出电压值
    LCALL DUTYCYCLE;                         //计算占空比
    AY0 = DM(_Sign);                         //取转向标志
    AF = PASS AY0;
    IF EQ JUMP P_T;                          //正转跳转
    IOPG = 0x08;                             //反转
    IO(PWM0_CHA) = -3125;                    //占空比 = 0
    IO(PWM0_CHB) = SR0;
    JUMP ABC;
    NOP;
P_T:
    IOPG = 0x08;                             //正转
    IO(PWM0_CHA) = SR0;
    IO(PWM0_CHB) = -3125;                    //占空比 = 0
ABC:
    AR = IO(PWM0_CTRL);
    AX0 = 0x0001;
    AR = AR OR AX0;
    IO(PWM0_CTRL) = AR;
```

```
        ENA INT;                                    //使能中断
        DO WAIT UNTIL FOREVER;                      //等待中断
    WAIT:
        NOP;
/*******************************系统设置**********************************/
.section/PM program;
SYSTEM_SETUP:
        IOPG = Clock_and_System_Control_Page;       //系统时钟
        AX0 = 0x0100;                               //外设时钟等于内核时钟 50 MHz,BYPASS 模式
        IO(PLLCTL) = AX0;

INTERRUPT_INT:                                      //中断设置
        DIS INT;                                    //禁止全局中断
        IRPTL = 0x0000;                             //清所有中断
        ICNTL = 0x0000;                             //禁止中断嵌套
        IMASK = 0x0000;                             //屏蔽所有中断
        AR = IMASK;
        AX0 = 0x0010;
        AR = AR OR AX0;
        IMASK = AR;
        IOPG = Interrupt_Controller_Page;
        AX0 = 0xFFF0;                               //设 PWM 同步中断为 USR0,对应屏蔽位为 4
    IO(IPR2) = AX0;
    NOP;
    AX0 = 0xFFFF;
        IO(IPR0) = AX0;
        IO(IPR1) = AX0;
        IO(IPR3) = AX0;
        IO(IPR4) = AX0;
        IO(IPR5) = AX0;
        IO(IPR6) = AX0;
        IO(IPR7) = AX0;
        IO(PIMASKHI) = AX0;
        IO(PIMASKLO) = AX0;

        IOPG = 0x08;                                //PWM 设置
        AX0 = 0;
        IO(PWM_SI) = AX0;
        IO(PWM0_GATE) = AX0;
        AX0 = DM(TPWM);                             //时钟 50 MHz,PWM 周期 250 μs
```

```
        IO(PWM0_TM) = AX0;
        AX0 = DM(DEADTIME);
        IO(PWM0_DT) = AX0;
        AX0 = 0x0002;
        IO(PWM0_CTRL) = AX0;              //PWM_EN 禁止
        AX0 = 0x0003;
        IO(PWM0_SEG) = AX0;               //使能 AL、AH、BH、BL 输出,禁止 CL、CH 输出,不使用交
                                          //叉特性

        IOPG = ADC_Page;                  //A/D 设置
        AX0 = 0x2200;                     //PWM 同步启动 ADC
        IO(ADC_CTRL) = AX0;
    RTS;                                  //系统设置结束
/***************************计算占空比值子程序***************************/
.section/PM program;
DUTYCYCLE:
        ENA M_MODE;
        MX0 = DM(VoltOutput);             //电机两端电压值 Q8
        MY0 = DM(TM_Volt);                //Q0
        MR = MX0 * MY0(UU);               //Q8
        SR = ASHIFT MR1 BY -8(HI);        //右移 8 位
        SR = SR OR LSHIFT MR0 BY -8 (LO); //Q0 格式
        AY0 = 0x0C35;                     //减 3125
        SR0 = SR0 - AY0;
        AR = SR0 - AY0;                   //检查上限
        IF LE JUMP N1;                    //如果没超限则跳转
        SR0 = AY0;
        Nop;
        Nop;
        Nop;
N1:     AR = SR0 + AY0;                   //检查下限
        IF LT SR0 = -3125;                //如果超限 SR0 = -3125
        RTS;                              //占空比计算结束
/***************************PWM 同步中断子程序***************************/
PWMSYNC:
        AR = DM(CurrentRegulateTimer);
        AR = AR - 1;                      //判断是否到电流调节时间
        DM(CurrentRegulateTimer) = AR;
        IF NE JUMP NEXT1;
```

```
        IOPG = ADC_Page;
        MX0 = IO(ADC_DATA0);
        SR = ASHIFT MX0 BY -2(LO);                    //Q0
        SR1 = DM(CurrentSamplingCoefficient);         //乘以转换系数,Q13
        SR = SR0 * SR1(SU);
        SR = LSHIFT SR0 BY -1(LO);                    //右移一位
        DM(CurrentVariable + 1) = SR0;                //电流实际值,Q12
        LCALL CURRENTPICONTROL;                       //电流PI调节,得出电压值
        LCALL DUTYCYCLE;                              //根据电压值,计算占空比

        AY0 = DM(_Sign);                              //取转向标志
        AF = PASS AY0;
        IF EQ JUMP P_T1;                              //正转跳转
        IOPG = 0x08;                                  //反转
        IO(PWM0_CHA) = -3125;                         //占空比=0
        IO(PWM0_CHB) = SR0;
        JUMP ABCD;
        NOP;
P_T1:
        IOPG = 0x08;                                  //正转
        IO(PWM0_CHA) = SR0;
        IO(PWM0_CHB) = -3125;                         //占空比=0
ABCD:
        AR = 0x0002;                                  //每2个PWM周期调节一次电流
        DM(CurrentRegulateTimer) = AR;                //下次电流调节时间
NEXT1:
        AR = DM(SpeedRegulateTimer);
        AR = AR - 1;                                  //判断是否到速度调节时间
        DM(SpeedRegulateTimer) = AR;
        IF NE JUMP NEXT2;
        IOPG = ADC_Page;
        AX0 = IO(ADC_DATA4);
        SR = LSHIFT AX0 BY -2(LO);                    //Q0
        AR = ABS SR0;
        SR1 = DM(SpeedSamplingCoefficient);
        MR = SR0 * SR1(UU);                           //乘以转换系数Q12
        SR = ASHIFT MR1 BY -4(HI);
        SR = SR OR LSHIFT MR0 BY -4(LO);
        DM(SpeedVariable + 1) = SR0;                  //速度实际值(Q8)
        LCALL SPEEDPICONTROL;                         //速度PI调节
```

```
        AR = 0x0008;                              //每 8 个 PWM 周期调节一次速度
        DM(SpeedRegulateTimer) = AR;             //下次速度调节时间
NEXT2:
        RTI;

/************************************************************************
电流 PI 控制算法子程序
增量式 PI 算法 delt_y = b0 * x + b1 * delt_x,对电流实施 PI 控制,防止积分饱和
*************************************************************************/
CURRENTPICONTROL:
        AX0 = DM(CurrentVariable);               //电流设定值 Q12
        AY0 = DM(CurrentVariable + 1);           //电流实际值 Q12
        AR = AX0 - AY0;                          //计算偏差值 Q12
        MX0 = DM(COEFFICIENT_CurrentPI_b0);      //Q12
        MR = AR * MX0(SU);                       //b0 × x,Q24
        AX0 = DM(CurrentVariable + 2);           //历史偏差值 Q12
        AR = AR - AX0;                           //计算偏差增量 Q12
        DM(CurrentVariable + 2) = AR;            //保存增量,下一次使用 Q12
        AX0 = DM(COEFFICIENT_CurrentPI_b1);      //Q12
        MR = MR + AR * AX0(SU);                  //delt_y = b0 × x + b1 × delt_x,(Q24)

        AR = DM(VoltOutput);                     //Q8 格式
        AR = AR + MR1;                           //电压值加上偏差值,暂存结果

        AY0 = DM(Voltage_Max);                   //判断饱和,与上限值比较
        NONE = AR - AY0;
        IF LT JUMP limit_upC;
        AR = DM(Voltage_Max);
        Nop;
        Nop;
        Nop;
limit_upC:
        AY0 = DM(Voltage_Min);                   //与下限值比较
        NONE = AR - AY0;
        IF GT JUMP limit_downC;
        AR = DM(Voltage_Min);
        Nop;
        Nop;
        Nop;
limit_downC:
        DM(VoltOutput) = AR;                     //Q8
```

```
        RTS;

/********************************************************************
速度 PI 控制算法子程序
增量式 PI 算法 delt_y = b0 * x + b1 * delt_x,对速度实施 PI 控制,防止积分饱和
********************************************************************/
SPEEDPICONTROL:
        AX0 = DM(SpeedVariable);                        //速度设定值 Q8
        AY0 = DM(SpeedVariable + 1);                    //速度实际值 Q8
        AR = AX0 - AY0;                                 //速度偏差值 Q8
        MX0 = DM(COEFFICIENT_SpeedPI_b0);               //Q12
        MR = AR * MX0(SU);                              //b0 * x,Q20
        AX0 = DM(SpeedVariable + 2);                    //历史偏差值 Q8
        AR = AR - AX0;                                  //计算偏差增量
        DM(SpeedVariable + 2) = AR;                     //保存偏差增量,下一次使用 Q8
        AX0 = DM(COEFFICIENT_SpeedPI_b1);               //Q12
        MR = MR + AR * AX0(SU);                         //delt_y = b0 × x + b1 × delt_x,Q20
        SR = ASHIFT MR1 BY -8(HI);                      //右移 8 位,将 MR0 转化成 Q12 格式
        SR = SR OR LSHIFT MR0 BY -8(LO);
        AR = DM(CurrentVariable);                       //电流设定值(Q12 格式)
        AR = AR + SR0;                                  //电流设定值加上偏差值(Q12 格式)
        AY0 = DM(Current_Max);                          //判断饱和,与上限值比较
        NONE = AR - AY0;
        IF LT JUMP limit_upS;
        AR = DM(Current_Max);
        Nop;
        Nop;
        Nop;
limit_upS:
        AY0 = DM(Current_Min);                          //与下限值比较
        NONE = AR - AY0;
        IF GT JUMP limit_downS;
        AR = DM(Current_Min);
        Nop;
        Nop;
        Nop;
limit_downS:
        DM(CurrentVariable) = AR;                       //保存电流设定值
        RTS;
```

2.4.4 双极性可逆 PWM 系统 ADSP 控制方法及编程例子

双极性可逆 PWM 系统的 ADSP 控制与单极性可逆 PWM 系统的 ADSP 控制基本相同。注意,双极性可逆 PWM 系统的占空比除了决定电动机的转速外,还决定电动机的转向。

由于开关管的控制方式不同,所以在 PWM 的配置上要使用交叉特性。规定正转时使用 B 桥臂交叉;反转时使用 A 桥臂交叉。

以下是直流电动机双极性可逆 PWM 系统 ADSP 双闭环控制的程序例子。

程序清单 2-4　直流电动机双极性可逆双闭环 PWM 控制程序

```
/******************************头文件******************************/
#include <adsp-21990.h>
/******************************中断向量****************************/
.SECTION/PM IVreset;
    JUMP Main;
.SECTION/PM IVint4;
    JUMP PWMSYNC;
/******************************常量定义****************************/
.section/data data1;
.VAR    RotationSpeed_Set = -500;           //速度设定值,Q0 格式,单位 r/min,负号代表反转
.VAR    TPWM = 0x186A;                      //PWM 周期为 250 μs,Q0 格式
.VAR    COEFFICIENT_DutyCyCle = 2;          //PWM 占空比(Q2)与 电压(Q8)的比例系数
.VAR    COEFFICIENT_VoltageDivideRotationspeed = 4;   //电压(Q8)与速度(Q0)的比例系数
.VAR    DEADTIME = 300;                     //死区时间 8 μs
.VAR    Current_Max = 0x5000;               //电流最大值 Q12,单位 A
.VAR    Current_Min = 0x0000;               //电流最小值 Q12,单位 A
.VAR    CurrentSamplingCoefficient = 0x0005;  //电流实际值与采样值的比例系数 Q13
.VAR    Voltage_Max = 0x1800;               //电压最大值(Q8 格式),单位 V
.VAR    Voltage_Min = 0x0000;               //电压最小值(Q8 格式),单位 V
.VAR    SpeedSamplingCoefficient = 0x000C;  //速度(电压)实际值与采样值的比例系数 Q12
.VAR    COEFFICIENT_SpeedPI_b0 = 20;        //速度调节比例系数 b0,Q12
.VAR    COEFFICIENT_SpeedPI_b1 = 1;         //速度调节积分系数 b1,Q12
.VAR    COEFFICIENT_CurrentPI_b0 = 32;      //电流调节比例系数 b0,Q12
.VAR    COEFFICIENT_CurrentPI_b1 = 1;       //电流调节积分系数 b1,Q12
/******************************变量定义****************************/
.VAR    CurrentVariable[3];                 //电流设定值,电流实际值,电流历史偏差值,Q12 格式
.VAR    SpeedVariable[3];                   //速度设定值,速度实际值,速度历史偏差值,Q8 格式
.VAR    VoltOutput;                         //电压输出值,Q8 格式
/******************************时间定义****************************/
```

```
        .VAR    CurrentRegulateTimer = 0x0002;        //每 2 个 PWM 周期调节 1 次电流
        .VAR    SpeedRegulateTimer = 0x0008;          //每 8 个 PWM 周期调节 1 次速度
/******************************* 主程序 ******************************************/
        .section/PM program;
Main:
        LCALL SYSTEM_SETUP;                           //系统设置
        ENA M_MODE;
        AR = DM(RotationSpeed_Set);                   //速度 Q0 格式
        AX0 = 0x0000;
        AR = AR - AX0;                                //判断正反转
        IF GE JUMP DirectionP;                        //电机正转,B 交叉使能,C 禁止
        AR = ABS AR;                                  //电机反转,转速取绝对值

        IOPG = 0x08;
        AX0 = 0x0103;                                 //A 交叉使能,C 禁止
        IO(PWM0_SEG) = AX0;                           //使能交叉特性
DirectionP:
        AY0 = DM(COEFFICIENT_VoltageDivideRotationspeed);
        MR = AR * AY0(UU);
        DM(VoltOutput) = MR0;                         //转换为电压值 Q8 格式
        DM(SpeedVariable) = MR0;                      //设定转速对应的输出电压值
        LCALL DUTYCYCLE;                              //计算占空比

        IOPG = 0x08;                                  //启动 PWM
        IO(PWM0_CHA) = SR0;
        IO(PWM0_CHB) = SR0;
        AR = IO(PWM0_CTRL);
        AX0 = 0x0001;
        AR = AR OR AX0;
        IO(PWM0_CTRL) = AR;

        ENA INT;                                      //使能中断
        DO WAIT UNTIL FOREVER;                        //等待中断
WAIT:
        NOP;
/******************************* 系统设置 ******************************************/
        .section/PM program;
SYSTEM_SETUP:
        IOPG = Clock_and_System_Control_Page;         //系统时钟
        AX0 = 0x0100;                                 //外设时钟等于内核时钟 50 MHz,BYPASS 模式
        IO(PLLCTL) = AX0;
```

```
INTERRUPT_INT:                              //中断设置
    DIS INT;                                //禁止全局中断
    IRPTL = 0x0000;                         //清所有中断
    ICNTL = 0x0000;                         //禁止中断嵌套
    IMASK = 0x0000;                         //屏蔽所有中断
    AR = IMASK;
    AX0 = 0x0010;
    AR = AR OR AX0;
    IMASK = AR;
    IOPG = Interrupt_Controller_Page;
    AX0 = 0xFFF0;                           //设 PWM 同步中断为 USR0,对应屏蔽位为 4
    IO(IPR2) = AX0;
    NOP;
    AX0 = 0xFFFF;
    IO(IPR0) = AX0;
    IO(IPR1) = AX0;
    IO(IPR3) = AX0;
    IO(IPR4) = AX0;
    IO(IPR5) = AX0;
    IO(IPR6) = AX0;
    IO(IPR7) = AX0;
    IO(PIMASKHI) = AX0;
    IO(PIMASKLO) = AX0;

    IOPG = 0x08;                            //PWM 设置
    AX0 = 0;
    IO(PWM_SI) = AX0;
    IO(PWM0_GATE) = AX0;
    AX0 = DM(TPWM);                         //时钟 50 MHz,PWM 周期 250 $\mu$s
    IO(PWM0_TM) = AX0;
    AX0 = DM(DEADTIME);
    IO(PWM0_DT) = AX0;
    AX0 = 0x0002;
    IO(PWM0_CTRL) = AX0;                    //PWM_EN 禁止
    AX0 = 0x0083;
    IO(PWM0_SEG) = AX0;                     //使能 AL、AH、BH、BL 输出,禁止 CL、CH 输出,B 交叉(正转)

    IOPG = ADC_Page;                        //A/D 设置
    AX0 = 0x2200;                           //PWM 同步启动 ADC
    IO(ADC_CTRL) = AX0;
```

```
        RTS;                                    //系统设置结束
/******************************计算占空比值子程序******************************/
.section/PM program;
DUTYCYCLE:
    ENA M_MODE;
    MX0 = DM(VoltOutput);                       //电机两端电压值 Q8
    MY0 = DM(COEFFICIENT_DutyCyCle);
    SR = MX0 * MY0(UU);                         //Q2
    SI = SR0;
    AR = -2;
    SE = AR;
    SR = ASHIFT SI(LO);                         //Q0 格式
    AY0 = 0x0C35;                               //判断是否超限
    AR = SR0 - AY0;                             //如果 AR 大于 0,则超限
    IF LE JUMP END;
    SR0 = AY0;
    Nop;
    Nop;
    Nop;
END:
    RTS;                                        //占空比计算结束
/******************************PWM 同步中断子程序******************************/
PWMSYNC:
    AR = DM(CurrentRegulateTimer);
    AR = AR - 1;                                //判断是否到电流调节时间
    DM(CurrentRegulateTimer) = AR;
    IF NE JUMP NEXT1;
    IOPG = ADC_Page;
    MX0 = IO(ADC_DATA0);
    SR = ASHIFT MX0 BY -2(LO);                  //Q0
    SR1 = DM(CurrentSamplingCoefficient);       //乘以转换系数,Q13
    SR = SR0 * SR1(SU);
    SR = LSHIFT SR0 BY -1(LO);                  //右移 1 位
    DM(CurrentVariable + 1) = SR0;              //电流实际值,Q12
    LCALL CURRENTPICONTROL;                     //电流 PI 调节,得出电压值
    LCALL DUTYCYCLE;                            //根据电压值,计算占空比
    IOPG = 0x08;
    IO(PWM0_CHA) = SR0;
    IO(PWM0_CHB) = SR0;                         //写入 PWM 占空比寄存器
```

```
        AR = 0x0002;                                    //每 2 个 PWM 周期调节一次电流
        DM(CurrentRegulateTimer) = AR;                  //下次电流调节时间
NEXT1:
        AR = DM(SpeedRegulateTimer);
        AR = AR - 1;                                    //判断是否到速度调节时间
        DM(SpeedRegulateTimer) = AR;
        IF NE JUMP NEXT2;
        IOPG = ADC_Page;
        AX0 = IO(ADC_DATA4);
        SR = LSHIFT AX0 BY -2(LO);                      //Q0
        AR = ABS SR0;
        SR1 = DM(SpeedSamplingCoefficient);
        MR = SR0 * SR1(UU);                             //乘以转换系数 Q12
        SR = ASHIFT MR1 BY -4(HI);
        SR = SR OR LSHIFT MR0 BY -4(LO);
        DM(SpeedVariable + 1) = SR0;                    //速度实际值(Q8)
        LCALL SPEEDPICONTROL;                           //速度 PI 调节
        AR = 0x0008;                                    //每 8 个 PWM 周期调节一次速度
        DM(SpeedRegulateTimer) = AR;                    //下次速度调节时间
NEXT2:
        RTI;
/***************************************************************************
电流 PI 控制算法子程序
增量式 PI 算法 delt_y = b0 × x + b1 × delt_x,对电流实施 PI 控制,防止积分饱和
***************************************************************************/
CURRENTPICONTROL:
        AX0 = DM(CurrentVariable);                      //电流设定值 Q12
        AY0 = DM(CurrentVariable + 1);                  //电流实际值 Q12
        AR = AX0 - AY0;                                 //计算偏差值 Q12
        MX0 = DM(COEFFICIENT_CurrentPI_b0);             //Q12
        MR = AR * MX0(SU);                              //b0 × x,Q24
        AX0 = DM(CurrentVariable + 2);                  //历史偏差值 Q12
        AR = AR - AX0;                                  //计算偏差增量 Q12
        DM(CurrentVariable + 2) = AR;                   //保存增量,下一次使用 Q12
        AX0 = DM(COEFFICIENT_CurrentPI_b1);             //Q12
        MR = MR + AR * AX0(SU);                         //delt_y = b0 × x + b1 × delt_x,(Q24)

        AR = DM(VoltOutput);                            //Q8 格式
        AR = AR + MR1;                                  //电压值加上偏差值,暂存结果
```

```
        AY0 = DM(Voltage_Max);            //判断饱和,与上限值比较
        NONE = AR - AY0;
        IF LT JUMP limit_upC;
        AR = DM(Voltage_Max);
        Nop;
        Nop;
        Nop;
limit_upC:
        AY0 = DM(Voltage_Min);            //与下限值比较
        NONE = AR - AY0;
        IF GT JUMP limit_downC;
        AR = DM(Voltage_Min);
        Nop;
        Nop;
        Nop;
limit_downC:
        DM(VoltOutput) = AR;              //Q8
        RTS;
```

/**

速度 PI 控制算法子程序

增量式 PI 算法 delt_y = b0 × x + b1 × delt_x,对速度实施 PI 控制,防止积分饱和

***/

```
SPEEDPICONTROL:
        AX0 = DM(SpeedVariable);              //速度设定值 Q8
        AY0 = DM(SpeedVariable + 1);          //速度实际值 Q8
        AR = AX0 - AY0;                       //速度偏差值 Q8
        MX0 = DM(COEFFICIENT_SpeedPI_b0);     //Q12
        MR = AR * MX0(SU);                    //b0 × x,Q20
        AX0 = DM(SpeedVariable + 2);          //历史偏差值 Q8
        AR = AR - AX0;                        //计算偏差增量
        DM(SpeedVariable + 2) = AR;           //保存偏差增量,下一次使用 Q8
        AX0 = DM(COEFFICIENT_SpeedPI_b1);     //Q12
        MR = MR + AR * AX0(SU);               //delt_y = b0 × x + b1 × delt_x,Q20
        SR = ASHIFT MR1 BY -8(HI);            //右移 8 位,将 MR0 转化成 Q12 格式
        SR = SR OR LSHIFT MR0 BY -8(LO);
        AR = DM(CurrentVariable);             //电流设定值(Q12 格式)
        AR = AR + SR0;                        //电流设定值加上偏差值(Q12 格式)
        AY0 = DM(Current_Max);                //判断饱和,与上限值比较
```

```
        NONE = AR - AY0;
        IF LT JUMP limit_upS;
        AR = DM(Current_Max);
        Nop;
        Nop;
        Nop;
limit_upS:
        AY0 = DM(Current_Min);              //与下限值比较
        NONE = AR - AY0;
        IF GT JUMP limit_downS;
        AR = DM(Current_Min);
        Nop;
        Nop;
        Nop;
limit_downS:
        DM(CurrentVariable) = AR;           //保存电流设定值
        RTS;
```

第 3 章
交流电动机的 SPWM 与 SVPWM 技术以及 ADSP 控制的实现

交流电动机尤其是交流异步电动机,因为结构简单、体积小、重量轻、价格便宜、维护方便的特点,在生产和生活中得到广泛的应用。与其他种类电动机相比,交流电动机的市场占有量始终居第一位。

直到 20 世纪 70 年代,由于计算机的产生,以及近 20 年来新型快速的电力电子元件的出现,才使得交流电动机的调速成为可能,并得到迅速的普及。目前交流电动机调速系统已广泛用于数控机床、风机、泵类、传送带、给料系统、空调器等设备的动力源或运动源,并起到节约电能、提高设备自动化、提高产品产量和质量的良好效果。

在本章中,我们将详细介绍交流电动机的变频调速原理、VVVF 控制法、采样法 SPWM 波生成技术、电压空间矢量 PWM 技术,以及利用 ADSP 实现这些技术的例子。

3.1 交流异步感应电动机变频调速原理

3.1.1 变频调速原理

交流异步电动机的转速可由下式表示:

$$n = \frac{60f}{p}(1-s) \tag{3-1}$$

式中:n 为电动机转速(r/min);p 为电动机磁极对数;f 为电源频率(Hz);s 为转差率。

由式(3-1)可见,影响电动机转速的因素有电动机的磁极对数 p、转差率 s 和电源频率 f。其中,改变电源频率来实现交流异步电动机调速的方法效果最理想,这就是所谓变频调速。

3.1.2 变频与变压

根据电机学理论,交流异步电动机定子绕组的感应电动势是定子绕组切割旋转磁场磁力线的结果,其有效值可由下式计算:

第 3 章 交流电动机的 SPWM 与 SVPWM 技术以及 ADSP 控制的实现

$$E = Kf\Phi \tag{3-2}$$

式中：K 为与电动机结构有关的常数；f 为电源频率；Φ 为磁通。

而在电源一侧，电源电压的平衡方程式为：

$$U = E + Ir + jIx \tag{3-3}$$

该式表示，加在电机绕组端的电源电压 U，一部分产生感应电动势 E，另一部分消耗在阻抗（线圈电阻 r 和漏电感 x）上。其中定子电流：

$$I = I_1 + I_2 \tag{3-4}$$

分成两部分：少部分（I_1）用于建立主磁场磁通 Φ，大部分（I_2）用于产生电磁力带动机械负载。

当交流异步电动机进行变频调速时，例如频率 f 下降，则由公式（3-2）可知，E 降低；在电源电压 U 不变的情况下，根据公式（3-3），定子电流 I 将增加；此时，如果外负载不变时，I_2 不变，I 的增加将使 I_1 增加（见式（3-4）），也就是使磁通量 Φ 增加；根据公式（3-2），Φ 的增加又使 E 增加，达到一个新的平衡点。

理论上这种新的平衡对机械特性影响不大。但实际上，由于电动机的磁通容量与电动机的铁芯大小有关，通常在设计时已达到最大容量。因此当磁通量增加时，将产生磁饱和，造成实际磁通量增加不上去，产生电流波形畸变，削弱电磁力矩，影响机械特性。

为了解决机械特性下降的问题，一种解决方案是设法维持磁通量恒定不变。即设法满足：

$$E/f = K\Phi = 常数 \tag{3-5}$$

这就要求，当电动机调速改变电源频率 f 时，E 也应该进行相应的变化，来维持它们的比值不变。但实际上，E 的大小无法进行控制。

由于在阻抗上产生的压降相对于加在绕组端的电源电压 U 很小，如果略去，则式（3-3）可简化成：

$$U \approx E \tag{3-6}$$

这说明可以用加在绕组端的电源电压 U 来近似地代替 E。调节电压 U，使其跟随频率 f 的变化，从而达到使磁通量恒定不变的目的。即：

$$E/f \approx U/f = 常数 \tag{3-7}$$

所以在变频的同时也需要变压，这就是所谓 VVVF(Variable Voltage Variable Frequency)。

如果频率从 f 调到 f_x，则电压 U 也要调到 U_x。用频率调节比 K_f 表示频率的变化，用电压调节比 K_U 表示电压的变化，则它们分别可表示为：

$$K_f = f_x/f_n \tag{3-8}$$

$$K_U = U_x/U_n \tag{3-9}$$

式中：f_n 为电动机的额定频率；U_n 为电动机的额定电压。

要使磁通量保持近似恒定，就要使：

$$K_U = K_f \tag{3-10}$$

变频后电动机的机械特性如图 3-1 所示。

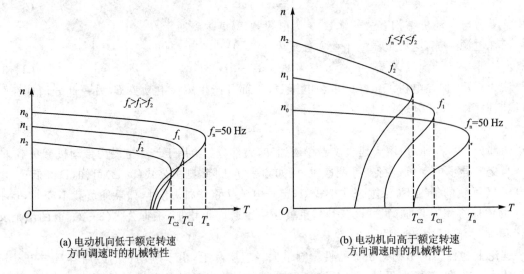

(a) 电动机向低于额定转速
方向调速时的机械特性

(b) 电动机向高于额定转速
方向调速时的机械特性

图 3-1 调速后的机械特性

从图 3-1 中可以看到,当电动机向低于额定转速 n_0 方向调速时(见图 3-1(a)),曲线近似平行的下降,这说明,减速后的电动机仍然保持原来较硬的机械特性,表现出恒转矩特点。但是,临界转矩却随着电动机转速的下降而逐渐减小。这就造成了电动机带负载能力的下降。

临界转矩下降的原因可以这样解释:为了使电动机定子的磁通量 Φ 保持恒定,调速时就要求使感应电动势 E 与电源频率 f 的比值不变,即 $E/f=$ 常数。为了使控制容易实现,我们采用电源电压 $U \approx E$ 来近似代替,这是以忽略定子阻抗压降作为代价,当然存在一定的误差。显然,被忽略掉的定子阻抗压降在电压 U 中所占比例的大小决定它的影响。当频率 f 的数值相对较高时,定子阻抗压降在电压 U 中所占的比例相对较小,$U \approx E$ 所产生的误差较小;当频率 f 的数值降的较低时,电压也按同比例下降,而定子阻抗的压降并不按同比例下降,使得定子阻抗压降在电压 U 中所占的比例增大,已经不能满足 $U \approx E$。此时如果仍以 U 代替 E 将带来较大的误差。因为定子阻抗压降所占的比例增大,使得实际上产生的感应电动势 E 减小,E/f 的比值减小,造成磁通量 Φ 减小,因而导致电动机的临界转矩下降。

当电动机向高于额定转速 n_0 方向调速时(见图 3-1(b)),曲线不仅临界转矩下降,而且曲线工作段的斜率开始增大,使机械特性变软,表现出恒功率特点。

造成这种现象的原因是:当频率 f 升高时,电源电压不能相应地升高,这是因为电动机绕组的绝缘强度限制了电源电压不能超过电动机的额定电压。所以,磁通量 Φ 将随着频率 f(或转速)的升高而反比例下降,即处于弱磁状态。磁通量的下降使电动机的转矩下降,造成电动机的机械特性变软。

针对电动机向低于额定转速 n_0 方向调速时机械特性的下降的问题,一种简单的解决方法

是采用 U/f 转矩补偿法。

U/f 转矩补偿法的原理是:针对频率 f 降低时,电源电压 U 成比例地降低引起的 U 下降过低,采用适当提高电压 U 的方法来保持磁通量 Φ 恒定,使电动机转矩回升,即所谓转矩提升(Torque Boost)。

适当提高电压 U 将使调压比 $K_U > K_f$,也就是说电压 U 并不再随频率 f 等比例地变化了,而是按图3-2所示的曲线关系变化。采用这种 U/f 转矩补偿后的电动机机械特性如图3-3所示。

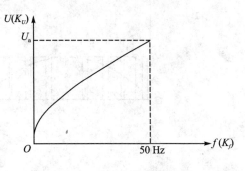

图 3-2 U/f 补偿曲线

在实际的通用变频器中,常给出若干条简化了的曲线供用户选择,如图3-4所示。

当电动机向低于额定转速 n_0 方向调速时,机械特性为恒转矩;当电动机向高于额定转速 n_0 方向调速时,机械特性为恒功率。

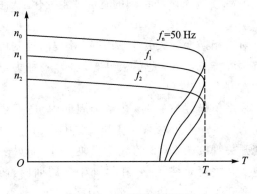

图 3-3 补偿的机械特性

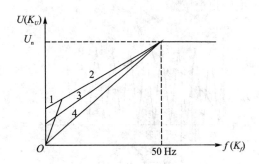

图 3-4 通用变频器的 U/f 曲线

3.1.3 变频与变压的实现——SPWM 调制波

怎样实现变频的同时也变压?我们想起了脉宽调制 PWM。但是一组等宽矩形波不能代替正弦波,因为它存在许多高次谐波的成分。

一种方法是将等宽的脉冲波变成宽度渐变的脉冲波,其宽度变化规律应符合正弦的变化规律,如图3-5所示。我们把这样的波称为正弦脉宽调制波,简称 SPWM 波。SPWM 波大大地减少了谐波成分,可以得到基本满意的驱动效果。

产生正弦脉宽调制波 SPWM 的原理是:用一组等腰三角形波与一个正弦波进行比较,如图3-6所示,其相交的时刻(即交点)来作为开关管开通或关断的时刻。

将这组等腰三角形波称为载波,而正弦波则称为调制波。正弦波的频率和幅值是可控制

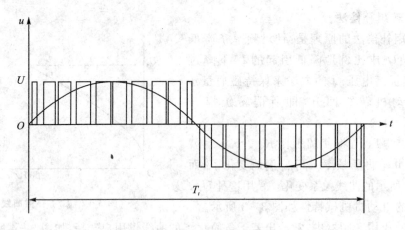

图 3-5 SPWM 波形

的。如图 3-6 所示,改变正弦波的频率,就可以改变输出电源的频率,从而改变电动机的转速;改变正弦波的幅值,也就改变正弦波与载波的交点,使输出脉冲系列的宽度发生变化,从而改变输出电压。

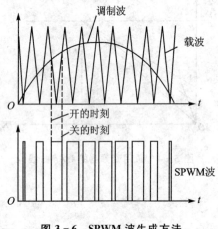

图 3-6 SPWM 波生成方法

对三相逆变开关管生成 SPWM 波的控制可以有两种方式,一种是单极性控制,另一种为双极性控制。

采用单极性控制时,在半个周期内,逆变桥的同一桥臂的上下两只逆变开关管中,只有一只逆变开关管按图 3-6 的规律反复通断,而另一只逆变开关管始终关断;在另外半个周期内,两只逆变开关管的工作状态正好相反。

采用双极性控制时,在全部周期内,同一桥臂的上下两只逆变开关管交替开通与关断,形成互补的工作方式。当主电路如图 3-7 所示时,其各种波形见图 3-8。

图 3-8(a)表示了三相调制波与等腰三角形载波的关系。三相调制波是由 u_A、u_B、u_C 3 条正弦波组成,这 3 条正弦波的频率和幅值都一样,但在相位上相差 120°。每一条正弦波与等腰三角形载波的交点决定了同一桥臂(也即同一相)的逆变开关管的开通与关断的时间。例如,u_A 与三角波的交点决定了 V_1 与 V_2 的开通与关断的时间。

图 3-8(b)、(c)、(d)表示了各相电压 U_A、U_B、U_C 输出的波形。它们分别是各桥臂按对应的正弦波与三角载波交点所决定的时间,进行开通与关断所产生的输出波形。其波值正负交替,这就是所谓双极性,其中上臂开关管产生正脉冲,下臂开关管产生负脉冲。它们的最大幅

第3章 交流电动机的 SPWM 与 SVPWM 技术以及 ADSP 控制的实现

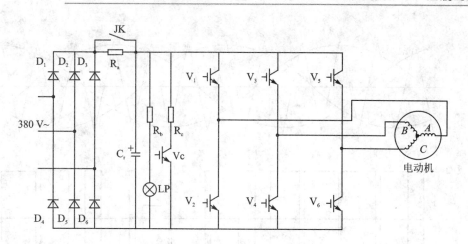

图 3-7 电压型交—直—交变频调速主电路

值是 $\pm U/2$。同样,三相相电压波形的相位也互差 $120°$。

图 3-8(e)是线电压 U_{AB} 输出波形,它是由相电压合成的($U_{AB}=U_A-U_B$,同理,也可以得到 $U_{BC}=U_B-U_C$;$U_{CA}=U_C-U_A$),线电压是单极性的。

SPWM 波毕竟不是真正的正弦波,它仍然含有高次谐波的成分,因此尽量采取措施减少它。图 3-9 是通过电动机绕组的 SPWM 电流波形,显然,它仅仅是通过电动机绕组滤波后的近似正弦波。图中给出了载波在不同频率时的 SPWM 电流波形,可见载波频率越高,谐波波幅越小,SPWM 电流波形越好,因此希望提高载波频率来减少谐波。另外,高的载波频率使变频器和电机的噪声进入超声范围,超出人的听觉范围之外,产生"静音"的效果。但是,提高载波的频率要受逆变开关管的最高开关频率限制,而且也会形成对周围电路的干扰源。

载波与调制波的频率调整可以有以下 3 种形式。

1. 同步控制方式

同步控制方式是在调整调制波频率的同时也相应地调整载波频率,使两者的比值等于常数。这使得在逆变器输出电压的每个周期内,所使用三角波的数目是不变的,因此所产生的 SPWM 波的脉冲数是一定的。

这种控制方式的优点是,在调制波频率变化的范围内,逆变器输出波形的正、负半波完全对称,使输出三相波形之间具有 $120°$ 相差的对称关系。但是,在低频时,会使每个周期 SPWM 脉冲个数过少,使谐波分量加大,这是这种方式的严重不足。

2. 异步控制方式

异步控制方式是使载波频率固定不变,只调整调制波频率进行调速。它不存在同步控制方式所产生的低频谐波分量大的缺点,但是,它可能会造成逆变器输出的正半波与负半波、三相波之间出现不严格对称的现象,这将造成电动机运行不平稳。

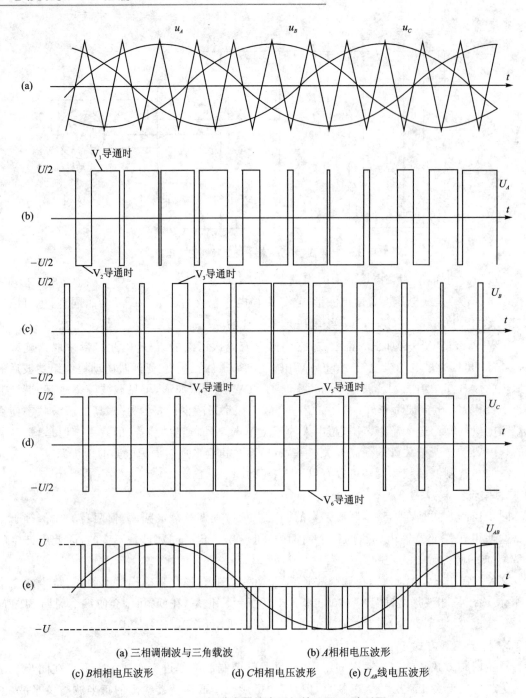

图 3-8 三相逆变器输出双极性 SPWM 波形图

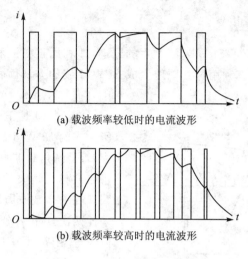

(a) 载波频率较低时的电流波形

(b) 载波频率较高时的电流波形

图 3-9 SPWM 电流波形

3. 分段同步控制方式

针对同步控制和异步控制的特点,取它们的优点,就构成分段同步控制方式。在低频段,使用异步控制方式;在其他频率段,使用同步控制方式。这种方式在实际中应用较多。

3.2 三相采样型电压 SPWM 波生成原理与控制算法

  SPWM 技术目前已经在实际中得到非常普遍的应用。经过长期的发展,大致可分成电压 SPWM、电流 SPWM 和磁通 SPWM(也称电压空间矢量 PWM)。其中电压和电流 SPWM 是从电源角度出发的 SPWM,而电压空间矢量 PWM 则是从电动机角度出发的 SPWM。

  在本节中,我们重点介绍电压 SPWM 技术以及利用 ADSP 实现变频调速控制的例子。电压空间矢量 PWM 技术将在 3.3 节给予介绍。

  电压 SPWM 技术主要是电压 SPWM 信号生成技术,通过生成的 SPWM 信号来控制逆变器的开关管,从而实现电动机电源的变频。产生电压 SPWM 信号的方法可分为硬件法和软件法两类。

  硬件法中最实用的是采用专用集成电路,如 HEF4752、SLE4520、SA4828 等,读者可参看参考文献[1]。

  软件法是使电路成本最低的方法,它通过实时计算来生成 SPWM 波。但是实时计算对控制器的运算速度要求非常高,ADSP 无疑是能满足这一要求的性价比最理想的控制器。

  电压 SPWM 信号实时计算需要数学模型。建立数学模型的方法有多种,例如谐波消去法、等面积法、采样型 SPWM 法以及由它们派生出的各种方法。在这一节里,重点介绍采样型 SPWM 法和用 ADSP 编程实现的例子。

3.2.1 自然采样法

在 3.1.3 小节中,介绍了 SPWM 波产生的原理,即利用正弦波和等腰三角波的交点时刻来决定开关管的开关模式。利用这一原理生成 SPWM 波的方法就称为自然采样法。下面来推导自然采样法的数学模型。

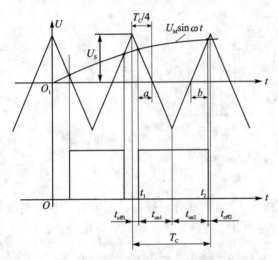

图 3-10 自然采样法生成 SPWM 波

图 3-10 是正弦波 $U_M\sin\omega t$ 和三角波与所生成的 SPWM 波之间的对应关系图。图中 U_S 是三角载波峰值,T_C 是三角载波周期,正弦波与三角波的两个腰各产生一个交点,因此在一个载波周期 T_C 内有两个交点,需要采样两次,t_1 和 t_2 分别是这两次采样时刻,它们决定 SPWM 波上的开通、关断时间分别是 t_{off1}、t_{on1} 和 t_{on2}、t_{off2}。由图 3-10 可得:

$$\left.\begin{aligned} t_{off1} &= \frac{T_C}{4} - a \\ t_{on1} &= \frac{T_C}{4} + a \\ t_{on2} &= \frac{T_C}{4} + b \\ t_{off2} &= \frac{T_C}{4} - b \end{aligned}\right\} \quad (3-11)$$

根据三角形相似关系有:

$$\left.\begin{aligned} \frac{a}{\frac{T_C}{4}} &= \frac{U_M\sin\omega t_1}{U_S} \\ \frac{b}{\frac{T_C}{4}} &= \frac{U_M\sin\omega t_2}{U_S} \end{aligned}\right\} \quad (3-12)$$

将解得的 a、b 代入式(3-11),可以得到:

$$\left.\begin{aligned} t_{off1} &= \frac{T_C}{4}(1 - M\sin\omega t_1) \\ t_{on1} &= \frac{T_C}{4}(1 + M\sin\omega t_1) \\ t_{on2} &= \frac{T_C}{4}(1 + M\sin\omega t_2) \\ t_{off2} &= \frac{T_C}{4}(1 - M\sin\omega t_2) \end{aligned}\right\} \quad (3-13)$$

式中,$M=U_M/U_s$,即正弦波峰值与三角波峰值之比,M 称为调制度。M 的取值范围为 $0\sim 1$,M 的值越大,输出的 SPWM 电压越高。ω 是正弦波的角频率,改变 ω 就可以改变电动机的转速。

生成的 SPWM 波的脉宽为:

$$t_{on} = t_{on1} + t_{on2} = \frac{T_C}{2}\left[1 + \frac{M}{2}(\sin\omega t_1 + \sin\omega t_2)\right] \tag{3-14}$$

式(3-14)是一个超越方程,其中的 t_1、t_2 是未知量,求解起来要花费较多的时间,因此自然采样法的数学模型不适合用于实时控制。

3.2.2 对称规则采样法

对称规则采样法是以每个三角波的对称轴(顶点对称轴或底点对称轴)所对应的时间作为采样时刻。过三角波的对称轴与正弦波的交点,作平行 t 轴的平行线,该平行线与三角波的两个腰的交点作为 SPWM 波开通和关断的时刻,如图 3-11 所示。因为这两个交点是对称的,所以称为对称规则采样法。

这种方法实际上是用一个阶梯波去逼近正弦波。由于在每个三角波周期中只采样一次,因此使计算得到简化。

下面推导其数学模型。由图 3-11 可得:

$$\left.\begin{aligned} t_{off1} &= \frac{T_C}{4} - a \\ t_{on1} &= \frac{T_C}{4} + a \end{aligned}\right\} \tag{3-15}$$

将三角形相似关系式(3-12)代入式(3-15)得:

$$\left.\begin{aligned} t_{off1} &= \frac{T_C}{4}(1 - M\sin\omega t_1) \\ t_{on1} &= \frac{T_C}{4}(1 + M\sin\omega t_1) \end{aligned}\right\} \tag{3-16}$$

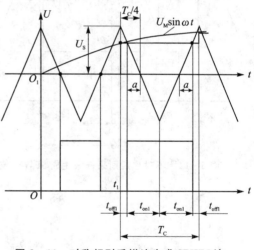

图 3-11 对称规则采样法生成 SPWM 波

因此,生成的 SPWM 波的脉宽为:

$$t_{on} = 2t_{on1} = \frac{T_C}{2}(1 + M\sin\omega t_1) \tag{3-17}$$

令三角波频率 f_C 与正弦波频率 f 之比为载波比 N,因此有:

$$N = \frac{f_C}{f} = \frac{1}{T_C f} \tag{3-18}$$

$$t_1 = kT_C \qquad (k = 0,1,2,\cdots,N-1) \tag{3-19}$$

式中,k 为采样序号。故:

$$\omega t_1 = 2\pi f t_1 = 2\pi f k T_C = \frac{2\pi k}{N} \tag{3-20}$$

将式(3-20)代入式(3-17)得：

$$t_{on} = \frac{T_C}{2}\left[1 + M\sin\left(\frac{2\pi k}{N}\right)\right] \quad (3-21)$$

当参数 T_C、M、N 已知后，就可根据式(3-21)实时计算出 SPWM 波的脉宽时间。

3.2.3 不对称规则采样法

对称规则采样法的数学模型非常简单，但是由于每个载波周期只采样一次，因此所形成的阶梯波与正弦波的逼近程度仍存在较大的误差。如果既在三角波的顶点对称轴位置采样，又在三角波的底点对称轴位置采样，也就是每个载波周期采样两次，这样所形成的阶梯波与正弦波的逼近程度会大大提高。

由于这样采样所形成的阶梯波与三角波的交点并不对称，因此称其为不对称规则采样法。

由图 3-12 可得，当在三角波的顶点对称轴位置 t_1 时刻采样时有：

$$\left.\begin{aligned} t_{off1} &= \frac{T_C}{4} - a \\ t_{on1} &= \frac{T_C}{4} + a \end{aligned}\right\} \quad (3-22)$$

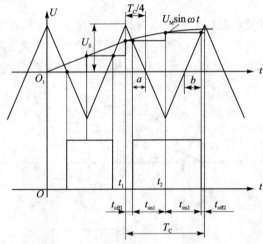

图 3-12 不对称规则采样法生成 SPWM 波

当在三角波的底点对称轴位置 t_2 时刻采样时，有：

$$\left.\begin{aligned} t_{on2} &= \frac{T_C}{4} + b \\ t_{off2} &= \frac{T_C}{4} - b \end{aligned}\right\} \quad (3-23)$$

将三角形相似关系式(3-12)代入式(3-22)和式(3-23)得：

$$\left.\begin{aligned} t_{off1} &= \frac{T_C}{4}(1 - M\sin\omega t_1) \\ t_{on1} &= \frac{T_C}{4}(1 + M\sin\omega t_1) \\ t_{on2} &= \frac{T_C}{4}(1 + M\sin\omega t_2) \\ t_{off2} &= \frac{T_C}{4}(1 - M\sin\omega t_2) \end{aligned}\right\} \quad (3-24)$$

第3章 交流电动机的 SPWM 与 SVPWM 技术以及 ADSP 控制的实现

生成的 SPWM 波脉宽为：

$$t_{on} = t_{on1} + t_{on2}$$
$$= \frac{T_C}{2}\left[1 + \frac{M}{2}(\sin\omega t_1 + \sin\omega t_2)\right] \tag{3-25}$$

由于每个载波周期采样2次，故：

$$\left.\begin{array}{l} t_1 = \dfrac{T_C}{2}k \quad (k=0,2,4,\cdots,2N-2) \\ t_2 = \dfrac{T_C}{2}k \quad (k=1,3,5,\cdots,2N-1) \end{array}\right\} \tag{3-26}$$

结合式(3-18)可得：

$$\left.\begin{array}{l} \omega t_1 = 2\pi f t_1 = 2\pi f \dfrac{T_C}{2}k = \dfrac{\pi k}{N} \quad (k=0,2,4,\cdots,2N-2) \\ \omega t_2 = 2\pi f t_2 = 2\pi f \dfrac{T_C}{2}k = \dfrac{\pi k}{N} \quad (k=1,3,5,\cdots,2N-1) \end{array}\right\} \tag{3-27}$$

将式(3-27)代入式(3-24)得：

$$\left.\begin{array}{l} t_{on1} = \dfrac{T_C}{4}\left(1 + M\sin\dfrac{\pi k}{N}\right) \quad (k=0,2,4,\cdots,2N-2) \\ t_{on2} = \dfrac{T_C}{4}\left(1 + M\sin\dfrac{\pi k}{N}\right) \quad (k=1,3,5,\cdots,2N-1) \end{array}\right\} \tag{3-28}$$

其中，k 为偶数时代表顶点采样；k 为奇数时代表底点采样。

不对称规则采样法的数学模型尽管略微复杂一些，但由于其阶梯波更接近于正弦波，所以谐波分量的幅值更小，在实际中得到更多的使用。

以上是单相 SPWM 波生成的数学模型。如果要生成三相 SPWM 波，必须使用3条正弦波和同一条三角波求交点，如图3-8(a)所示。3条正弦波相位差120°，即：

$$\left.\begin{array}{l} u_C = \sin\left(\dfrac{k\pi}{N}\right) \\ u_B = \sin\left(\dfrac{k\pi}{N} + \dfrac{2\pi}{3}\right) \\ u_A = \sin\left(\dfrac{k\pi}{N} + \dfrac{4\pi}{3}\right) \end{array}\right\} \tag{3-29}$$

如果采用不对称规则法，则顶点采样时有：

$$\left.\begin{array}{l} t_{on1}^C = \dfrac{T_C}{4}\left[1 + M\sin\left(k\dfrac{\pi}{N}\right)\right] \\ t_{on1}^B = \dfrac{T_C}{4}\left[1 + M\sin\left(k\dfrac{\pi}{N} + \dfrac{2\pi}{3}\right)\right] \quad (k=0,2,4,\cdots,2(N-1)) \\ t_{on1}^A = \dfrac{T_C}{4}\left[1 + M\sin\left(k\dfrac{\pi}{N} + \dfrac{4\pi}{3}\right)\right] \end{array}\right\} \tag{3-30}$$

底点采样时有：

$$\left.\begin{aligned} t_{\text{on2}}^{C} &= \frac{T_{\text{C}}}{4}\left[1 + M\sin\left(k\frac{\pi}{N}\right)\right] \\ t_{\text{on2}}^{B} &= \frac{T_{\text{C}}}{4}\left[1 + M\sin\left(k\frac{\pi}{N} + \frac{2\pi}{3}\right)\right] \quad (k=1,3,5,\cdots,2N-1) \\ t_{\text{on2}}^{A} &= \frac{T_{\text{C}}}{4}\left[1 + M\sin\left(k\frac{\pi}{N} + \frac{4\pi}{3}\right)\right] \end{aligned}\right\} \quad (3-31)$$

因此，三相 SPWM 波的每一相脉宽都可根据下式来确定：

$$\left.\begin{aligned} t_{\text{on}}^{C} &= t_{\text{on1}}^{C} + t_{\text{on2}}^{C} \\ t_{\text{on}}^{B} &= t_{\text{on1}}^{B} + t_{\text{on2}}^{B} \\ t_{\text{on}}^{A} &= t_{\text{on1}}^{A} + t_{\text{on2}}^{A} \end{aligned}\right\} \quad (3-32)$$

为了使三相 SPWM 波对称，载波比 N 最好选择 3 的整数倍。

3.2.4 不对称规则采样法的 ADSP 编程

本例载波频率为 20 kHz，或载波周期为 50 μs；DSP 内核时钟频率为 50 MHz；通过设置锁相控制寄存器 PLLCTL，使外设时钟频率等于内核时钟频率 50 MHz，计数周期为 20 ns；假设调制波频率由外部输入（1~50 Hz），并转换成合适的格式（本例为 Q4 格式）；调制度 M 的范围为 0~0.9；死区时间为 1.6 μs；最小删除脉宽为 3 μs。

程序由主程序和 PWM 同步中断子程序组成。主程序的工作是根据输入的调制波频率计算 N 和 $2N$，并根据 U/f 曲线确定 M 值。图 3-13 是 PWM 同步中断子程序框图。每个 PWM 周期产生一个同步信号，在同步信号的上升沿产生 PWM 同步中断。在 PWM 同步中断子程序中，分别计算出在下一个载波周期的 3 个占空比值，并比较正负脉宽是否小于 3 μs。如果脉宽小于 3 μs，则认为是窄脉宽，就会删除该脉冲。

三相 SPWM 波由 PWM 单元的 AH、AL、BH、BL 和 CH、CL 三对引脚输出。设置门驱动单元，使 PWM 引脚输出为低有效。

计算中的正弦值采用查表方法，每一度给出一个正弦值数据，因此共有 360 个数据，存放到 ROM 中。

全部计算采用定点计算，以提高计算速度。所有数据采用 Q 格式，其中 Qx 表示该数据被放大了 2^x 倍。

本例中的常数说明如下：
- π 倍载波周期：$\pi 50\ \mu s \times 10^{-6} \times 2^{28} = 42\,166$ s，Q28 格式；
- 载波频率：$20\,000\ Hz \times 2 = 40\,000\ Hz$，Q1 格式；
- PWM 周期寄存器值：$50 \times 10^6 / (2 \times 2 \times 10^4) = 1250$；

第3章 交流电动机的 SPWM 与 SVPWM 技术以及 ADSP 控制的实现

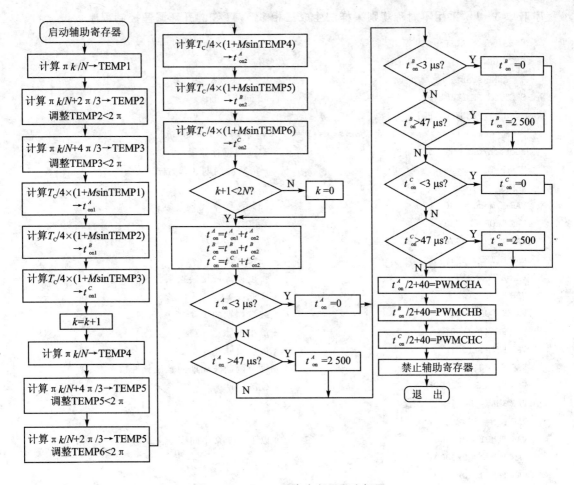

图 3-13 PWM 同步中断子程序框图

- 调制度对调制波频率的比例系数：$0.9/50=0.018\times 2^{21}=37749$，Q21 格式；
- 最小正脉宽：$3~\mu s/20~ns=150$ 个计数周期；
- 最小负脉宽：$47~\mu s/20~ns=2350$ 个计数周期；
- 弧度换算成度比例系数：$360/2\pi\times 2^4=917$，Q4 格式；
- $2\pi/3\times 2^{12}=8579$ rad，Q12 格式；
- $4\pi/3\times 2^{12}=17157$ rad，Q12 格式；
- $2\pi\times 2^{12}=25736$ rad，Q12 格式。

以下是不对称规则采样法生成三相 SPWM 波的开环调速 ADSP 控制程序。

程序清单 3-1 采用不对称规则采样法生成三相 SPWM 波的开环调速控制程序

```
#include <ADSP-2199x.h>           /* ADSP-2199x 系统头文件 */
.SECTION/PM IVreset;              //复位
    JUMP start;
.SECTION/PM IVint4;               //PWM 同步中断
    JUMP PWMSYNC_IRQ;
/******************变量定义**********************/
.section/data data1;              /* 定义数据存储段 */
.VAR PITC = 42166;                /* π 倍载波周期,Q28 格式 */
.VAR K_ = 0;                      /* 第 k 个采样点 */
.VAR F_modu = 480;                /* 调制波频率,Q4 */
.VAR TWOP = 25736;                /* 2π,Q12 */
.VAR T_THP = 8579;                /* 2π/3,Q12 */
.VAR F_THP = 17157;               /* 4π/3,Q12 */
.VAR ATOD = 917;                  /* 弧度换算成度转换系数 */
.VAR M_ = 0;                      /* 调制度 */
.VAR T_QUA = 625;                 /* 载波周期的 1/4,Q1 */
.VAR PMAX = 2350;                 /* 最小正脉宽 */
.VAR PMIN = 150;                  /* 最小负脉宽 */
.VAR N_ = 0;                      /* 每个调制波周期的载波脉冲数 */
.VAR F_CARR = 40000;              /* 载波周期 */
.VAR KMAX = 0;                    /* 2N */
.VAR F_M = 37749;                 /* Q21 */
.VAR TEMP1 = 0x0000;              /* 以下是 7 个中间变量 */
.VAR TEMP2 = 0x0000;
.VAR TEMP3 = 0x0000;
.VAR TEMP4 = 0x0000;
.VAR TEMP5 = 0x0000;
.VAR TEMP6 = 0x0000;
.VAR TEMP = 0x0000;
.VAR SIN_ENTRY[361] =             /* sin 值表,Q14 格式有符号数 */
0,286,572,857,1143,1428,1713,1997,2280,2563,2845,
3126,3406,3686,3964,4240,4516,4790,5063,5334,5604,
5872,6138,6402,6664,6924,7182,7438,7692,7943,8192,
8438,8682,8923,9162,9397,9630,9860,10087,10311,10531,
10749,10963,11174,11381,11585,11786,11982,12176,12365,12551,
12733,12911,13085,13255,13421,13583,13741,13894,14044,14189,
14330,14466,14598,14726,14849,14968,15082,15191,15296,15396,
15491,15582,15668,15749,15826,15897,15964,16026,16083,16135,
```

第 3 章　交流电动机的 SPWM 与 SVPWM 技术以及 ADSP 控制的实现

16182,16225,16262,16294,16322,16344,16362,16374,16382,16384,　　　　//90°

16382,16384,16362,16344,16322,16294,16262,16225,16182,16135,
16083,16026,15964,15897,15826,15749,15668,15582,15491,15396,
15296,15191,15082,14968,14849,14726,14598,14466,14330,14189,
14044,13894,13741,13583,13421,13255,13085,12911,12733,12551,
12365,12176,11982,11786,11585,11381,11174,10963,10749,10531,
10311,10087,9860,9630,9397,9162,8923,8682,8438,8192,
7943,7692,7438,7182,6924,6664,6402,6138,5872,5604,
5334,5063,4790,4516,4240,3964,3686,3406,3126,2845,
2563,2280,1991,1713,1428,1143,857,572,286,0,　　　　//180°

65250,64964,64679,64396,64108,63823,63539,63256,62973,62691,
62410,62130,61850,61572,61296,61020,60746,60473,60202,59932,
59664,59398,59134,58872,58612,58354,58098,57844,57593,57344,
57198,56854,56613,56374,56139,55906,55676,55449,55225,55005,
54787,54573,54362,54155,53951,53750,53554,53360,53171,52985,
52803,52625,52451,52281,52115,51953,51795,51642,51492,51347,
51206,51070,50938,50810,50687,50568,50454,50345,50240,50140,
50045,49954,49868,49787,49710,49639,49572,49510,49453,49401,
49354,49311,49274,49242,49214,49192,49174,49162,49154,49152,　　　　//270°

49154,49162,49174,49192,49214,49242,49274,49311,49354,49401,
49453,49510,49574,49639,49710,49787,49868,49954,50045,50140,
50240,50345,50454,50568,50687,50810,50938,51070,51206,51347,
51492,51642,51795,51953,52115,52281,52451,52625,52803,52985,
53171,53360,53554,52750,53951,54155,54362,54574,54787,55005,
55225,55449,55676,55906,56139,56374,56613,56854,57098,57344,
57593,57844,58098,58354,58612,58872,59134,59398,59664,59932,
60202,60473,60746,61050,61296,61572,61850,62130,62410,62691,
62973,63256,63539,63823,64108,64393,64679,64964,65250,0;　　　　//360°

/************************ 中断初始化程序 ***********************/
.SECTION/PM program;　　　　　　　　　　/* 定义程序存储段 */
start:
　　DIS INT;　　　　　　　　　　　　　　/* 禁止全局中断 */
　　IMASK = 0x0000;　　　　　　　　　　 /* 中断屏蔽寄存器清 0 */
　　IOPG = Interrupt_Controller_Page;
　　AX0 = 0xBBB0;
　　IO(IPR2) = AX0;　　　　　　　　　　 /* 将外设中断 PWMSYNC 定义为用户自定义中
　　　　　　　　　　　　　　　　　　　　　　断 0,对应中断屏蔽寄存器的位 5 */
　　IMASK = 0x0010;　　　　　　　　　　 /* 解除用户自定义中断 5 屏蔽 */

```
        AX0 = 0x0;
        IO(PLLCTL) = AX0;
/ ********************* PWM 初始化程序 ******************/
.SECTION/PM program;
        IOPG = 0x0008;
        AX0 = 0x1;
        IO(PWM0_CTRL) = AX0;              /*单更新模式,内部同步信号,使能 PWM
        AX0 = 1250;
        IO(PWM0_TM) = AX0;                /* PWM 周期 50 μs */
        AX0 = 3999;
        IO(PWM0_SYNCWT) = AX0;
        AX0 = 40;
        IO(PWM0_DT) = AX0;                /*死区时间为 1.6 μs*/
        AX0 = 40;                         /*占空比 50% */
        IO(PWM0_CHA) = AX0;
        IO(PWM0_CHB) = AX0;
        IO(PWM0_CHC) = AX0;
        AX0 = 0x0;
        IO(PWM0_SEG) = AX0;               /*使能 6 通道输出,禁止各通道的交叉特性*/
        AX0 = 0x0000;
        IO(PWM0_STAT) = AX0;              /*低电平触发开关管*/
        ENA INT;
/ ******************* 主程序计算 N 值 *********************/
.SECTION/code program;
        ASTAT = 0x00;                     //状态寄存器 AQ 位清 0
        AX0 = DM(F_modu);                 //调制波频率,Q4 格式
        SI = AX0;
        SR = LSHIFT AX0 BY -4(HI);        //右移 4 位,Q0 格式
        AX0 = SR1;
        AF = PASS 0x0000;
        AY0 = DM(F_CARR);                 //被除数,载波频率
        DIVQ AX0;DIVQ AX0;DIVQ AX0;DIVQ AX0;
        DIVQ AX0;DIVQ AX0;DIVQ AX0;DIVQ AX0;
        DIVQ AX0;DIVQ AX0;DIVQ AX0;DIVQ AX0;
        DIVQ AX0;DIVQ AX0;DIVQ AX0;DIVQ AX0;
        DM(N_) = AY0;                     //N = F_carr/F_modu
        SI = AY0;
        SR = LSHIFT SI BY 1(LO);
        DM(KMAX) = SR0;                   //保存 2N 值,Q0
```

第3章 交流电动机的 SPWM 与 SVPWM 技术以及 ADSP 控制的实现

```
        ENA M_MODE;
        AX0 = DM(F_modu);              //调制波频率
        MX0 = DM(F_M);                 //转换系数
        MR = MX0 * AX0(UU);            //计算调制度
        DM(M_) = MR1;                  //Q9
WAIT:                                  //主循环,等待中断
        JUMP WAIT;
/*************************PWM 同步中断子程序*****************************/
PWMSYNC_IRQ:
.SECTION/code program;
        ENA SEC_REG,ENA SEC_DAG;       //使能辅助寄存器
        ENA M_MODE;                    //使能整数模式
        AX0 = 0;
        IO(PWM0_STAT) = AX0;           //清 PWM 中断标志
        MX0 = DM(PITC);                //计算第 1 个角度值
        MY0 = DM(K_);
        MR = MX0 * MY0(UU);            //kπ,Q28 格式
        SI = MR1;
        SR = ASHIFT SI BY 4(HI);
        SI = MR0;
        SR = SR OR LSHIFT SI BY 4(LO); //乘积左移 4 位
        MX1 = SR1;                     //保存高字,Q16 格式
        MY1 = DM(F_modu);              //调制波频率,Q4 格式
        MR = MX1 * MY1(UU);            //kπ * f_carr
        SI = MR1;
        SR = LSHIFT SI BY 8(HI);       //左移 8 位
        SI = MR0;
        SR = SR OR LSHIFT SI BY 8(LO);
        AX1 = SR1;
        DM(TEMP1) = AX1;               //保存第 1 个角度的弧度值,Q12 格式
        AY1 = DM(T_THP);               //2π/3
        AR = AX1 + AY1;                //Q12 格式
        DM(TEMP2) = AR;                //加 2π/3,Q12 格式
        AX0 = DM(TWOP);
        AR = AR - AX0;                 //减 2π,Q12 格式
        IF LT JUMP WXM1;               //小于 2π,跳转
        DM(TEMP2) = AR;                //保存第 2 个角度的弧度值
WXM1:
        AR = DM(TEMP1);
```

```
        AX0 = DM(F_THP);                    //加 3π/4
        AR = AR + AX0;                      //Q12
        DM(TEMP3) = AR;
        AX0 = DM(TWOP);
        AR = AR - AX0;                      //是否小于 2π
        IF LT JUMP WXM2;
        DM(TEMP3) = AR;                     //保存第 3 个角度的弧度值,Q12
/************* 开始将第 1 个角度的弧度值转换成度 ******************/
WXM2:
        AX0 = DM(TEMP1);                    //第 1 个角度值,Q12 格式
        AY0 = DM(ATOD);                     //角度转换度,系数,Q4 格式
        MR = AX0 * AY0(UU);
        DM(TEMP1) = MR1;                    //保存第 1 个角度值,Q0
        AX0 = DM(TEMP1);
        I0 = SIN_ENTRY;                     //sin 表起始地址
        M0 = AX0;                           //偏移量
        AX0 = DM(I0 + M0);                  //第 1 个角度 sin 值
        AY0 = DM(M_);                       //乘以 M,Q7 格式
        MR = AX0 * AY0(SU);
        SI = MR1;
        SR = ASHIFT SI BY 7(HI);            //左移 7 位
        SI = MR0;
        SR = SR OR LSHIFT SI BY 7(LO);
        AY0 = SR1;                          //保存高字,Q14 格式
        AX0 = 0x8000;
        AR = AX0 AND AY0;
        AX1 = 16384;                        //π/2 的 Q14 格式
        IF EQ JUMP ZHENG1;                  //如果为正,跳转
        AR = ABS AY0;                       //否则,取绝对值
        AR = AX1 - AR;
        JUMP M_S1;
ZHENG1:
        AR = AX1 + Ay0;                     //Q14
M_S1:
        AY1 = DM(T_QUA);                    //载波周期的 1/4,Q1 格式
        MR = AR * AY1(UU);
        SI = MR1;
        SR = ASHIFT SI BY 1(HI);            //左移 1 位
        SI = MR0;
```

第3章 交流电动机的SPWM与SVPWM技术以及ADSP控制的实现

```
        SR = SR OR LSHIFT SI BY 1(LO);
        DM(TEMP1) = SR1;                        //保存 $t_{on1}^A$,Q0 格式
/************开始将第2个角度的弧度值转换成度************/
        AX0 = DM(TEMP2);                        //第2个角度值,Q12 格式
        AY0 = DM(ATOD);                         //角度转换成度,系数,Q4 格式
        MR = AX0 * AY0(UU);
        DM(TEMP2) = MR1;                        //保存第2个角度值 Q0 格式
        AX0 = DM(TEMP2);
        I0 = SIN_ENTRY;                         //sin 表起始地址
        M0 = AX0;                               //偏移量
        AX0 = DM(I0 + M0);                      //第2个角度 sin 值
        AY0 = DM(M_);
        MR = AX0 * AY0(SU);                     //乘以 M,Q7 格式
        SI = MR1;
        SR = ASHIFT SI BY 7(HI);                //左移7位
        SI = MR0;
        SR = SR OR LSHIFT SI BY 7(LO);
        AY0 = SR1;                              //Q14 格式
        AX0 = 0x8000;
        AR = AX0 AND AY0;
        AX1 = 16384;                            //π/2 的 Q14 格式
        IF EQ JUMP ZHENG2;                      //如果为正,跳转
        AR = ABS AY0;                           //否则,取绝对值
        AR = AX1 - AR;
        JUMP M_S2;
ZHENG2:
        AR = AX1 + Ay0;                         //Q14
M_S2:
        AY1 = DM(T_QUA);                        //载波周期的 1/4,Q1 格式
        MR = AR * AY1(UU);
        SI = MR1;
        SR = ASHIFT SI BY 1(HI);                //左移1位
        SI = MR0;
        SR = SR OR LSHIFT SI BY 1(LO);
        DM(TEMP2) = SR1;                        //保存 $t_{on1}^B$,Q0 格式
/************开始将第3个角度的弧度值转换成度*******/
        AX0 = DM(TEMP3);                        //第3个角度值,Q12 格式
        AY0 = DM(ATOD);                         //角度转换成度,系数,Q4 格式
        MR = AX0 * AY0(UU);
```

```
        DM(TEMP3) = MR1;                          //保存第 3 个角度值,Q0 格式
        AX0 = DM(TEMP3);
        I0 = SIN_ENTRY;                           //sin 表起始地址
        M0 = AX0;                                 //偏移量
        AX0 = DM(I0 + M0);                        //第 3 个角度 sin 值
        AY0 = DM(M_);
        MR = AX0 * AY0(SU);                       //乘以 M_,Q7 格式
        SI = MR1;
        SR = ASHIFT SI BY 7(HI);                  //左移 7 位
        SI = MR0;
        SR = SR OR LSHIFT SI BY 7(LO);
        AY0 = SR1;                                //Q14 格式
        AX0 = 0x8000;
        AR = AX0 AND AY0;
        AX1 = 16384;
        IF EQ JUMP ZHENG3;                        //如果为正,跳转
        AR = ABS AY0;                             //否则取绝对值
        AR = AX1 - AR;
        JUMP M_S3;
ZHENG3:
        AR = AX1 + Ay0;                           //Q14
M_S3:
        AY1 = DM(T_QUA);                          //载波周期的 1/4,Q1 格式
        MR = AR * AY1(UU);
        SI = MR1;
        SR = ASHIFT SI BY 1(HI);
        SI = MR0;
        SR = SR OR LSHIFT SI BY 1(LO);
        DM(TEMP3) = SR1;                          //保存 $t_{on1}^c$ 值,Q0 格式
        AR = DM(K_);                              //计算 k + 1 的值
        AR = AR + 1;
        DM(K_) = AR;
/************ 计算第 4 个角度值 **************************/
        MX0 = DM(PITC);                           //$\pi \times T\_carr$ = 42166,Q28 格式
        MY0 = DM(K_);                             //Q0 格式
        MR = MX0 * MY0(UU);                       //计算 $k \times \pi \times T\_carr$
        SI = MR1;
        SR = ASHIFT SI BY 4(HI);                  //左移 4 位
        SI = MR0;
```

```
    SR = SR OR LSHIFT SI BY 4(LO);
    MX1 = SR1;                              //保存高字,Q12 格式
    MY1 = DM(F_modu);                       //乘以调制波频率,Q4 格式
    MR = MX1 * MY1(UU);                     //计算 k×π×T_carr×T_modu
    SI = MR1;
    SR = LSHIFT SI BY 8(HI);                //左移 8 位
    SI = MR0;
    SR = SR OR LSHIFT SI BY 8(LO);
    AX1 = SR1;
    DM(TEMP4) = AX1;                        //保存第 4 个角度的弧度值,Q12 格式
    AY1 = DM(T_THP);                        //加 2π/3,Q12 格式
    AR = AX1 + AY1;
    DM(TEMP5) = AR;                         //第 5 个角度值
    AX0 = DM(TWOP);
    AR = AR − AX0;                          //减 2π,Q12 格式
    IF LT JUMP WXM3;                        //小于 2π,跳转
    DM(TEMP5) = AR;                         //否则保存第 5 个角度的弧度值
WXM3:
    AR = DM(TEMP4);                         //第 4 个角度的弧度值
    AX0 = DM(F_THP);                        //加 4π/3,Q12 格式
    AR = AR + AX0;                          //Q12
    DM(TEMP6) = AR;                         //第 6 个角度的弧度值
    AX0 = DM(TWOP);                         //减 2π,Q12 格式
    AR = AR − AX0;
    IF LT JUMP WXM4;                        //小于 2π,跳转
    DM(TEMP6) = AR;                         //否则保存第 6 个角度的弧度值 Q12 格式
/ ************* 开始将第 4 个角度的弧度值转换成度 *************/
WXM4:
    AX0 = DM(TEMP4);                        //第 4 个角度的弧度值,Q12 格式
    AY0 = DM(ATOD);                         //乘以弧度转换成度系数,Q4 格式
    MR = AX0 * AY0(UU);
    DM(TEMP4) = MR1;                        //保存第 4 个角度值
    AX0 = DM(TEMP4);
    I0 = SIN_ENTRY;                         //sin 表起始地址
    M0 = AX0;                               //偏移量
    AX0 = DM(I0 + M0);                      //第 4 个角度 sin 值
    AY0 = DM(M_);                           //乘以 M_,Q7 格式
    MR = AX0 * AY0(SU);
    SI = MR1;
```

```
        SR = ASHIFT SI BY 7(HI);              //左移 7 位
        SI = MR0;
        SR = SR OR LSHIFT SI BY 7(LO);
        AY0 = SR1;                            //Q14
        AX0 = 0x8000;
        AR = AX0 AND AY0;
        AX1 = 16384;                          //π/2 的 Q14 格式
        IF EQ JUMP ZHENG4;                    //如果为正,跳转
        AR = ABS AY0;                         //否则取绝对值
        AR = AX1 - AR;
        JUMP M_S4;
ZHENG4:
        AR = AX1 + Ay0;                       //Q14
M_S4:
        AY1 = DM(T_QUA);                      //乘以载波周期的 1/4,Q1 格式
        MR = AR * AY1(UU);
        SI = MR1;
        SR = ASHIFT SI BY 1(HI);              //左移 1 位
        SI = MR0;
        SR = SR OR LSHIFT SI BY 1(LO);
        DM(TEMP4) = SR1;                      //保存 $t_{on2}^A$,Q0 格式
/************开始将第 5 个角度的弧度值转换成度**************/
        AX0 = DM(TEMP5);                      //第 5 个角度的弧度值,Q12 格式
        AY0 = DM(ATOD);                       //弧度转换成度系数,Q4 格式
        MR = AX0 * AY0(UU);
        DM(TEMP5) = MR1;                      //保存第 5 个角度值,Q0 格式
        AX0 = DM(TEMP5);
        I0 = SIN_ENTRY;                       //sin 表起始地址
        M0 = AX0;                             //偏移量
        AX0 = DM(I0 + M0);                    //第 5 个角度 sin 值
        AY0 = DM(M_);                         //乘以 M_,Q7 格式
        MR = AX0 * AY0(SU);
        SI = MR1;
        SR = ASHIFT SI BY 7(HI);              //左移 7 位
        SI = MR0;
        SR = SR OR LSHIFT SI BY 7(LO);
        AY0 = SR1;                            //Q14
        AX0 = 0x8000;
        AR = AX0 AND AY0;
```

第3章 交流电动机的 SPWM 与 SVPWM 技术以及 ADSP 控制的实现

```
        AX1 = 16384;                        //π/2 的 Q14 格式
        IF EQ JUMP ZHENG5;                  //如果为正,跳转
        AR = ABS AY0;                       //否则取绝对值
        AR = AX1 - AR;
        JUMP M_S5;
ZHENG5:
        AR = AX1 + Ay0;                     //Q14
M_S5:
        AY1 = DM(T_QUA);                    //乘以载波周期的 1/4,Q1 格式
        MR = AR * AY1(UU);
        SI = MR1;
        SR = ASHIFT SI BY 1(HI);            //左移 1 位
        SI = MR0;
        SR = SR OR LSHIFT SI BY 1(LO);
        DM(TEMP5) = SR1;                    //保存 $t_{on2}^B$ 值,Q0 格式
/******************开始将第 6 个角度转换成度******************/
        AX0 = DM(TEMP6);                    //第 6 个角度的弧度值,Q12 格式
        AY0 = DM(ATOD);                     //弧度转换成度系数,Q4 格式
        MR = AX0 * AY0(UU);
        DM(TEMP6) = MR1;                    //保存第 6 个角度值 Q0 格式
        AX0 = DM(TEMP6);
        I0 = SIN_ENTRY;                     //sin 表起始地址
        M0 = AX0;                           //偏移量
        AX0 = DM(I0 + M0);                  //第 5 个角度 sin 值
        AY0 = DM(M_);                       //乘以 M_,Q7 格式
        MR = AX0 * AY0(SU);
        SI = MR1;
        SR = ASHIFT SI BY 7(HI);            //左移 7 位
        SI = MR0;
        SR = SR OR LSHIFT SI BY 7(LO);
        AY0 = SR1;                          //Q14
        AX0 = 0x8000;
        AR = AX0 AND AY0;
        AX1 = 16384;                        //π/2 的 Q14 格式
        IF EQ JUMP ZHENG5;                  //如果为正,跳转
        AR = ABS AY0;                       //否则取绝对值
        AR = AX1 - AR;
        JUMP M_S6;
ZHENG6:
```

```
            AR = AX1 + AYO;                          //Q14
M_S6:
            AY1 = DM(T_QUA);                         //乘以载波周期的1/4,Q1格式
            MR = AR * AY1(UU);
            SI = MR1;
            SR = ASHIFT SI BY 1(HI);                 //左移1位
            SI = MR0;
            SR = SR OR LSHIFT SI BY 1(LO);
            DM(TEMP6) = SR1;                         //保存 $t_{on2}^c$ 值,Q0格式
            AR = DM(K_);                             //$k+1$
            AR = AR + 1;
            DM(K_) = AR;
            AX0 = DM(KMAX);                          //检查 $k+1$ 是否小于 $2N$
            AR = AR - AX0;
            IF LT JUMP WXM5;                         //如果小于,跳转
            AY0 = 0x0;
            DM(K_) = AY0;                            //否则,清0
WXM5:
            AX0 = DM(TEMP1);                         //$t_{on1}^A$ 值,Q0格式
            AY0 = DM(TEMP4);                         //$t_{on2}^A$ 值,Q0格式
            AR = AX0 + AY0;                          //计算 A 相脉宽
            DM(TEMP1) = AR;
            ASTAT = 0x0;                             //进位位 AC,清 0
            AY1 = DM(PMIN);                          //比较是否小于最小正脉宽
            AX1 = DM(TEMP1);
            AR = AX1 - AY1;
            IF GT JUMP WXM6;                         //如果大于,跳转
            AX0 = 0x0;
            DM(TEMP1) = AX0;                         //小于则删除
            JUMP WXM7;
WXM6:
            AY1 = DM(PMAX);                          //比较是否小于最小负脉宽
            AX1 = DM(TEMP1);
            ASTAT = 0x0;
            AR = AX1 - AY1;
            IF LT JUMP WXM7;                         //如果小于,跳转
            AY0 = 2500;
            DM(TEMP1) = AY0;                         //否则,赋 2500
WXM7:
```

第 3 章 交流电动机的 SPWM 与 SVPWM 技术以及 ADSP 控制的实现

```
        AX0 = DM(TEMP2);
        AY0 = DM(TEMP5);
        AR = AX0 + AY0;                 //计算 B 相脉宽
        DM(TEMP2) = AR;
        ASTAT = 0x00;                   //进位位 AC 清 0
        AY1 = DM(PMIN);                 //比较是否小于最小正脉宽
        AX1 = DM(TEMP1);
        AR = AX1 - AY1;
        IF GT JUMP WXM8;                //大于则跳转
        AX0 = 0;
        DM(TEMP2) = AX0;                //小于则删除
        JUMP WXM9;
WXM8:
        AY1 = DM(PMAX);                 //比较是否小于最小负脉宽
        AX1 = DM(TEMP1);
        AR = AX1 - AY1;
        IF LT JUMP WXM9;                //小于,跳转
        AY0 = 2500;
        DM(TEMP1) = AY0;                //否则赋 2500
WXM9:
        AX0 = DM(TEMP3);
        AY0 = DM(TEMP6);
        AR = AX0 + AY0;                 //计算 C 相脉宽
        DM(TEMP3) = AR;
        ASTAT = 0x0;                    //进位位 AC 清 0
        AY1 = DM(PMIN);                 //比较是否小于最小正脉宽
        AX1 = DM(TEMP1);
        AR = AX1 - AY1;
        IF GT JUMP WXM10;               //大于,跳转
        AY0 = 0;
        DM(TEMP3) = AY0;                //小于则删除
        JUMP PWMCH;
WXM10:
        AY1 = DM(PMAX);                 //比较是否小于最小负脉宽
        AX1 = DM(TEMP1);
        AR = AX1 - AY1;
        IF LT JUMP PWMCH;               //小于,跳转
        AY0 = 2500;
        DM(TEMP3) = AY0;                //否则赋 2500
```

```
PWMCH:
    IOPG = 0x08;
    MX1 = DM(TEMP1);                    //A 相脉宽值
    SI = AX1;
    SR = LSHIFT SI BY -1(LO);            //除以 2
    AX1 = SR0;
    AR = 40;                             //死区时间 1.6 μs
    AR = AR + AX1;
    IO(PWM0_CHA) = AR;                   //A 相占空比值
    MX1 = DM(TEMP2);                    //B 相脉宽值
    SI = AX1;
    SR = LSHIFT SI BY -1(LO);            //除以 2
    AX1 = SR0;
    AR = 40;                             //死区时间 1.6 μs
    AR = AR + AX1;
    IO(PWM0_CHB) = AR;                   //B 相占空比值
    MX1 = DM(TEMP3);                    //C 相脉宽值
    SI = AX1;
    SR = LSHIFT SI BY -1(LO);            //除以 2
    AX1 = SR0;
    AR = 40;                             //死区时间 1.6 μs
    AR = AR + AX1;
    IO(PWM0_CHC) = AR;                   //C 相占空比值
    DIS SEC_REG,DIS SEC_DAG;             //禁止辅助寄存器
    RTI;
```

3.3 电压空间矢量 SVPWM 技术

3.2 节介绍的规则采样法是从电源角度出发,追求输出一个频率和电压可调、三相对称的正弦波电动机供电电源,其控制原则是尽可能减少输出的谐波分量。这种方法虽然具有数学模型简单、控制线性度好和容易实现的优点,但是它也有缺点——电压利用率太低。

这是因为当采用图 3-7 所示电路进行双极性调制时,整流滤波后的直流电压为:

$$U_{DC} = \sqrt{2} \times 380 \text{ V}$$

当调制度 $M=1$ 时,逆变器输出的相电压幅值为 $U_{DC}/2$,相电压的有效值为:

$$U_A = \frac{U_{DC}/2}{\sqrt{2}} = 190 \text{ V}$$

相应的线电压有效值为:

$$U_{AB} = \sqrt{3}U_A = 329 \text{ V}$$

可见线电压达不到 380 V,电压利用率只有 0.865。为此人们又提出了 3 次谐波注入法等技术,来使调制度 M>1 而又不会出现过调制现象,但这些方法都是出于补救目的。目前最流行、效果最好的方法当属电压空间矢量 PWM 技术——磁链轨迹法。这种方法是从电动机的角度出发,其目标是使交流电动机产生圆形磁场。

3.3.1 电压空间矢量 SVPWM 技术基本原理

1. 电压矢量与磁链矢量的关系

当用三相平衡的正弦电压向交流电动机供电时,电动机的定子磁链空间矢量幅值恒定,并以恒速旋转,磁链矢量的运动轨迹形成圆形的空间旋转磁场(磁链圆)。因此,如果有一种方法,使逆变电路能向交流电动机提供可变频电源,并能保证电动机形成定子磁链圆,就可以实现交流电动机的变频调速。

电压空间矢量是按照电压所加在绕组的空间位置来定义的。电动机的三相定子绕组可以定义一个三相平面静止坐标系,如图 3-14 所示。这是一个特殊的坐标系,它有三个轴,互相间隔 120°,分别代表三个相。三相定子相电压 U_A、U_B、U_C 分别施加在三相绕组上,形成三个相电压空间矢量 u_A、u_B、u_C。它们的方向始终在各相的轴线上,大小则随时间按正弦规律变化。因此,三个相电压空间矢量相加所形成的一个合成电压空间矢量 u 是一个以电源角频率 ω 速度旋转的空间矢量。

$$u = u_A + u_B + u_C \qquad (3-33)$$

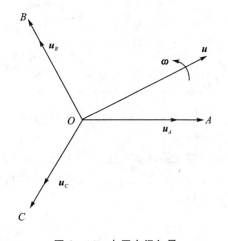

图 3-14 电压空间矢量

同样也可以定义电流和磁链的空间矢量 I 和 Ψ。因此有:

$$u = RI + \frac{d\Psi}{dt} \qquad (3-34)$$

当转速不是很低时,定子电阻 R 的压降相对较小,上式可简化为:

$$u \approx \frac{d\Psi}{dt}$$

或:

$$\Psi \approx \int u \, dt \qquad (3-35)$$

因为:

$$\Psi = \Psi_m e^{j\omega t} \qquad (3-36)$$

所以:

$$u = \frac{d}{dt}(\Psi_m e^{j\omega t}) = j\omega \Psi_m e^{j\omega t} = \omega \Psi_m e^{j(\omega t + \pi/2)} \qquad (3-37)$$

该式说明,当磁链幅值 Ψ_m 一定时,u 的大小与 ω 成正比,或者说供电电压与频率 f 成正比,其方向是磁链圆轨迹的切线方向。

当磁链矢量在空间旋转一周时,电压矢量也连续地按磁链圆的切线方向运动 2π 弧度,其运动轨迹与磁链圆重合。这样,电动机旋转磁场的形状问题就可转化为电压空间矢量运动轨迹的形状问题来讨论。

2. 基本电压空间矢量

图 3-15 是一个典型的电压型 PWM 逆变器。利用这种逆变器功率开关管的开关状态和顺序组合以及开关时间的调整,以保证电压空间矢量圆形运行轨迹为目标,就可以产生谐波较少的,且直流电源电压利用率较高的输出。

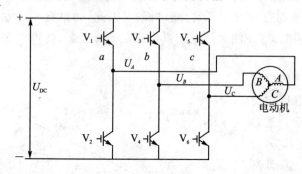

图 3-15 三相电压型逆变电路

图 3-15 中的 $V_1 \sim V_6$ 是 6 个功率开关管,a、b、c 分别代表 3 个桥臂的开关状态。规定:当上桥臂开关管"开"状态时(此时下桥臂开关管必然是"关"状态),开关状态为 1;当下桥臂开关管"开"状态时(此时上桥臂开关管必然是"关"状态),开关状态为 0。3 个桥臂只有 1 或 0 两种状态,因此 a、b、c 形成 000、001、010、011、100、101、110、111 共 8 种 ($2^3=8$) 开关模式。其中 000 和 111 开关模式使逆变器输出电压为零,因此,称这两种开关模式为零状态。

可以推导出,三相逆变器输出的线电压矢量 $[U_{AB} \ U_{BC} \ U_{CA}]^T$ 与开关状态矢量 $[a \ b \ c]^T$ 的关系为:

$$\begin{bmatrix} U_{AB} \\ U_{BC} \\ U_{CA} \end{bmatrix} = U_{DC} \begin{bmatrix} 1 & -1 & 0 \\ 0 & 1 & -1 \\ 1 & 0 & 1 \end{bmatrix} \begin{bmatrix} a \\ b \\ c \end{bmatrix} \quad (3-38)$$

三相逆变器输出的相电压矢量 $[U_A \ U_B \ U_C]^T$ 与开关状态矢量 $[a \ b \ c]^T$ 的关系为:

$$\begin{bmatrix} U_A \\ U_B \\ U_C \end{bmatrix} = \frac{1}{3} U_{DC} \begin{bmatrix} 2 & -1 & -1 \\ -1 & 2 & -1 \\ -1 & -1 & 2 \end{bmatrix} \begin{bmatrix} a \\ b \\ c \end{bmatrix} \quad (3-39)$$

式中,U_{DC} 是直流电源电压,或称总线电压。

式(3-38)和式(3-39)的对应关系也可用表 3-1 来表示。

第3章 交流电动机的SPWM与SVPWM技术以及ADSP控制的实现

表3-1 开关状态与相电压和线电压的对应关系

a	b	c	U_A	U_B	U_C	U_{AB}	U_{BC}	U_{CA}
0	0	0	0	0	0	0	0	0
1	0	0	$2U_{DC}/3$	$-U_{DC}/3$	$-U_{DC}/3$	U_{DC}	0	$-U_{DC}$
1	1	0	$U_{DC}/3$	$U_{DC}/3$	$-2U_{DC}/3$	0	U_{DC}	$-U_{DC}$
0	1	0	$-U_{DC}/3$	$2U_{DC}/3$	$-U_{DC}/3$	$-U_{DC}$	U_{DC}	0
0	1	1	$-2U_{DC}/3$	$U_{DC}/3$	$U_{DC}/3$	$-U_{DC}$	0	U_{DC}
0	0	1	$-U_{DC}/3$	$-U_{DC}/3$	$2U_{DC}/3$	0	$-U_{DC}$	U_{DC}
1	0	1	$U_{DC}/3$	$-2U_{DC}/3$	$U_{DC}/3$	U_{DC}	$-U_{DC}$	0
1	1	1	0	0	0	0	0	0

将表3-1中的8组相电压值代入式(3-33),就可以求出这些相电压的矢量和与相位角。这8个矢量和就称为基本电压空间矢量,根据其相位角的特点分别命名为O_{000}、U_0、U_{60}、U_{120}、U_{180}、U_{240}、U_{300}、O_{111}。其中O_{000}、O_{111}称为零矢量。图3-16给出了8个基本电压空间矢量的大小和位置。其中非零矢量的幅值相同,相邻的矢量间隔60°,而两个零矢量幅值为零,位于中心。

表3-1中的线电压和相电压值是在图3-14所示的三相ABC平面坐标系中。在ADSP程序计算中,为了计算方便,需要将其转换到αβ平面直角坐标系中。αβ平面直角坐标系选择了α轴与A轴重合,β轴超前α轴90°。如果选择在每个坐标系中电动机的总功率不变作为两个坐标系的转换原则,则变换矩阵为:

$$T_{ABC-\alpha\beta} = \sqrt{\frac{2}{3}} \begin{bmatrix} 1 & -\frac{1}{2} & -\frac{1}{2} \\ 0 & \frac{\sqrt{3}}{2} & -\frac{\sqrt{3}}{2} \end{bmatrix} \tag{3-40}$$

该变换矩阵的详细推导见第4章。

利用这个变换矩阵,就可以将三相ABC平面坐标系中的相电压转换到αβ平面直角坐标系中。其转换式为:

$$\begin{bmatrix} U_\alpha \\ U_\beta \end{bmatrix} = \sqrt{\frac{2}{3}} \begin{bmatrix} 1 & -\frac{1}{2} & -\frac{1}{2} \\ 0 & \frac{\sqrt{3}}{2} & -\frac{\sqrt{3}}{2} \end{bmatrix} \begin{bmatrix} U_A \\ U_B \\ U_C \end{bmatrix} \tag{3-41}$$

根据式(3-41),可将表3-1中与开关状态a、b、c相对应的相电压转换成αβ平面直角坐标系中的分量,转换结果如表3-2所列和图3-16所示。

3. 磁链轨迹的控制

下面我们来看看基本电压空间矢量与磁链轨迹的关系。

表 3-2 开关状态与相电压在 $\alpha\beta$ 坐标的分量的对应关系

a	b	c	U_α	U_β	矢量符号
0	0	0	0	0	O_{000}
1	0	0	$\sqrt{\frac{2}{3}}U_{DC}$	0	U_0
1	1	0	$\sqrt{\frac{1}{6}}U_{DC}$	$\sqrt{\frac{1}{2}}U_{DC}$	U_{60}
0	1	0	$-\sqrt{\frac{1}{6}}U_{DC}$	$\sqrt{\frac{1}{2}}U_{DC}$	U_{120}
0	1	1	$-\sqrt{\frac{2}{3}}U_{DC}$	0	U_{180}
0	0	1	$-\sqrt{\frac{1}{6}}U_{DC}$	$-\sqrt{\frac{1}{2}}U_{DC}$	U_{240}
1	0	1	$\sqrt{\frac{1}{6}}U_{DC}$	$-\sqrt{\frac{1}{2}}U_{DC}$	U_{300}
1	1	1	0	0	O_{111}

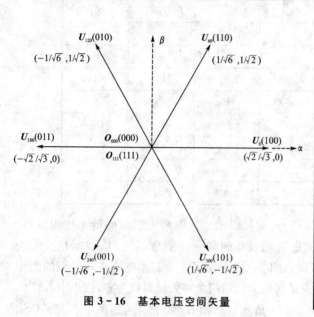

图 3-16 基本电压空间矢量

当逆变器单独输出基本电压空间矢量 U_0 时,电动机的定子磁链矢量 $\boldsymbol{\Psi}$ 的矢端从 A 到 B 沿平行于 U_0 方向移动,如图 3-17 所示。当移动到 B 点时,如果改基本电压空间矢量为 U_{60} 输出,则定子磁链矢量 $\boldsymbol{\Psi}$ 的矢端也相应改为从 B 到 C 的移动。这样下去,当全部 6 个非零基本电压空间矢量分别依次单独输出后,定子磁链矢量 $\boldsymbol{\Psi}$ 矢端的运动轨迹是一个正六边形,如图 3-17 所示。

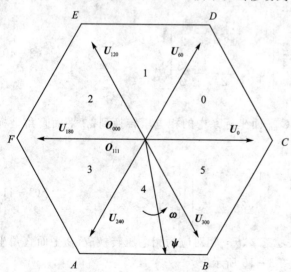

图 3-17 正六边形磁链轨迹

显然,按照这样的供电方式只能形成正六边形的旋转磁场,而不是我们希望的圆形旋转磁场。

怎样获得圆形旋转磁场呢?一个思路是,如果在定子里形成的旋转磁场不是正六边形,而是正多边形,就可以得到近似的圆形旋转磁场。显然,正多边形的边越多,近似程度就越好。

但是非零的基本电压空间矢量只有

第 3 章 交流电动机的 SPWM 与 SVPWM 技术以及 ADSP 控制的实现

6 个,如果想获得尽可能多的多边形旋转磁场,就必须有更多的逆变器开关状态。一种方法是利用 6 个非零的基本电压空间矢量的线性时间组合来得到更多的开关状态。下面介绍这种线性时间组合的方法。

在图 3-18 中,U_x 和 $U_{x\pm60}$ 代表相邻的两个基本电压空间矢量;U_{out} 是输出的参考相电压矢量,其幅值代表相电压的幅值,其旋转角速度就是输出正弦电压的角频率。

U_{out} 可由 U_x 和 $U_{x\pm60}$ 线性时间组合来合成,它等于 t_1/T_{PWM} 倍的 U_x 与 t_2/T_{PWM} 倍的 $U_{x\pm60}$ 的矢量和。其中,t_1 和 t_2 分别是 U_x 和 $U_{x\pm60}$ 作用的时间;T_{PWM} 是 U_{out} 作用的时间。

按照这种方式,在下一个 T_{PWM} 期间,仍然用 U_x 和 $U_{x\pm60}$ 的线性时间组合,但作用的时间 t'_1 和 t'_2 与上一次的不同,它们必须保证所合成的新的电压空间矢量 U'_{out} 与原来的电压空间矢量 U_{out} 的幅值相等。

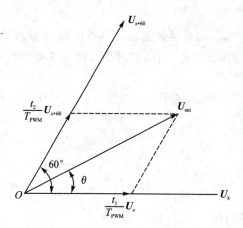

图 3-18 电压空间矢量的线性组合

如此下去,在每一个 T_{PWM} 期间,都改变相邻基本矢量作用的时间,并保证所合成的电压空间矢量的幅值都相等,因此,当 T_{PWM} 取足够小时,电压空间矢量的轨迹是一个近似圆形的正多边形。

4. t_1、t_2 和 t_0 的计算

现在,我们再来看 t_1 和 t_2 的确定方法。

如上面所述,线性时间组合的电压空间矢量 U_{out} 是 t_1/T_{PWM} 倍的 U_x 与 t_2/T_{PWM} 倍的 $U_{x\pm60}$ 的矢量和,即

$$U_{out} = \frac{t_1}{T_{PWM}}U_x + \frac{t_2}{T_{PWM}}U_{x\pm60} \tag{3-42}$$

由图 3-18,根据三角形的正弦定理有:

$$\frac{\frac{t_1}{T_{PWM}}U_x}{\sin(60°-\theta)} = \frac{U_{out}}{\sin120°} \tag{3-43}$$

$$\frac{\frac{t_2}{T_{PWM}}U_{x\pm60}}{\sin\theta} = \frac{U_{out}}{\sin120°} \tag{3-44}$$

由式(3-43)和式(3-44)解得:

$$\left.\begin{aligned} t_1 &= \frac{2U_{\text{out}}}{\sqrt{3}U_x} T_{\text{PWM}} \sin(60° - \theta) \\ t_2 &= \frac{2U_{\text{out}}}{\sqrt{3}U_{x\pm 60}} T_{\text{PWM}} \sin\theta \end{aligned}\right\} \tag{3-45}$$

式中，T_{PWM}可事先选定；U_{out}可由U/f曲线确定；θ可由输出正弦电压角频率ω和nT_{PWM}的乘积确定。因此，当已知两相邻的基本电压空间矢量$\boldsymbol{U}_x$和$\boldsymbol{U}_{x\pm60}$后，就可以根据式(3-45)确定t_1和t_2。

t_1和t_2还有另一种确定方法。当$\boldsymbol{U}_{\text{out}}$、$\boldsymbol{U}_x$和$\boldsymbol{U}_{x\pm60}$投影到平面直角坐标系$\alpha\beta$中时，式(3-42)可以写成：

$$\begin{bmatrix} t_1 \\ t_2 \end{bmatrix} = T_{\text{PWM}} \begin{bmatrix} U_{x\alpha} & U_{x\pm60\alpha} \\ U_{x\beta} & U_{x\pm60\beta} \end{bmatrix}^{-1} \begin{bmatrix} U_{\text{out}\alpha} \\ U_{\text{out}\beta} \end{bmatrix} \tag{3-46}$$

当已知逆阵$\begin{bmatrix} U_{x\alpha} & U_{x\pm60\alpha} \\ U_{x\beta} & U_{x\pm60\beta} \end{bmatrix}^{-1}$和$\boldsymbol{U}_{\text{out}}$在平面直角坐标系$\alpha\beta$的投影$\begin{bmatrix} U_{\text{out}\alpha} \\ U_{\text{out}\beta} \end{bmatrix}$后，就可以确定$t_1$和$t_2$。

在图3-17中，当逆变器单独输出零矢量$\boldsymbol{O}_{000}$和$\boldsymbol{O}_{111}$时，电动机的定子磁链矢量$\boldsymbol{\Psi}$是不动的。根据这个特点，我们在T_{PWM}期间插入零矢量作用的时间t_0，使得：

$$T_{\text{PWM}} = t_1 + t_2 + t_0 \tag{3-47}$$

通过这样方法，可以调整角频率ω，从而达到变频的目的。

添加零矢量是遵循使功率开关管的开关次数最少的原则来选择$\boldsymbol{O}_{000}$或$\boldsymbol{O}_{111}$。

为了使磁链的运动速度平滑，零矢量一般都不是集中地加入，而是将零矢量平均分成几份，多点地插入到磁链轨迹中，但作用的时间和仍为t_0，这样可以减少电动机转矩的脉动。

5. 扇区号的确定

将图3-17划分成6个区域，称为扇区。每个区域都有一个扇区号（如图中0、1、2、3、4、5）。确定$\boldsymbol{U}_{\text{out}}$位于哪个扇区是非常重要的，因为只有知道$\boldsymbol{U}_{\text{out}}$位于哪个扇区，我们才能知道用哪一对相邻的基本电压空间矢量去合成$\boldsymbol{U}_{\text{out}}$。确定$\boldsymbol{U}_{\text{out}}$所在的扇区号的方法有两种：

① 当$\boldsymbol{U}_{\text{out}}$以$\alpha\beta$坐标系上的分量形式$U_{\text{out}\alpha}$、$U_{\text{out}\beta}$给出时，先用下式计算$B_0$、$B_1$、$B_2$：

$$\left.\begin{aligned} B_0 &= U_\beta \\ B_1 &= \sin60°U_\alpha - \sin30°U_\beta \\ B_2 &= -\sin60°U_\alpha - \sin30°U_\beta \end{aligned}\right\} \tag{3-48}$$

再用下式计算P值：

$$P = 4\text{sign}(B_2) + 2\text{sign}(B_1) + \text{sign}(B_0) \tag{3-49}$$

式中，$\text{sign}(x)$是符号函数，如果$x>0$，$\text{sign}(x)=1$；如果$x<0$，$\text{sign}(x)=0$。

然后，根据P值查表3-3，即可确定扇区号。

第3章 交流电动机的 SPWM 与 SVPWM 技术以及 ADSP 控制的实现

表 3-3 P 值与扇区号的对应关系

P	1	2	3	4	5	6
扇区号	1	5	0	3	2	4

② 当 U_{out} 以幅值和相角的形式给出时,可直接根据相角来确定它所在的扇区。

当由 6 个基本电压空间矢量合成的 U_{out} 以近似圆形轨迹旋转时,其圆形轨迹的旋转半径受 6 个基本电压空间矢量幅值的限制。最大的圆形轨迹是 6 个基本矢量幅值所组成的正六边形的内接圆,如图 3-19 所示。

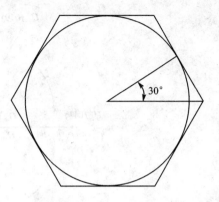

图 3-19 U_{out} 的最大轨迹圆

因此,U_{out} 的最大幅值(也是最大轨迹圆半径)是 $U_{DC}/\sqrt{2}$。

3.3.2 电压空间矢量 SVPWM 技术的 ADSP 实现方法

利用 ADI 公司的 ADSP-21990 可以很容易地实现电压空间矢量 PWM 的控制。在本小节中,结合例子来介绍这种技术的软件实现方法。

对每一个电压空间矢量 PWM 波的零矢量分割方法不同,以及对非零矢量 U_x 的选择不同,会产生多种多样的电压空间矢量 PWM 波。选择的原则是:

➢ 尽可能使功率开关管的开关次数最少;
➢ 任意一次电压空间矢量的变化只能有一个桥臂的开关管动作;
➢ 编程容易。

目前最流行的是 7 段式电压空间矢量 PWM 波形,它由 3 段零矢量和 4 段相邻的两个非零矢量组成,3 段零矢量分别位于 PWM 波的开始、中间和结尾,如图 3-21 所示。

本例选用 7 段式电压空间矢量 PWM 波形。其中每个扇区 U_x、$U_{x\pm60}$ 的选择顺序见图 3-20,即在第 0 扇区,$U_x=U_0$,$U_{x\pm60}=U_{60}$;在第 1 扇区,$U_x=U_{120}$,$U_{x\pm60}=U_{60}$;在第 2 扇区,$U_x=U_{120}$,$U_{x\pm60}=U_{180}$;在第 3 扇区,$U_x=U_{240}$,$U_{x\pm60}=U_{180}$;在第 4 扇区,$U_x=U_{240}$,$U_{x\pm60}=U_{300}$;在第 5 扇区,$U_x=U_0$,$U_{x\pm60}=U_{300}$。这样选择所产生的 7 段式电压空间矢量 PWM 波形见图 3-21。每个 PWM 波的零矢量和非零矢量施加的顺序以及所对应的时间都可从图 3-21 中一目了然。由图可见,其特点是:

➢ 每相每个 PWM 波输出只使功率开关管开关一次。
➢ 电动机正反转时,每个扇区的两个相邻基本矢量 U_x、$U_{x\pm60}$ 的选择顺序不变。也就是说,电动机的正反转只与扇区顺序有关。正转时(磁链逆时针旋转),扇区的顺序是 0—1—2—3—4—5—0;反转时(磁链顺时针旋转),扇区的顺序是 5—4—3—2—1—0—5。
➢ 每个 PWM 波都是以 O_{000} 零矢量开始和结束,O_{111} 零矢量插在中间。

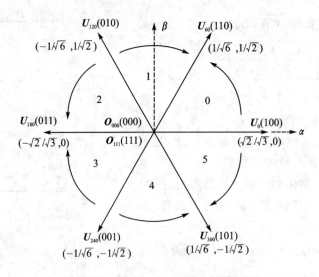

图 3-20 基本电压空间矢量的选择顺序

> 插入的 O_{000} 零矢量和 O_{111} 零矢量的时间相同。

为了产生图 3-21 所示的 7 段式电压空间矢量 PWM 波形,我们设计了一个 ADSP 控制程序例子。在这个程序中,调制波频率 f 由外部输入,并假设已经通过 $f/50$ Hz 转化成频率调节比的形式。程序中的载波频率和采样频率都是 5 kHz,可以实现调制波频率 0~50 Hz 变频功能和死区功能,死区时间 4 μs。设置 ADSP 的时钟频率为 50 MHz,计数周期为 20 ns。

程序由主程序、PWM 同步中断子程序和故障中断子程序组成。

主程序的工作是初始化。故障中断子程序用于处理当 IPM 出现过流、欠压、过温等故障时关断 PWM 并停机。

PWM 同步中断子程序的工作是在每一个 PWM 周期里计算出下一个 PWM 周期的 3 个占空比寄存器值,并送入到占空比寄存器中。为此,必须根据式(3-46)和式(3-47)计算出 t_0、t_1、t_2。

对式(3-46)先做一个简化。对式(3-46)两端除以 T_{PWM} 得:

$$\begin{bmatrix} 0.5C_1 \\ 0.5C_2 \end{bmatrix} = \begin{bmatrix} U_{x\alpha} & U_{x\pm 60\alpha} \\ U_{x\beta} & U_{x\pm 60\beta} \end{bmatrix}^{-1} \begin{bmatrix} U_{out\alpha} \\ U_{out\beta} \end{bmatrix} \tag{3-50}$$

式中,$C_1 = \dfrac{t_1}{T_{PWM}/2}$;$C_2 = \dfrac{t_2}{T_{PWM}/2}$。

PWM 同步中断子程序框图见图 3-22。

三相 SVPWM 波由 ADSP-21990 的 AH、AL、BH、BL、CH、CL 六个引脚输出,设置引脚高电平有效,采用单更新 PWM 工作模式。

计算中的正弦值和余弦值采用查表方法,其中余弦值使用正弦值表倒查法。使用 90°正

第3章 交流电动机的 SPWM 与 SVPWM 技术以及 ADSP 控制的实现

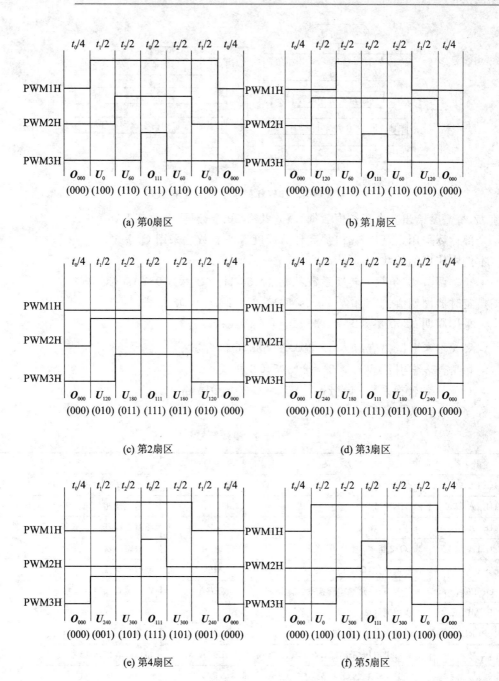

图 3-21 7 段式电压空间矢量 PWM 波形

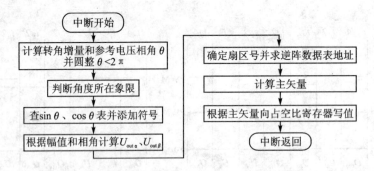

图 3-22 PWM 同步中断子程序框图

弦值表,每一度给出一个正弦值数据,因此共有 90 个数据,存放到 ROM 中。

全部计算采用定点计算,以提高计算速度。所有数据采用 Q 格式。

本例中使用的常数:

➤ 频率调节比-角频率转换系数:$2\times\pi\times50\ Hz\times2^5=10\,053\ rad/s$,Q5 格式;
➤ 定时器周期值:$200\ \mu s/(20\ ns\times2)\times2^2=20\,000$,Q2 格式;
➤ 采样周期:$200\ \mu s\times2^{24}=3355\ s$,Q24 格式;
➤ 最大参考电压幅值:$1/\sqrt{2}\times2^{14}=11\,585$,Q14 格式;
➤ 相角查表索引:$180/\pi\times2^9=29\,335$,Q9 格式;
➤ θ-扇区数转换系数:$6/(2\pi)\times2^{15}=31\,291$,Q15 格式。

程序中各参数符号见表 3-4。

表 3-4 参数符号

参数名称	含 义	参数名称	含 义
THETA_90	$\pi/2$,Q12 格式	THETA_H	参考电压相位角高 16 位,Q12 格式
THETA_180	π,Q12 格式	THETA_L	参考电压相位角低 16 位,Q12 格式
THETA_270	$3\pi/2$,Q12 格式	TEMP	临时寄存器
THETA_360	2π,Q12 格式	TEMP0	临时寄存器
SET_F	频率调节比,Q16 格式	TEMP1	临时寄存器
F_OMEGA	频率调节比-角频率转换率,Q5 格式	OMEGA	调制波角频率,Q5 格式
T_SAMPLE	采样周期,Q24 格式	SET_V	参考电压,Q14 格式
T1_PERIODS	定时器周期值,Q2 格式	THETA_R	相位角圆整值,Q12 格式
MAX_V	最大参考电压幅值 1/1.414,Q14 格式	THETA_M	相位查表值,Q12 格式
SIN_	0~90° sin 值表,Q14 格式	S_S	sin 符号,Q0 格式
NZ_	逆阵表,Q14 格式	S_C	cos 符号,Q0 格式

第3章 交流电动机的 SPWM 与 SVPWM 技术以及 ADSP 控制的实现

续表 3-4

参数名称	含 义	参数名称	含 义
SIN_INDX	sin 表索引，Q0 格式	SECTOR	扇区数，Q0 格式
SIN_THETA	sin 角，Q14 格式	CMP_1	第 1 基本矢量，Q0 格式
COS_THETA	cos 角，Q14 格式	CMP_2	第 2 基本矢量，Q0 格式
UA	参考电压 D 轴分量 U_A，Q12 格式	CMP_0	0 基本矢量/2，Q0 格式
UB	参考电压 Q 轴分量 U_B，Q12 格式		

以下是实现三相交流电动机 SVPWM 开环调速控制程序：

程序清单 3-2　三相交流电动机 SVPWM 开环调速控制程序

```
#include<adsp-21990.h>
.section/pm IVreset;
    jump start;                          /*跳到主程序*/
.section/pm IVint4;
    jump  PWMTRIP_IRQ;                   /*跳到故障中断子程序*/
.section/pm IVint5;
    jump PWMSYNC_IRQ;                    /*跳到 PWM 同步中断子程序*/

/****************************常量定义****************************************/
.section/data data1;
.var THETA_90 = 0x1922;                  /*90°,Q12*/
.var THETA_180 = 0x3244;
.var THETA_270 = 0x4b66;
.var THETA_360 = 0x6488;
.var SET_F = 0x28f5;                     /*频率调节比,Q16,初值 0.2*/
.var F_OMEGA = 0x2745;                   /*频率调节比-角频率转换率,Q5*/
.var THETA_H = 0x0;                      /*参考电压相位角高 16 位,Q12*/
.var THETA_L = 0x0;
.var THETA_I = 0x7297;                   /*相角查表索引,Q9*/
.var THETA_S = 0x7a3b;                   /*角的扇区转换系数,Q0*/
.var T_SAMPLE = 0x0D1B;                  /*采样周期*/
.var T1_PERIODS = 20000;                 /*定时器周期值,Q2*/
.var MAX_V = 0x2d41;                     /*最大参考电压幅值 1/1.414,Q14*/
/****************************变量定义****************************************/
.var TEMP;                               /*3 个临时寄存器*/
.var TEMP0;
```

```
.var TEMP1;
.var OMEGA;                              /* 调制波角频率,Q5 */
.var SET_V;                              /* 参考电压,Q14 */
.var THETA_R;                            /* 相位角圆整值,Q12 */
.var THETA_M;                            /* 相位查表值,Q12 */
.var S_S;                                /* sin 符号,Q0 */
.var S_C;                                /* cos 符号,Q0 */
.var SIN_INDX;                           /* sin 表索引,Q0 */
.var SIN_THETA;                          /* sin 角,Q14 */
.var COS_THETA;                          /* cos 角,Q14 */
.var UA;                                 /* 参考电压 D 轴分量 U_A,Q12 */
.var UB;                                 /* 参考电压 Q 轴分量 U_B,Q12 */
.var SECTOR;                             /* 扇区数,Q0 */
.var CMP_1;                              /* 第 1 基本矢量,Q0 */
.var CMP_2;                              /* 第 2 基本矢量,Q0 */
.var CMP_0;                              /* 0 基本矢量/2,Q0 */
/************************** 正弦值及逆阵值 **********************************/
.var SIN_[91] = 0,286,572,857,1143,1428,1713,1997,2280,2563,2845,
                3126,3406,3686,3964,4240,4516,4790,5063,5334,5604,
                5872,6138,6402,6664,6924,7182,7438,7692,7943,8192,
                8438,8682,8932,9162,9397,9630,9860,10087,10311,10531,
                10749,10963,11174,11381,11585,11786,11982,12176,12365,12551,
                12733,12911,13085,13255,13421,13583,13741,13894,14044,14189,
                14330,14466,14598,14726,14849,14968,15082,15191,15296,15396,
                15491,15582,15668,15749,15826,15897,15964,16026,16083,16135,
                16182,16225,16262,16294,16322,16344,16362,16374,16382,16384;
.var NZ_[24] = 20066,-11585,0,23170,-20066,11585,20066,11585,0,23170,-20066,
               -11585,0,-23170,-20066,11585,-20066,-11585,20066,-11585,20066,
               11585,0,-23170;          /* 逆阵表,按扇区,Q14 */
/************************** 主程序 **********************************/
.section/pm program;
start:
    IMASK = 0x0000;                      /* 中断屏蔽寄存器清 0 */
    IOPG = Interrupt_Controller_Page;
    NOP;
    AX0 = 0xBB01;                        /* PWM 关断中断和同步中断,对应优先级 4 和 5 */
    IO(IPR2) = AX0;
    IMASK = 0x003f;
    IOPG = Clock_and_System_Control_Page;
```

第3章 交流电动机的 SPWM 与 SVPWM 技术以及 ADSP 控制的实现

```
        AX0 = 0X0100;
        IO(PLLCTL) = AX0;
        IOPG = 0X0008;
        AR = 0x0200;
        IO(PWM0_STAT) = AR;
        AX0 = 0X0003;
        IO(PWM0_CTRL) = AX0;                /* 选择单更新模式,使用内部同步信号,使能 PWM 波产生 */
        AR = 5000;
        IO(PWM0_TM) = AR;                   /* PWM 周期 200 μs */
        AX0 = 0x03FF;
        IO(PWM0_SYNCWT) = AX0;              /* PWM 同步信号的脉宽,与 PWM 相同 */
        AX0 = 100;
        IO(PWM0_DT) = AX0;                  /* 死区时间 4 μs */
        AX0 = -2400;
        IO(PWM0_CHA) = AX0;                 /* PWM 波的初始占空比为 0 */
        IO(PWM0_CHB) = AX0;
        IO(PWM0_CHC) = AX0;
        AX0 = 0X0000;
        IO(PWM0_SEG) = AX0;                 /* 使能 PWM 六个引脚输出 */
        ENA INT;                            /* 中断使能 */
MAIN_LOOP:
    NOP;NOP;NOP;NOP;NOP;NOP;NOP;NOP;NOP;NOP;NOP;
    NOP;NOP;NOP;NOP;NOP;NOP;NOP;NOP;NOP;NOP;
    NOP;NOP;NOP;NOP;NOP;NOP;NOP;NOP;NOP;NOP;
    JUMP MAIN_LOOP;
/************************** 故障中断子程序 ******************************/
PWMTRIP_IRQ:
.SECTION/PM program;
    IOPG = 0x0008;
    AX0 = 0x0;
    IO(PWM0_CTRL) = AX0;
    NOP;
    jump PWMTRIP_IRQ;
    RTI;
/************************** PWM 同步中断子程序 **************************/
PWMSYNC_IRQ:
.SECTION/code program;
    IOPG = 0x0008;
    ASTAT = 0x00;
```

```
    ENA M_MODE；
    MX0 = DM(SET_F)；                    /*将频率调节比转换成角频率*/
    MY0 = DM(F_OMEGA)；
    MR = MX0 * MY0(UU)；
    DM(OMEGA) = MR1；                    /*角频率,Q5*/
    MX0 = DM(SET_F)；                    /*转换参考电压*/
    MY0 = DM(MAX_V)；
    MR = MX0 * MY0(UU)；
    DM(SET_V) = MR1；                    /*计算参考电压,Q14*/
    MX0 = DM(OMEGA)；                    /*计算转角增量,Q5*Q24*/
    MY0 = DM(T_SAMPLE)；
    MR = MX0 * MY0(UU)；
    SI = MR1；                           /*右移1位,Q12*/
    SR = ASHIFT SI BY -1 (HI)；
    SI = MR0；
    SR = SR OR LSHIFT SI BY -1 (LO)；
    AY0 = DM(THETA_L)；                  /*保存THETA_L的值*/
    AR = SR0 + AY0；
    DM(THETA_L) = AR；
    AY1 = DM(THETA_H)；                  /*保存THETA_H的值*/
    AR = SR1 + AY1 + C；
    DM(THETA_H) = AR；
    AX0 = DM(THETA_360)；                /*判断是否在360°内*/
    AY0 = DM(THETA_H)；
    AR = AY0 - AX0；
    IF LE JUMP RND_THETA；                /*是则跳,不是则保存*/
    AY0 = DM(THETA_360)；
    SR = LSHIFT AY0 BY 16(LO)；
    AX1 = DM(THETA_H)；
    AX0 = DM(THETA_L)；
    AR = AX0 - SR0；
    DM(THETA_L) = AR；
    AR = AX1 - SR1 + C - 1；
    DM(THETA_H) = AR；
RND_THETA：
    SI = 1；                             /*进行角度圆整*/
    SR = LSHIFT SI BY 15(LO)；
    AY0 = DM(THETA_L)；
    AY1 = DM(THETA_H)；
```

第3章 交流电动机的 SPWM 与 SVPWM 技术以及 ADSP 控制的实现

```
AR = SR0 + AY0;
AR = AY1 + SR1 + C;
DM(THETA_R) = AR;              /* 保存角度圆整后的值, Q12 */
AX0 = 1;                       /* 送 sin、cos 符号 */
DM(S_S) = AX0;
DM(S_C) = AX0;
AX0 = DM(THETA_R);
DM(THETA_M) = AX0;             /* 保存 THETA_M */
AY0 = DM(THETA_90);            /* 判断是否在 90°内 */
AR = AX0 - AY0;
IF LE JUMP E_Q;
AX0 = 1;                       /* 第 2 象限并加符号 */
DM(S_S) = AX0;
AX0 = -1;
DM(S_C) = AX0;
AY0 = DM(THETA_180);
AX0 = DM(THETA_R);
AR = AY0 - AX0;
DM(THETA_M) = AR;
IF GE JUMP E_Q;
AX0 = -1;                      /* 第 3 象限加符号 */
DM(S_S) = AX0;
AX0 = -1;
DM(S_C) = AX0;
AY0 = DM(THETA_R);
AX0 = DM(THETA_180);
AR = AY0 - AX0;
DM(THETA_M) = AR;
AY0 = DM(THETA_270);
AX0 = DM(THETA_R);
AR = AY0 - AX0;
IF GE JUMP E_Q;
AX0 = 1;                       /* 第 4 象限加符号 */
DM(S_C) = AX0;
AX0 = -1;
DM(S_S) = AX0;
AY0 = DM(THETA_360);
AX0 = DM(THETA_R);
AR = AY0 - AX0;
```

```
        DM(THETA_M) = AR;
E_Q:
        MX0 = DM(THETA_M);
        MY0 = DM(THETA_I);
        MR = MX0 * MY0(UU);              /* Q12 * Q9 */
        DM(SIN_INDX) = MR1;              /* 计算查表索引,Q5 */
        SI = MR1;
        SR = LSHIFT SI BY -5(LO);        /* 右移 5 位,变成 Q0 */
        DM(SIN_INDX) = SR0;
        M0 = DM(SIN_INDX);               /* 查 sin 表 */
        I0 = SIN_;
        MX0 = DM(I0 + M0);
        DM(SIN_THETA) = MX0;             /* SIN_THETA */
        I0 = SIN_;
        AX0 = DM(SIN_INDX);
        SR0 = 90;
        AR = SR0 - AX0;
        DM(SIN_INDX) = AR;
        M0 = DM(SIN_INDX);               /* 查 cos 表 */
        MX0 = DM(I0 + M0);
        DM(COS_THETA) = MX0;             /* COS_THETA */
        MX0 = DM(S_S);
        MY0 = DM(SIN_THETA);
        MR = MX0 * MY0(SU);
        DM(SIN_THETA) = MR0;
        MX0 = DM(S_C);
        MY0 = DM(COS_THETA);
        MR = MX0 * MY0(SU);
        DM(COS_THETA) = MR0;             /* 修改值的符号,Q14 */
        MX0 = DM(SET_V);
        MY0 = DM(COS_THETA);
        MR = MX0 * MY0(US);              /* 计算 $U_A$,Q14 * Q14 */
        DM(UA) = MR1;                    /* $U_A$ */
        MY0 = DM(SIN_THETA);
        MR = MX0 * MY0(US);
        DM(UB) = MR1;                    /* $U_B$ */
        MX0 = DM(THETA_R);               /* 计算扇区数,Q12 × Q15 */
        MY0 = DM(THETA_S);
        MR = MX0 * MY0(UU);
```

第3章 交流电动机的 SPWM 与 SVPWM 技术以及 ADSP 控制的实现

```
    SI = MR1;
    SR = LSHIFT SI BY 5(LO);
    DM(SECTOR) = SR1;                   /* 扇区数左移 5 位, Q0 */
    I1 = NZ_;                           /* 根据扇区数查逆阵值 */
    AX0 = DM(SECTOR);
    SI = AX0;
    SR = LSHIFT SI BY 2(LO);            /* 扇区数乘 4 */
    DM(TEMP0) = SR0;
    M1 = SR0;                           /* 查表第 1 个, M(1,1) */
    MR0 = DM(I1 + M1);
    MY0 = DM(UA);
    SR = MR0 * MY0(SS);                 /* U_A × M(1,1), Q14 × Q12 */
    AX0 = DM(TEMP0);
    AY0 = 1;
    AR = AX0 + AY0;
    M1 = AR;
    MR0 = DM(I1 + M1);                  /* 查 M(1,2) */
    MY0 = DM(UB);
    MR = MR0 * MY0(SS);                 /* U_B × M(1,2) */
    AX0 = MR0;
    AX1 = MR1;
    AR = SR0 + AX0;
    AR = SR1 + AX1 + C;                 /* U_A × M(1,1) + U_B × M(1,2) */
    IF GE JUMP WW1;
    AR = 0;
WW1:
    DM(TEMP) = AR;                      /* 保存后成 Q10 */
    MX0 = AR;
    MY0 = DM(T1_PERIODS);
    MR = MX0 * MY0(SU);                 /* 计算 0.5 × C1, Q10 × Q2 */
    SI = MR1;
    SR = ASHIFT SI BY 4 (HI);
    SI = MR0;
    SR = SR OR LSHIFT SI BY 4 (LO);     /* 左移 2 位变成 Q0 */
    DM(CMP_1) = SR1;                    /* 保存 CMP_1 */
    MX0 = DM(UA);
    I1 = NZ_;
    AX0 = DM(TEMP0);
    AY0 = 2;
```

```
        AR = AX0 + AY0;
        M1 = AR;
        MY0 = DM(I1 + M1);
        SR = MY0 * MX0(SS);          /* U_A × M(2,1) */
        MX0 = DM(UB);
        AX0 = DM(TEMP0);
        AY0 = 3;
        AR = AX0 + AY0;
        M1 = AR;
        MY0 = DM(I1 + M1);
        MR = MY0 * MX0(SS);          /* U_B × M(2,2) */
        AX0 = MR0;
        AX1 = MR1;                    /* 相加同上 */
        AR = SR0 + AX0;
        AR = SR1 + AX1 + C;
        IF GE JUMP WW2;              /* 大于 0 跳转 */
        AR = 0;
WW2:
        DM(TEMP) = AR;
        MX0 = AR;
        MY0 = DM(T1_PERIODS);
        MR = MX0 * MY0(SU);          /* Q10 × Q2 */
        SI = MR1;
        SR = ASHIFT SI BY 4 (HI);
        SI = MR0;
        SR = SR OR LSHIFT SI BY 4 (LO);
        DM(CMP_2) = SR1;             /* 保存 CMP_2 */
        AX0 = 5000;                  /* 计算 CMP_0 */
        AY0 = DM(CMP_1);
        AY1 = DM(CMP_2);
        AR = AX0 - AY0;
        AR = AR - AY1 + C - 1;
        IF GE JUMP WW3;              /* 大于 0 跳转 */
        AR = 0;
WW3:
        SI = AR;
        SR = LSHIFT SI BY 15 (LO);
        DM(CMP_0) = SR1;             /* 左移 15 位,相当于除 2,得到 0.25 × C0 × TP,送 CMP_0 */
        SR0 = DM(CMP_0);
```

第3章 交流电动机的SPWM与SVPWM技术以及ADSP控制的实现

```
        AY0 = 2500;
        AR = SR0 - AY0;
        AX0 = AR;
        AY0 = 100;
        AR = AX0 + AY0;
        SR0 = AR;
        AR = DM(SECTOR);           /* 以下程序是根据所在扇区数送入不同数组 */
        AY0 = 0;
        AR = AY0 - AR;
        IF EQ JUMP TT0;            /* 判断是否等于 0 */
        AR = DM(SECTOR);
        AY0 = 5;
        AR = AY0 - AR;
        OF EQ JUMP TT0;
        AR = DM(SECTOR);
        AY0 = 4;
        AR = AY0 - AR;
        IF EQ JUMP TT2;
        AR = DM(SECTOR);
        AY0 = 3;
        AR = AY0 - ar;
        IF EQ JUMP TT2;
        AR = DM(SECTOR);
        AY0 = 2;
        AR = AY0 - AR;
        IF EQ JUMP TT1;
        JUMP TT1;
TT0:
        IO(PWM0_CHA) = SR0;
        JUMP PP1;
TT1:
        IO(PWM0_CHB) = SR0;
        JUMP PP1;
TT2:
        IO(PWM0_CHC) = SR0;
        JUMP PP1;
PP1:
        AX0 = DM(CMP_0);           /* 将 CMP_1 + CMP_0 送到第 2 个占空比寄存器 */
        AY0 = DM(CMP_1);
```

```
        AR = AY0 + AX0;
        SR0 = AR;
        AY0 = 2500;
        AR = SR0 - AY0;
        AX0 = AR;
        AY0 = 100;
        AR = AX0 + AY0;
        SR0 = AR;
        AR = DM(SECTOR);
        AY0 = 0;
        AR = AY0 - AR;
        IF EQ JUMP TT4;
        AR = DM(SECTOR);
        AY0 = 5;
        AR = AY0 - ar;
        IF EQ JUMP TT5;
        AR = DM(SECTOR);
        AY0 = 4;
        AR = AY0 - ar;
        IF EQ JUMP TT3;
        AR = DM(SECTOR);
        AY0 = 3;
        AR = AY0 - ar;
        IF EQ JUMP TT4;
        AR = DM(SECTOR);
        AY0 = 2;
        AR = AY0 - AR;
        IF EQ JUMP TT5;
        JUMP TT3;
TT3:
        IO(PWM0_CHA) = SR0;
        JUMP PP2;
TT4:
        IO(PWM0_CHB) = SR0;
        JUMP PP2;
TT5:
        IO(PWM0_CHC) = SR0;
        JUMP PP2;
PP2:
```

第3章 交流电动机的 SPWM 与 SVPWM 技术以及 ADSP 控制的实现

```
        AX1 = DM(CMP_0);              /*3个相加后除2,送第3个寄存器*/
        AY1 = DM(CMP_1);
        SR0 = DM(CMP_2);
        AR = AX1 + AY1;
        AR = AR + SR0 + C;
        SR0 = AR;
        AY0 = 2500;
        AR = SR0 - AY0;
        AX0 = AR;
        AY0 = 100;
        AR = AX0 + AY0;
        SR0 = AR;
        AR = DM(SECTOR);
        AY0 = 0;
        AR = AY0 - AR;
        IF EQ JUMP TT8;
        AR = DM(SECTOR);
        AY0 = 5;
        AR = AY0 - AR;
        IF EQ JUMP TT7;
        AR = DM(SECTOR);
        AY0 = 4;
        AR = AY0 - AR;
        IF EQ JUMP TT7;
        AR = DM(SECTOR);
        AY0 = 3;
        AR = AY0 - AR;
        IF EQ JUMP TT6;
        AR = DM(SECTOR);
        AY0 = 2;
        AR = AY0 - AR;
        IF EQ JUMP TT6;
        JUMP TT8;
TT6:
        IO(PWM0_CHA) = SR0;
        JUMP VV;
TT7:
        IO(PWM0_CHB) = SR0;
        JUMP VV;
```

```
TT8:
    IO(PWM0_CHC) = SR0;
    JUMP VV;
VV:
    AR = 0x0200;
    IO(PWM0_STAT) = AR;
    RTI;
```

第 4 章
交流异步电动机的 ADSP 矢量控制

在第 3 章中我们介绍了交流异步电动机变频变压调速系统,由于它们采用了 U/f 恒定、转速开环的控制,基本上解决了异步电动机平滑调速的问题。但是,对于那些对动静态性能要求较高的应用系统来说,上述系统还不能满足使用要求。这使我们又想起直流电动机的优良的动静态调速特性。能不能使交流电动机调速系统像直流电动机那样去控制呢?矢量控制方法给了我们一个肯定的答案。

矢量控制理论(Trans Vector Control)是由德国的 F. Blaschke 在 1971 年提出的。矢量控制法成功实施后,使交流异步电动机变频调速后的机械特性以及动态性能都达到了与直流电动机调压时的调速性能不相上下的程度,从而使交流异步电动机变频调速在电动机的调速领域里占有越来越重要的地位。

4.1 交流异步电动机的矢量控制基本原理

任何电动机的电磁转矩都是由主磁场和电枢磁场相互作用而产生的。因此,为了弄清交流异步电动机的调速性能为什么不如直流电动机的原因,我们将交流异步电动机和直流电动机的磁场情况进行比较:

- 直流电动机的励磁电路和电枢电路是互相独立的;而交流异步电动机的励磁电流和负载电流都在定子电路内,无法将它们分开。
- 直流电动机的主磁场和电枢磁场在空间是互差 90°电角度;而交流异步电动机的主磁场与转子电流磁场间的夹角与功率因数有关。
- 直流电动机是通过独立地调节两个磁场中的一个来进行调速的;交流异步电动机则不能。

以上比较引发人们的思考:在交流异步电动机中,如果也能够对负载电流和励磁电流分别进行独立的控制,并使它们的磁场在空间位置上也能互差 90°电角度,那么,其调速性能就可以和直流电动机相媲美了。这一想法在相当长的时间内成为人们的追求目标,并最终通过矢量控制的方式得以实现。

1. 产生旋转磁场的 3 种方法

众所周知,任意多相绕组通以多相平衡的电流,都能产生旋转磁场。

为了找出在三相交流异步电动机上模拟直流电动机控制转矩的规律,我们对下面 3 种旋转磁场进行分析。

(1) 三相旋转磁场

如图 4-1 所示是三相固定绕组 A、B、C。这三相绕组的特点是:三相绕组在空间上相差 $120°$,三相平衡的交流电流 i_A、i_B、i_C 在相位上相差 $120°$。

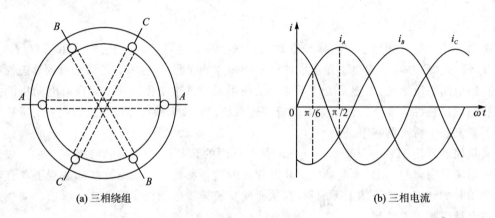

(a) 三相绕组　　　　　　　　　(b) 三相电流

图 4-1　三相绕组与三相交流电流

对三相绕组通入三相交流电后,其合成磁场如图 4-2 所示。由图可见,随着时间的变化,合成磁场的轴线也在旋转,电流交变一个周期,磁场也旋转一周。在合成磁场旋转的过程中,合成磁感应强度不变,因此称为圆磁场。

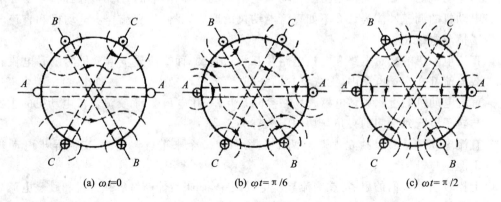

(a) $\omega t=0$　　　　　　(b) $\omega t=\pi/6$　　　　　　(c) $\omega t=\pi/2$

图 4-2　三相合成磁场

（2）两相旋转磁场

如图4-3所示是两相固定绕组 α、β。这两相绕组在空间上相差90°，两相平衡的交流电流 i_α、i_β 在相位上相差90°。

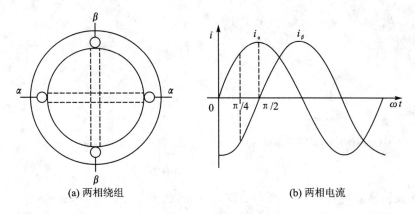

(a) 两相绕组　　　　　　　　(b) 两相电流

图 4-3　两相绕组与两相交流电流

对两相绕组通入两相电流后，其合成磁场如图4-4所示。由图可见，两相合成磁场也具有和三相旋转磁场完全相同的特点。

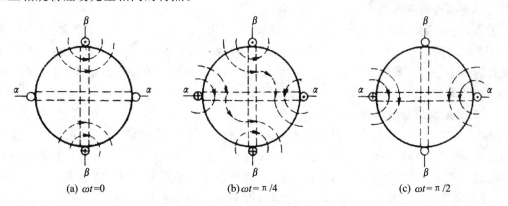

(a) $\omega t=0$　　　　(b) $\omega t=\pi/4$　　　　(c) $\omega t=\pi/2$

图 4-4　两相合成磁场

（3）旋转体的旋转磁场

在如图4-5(a)所示的旋转体上，放置一个直流绕组 M，M 内通入直流电流，这样它将产生一个恒定磁场，这个恒定磁场是不旋转的。但当旋转体旋转时，恒定磁场也随之旋转，在空间形成一个旋转磁场。由于此旋转磁场是借助于机械运动而得到的，所以也称为机械旋转磁场。

如果在旋转体上放置两个互相垂直的直流绕组 M、T，则当给这两个绕组分别通入直流电流时，它们的合成磁场仍然是恒定磁场，如图4-5(b)所示。

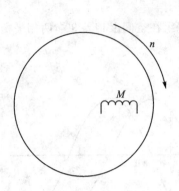
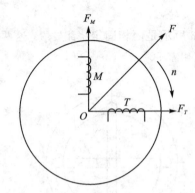

(a) 旋转体所形成的旋转磁场　　　　(b) 旋转体上两个直流绕组产生的磁场

图 4-5　机械旋转磁场

同样,当旋转体旋转时,该合成磁场也随之旋转,我们称它为机械旋转直流合成磁场。而且,如果调节两路直流电流 i_M、i_T 中的任何一路,则直流合成磁场的磁感应强度也得到调整。

如果用上述 3 种方法产生的旋转磁场完全相同(磁极对数相同,磁感应强度相同,转速相同),则认为这时的三相磁场、两相磁场、旋转直流磁场系统是等效的。因此,这 3 种旋转磁场之间可以互相进行等效转换。

通常,把三相交流系统向两相交流系统的转换称为 Clarke 变换,或称 3/2 变换;两相系统向三相系统的转换称为 Clarke 逆变换,或称 2/3 变换;把两相交流系统向旋转的直流系统的转换称为 Park 变换,或称交/直变换;旋转的直流系统向两相交流系统的转换称为 Park 逆变换,或称直/交变换。

2. 矢量控制的基本思想

如上所述,一个三相交流的磁场系统和一个旋转体上的直流磁场系统,通过两相交流系统作为过渡,可以互相进行等效变换。因此,如果将用于控制交流调速的给定信号变换成类似于直流电动机磁场系统的控制信号,也就是说,假想由两个互相垂直的直流绕组同处于一个旋转体上,两个绕组中分别独立地通入由给定信号分解而得的励磁电流信号 i_M 和转矩电流信号 i_T,并把 i_M、i_T 作为基本控制信号,通过等效变换,可以得到与基本控制信号 i_M 和 i_T 等效的三相交流控制信号 i_A、i_B、i_C,用它们去控制逆变电路。同样,对于电动机在运行过程中系统的三相交流数据,又可以等效变换成两个互相垂直的直流信号,反馈到控制端,用来修正基本控制信号 i_M、i_T。

在进行控制时,可以和直流电动机一样,使其中一个磁场电流(例如 i_M)不变,而控制另一个磁场电流(例如 i_T)信号,从而获得和直流电动机类似的控制效果。

矢量控制的基本原理也可以用图 4-6 所示的框图来加以说明。给定信号分解成两个互相垂直而且独立的直流信号 i_M、i_T,然后通过直/交变换将 i_M、i_T 变换成两相交流信号 i_α、i_β,又经 2/3 变换，得到三相交流的控制信号 i_A、i_B、i_C，去控制逆变电路。

电流反馈信号经 3/2 变换和交/直变换，传送到控制端，对直流控制信号的转矩分量 i_T 进行修正，从而模拟出类似于直流电动机的工作状况。

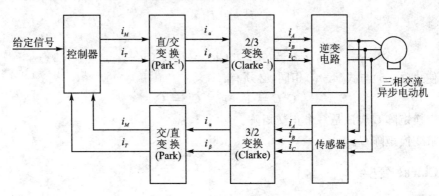

图 4-6 矢量控制原理框图

4.2 矢量控制的坐标变换

感应电动机内的磁场是由定、转子三相绕组的磁势（或磁动势）产生的，根据电动机旋转磁场理论可知，向对称的三相绕组（所谓对称是指定、转子各绕组分别具有相同的匝数和分布电阻）中通以对称的三相正弦电流时，就会产生合成磁势，它是一个在空间以 ω 速度旋转的空间矢量。如果用磁势或电流空间矢量来描述前面所述的三相磁场、两相磁场和旋转直流磁场，并对它们进行坐标变换，就称为矢量坐标变换。

矢量坐标变换必须要遵循以下原则：

➢ 变换前后电流所产生的旋转磁场等效；
➢ 变换前后两个系统的电动机功率不变。

将原来坐标下的电压 u 和电流 i 变换为新坐标下的电压 u' 和电流 i'，我们希望它们有相同的变换矩阵 C，因此有：

$$u = Cu' \tag{4-1}$$

$$i = Ci' \tag{4-2}$$

为了能实现逆变换，变换矩阵 C 必须存在逆阵 C^{-1}，因此变换矩阵 C 必须是方阵，而且其行列式的值必须不等于 0。

因为 $u = Zi$，Z 是阻抗矩阵，所以：

$$u' = C^{-1}u = C^{-1}ZCi' = Z'i' \tag{4-3}$$

式中，Z' 是变换后的阻抗矩阵，它为：

$$Z' = C^{-1}ZC \tag{4-4}$$

为了满足功率不变的原则,在一个坐标下的电功率 $i^T u = u_1 i_1 + u_2 i_2 + \cdots + u_n i_n$ 应该等于另一个坐标下的电功率 $i'^T u' = u'_1 i'_1 + u'_2 i'_2 + \cdots + u'_n i'_n$,即:

$$i^T u = i'^T u' \tag{4-5}$$

而:

$$i^T u = (Ci')^T Cu' = i'^T C^T Cu' \tag{4-6}$$

为了使式(4-5)与式(4-6)相同,必须有:

$$C^T C = 1 \quad \text{或} \quad C^T = C^{-1} \tag{4-7}$$

因此变换矩阵 C 应该是一个正交矩阵。

下面求变换矩阵 C。

4.2.1 Clarke 变换

Clarke 变换是将三相平面坐标系 ABC 向两相平面直角坐标系 $\alpha\beta$ 的转换。

1. 定子绕组的 Clarke 变换

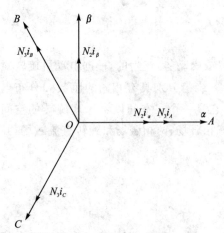

图 4-7 三相 ABC 绕组和两相 $\alpha\beta$ 绕组各相的磁势

图 4-7 是定子三相电动机绕组 A、B、C 的磁势矢量和两相电动机绕组 α、β 的磁势矢量的空间位置关系。其中选定 A 轴与 α 轴重合。

根据矢量坐标变换原则,两者的磁场应该完全等效,合成磁势矢量分别在两个坐标系坐标轴上的投影应该相等。因此有:

$$\left.\begin{array}{l} N_2 i_\alpha = N_3 i_A + N_3 i_B \cos 120° + N_3 i_C \cos(-120°) \\ N_2 i_\beta = 0 + N_3 i_B \sin 120° + N_3 i_C \sin(-120°) \end{array}\right\} \tag{4-8}$$

也即:

$$\left.\begin{array}{l} i_\alpha = \dfrac{N_3}{N_2}\left(i_A - \dfrac{1}{2}i_B - \dfrac{1}{2}i_C\right) \\ i_\beta = \dfrac{N_3}{N_2}\left(0 + \dfrac{\sqrt{3}}{2}i_B - \dfrac{\sqrt{3}}{2}i_C\right) \end{array}\right\} \tag{4-9}$$

式中,N_2、N_3 分别表示三相电动机和两相电动机定子每相绕组的有效匝数。

式(4-9)用矩阵表示:

$$\begin{bmatrix} i_\alpha \\ i_\beta \end{bmatrix} = \dfrac{N_3}{N_2} \begin{bmatrix} 1 & -\dfrac{1}{2} & -\dfrac{1}{2} \\ 0 & \dfrac{\sqrt{3}}{2} & -\dfrac{\sqrt{3}}{2} \end{bmatrix} \begin{bmatrix} i_A \\ i_B \\ i_C \end{bmatrix} \tag{4-10}$$

第4章 交流异步电动机的 ADSP 矢量控制

转换矩阵 $\begin{bmatrix} 1 & -\frac{1}{2} & -\frac{1}{2} \\ 0 & \frac{\sqrt{3}}{2} & -\frac{\sqrt{3}}{2} \end{bmatrix}$ 不是方阵,因此不能求逆阵。所以需要引进一个独立于 i_α 和 i_β 的新变量 i_0,称它为零轴电流。零轴是同时垂直于 α 和 β 轴的轴,因此形成 α、β、0 轴坐标系。

定义:

$$N_2 i_0 = K N_3 i_A + K N_3 i_B + K N_3 i_C$$

或:

$$i_0 = \frac{N_3}{N_2}(K i_A + K i_B + K i_C) \tag{4-11}$$

式中,K 为待定系数。故式(4-10)改写成:

$$\begin{bmatrix} i_\alpha \\ i_\beta \\ i_0 \end{bmatrix} = \frac{N_3}{N_2} \begin{bmatrix} 1 & -\frac{1}{2} & -\frac{1}{2} \\ 0 & \frac{\sqrt{3}}{2} & -\frac{\sqrt{3}}{2} \\ K & K & K \end{bmatrix} \begin{bmatrix} i_A \\ i_B \\ i_C \end{bmatrix} \tag{4-12}$$

式中:

$$\boldsymbol{C}^{-1} = \frac{N_3}{N_2} \begin{bmatrix} 1 & -\frac{1}{2} & -\frac{1}{2} \\ 0 & \frac{\sqrt{3}}{2} & -\frac{\sqrt{3}}{2} \\ K & K & K \end{bmatrix} \tag{4-13}$$

因此:

$$\boldsymbol{C} = \frac{2N_2}{3N_3} \begin{bmatrix} 1 & 0 & \frac{1}{2K} \\ -\frac{1}{2} & \frac{\sqrt{3}}{2} & \frac{1}{2K} \\ -\frac{1}{2} & -\frac{\sqrt{3}}{2} & \frac{1}{2K} \end{bmatrix} \tag{4-14}$$

其转置矩阵为:

$$\boldsymbol{C}^\mathrm{T} = \frac{2N_2}{3N_3} \begin{bmatrix} 1 & -\frac{1}{2} & -\frac{1}{2} \\ 0 & \frac{\sqrt{3}}{2} & -\frac{\sqrt{3}}{2} \\ \frac{1}{2K} & \frac{1}{2K} & \frac{1}{2K} \end{bmatrix} \tag{4-15}$$

为了满足功率不变的变换原则,有 $\boldsymbol{C}^{-1} = \boldsymbol{C}^\mathrm{T}$。因此,令式(4-13)与式(4-15)相等,可求得:

$$\left.\begin{array}{l}\dfrac{N_2}{N_3}=\sqrt{\dfrac{3}{2}}\\[2mm] K=\dfrac{1}{\sqrt{2}}\end{array}\right\} \tag{4-16}$$

将式(4-16)代入式(4-14)得：

$$C=\sqrt{\dfrac{2}{3}}\begin{bmatrix}1 & 0 & \dfrac{1}{\sqrt{2}}\\[2mm] -\dfrac{1}{2} & \dfrac{\sqrt{3}}{2} & \dfrac{1}{\sqrt{2}}\\[2mm] -\dfrac{1}{2} & -\dfrac{\sqrt{3}}{2} & \dfrac{1}{\sqrt{2}}\end{bmatrix} \tag{4-17}$$

因此，Clarke 变换（或 3/2 变换）式为：

$$\begin{bmatrix}i_\alpha\\ i_\beta\\ i_0\end{bmatrix}=\sqrt{\dfrac{2}{3}}\begin{bmatrix}1 & -\dfrac{1}{2} & -\dfrac{1}{2}\\[2mm] 0 & \dfrac{\sqrt{3}}{2} & -\dfrac{\sqrt{3}}{2}\\[2mm] \dfrac{1}{\sqrt{2}} & \dfrac{1}{\sqrt{2}} & \dfrac{1}{\sqrt{2}}\end{bmatrix}\begin{bmatrix}i_A\\ i_B\\ i_C\end{bmatrix} \tag{4-18}$$

Clarke 逆变换（或 2/3 变换）式为：

$$\begin{bmatrix}i_A\\ i_B\\ i_C\end{bmatrix}=\sqrt{\dfrac{2}{3}}\begin{bmatrix}1 & 0 & \dfrac{1}{\sqrt{2}}\\[2mm] -\dfrac{1}{2} & \dfrac{\sqrt{3}}{2} & \dfrac{1}{\sqrt{2}}\\[2mm] -\dfrac{1}{2} & -\dfrac{\sqrt{3}}{2} & \dfrac{1}{\sqrt{2}}\end{bmatrix}\begin{bmatrix}i_\alpha\\ i_\beta\\ i_0\end{bmatrix} \tag{4-19}$$

对于三相绕组不带零线的星形接法，有 $i_A+i_B+i_C=0$，因此 $i_C=-i_A-i_B$，分别代入式(4-18)、式(4-19)得：

$$\begin{bmatrix}i_\alpha\\ i_\beta\end{bmatrix}=\begin{bmatrix}\sqrt{\dfrac{3}{2}} & 0\\[2mm] \dfrac{\sqrt{2}}{2} & \sqrt{2}\end{bmatrix}\begin{bmatrix}i_A\\ i_B\end{bmatrix} \tag{4-20}$$

$$\begin{bmatrix}i_A\\ i_B\end{bmatrix}=\begin{bmatrix}\sqrt{\dfrac{2}{3}} & 0\\[2mm] -\dfrac{1}{\sqrt{6}} & \dfrac{1}{\sqrt{2}}\end{bmatrix}\begin{bmatrix}i_\alpha\\ i_\beta\end{bmatrix} \tag{4-21}$$

第4章 交流异步电动机的 ADSP 矢量控制

2. 转子绕组的 Clarke 变换

图 4-8 是对称的三相转子绕组坐标系 abc 和两相转子绕组坐标系 dq 的位置关系。其中 d 轴（也称直轴）位于转子的轴线上，q 轴（也称交轴）超前 d 轴 90°。这里取 a 轴与 d 轴重合。

不管是绕线式转子还是鼠笼式转子，这些绕组都被看成是经频率和绕组归算后到定子侧的，即将转子绕组的频率、相数、每相有效匝数以及绕组系数都归算成和定子绕组一样。

当对转子绕组也遵循旋转磁场等效和电动机功率不变的原则时，可以证明，与定子绕组一样，转子三相绕组的 Clarke 变换矩阵与式(4-17)相同。

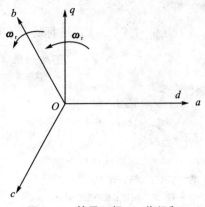

图 4-8 转子三相 abc 绕组和两组 dq 绕组位置关系

但是与定子绕组坐标系不同的是，不管是 a、b、c 转子绕组还是 d、q 转子绕组，都在以 ω_r 的速度随转子转动，也就是说，这些绕组相对于转子是不动的。

3. Clarke 变换子程序

以下是针对式(4-20)进行的 Clarke 变换子程序。

程序清单 4-1 Clarke 变换子程序

```
.section/code program;
clarke_conversion:
    MX0 = DM(i_a);                      //读取 i_a
    MY0 = 5018;                         // √3/2, Q12 格式
    MR = MX0 * MY0(SU);
    SR = ASHIFT MR1 BY 4(HI);
    SR = SR OR LSHIFT MR0 BY 4(LO);
    DM(i_alfa) = SR1;                   //保存 ialfa, Q12 格式

    MX0 = DM(i_a);
    MY0 = 2896;                         //√2/2, Q12 格式
    MR = MX0 * MY0(SU);
    MX1 = DM(i_b);
    MY1 = 5792;                         //√2, Q12 格式
    MR = MR + MX1 * MY1(SU);
    SR = ASHIFT MR1 BY 4(HI);
    SR = SR OR LSHIFT MR0 BY 4(LO);
```

```
        DM(i_beta) = SR1;              //保存 ibeta,Q12 格式
        RTS;
```

以下是针对式(4-21)进行的 Clarke 逆变换子程序。

程序清单 4-2　Clarke 逆变换子程序

```
.section/code program;
_reverce_clarke:
        MX0 = DM(i_alfa);              //读取 i_alfa
        MY0 = 3344;                    //√2/3,Q12 格式
        MR = MX0 * MY0(SU);
        SR = ASHIFT MR1 BY 4(HI);
        SR = SR OR LSHIFT MR0 BY 4(LO);
        DM(i_a) = SR1;                 //保存 ialfa,Q12 格式
        MX0 = DM(i_beta);
        MY0 = 2896;                    //1/√2,Q12 格式
        MR = MX0 * MY0(SU);
        MX1 = DM(i_alfa);
        MY1 = 1672;                    //1/√6,Q12 格式
        MR = MR - MX1 * MY1(SU);
        SR = ASHIFT MR1 BY 4(HI);
        SR = SR OR LSHIFT MR0 BY 4(LO);
        DM(i_b) = SR1;                 //保存 ibeta,Q12 格式
        RTS;
```

4.2.2　Park 变换

Park 变换是将两相静止直角坐标系向两相旋转直角坐标系的转换。

1. 定子绕组的 Park 变换

图 4-9 是定子电流矢量 i_S 在 $\alpha\beta$ 坐标系与 MT 旋转坐标系的投影。图中，MT 坐标系是以定子电流角频率 ω_S 速度在旋转。i_S 与 M 轴的夹角为 θ_S，M 轴与 α 轴的夹角为 ϕ_S。因为 MT 坐标系是旋转的，因此 ϕ_S 随时间在变化，$\phi_S = \omega_S t + \phi_0$，$\phi_0$ 是初始角。

根据图 4-9，可以得到 i_α、i_β 与 i_M、i_T 的关系为：

$$\left.\begin{array}{l} i_\alpha = i_M \cos\phi_S - i_T \sin\phi_S \\ i_\beta = i_M \sin\phi_S + i_T \cos\phi_S \end{array}\right\} \quad (4-22)$$

其矩阵关系式为：

$$\begin{bmatrix} i_\alpha \\ i_\beta \end{bmatrix} = \begin{bmatrix} \cos\phi_S & -\sin\phi_S \\ \sin\phi_S & \cos\phi_S \end{bmatrix} \begin{bmatrix} i_M \\ i_T \end{bmatrix} \quad (4-23)$$

第 4 章 交流异步电动机的 ADSP 矢量控制

式中，$\begin{bmatrix} \cos\phi_S & -\sin\phi_S \\ \sin\phi_S & \cos\phi_S \end{bmatrix} = C$ 是两相旋转坐标系 MT 到两相静止坐标系 $\alpha\beta$ 的变换矩阵。很明显，这是一个正交矩阵，有 $C^T = C^{-1}$。因此，从两相静止坐标系 $\alpha\beta$ 到两相旋转坐标系 MT 的变换为：

$$\begin{bmatrix} i_M \\ i_T \end{bmatrix} = \begin{bmatrix} \cos\phi_S & \sin\phi_S \\ -\sin\phi_S & \cos\phi_S \end{bmatrix} \begin{bmatrix} i_\alpha \\ i_\beta \end{bmatrix} \tag{4-24}$$

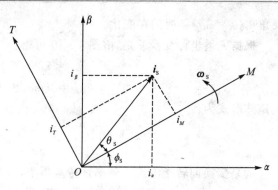

图 4-9 定子电流矢量在 $\alpha\beta$ 坐标系和 MT 坐标系上的投影

式(4-24)、式(4-23)分别是定子绕组的 Park 变换和逆变换。

假如定子三相电流为：

$$\left.\begin{array}{l} i_A = \sqrt{2}I\cos(\omega_S t + \phi_1) \\ i_B = \sqrt{2}I\cos(\omega_S t + \phi_1 + 120°) \\ i_C = \sqrt{2}I\cos(\omega_S t + \phi_1 + 240°) \end{array}\right\} \tag{4-25}$$

式中，I 是定子电流有效值；ϕ_1 是定子 A 相电流初始相位角。

根据式(4-18)进行变换得：

$$\left.\begin{array}{l} i_\alpha = \sqrt{3}I\cos(\omega_S t + \phi_1) \\ i_\beta = \sqrt{3}I\sin(\omega_S t + \phi_1) \end{array}\right\} \tag{4-26}$$

将 $\phi_S = \omega_S t + \phi_0$ 和式(4-26)代入式(4-24)并进行变换得：

$$\left.\begin{array}{l} i_M = \sqrt{3}I\cos(\phi_1 - \phi_0) \\ i_T = \sqrt{3}I\sin(\phi_1 - \phi_0) \end{array}\right\} \tag{4-27}$$

由式(4-27)可见，i_M 和 i_T 都是直流量。因此，Park 变换也称交/直变换。其逆变换称为直/交变换。

2. 转子绕组的 Park 变换

转子三相旋转绕组 a、b、c 经 Clarke 变换到两相旋转绕组 d、q 后，再经 Park 变换到固定不动的两相绕组 α、β。图 4-10 是两个坐标系 dq 和 $\alpha\beta$ 上的电流分量之间的位置关系。其中两个坐标系的绕组完全相同，dq 坐标系以 ω_r 速度旋转，它与 $\alpha\beta$ 坐标系的

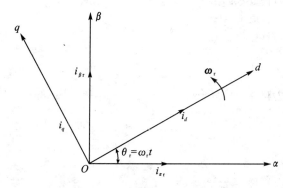

图 4-10 转子电流在 $\alpha\beta$ 坐标系和 dq 坐标系轴上的分量

夹角 θ_r ($\theta_r = \omega_r t$) 随时间在变化。

根据矢量坐标变换原则，由图 4-10 可得：

$$\left.\begin{array}{l} i_{\alpha r} = i_d \cos \theta_r - i_q \sin \theta_r \\ i_{\beta r} = i_d \sin \theta_r + i_q \cos \theta_r \end{array}\right\} \quad (4-28)$$

其矩阵形式为：

$$\begin{bmatrix} i_{\alpha r} \\ i_{\beta r} \end{bmatrix} = \begin{bmatrix} \cos \theta_r & -\sin \theta_r \\ \sin \theta_r & \cos \theta_r \end{bmatrix} \begin{bmatrix} i_d \\ i_q \end{bmatrix} \quad (4-29)$$

如果变换前转子电流的频率是转差频率，因此：

$$\left.\begin{array}{l} i_d = I_{rm} \sin (\omega_S - \omega_r) t \\ i_q = -I_{rm} \cos (\omega_S - \omega_r) t \end{array}\right\} \quad (4-30)$$

将其代入式 (4-28) 有：

$$\left.\begin{array}{l} i_{\alpha r} = i_d \cos \theta_r - i_q \sin \theta_r = I_{rm} \sin (\theta_r + (\omega_S - \omega_r) t) = I_{rm} \sin \omega_S t \\ i_{\beta r} = i_d \sin \theta_r + i_q \cos \theta_r = -I_{rm} \cos (\theta_r + (\omega_S - \omega_r) t) = -I_{rm} \cos \omega_S t \end{array}\right\} \quad (4-31)$$

式 (4-31) 说明了变换后转子电流的频率是定子频率。

3. Park 变换子程序

以下是针对式 (4-24) 进行的 Park 变换子程序。

程序清单 4-3　Park 变换子程序

```
.section/code program;
park_conversion:
    MX0 = DM(i_beta);                   //读取 i_beta
    MY0 = DM(sin_theta);                //读取 sin_theta
    MR = MX0 * MY0(SS);

    MX1 = DM(cos_theta);                //读取 cos_theta
    MY1 = DM(i_alfa);                   //读取 i_alfa
    MR = MR + MX1 * MY1(SS);            //计算

    SR = ASHIFT MR1 BY 4(HI);
    SR = SR OR LSHIFT MR0 BY 4(LO);
    DM(i_M) = SR1;                      //保存 i_M,Q12 格式

    MX0 = DM(i_beta);                   //读取 i_beta
    MY0 = DM(cos_theta);                //读取 cos_theta
    MR = MX0 * MY0(SS);

    MX1 = DM(i_alfa);                   //读取 i_alfa
    MY1 = DM(sin_theta);                //读取 sin_theta
    MR = MR - MX1 * MY1(SS);            //计算
```

```
    SR = ASHIFT MR1 BY 4(HI);
    SR = SR OR LSHIFT MR0 BY 4(LO);
    DM(i_T) = SR1;                         //保存 i_T,Q12 格式
    RTS;
```

程序中的 sin_theta 和 cos_theta 可通过查表方式得到。

以下是针对式(4-23)进行的 Park 逆变换子程序。

程序清单 4-4 Park 逆变换子程序

```
.section/code program;
_reverce_park:
    MX0 = DM(i_M);                         //读取 i_M
    MY0 = DM(sin_theta);                   //读取 sin_theta
    MR = MX0 * MY0(SS);

    MX1 = DM(i_T);                         //读取 i_T
    MY1 = DM(cos_theta);                   //读取 cos_theta
    MR = MR + MX1 * MY1(SS);               //计算
    SR = ASHIFT MR1 BY 4(HI);
    SR = SR OR LSHIFT MR0 BY 4(LO);
    DM(i_beta) = SR1;                      //保存 i_beta,Q12 格式

    MX0 = DM(i_M);                         //读取 i_M
    MY0 = DM(cos_theta);                   //读取 cos_theta
    MR = MX0 * MY0(SS);
    MX1 = DM(i_T);                         //读取 i_T
    MY1 = DM(sin_theta);                   //读取 sin_theta
    MR = MR - MX1 * MY1(SS);               //计算
    SR = ASHIFT MR1 BY 4(HI);
    SR = SR OR LSHIFT MR0 BY 4(LO);
    DM(i_alfa) = SR1;                      //保存 i_alfa,Q12 格式
    RTS;
```

4.3 转子磁链位置的计算

正像交流异步电动机的"异步"定义的那样,它的转子机械转速并不等于转子磁链转速。这就是说,不能通过位置传感器或速度传感器直接检测到交流异步电动机的转子磁链位置。转子磁链位置在交流异步电动机矢量控制中是一个非常重要的参数,没有它就无法进行 Park 变换和逆变换。因此,必须寻找一种能够获得转子磁链位置的方法。以下我们来推导转子磁

链位置的计算方法。

在 MT 坐标系中,电动机的电流模型满足下面两式:

$$i_M = \frac{L_r}{R_r}\frac{di_d}{dt} + i_d \tag{4-32}$$

$$F_S = \frac{d\theta/dt}{\omega_n} = n + \frac{i_T}{\frac{L_r}{R_r}i_d\omega_n} \tag{4-33}$$

式中:θ 为转子磁链位置;L_r 为转子电感;R_r 为转子电阻;F_S 为转子磁链角频率与额定角频率之比;ω_n 为额定电角频率,$\omega_n = 2\pi 50$ rad/s $= 100\pi$ rad/s;n 为转子实际转速与额定转速之比。

以上转子磁链位置计算公式是建立在能够精确地获得电动机转子时间常数的基础之上的。假设 $i_{T(K+1)} \approx i_{TK}$,对式(4-32)和式(4-33)进行离散化处理,并令 $\frac{di_d}{dt} \approx \frac{i_{d(K+1)} - i_{dK}}{T}$,可得:

$$i_{d(K+1)} = i_{dK} + \frac{TR_r}{L_r}(i_{MK} - i_{dK}) \tag{4-34}$$

$$F_{S(K+1)} = n_{K+1} + \frac{R_r}{L_r\omega_n}\frac{i_{TK}}{i_{d(K+1)}} \tag{4-35}$$

式中,T 为采样周期。

令常数 $K_r = \frac{TR_r}{L_r}$,$K_t = \frac{R_r}{L_r\omega_n}$,则上面两式变为:

$$i_{d(K+1)} = i_{dK} + K_r(i_{MK} - i_{dK}) \tag{4-36}$$

$$F_{S(K+1)} = n_{K+1} + K_t\frac{i_{TK}}{i_{d(K+1)}} \tag{4-37}$$

一旦通过上式计算出 $F_{S(K+1)}$,就可以用下式计算转子磁链位置:

$$\theta_{K+1} = \theta_K + \omega_n F_{S(K+1)} T \tag{4-38}$$

式(4-38)中的第 1 项是转子磁链转角的累计量,第 2 项是采样周期 T 时间内转子磁链转角的增量。当采样周期 T 确定之后,$\omega_n T$ 就是一个常量。如果取 $T = 200$ μs,则:

$$\omega_n T = 2\pi \times 50 \text{ rad/s} \times 200 \text{ } \mu s = \frac{\pi}{50} \text{ rad}$$

现在用一个 16 位数来表示转子磁链位置 θ。因为 θ 的变化范围是 $0 \sim 2\pi$,对应的 16 位数的变化范围是 $0 \sim 65536(2^{16})$。那么式(4-38)的转角增量也要用 16 位数表示。下面给出转角增量的 16 位数表示方法。

当在额定转速下(即 $F_S = 1$)工作时,在每个采样周期 T 时间里,转子磁链都转过 $\pi/50$ 弧度。这样,要转过一转(2π)就需要:

$$\frac{2\pi}{\pi/50} = 100 \text{ 个采样周期}$$

第4章 交流异步电动机的 ADSP 矢量控制

定义一个常数 K,使:

$$K = \frac{65536}{100} = 655.36$$

用 K 作为转换系数,当工作在最高转速($F_S=1$)时,使转角转过 2π 所累计的 16 位最大值是 65 536。

因此,式(4-38)改写成:

$$\theta_{K+1} = \theta_K + KF_{S(K+1)} \tag{4-39}$$

当定子电流在 MT 坐标系的分量 i_M 和 i_T 以及电动机的转速 n 已知时,就可以通过式(4-36)、式(4-37)和式(4-39)求出转子磁链的位置 θ。

4.4 交流异步电动机的 ADSP 矢量控制

4.4.1 三相异步电动机的 ADSP 控制系统

图 4-11 是三相异步电动机采用 ADSP 全数字控制的结构图。

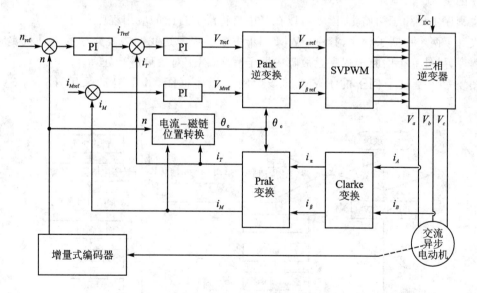

图 4-11 三相异步电动机矢量控制系统结构图

通过电流传感器测量逆变器输出的定子电流 i_A、i_B,经过 ADSP 的 A/D 转换器转换成数字量,并利用式 $i_C = -(i_A + i_B)$ 计算出 i_C。通过 Clarke 变换和 Park 变换将电流 i_A、i_B、i_C 变换成旋转坐标系中的直流分量 i_M、i_T,i_M、i_T 作为电流环的负反馈量。

采用 1024 线的增量式编码器测量电动机的机械转角位移,利用 ADSP 的增量式编码器模块对编码器信号 4 倍频,并将其转换成转速 n。转速 n 作为速度环的反馈量。

由于异步电动机的转子机械转速与转子磁链转速不同步,所以用电流/磁链位置转换模块求出转子磁链位置,用于参与 Park 变换和逆变换的计算。当定子电流在 MT 坐标系的分量 i_M、i_T 以及电动机的转速 n 已知时,可求出转子磁链位置 θ。

给定转速 n_{ref} 与转速反馈量 n 的偏差经过速度 PI 调节器,其输出作为用于转矩控制的电流 T 轴参考分量 i_{Tref}。i_{Tref} 和 i_{Mref}(等于零)与电流反馈量 i_T、i_M 的偏差经过电流 PI 调节器,分别输出 MT 旋转坐标系的相电压分量 V_{Mref} 和 V_{Tref}。V_{Mref} 和 V_{Tref} 再通过 Park 逆变换转换成 $\alpha\beta$ 直角坐标系的定子相电压矢量的分量 $V_{S\alpha ref}$ 和 $V_{S\beta ref}$。

当定子相电压矢量的分量 $V_{S\alpha ref}$、$V_{S\beta ref}$ 和其所在的扇区数已知时,就可以利用第 3 章所介绍的电压空间矢量 SVPWM 技术,产生 PWM 控制信号来控制逆变器。

以上操作可以全部采用软件来完成,从而实现三相异步电动机的全数字实时控制。

4.4.2 三相异步电动机的 ADSP 控制编程例子

根据图 4-11 的控制结构,设计一个用 ADSP-21990 来控制三相交流异步电动机矢量控制程序的例子。

主程序主要用于初始化,读者可以在其中自行添加自己的应用程序。

设计了两个中断子程序,其中 PWM 同步中断子程序是我们主要介绍的电动机实时矢量控制程序;另外一个中断子程序是故障中断子程序,用于对故障进行处理。

图 4-12 是这个例子的 PWM 同步中断子程序框图,其中启动采用开环的 SVPWM 控制。

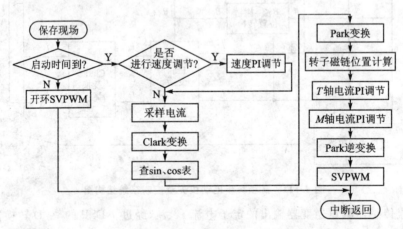

图 4-12 PWM 同步中断子程序框图

在程序中,有关 Clarke 变换、Park 变换和逆变换、转子磁链位置计算的程序模块,可参考本章前面讲述的内容;速度 PI 调节模块、电流 PI 调节模块可参考第 2 章相关内容;SVPWM

第 4 章 交流异步电动机的 ADSP 矢量控制

程序模块可参考第 3 章相关内容。

程序中各变量和常数的含义见表 4-1。

表 4-1 各变量和常数的含义

名 称	含 义	名 称	含 义
temp	临时变量	temp0	临时变量
f_omega	频率调节比-角频率转换率, Q5 格式	temp1	临时变量
omega	调制波角频率, Q5 格式	sin	sin 值, Q12 格式
set_v	参考电压, Q14 格式	cos	cos 值, Q12 格式
max_v	最大参考电压幅值 $1/\sqrt{2}$, Q14 格式	teta_e	转子电角度计算中间量
t_sample	采样周期, Q24 格式	teta_e1	转子电角度
theta_h	参考电压相位角高字, Q12 格式	ialfa	α 轴电流
theta_l	参考电压相位角低字, Q12 格式	ibeta	β 轴电流
theta_r	相位角的圆整值, Q12 格式	imref	M 轴参考电流
theta_m	相位查表值(0~90°), Q12 格式	itref	T 轴参考电流
theta_i	相角查表索引, Q9 格式	im	M 轴电流
S_S	sin 符号, Q0 格式	it	T 轴电流
S_C	cos 符号, Q0 格式	vmref	M 轴参考电压
sin_indx	sin 表索引, Q0 格式	vtref	T 轴参考电压
sin_theta	sin 值, Q14 格式	epit	T 轴电流调节偏差
cos_theta	cos 值, Q14 格式	epim	M 轴电流调节偏差
ua	参考电压 D 轴分量 U_A, Q12 格式	xit	T 轴电流调节器积分累计量
ub	参考电压 Q 轴分量 UB, Q12 格式	xim	M 轴电流调节器积分累计量
theta_s	θ-扇区数转换系数, Q15 格式	n	实际速度
sector	参考电压所在的扇区数, Q0 格式	n_ref	速度参考值
theta_90	90°, Q12 格式	epispeed	速度偏差
theta_180	180°, Q12 格式	xispeed	速度调节器积分累计量
theta_270	270°, Q12 格式	p	SVPWM 扇区索引
theta_360	360°, Q12 格式	itrefmin	T 轴电流最小极限
cmp_1	第 1 基本矢量, Q0 格式	itrefmax	T 轴电流最大极限
cmp_2	第 2 基本矢量, Q0 格式	index	sin 表索引(闭环)
cmp_0	0 基本矢量/2, Q0 格式	upi	PI 调节器输出
t1_periods	PWM 定时器周期值, Q2 格式	elpi	PI 调节器极限偏差

续表 4-1

名称	含义	名称	含义
ki	电流积分系数,Q12 格式	encoderold	前一个采样周期时编码器脉冲数
kp	电流比例系数,Q12 格式	encincr	编码器增量
kc	电流防积分饱和修正系数,Q12 格式	kr	常数,见式(4-36)
kin	速度积分系数,Q12 格式	kt	常数,见式(4-37)
kpn	速度比例系数,Q12 格式	k	转换常数,见式(4-39)
kcn	速度防积分饱和修正系数,Q12 格式	idk	转子励磁电流,Q12 格式
vmax	电压最大极限 1.25PU,Q12 格式	fs	转子磁链角频率与额定角频率之比
vmin	电压最小极限 1.25PU,Q12 格式	tetaincr	Teta 转角增量
ia	A 相电流 A/D 采样值	kspeed	将编码器脉冲转换为速度系数,Q20 格式
ib	B 相电流 A/D 采样值	openloop_tm	启动时间 1 s(折算为 5000 个 PWM 周期)
psector	扇区数,Q0	_adjust	速度调节周期数
nz_	逆阵表,Q14	sin_	0~90° sin 值表 Q14

程序清单 4-5 三相交流异步电动机矢量控制程序

```
#include<adsp-21990.h>
.section/pm IVreset;
    JUMP start;
.section/pm IVint4;
    JUMP  PWMTRIP_IRQ;                /*故障中断*/
.section/pm IVint5;
    JUMP PWMSYNC_IRQ;                 /*PWM 同步中断*/
.section/data data1;                  /*变量、常量定义段*/
.VAR   N_REF = 1170;                  /*速度参考值 PU,400,Q12*/
.VAR   KSPEED = 5486;                 /*将脉冲数转换成速度系数,Q20*/
.VAR   openloop_tm = 5000;            /*开环时间 1 s,5000 个 PWM 周期*/
.VAR   KI = 2;                        /*电流积分系数,Q12*/
.VAR   KP = 5000;                     /*电流比例系数,Q12*/
.VAR   KC = 500;                      /*电流积分修正系数,Q12*/
.VAR   KIN = 140;                     /*速度积分系数,Q12*/
.VAR   KPN = 8000;                    /*速度比例系数,Q12*/
.VAR   KCN = 50;                      /*速度积分修正系数,Q12*/
.VAR   VMAX = 5120;                   /*电压最大极限值,1.25PU,Q12*/
.VAR   VMIN = -5120;                  /*电压最小极限值,-1.25PU,Q12*/
```

第4章 交流异步电动机的 ADSP 矢量控制

```
.VAR  ITREFMIN = -5800;           /* T 轴电流最小极限值,Q12 */
.VAR  ITREFMAX = 5800;            /* T 轴电流最大极限值,Q12 */
.VAR  KR = 84;                    /* 常数,Q15 */
.VAR  KT = 41;                    /* 常数,Q10 */
.VAR  K = 655;                    /* 转换系数,Q0 */
.VAR  T1_PERIODS = 20000;         /* 200 μs/20 ns×2 = 5 000,Q2 */
.VAR  F_OMEGA = 0x2745;           /* 频率调节比-角频率转换率,Q5 */
.VAR  MAX_V = 0x2D41;             /* 最大参考电压幅值 1/1.414,Q14 */
.VAR  T_SAMPLE = 0x0D1B;          /* 采样周期,200 μs,Q24 */
.VAR  THETA_I = 0x7297;           /* 相角查表索引,Q9 */
.VAR  THETA_S = 0x7A3B;           /* 角的扇区转换系数,Q15 */
.VAR  THETA_90 = 0x1922;          /* 90°,Q12 */
.VAR  THETA_180 = 0x3244;
.VAR  THETA_270 = 0x4B66;
.VAR  THETA_360 = 0x6488;
.VAR  TEMP;                       /* 3 个临时变量 */
.VAR  TEMP0;
.VAR  TEMP1;
.VAR  SECTOR;                     /* 扇区数,Q0 */
.VAR  CMP_1;                      /* 第 1 基本矢量,Q0 */
.VAR  CMP_2;                      /* 第 2 基本矢量,Q0 */
.VAR  CMP_0;                      /* 0 基本矢量/2 */
.VAR  SIN;                        /* sin 值,Q12 */
.VAR  COS;                        /* cos 值,Q12 */
.VAR  TETA_E;                     /* Q12 */
.VAR  TETA_E1;                    /* 电角度,Q12 */
.VAR  VMREF;                      /* M 轴参考电压 */
.VAR  VTREF;                      /* T 轴参考电压 */
.VAR  UA;                         /* 参考电压 D 轴分量 $U_A$,Q12 格式 */
.VAR  UB;                         /* 参考电压 Q 轴分量 $U_B$,Q12 格式 */
.VAR  P;                          /* SVPWM 扇区数 */
.VAR  INDEX;                      /* sin 表索引 */
.VAR  IA;                         /* A 相电流 A/D 采样值 */
.VAR  IB;                         /* B 相电流 A/D 采样值 */
.VAR  UPI;                        /* PI 调节器输出 */
.VAR  ELPI;                       /* PI 调节器极限偏差 */
.VAR  ENCODEROLD;                 /* 前一个采样周期的编码脉冲数 */
.VAR  ENCINCR;                    /* 编码脉冲增量 */
.VAR  IDK;                        /* 转子励磁电流,Q12 */
```

```
.VAR FS;                    /*转子磁链角频率与额定角频率之比*/
.VAR TETAINCR;              /*TETA 转角增量*/
.VAR N;                     /*检测转速,Q12*/
.VAR EPISPEED;              /*速度偏差*/
.VAR XISPEED;               /*速度调节积分累积量*/
.VAR EPIT;                  /*T 轴电流调节偏差*/
.VAR EPIM;                  /*M 轴电流调节偏差*/
.VAR XIT;                   /*T 轴电流调节积分累计量*/
.VAR XIM;                   /*M 轴电流调节积分累积量*/
.VAR IALFA;                 /*α 轴电流*/
.VAR IBETA;                 /*β 轴电流*/
.VAR VAL_REF;               /*α 轴参考电压,用 U_A 代替*/
.VAR VBE_REF;               /*β 轴参考电压,用 U_B 代替*/
.VAR IMREF = 0;             /*M 轴参考电流*/
.VAR ITREF;                 /*T 轴参考电流*/
.VAR IM;                    /*M 轴电流*/
.VAR IT;                    /*T 轴电流*/
.VAR OMEGA;                 /*调制波角频率,Q5*/
.VAR SET_V;                 /*参考电压,Q14*/
.VAR THETA_H = 0;           /*参考电压相位角高 16 位,Q12*/
.VAR THETA_L = 0;
.VAR THETA_R;               /*相位角圆整值,Q12*/
.VAR THETA_M;               /*相位查表值,Q12*/
.VAR S_S;                   /*sin 符号,Q0*/
.VAR S_C;                   /*cos 符号,Q0*/
.VAR SIN_INDX;              /*sin 表索引,Q0*/
.VAR SIN_THETA;             /*sin 角,Q14*/
.VAR COS_THETA;             /*cos 角,Q14*/
.VAR _adjust = 0;           /*速度调节周期数*/
.VAR SIN_[91] = 0,286,572,857,1143,1428,1713,1997,2280,2563,2845,
    3126,3406,3686,3964,4240,4516,4790,5063,5334,5604,
    5872,6138,6402,6664,6924,7182,7438,7692,7943,8192,
    8438,8682,8932,9162,9397,9630,9860,10087,10311,10531,
    10749,10963,11174,11381,11585,11786,11982,12176,12365,12551,
    12733,12911,13085,13255,13421,13583,13741,13894,14044,14189,
    14330,14466,14598,14726,14849,14968,15082,15191,15296,15396,
    15491,15582,15668,15749,15826,15897,15964,16026,16083,16135,
    16182,16225,16262,16294,16322,16344,16362,16374,16382,16384;
.VAR NZ_[24] = 20066,-11585,0,23170,-20066,11585,20066,11585,0,
```

23170,−20066,−11585,0,−23170,−20066,11585,−20066,−11585,20066,
−11585,20066,11585,0,−23170;   /*逆阵表,Q14*/
.VAR PSECTOR[6] = 1,5,0,3,2,4;
.VAR SINTAB[256] = 0,101,201,301,401,501,601,700,799,897,995,1092,
1189,1285,1380,1474,1567,1660,1751,1842,1931,2019,2106,2191,2276,
2359,2440,2520,2598,2675,2751,2824,2896,2967,3035,3102,3166,3229,
3290,3349,3406,3461,3513,3564,3612,3659,3703,3745,3784,3822,
3857,3889,3920,3948,3973,3996,4017,4036,4052,4065,4076,4085,
4091,4095,4096,4095,4091,4085,4076,4065,4052,4036,4017,3996,
3973,3948,3920,3889,3857,3822,3784,3745,3703,3659,3612,3564,
3513,3461,3406,3349,3290,3229,3166,3102,3035,2967,2896,2824,
2751,2675,2598,2520,2440,2359,2276,2191,2106,2019,1931,1842,
1751,1660,1567,1474,1380,1285,1189,1092,995,897,799,700,601,
501,401,301,201,101,0,65435,65335,65235,65135,65035,64935,
64836,64737,64639,64541,64444,64347,64251,64156,64062,63969,
63876,63785,63694,63605,63517,63430,63345,63260,63177,63096,
63016,62938,62861,62785,62712,62640,62569,62501,62434,62370,
62307,62246,62187,62130,62075,62023,61972,61924,61877,61833,
61791,61752,61714,61679,61647,61616,61588,61563,61540,61519,
61500,61484,61471,61460,61451,61445,61441,61440,61441,61445,
61451,61460,61471,61484,61500,61519,61540,61563,61588,61616,
61647,61679,61714,61752,61791,61833,61877,61924,61972,62023,
62075,62130,62187,62246,62307,62370,62434,62501,62569,62640,
62712,62785,62861,62938,63016,63096,63177,63260,63345,63430,
63517,63605,63694,63785,63876,63969,64062,64156,64251,64347,
64444,64541,64639,64373,64836,64935,65035,65135,65235,65335,
65435;   /*sin 表*/
start:
.section/pm program;   /*程序*/
    IMASK = 0x0000;   /*中断屏蔽寄存器清 0*/
    IOPG = ADC_Page;
    AX1 = 0x8800;   /*随 PWM 同时启动,同时采样,时钟频率为 HCLK/16*/
    IO(ADC_CTRL) = AX1;
    IOPG = Interrupt_Controller_Page;
    AX0 = 0xBB01;   /*PWM 关断中断和同步中断,对应优先级 4 和 5*/
    IO(IPR2) = AX0;
    IMASK = 0x003f;
    IOPG = Clock_and_System_Control_Page;
    AX0 = 0x0100;   /*时钟频率为 50 MHz*/

```
        IO(PLLCTL) = AX0;

        IOPG = EIU0_Page;
        AR = 0x0020;
        IO(EIU0_CTRL) = AR;              /* EIU 循环定时器使能 */
        AX0 = 0x3;
        IO(EIU0_FILTER) = AX0;           /* 编码盘滤波 */
        AX0 = 0x0;
        IO(EIU0_MAXCNT_HI) = AX0;        /* EIU 最大计数 4 095 */
        AX0 = 0x0FFF;
        IO(EIU0_MAXCNT_LO) = AX0;
        IOPG = PWM0_Page;
        AX0 = 0x3;
        IO(PWM0_CTRL) = AX0;             /* 选择单更新模式,使用内部同步信号,使能 PWM 波
                                            产生 */
        AR = 5000;
        IO(PWM0_TM) = AR;                /* PWM 周期 200 μs */
        AX0 = 0x03FF;
        IO(PWM0_SYNCWT) = AX0;           /* PWM 同步信号的脉宽,与 PWM 相同 */
        AX0 = 100;
        IO(PWM0_DT) = AX0;               /* 死区时间 4 μs */
        AX0 = -2400;
        IO(PWM0_CHA) = AX0;              /* PWM 波的初始占空比为 0 */
        IO(PWM0_CHB) = AX0;
        IO(PWM0_CHC) = AX0;
        AX0 = 0x0000;
        IO(PWM0_SEG) = AX0;              /* 使能 PWM 六个引脚输出 */
        ENA INT;                         /* 使能中断 */

MAIN_LOOP:
        NOP;NOP;NOP;NOP;NOP;NOP;NOP;NOP;NOP;NOP;NOP;
        NOP;NOP;NOP;NOP;NOP;NOP;NOP;NOP;NOP;NOP;
        NOP;NOP;NOP;NOP;NOP;NOP;NOP;NOP;NOP;NOP;
        JUMP MAIN_LOOP;                  /* 等待中断 */
/******************************** 故障中断子程序 *****************/
PWMTRIP_IRQ:
.SECTION/PM program;
        IOPG = PWM0_Page;
        AX0 = 0x0;
        IO(PWM0_CTRL) = AX0;             /* 关断 PWM */
```

第 4 章　交流异步电动机的 ADSP 矢量控制

```
        NOP;
        JUMP PWMTRIP_IRQ;
/*****************************PWM 同步中断子程序*****************************/
PWMSYNC_IRQ:
.SECTION/code program;
        ASTAT = 0x0;
        ENA M_MODE;
        AX0 = 0x01;
        AY0 = DM(openloop_tm);              /*开环时间到则跳入闭环程序*/
        AR = AY0 - AX0;
        IF EQ JUMP close_loop;
        DM(openloop_tm) = AR;
        JUMP open_loop;
close_loop:
        AX0 = DM(_adjust);                  /*速度调节周期判断*/
        AY0 = 0;
        AR = AX0 - AY0;
        IF EQ JUMP _adj;
        NOP;
        AX0 = DM(_adjust);
        AY0 = 1;
        AR = AX0 - AY0;
        DM(_adjust) = AR;
        JUMP _prom;
_adj:
        CALL speed_comp;                    /*速度采样*/
        CALL speed_adjust;                  /*速度调节*/
_prom:
        IOPG = ADC_Page;
        AX0 = IO(ADC_DATA0);                /*电流采样,右移 3 位,Q12*/
        SI = AX0;
        SR = ASHIFT SI BY -3(LO);
        DM(IB) = SR0;
        AX0 = IO(ADC_DATA4);
        SI = AX0;
        SR = ASHIFT SI BY -3(LO);
        DM(IA) = SR0;
        CALL clarke_conversion;             /*调用 Clarke 变换*/
        CALL find_table;                    /*查表*/
```

```
        CALL park_conversion;              /* Park 变换 */
        CALL position_cal;                 /* 磁链位置计算 */
        CALL T_cur_adjust;                 /* T 轴电流调节 */
        CALL M_cur_adjust;                 /* M 轴电流调节 */
        CALL _reverce_park;                /* Park 逆变换 */
// ============================ SVPWM ============================//
        IOPG = PWM0_Page;                  /* 计算扇区数 */
        AX0 = 0;
        DM(P) = AX0;                       /* P 清 0 */
        AR = DM(UB);
        AR = AR - 0;                       /* B0 小于等于 0 则跳转 */
        IF LE JUMP B0_NEG;
        AX0 = 1;
        DM(P) = AX0;                       /* 否则 P = 1 */
B0_NEG:
        MX0 = DM(UA);                      /* 计算 B1 */
        MY0 = 7095;                        /* 1.732 的 Q12 */
        MR = MX0 * MY0(SU);
        SI = MR1;
        SR = ASHIFT SI BY 4(HI);
        SI = MR0;
        SR = SR OR LSHIFT SI BY 4(LO);
        DM(TEMP) = SR1;
        AX0 = DM(TEMP);
        AY0 = DM(UB);
        AR = AX0 - AY0;
        IF LE JUMP B1_NEG;                 /* B1 小于等于 0 跳转 */
        AX0 = DM(P);
        AY0 = 2;
        AR = AX0 + AY0;
        DM(P) = AR;                        /* 否则 P + 2 */
B1_NEG:
        AX0 = DM(TEMP);
        AY0 = DM(UB);
        AR = AX0 + AY0;
        IF GE JUMP B2_NEG;                 /* B2 小于等于 0 则跳转 */
        AR = DM(P);
        AR = AR + 4;
        DM(P) = AR;                        /* 否则 P + 4 */
```

```
B2_NEG:
    I0 = PSECTOR;                        /*表头*/
    AR = DM(P);
    AR = AR - 1;
    M0 = AR;
    MX0 = DM(I0 + M0);
    DM(SECTOR) = MX0;                    /*得到扇区数,Q0*/
    I1 = NZ_;                            /*根据扇区数查逆阵值*/
    AX0 = DM(SECTOR);
    SI = AX0;
    SR = LSHIFT SI BY 2(LO);             /*扇区数乘4*/
    DM(TEMP0) = SR0;
    M1 = SR0;                            /*查表第一个,$M(1,1)$*/
    MR0 = DM(I1 + M1);
    MY0 = DM(UA);
    SR = MR0 * MY0(SS);                  /*$U_A \times M(1,1)$ Q14×Q12*/
    AX0 = DM(TEMP0);
    AY0 = 1;
    AR = AX0 + AY0;
    M1 = AR;
    MR0 = DM(I1 + M1);                   /*查 $M(1,2)$*/
    MY0 = DM(UB);
    MR = MR0 * MY0(SS);                  /*$U_B \times M(1,2)$*/
    AX0 = MR0;
    AX1 = MR1;
    AR = SR0 + AX0;
    AR = SR1 + AX1 + C;                  /*$U_A \times M(1,1) + U_B \times M(1,2)$*/
    IF GE JUMP _WW1;
    AR = 0;
_WW1:
    DM(TEMP) = AR;                       /*保存后成 Q10*/
    MX0 = AR;
    MY0 = DM(T1_PERIODS);
    MR = MX0 * MY0(SS);                  /*计算 0.5×C1, Q10×Q2*/
    SI = MR1;
    SR = ASHIFT SI BY 4 (HI);
    SI = MR0;
    SR = SR OR LSHIFT SI BY 4 (LO);      /*左移两位变 Q0*/
    DM(CMP_1) = SR1;                     /*保存 CMP_1*/
```

```
        MX0 = DM(UA);
        I1 = NZ_;
        AX0 = DM(TEMP0);
        AY0 = 2;
        AR = AX0 + AY0;
        M1 = AR;
        MY0 = DM(I1 + M1);
        SR = MY0 * MX0(SS);              /* U_A × M(2,1) */
        MX0 = DM(UB);
        AX0 = DM(TEMP0);
        AY0 = 3;
        AR = AX0 + AY0;
        M1 = AR;
        MY0 = DM(I1 + M1);
        MR = MY0 * MX0(SS);              /* U_B × M(2,2) */
        AX0 = MR0;
        AX1 = MR1;
        AR = SR0 + AX0;
        AR = SR1 + AX1 + C;              /* 出现 FFFF 了 */
        IF GE JUMP _WW2;                 /* 大于 0 跳 */
        AR = 0;
_WW2:
        DM(TEMP) = AR;
        MX0 = AR;
        MY0 = DM(T1_PERIODS);
        MR = MX0 * MY0(SS);              /* Q10 × Q2 */
        SI = MR1;
        SR = ASHIFT SI BY 4 (HI);
        SI = MR0;
        SR = SR OR LSHIFT SI BY 4 (LO);
        DM(CMP_2) = SR1;                 /* 保存 CMP_2 */
        AX0 = 5000;                      /* 计算 CMP_0 */
        AY0 = DM(CMP_1);
        AY1 = DM(CMP_2);
        AR = AX0 - AY0;
        AR = AR - AY1 + C - 1;
        IF GE JUMP _WW3;                 /* 大于 0 跳 */
        AR = 0;
_WW3:
```

```
    SI = AR;
    SR = LSHIFT SI BY 15 (LO);
    DM(CMP_0) = SR1;                /* 左移15位保存高16位,相当于除2,得到 0.25×
                                       C0×TP,送 CMP_0 */

    SR0 = DM(CMP_0);
    AY0 = 2500;
    AR = SR0 - AY0;
    AX0 = AR;
    AY0 = 100;
    AR = AX0 + AY0;
    SR0 = AR;
    AR = DM(SECTOR);                /* 下面3段程序是根据所在扇区数送入不同数组 */
    AY0 = 0;
    AR = AY0 - AR;
    IF EQ JUMP T_W0;                /* 判断是否等于0 */
    AR = DM(SECTOR);
    AY0 = 5;
    AR = AY0 - AR;
    IF EQ JUMP T_W0;
    AR = DM(SECTOR);
    AY0 = 4;
    AR = AY0 - AR;
    IF EQ JUMP T_W2;
    AR = DM(SECTOR);
    AY0 = 3;
    AR = AY0 - AR;
    IF EQ JUMP T_W2;
    AR = DM(SECTOR);
    AY0 = 2;
    AR = AY0 - AR;
    IF EQ JUMP T_W1;
    JUMP T_W1;
T_W0:
    IO(PWM0_CHA) = SR0;
    JUMP P_W1;
T_W1:
    IO(PWM0_CHB) = SR0;
    JUMP P_W1;
T_W2:
```

```
        IO(PWM0_CHC) = SR0;
        JUMP P_W1;
P_W1:
        AX0 = DM(CMP_0);                    /*将 CMP_1+CMP_0 送到第 2 个占空比寄存器*/
        AY0 = DM(CMP_1);
        AR = AY0 + AX0;
        SR0 = AR;
        AY0 = 2500;
        AR = SR0 - AY0;
        AX0 = AR;
        AY0 = 100;
        AR = AX0 + AY0;
        SR0 = AR;
        AR = DM(SECTOR);
        AY0 = 0;
        AR = AY0 - AR;
        IF EQ JUMP T_W4;
        AR = DM(SECTOR);
        AY0 = 5;
        AR = AY0 - ar;
        IF EQ JUMP T_W5;
        AR = DM(SECTOR);
        AY0 = 4;
        AR = AY0 - AR;
        IF EQ JUMP T_W3;
        AR = DM(SECTOR);
        AY0 = 3;
        AR = AY0 - AR;
        IF EQ JUMP T_W4;
        AR = DM(SECTOR);
        AY0 = 2;
        AR = AY0 - AR;
        IF EQ JUMP T_W5;
        JUMP T_W3;
T_W3:
        IO(PWM0_CHA) = SR0;
        JUMP P_W2;
T_W4:
        IO(PWM0_CHB) = SR0;
```

第4章 交流异步电动机的 ADSP 矢量控制

```
        JUMP P_W2;
T_W5:
        IO(PWM0_CHC) = SR0;
        JUMP P_W2;
P_W2:
        AX1 = DM(CMP_0);              /*3个相加后除2,送第3个寄存器*/
        AY1 = DM(CMP_1);
        SR0 = DM(CMP_2);
        AR = AX1 + AY1;
        AR = AR + SR0 + C;
        SR0 = AR;
        AY0 = 2500;
        AR = SR0 - AY0;
        AX0 = AR;
        AY0 = 100;
        AR = AX0 + AY0;
        SR0 = AR;
        AR = DM(SECTOR);
        AY0 = 0;
        AR = AY0 - AR;
        IF EQ JUMP T_W8;
        AR = DM(SECTOR);
        AY0 = 5;
        AR = AY0 - AR;
        IF EQ JUMP T_W7;
        AR = DM(SECTOR);
        AY0 = 4;
        AR = AY0 - AR;
        IF EQ JUMP T_W7;
        AR = DM(SECTOR);
        AY0 = 3;
        AR = AY0 - AR;
        IF EQ JUMP T_W6;
        AR = DM(SECTOR);
        AY0 = 2;
        AR = AY0 - AR;
        IF EQ JUMP T_W6;
        JUMP T_W8;
T_W6:
```

```
        IO(PWM0_CHA) = SR0;
        JUMP VV;
T_W7:
        IO(PWM0_CHB) = SR0;
        JUMP VV;
T_W8:
        IO(PWM0_CHC) = SR0;
        JUMP VV;
open_loop:
        IOPG = PWM0_Page;
        MX0 = DM(N_REF);                        /* Q12,将频率调节比转换成角频率 */
        MY0 = DM(F_OMEGA);                      /* Q5 */
        MR = MX0 * MY0(UU);                     /* Q17 */
        AY0 = MR0;
        SR = ASHIFT AY1 BY 4(HI);
        AY1 = MR1;
        SR = SR OR LSHIFT AY0 BY 4(LO);         /* Q21 */
        DM(OMEGA) = SR1;                        /* 角频率,Q5 */
        MX0 = DM(N_REF);                        /* 转换参考电压,Q12 */
        MY0 = DM(MAX_V);                        /* Q14 */
        MR = MX0 * MY0(UU);                     /* Q26 */
        AY0 = MR0;
        AY1 = MR1;
        SR = ASHIFT AY1 BY 4(HI);
        SR = SR OR LSHIFT AY0 BY 4(LO);
        DM(SET_V) = SR1;                        /* 计算参考电压,Q14 */
        MX0 = DM(OMEGA);                        /* 计算转角增量,Q5×Q24 */
        MY0 = DM(T_SAMPLE);
        MR = MX0 * MY0(UU);
        SI = MR1;                               /* 右移一位成Q12 */
        SR = ASHIFT SI BY -1 (HI);
        SI = MR0;
        SR = SR OR LSHIFT SI BY -1 (LO);
        AY0 = DM(THETA_L);                      /* 保存THETA_L的值 */
        AR = SR0 + AY0;
        DM(THETA_L) = AR;
        AY1 = DM(THETA_H);                      /* 保存THEETA_H的值 */
        AR = SR1 + AY1 + C;
        DM(THETA_H) = AR;
```

```
    AX0 = DM(THETA_360);            /* 判断是否在 360°内 */
    AY0 = DM(THETA_H);
    AR = AY0 - AX0;
    IF LE JUMP RND_THETA;           /* 是则跳,不是则保存 */
    AY0 = DM(THETA_360);
    SR = LSHIFT AY0 BY 16(LO);
    AX1 = DM(THETA_H);
    AX0 = DM(THETA_L);
    AR = AX0 - SR0;
    DM(THETA_L) = AR;
    AR = AX1 - SR1 + C - 1;
    DM(THETA_H) = AR;
RND_THETA:
    SI = 1;                         /* 进行角度圆整 */
    SR = LSHIFT SI BY 15(LO);
    AY0 = DM(THETA_L);
    AY1 = DM(THETA_H);
    AR = SR0 + AY0;
    AR = AY1 + SR1 + C;
    DM(THETA_R) = AR;               /* 保存角度圆整后的值,Q12 */
    AX0 = 1;                        /* sin、cos 加符号 */
    DM(S_S) = AX0;
    DM(S_C) = AX0;
    AX0 = DM(THETA_R);
    DM(THETA_M) = AX0;              /* 保存 THETA_M */
    AY0 = DM(THETA_90);             /* 判断是否在 90°内 */
    AR = AX0 - AY0;
    IF LE JUMP E_Q;
    AX0 = 1;                        /* 第 2 象限并加符号 */
    DM(S_S) = AX0;
    AX0 = -1;
    DM(S_C) = AX0;
    AY0 = DM(THETA_180);
    AX0 = DM(THETA_R);
    AR = AY0 - AX0;
    DM(THETA_M) = AR;
    IF GE JUMP E_Q;
    AX0 = -1;                       /* 第 3 象限加符号 */
    DM(S_S) = AX0;
```

```
        AX0 = -1;
        DM(S_C) = AX0;
        AY0 = DM(THETA_R);
        AX0 = DM(THETA_180);
        AR = AY0 - AX0;
        DM(THETA_M) = AR;
        AY0 = DM(THETA_270);
        AX0 = DM(THETA_R);
        AR = AY0 - AX0;
        IF GE JUMP E_Q;
        AX0 = 1;                        /* 第 4 象限加符号 */
        DM(S_C) = AX0;
        AX0 = -1;
        DM(S_S) = AX0;
        AY0 = DM(THETA_360);
        AX0 = DM(THETA_R);
        AR = AY0 - AX0;
        DM(THETA_M) = AR;
E_Q:
        MX0 = DM(THETA_M);
        MY0 = DM(THETA_I);
        MR = MX0 * MY0(UU);             /* Q12 × Q9 */
        DM(SIN_INDX) = MR1;             /* 计算查表索引,Q5 */
        SI = MR1;
        SR = LSHIFT SI BY -5(LO);       /* 右移 5 位,变成 Q0 */
        DM(SIN_INDX) = SR0;
        M0 = DM(SIN_INDX);              /* 查 sin 表 */
        I0 = SIN_;
        MX0 = DM(I0 + M0);
        DM(SIN_THETA) = MX0;            /* SIN_THETA */
        I0 = SIN_;
        AX0 = DM(SIN_INDX);
        SR0 = 90;
        AR = SR0 - AX0;
        DM(SIN_INDX) = AR;
        M0 = DM(SIN_INDX);              /* 查 cos 表 */
        MX0 = DM(I0 + M0);
        DM(COS_THETA) = MX0;            /* COS_THETA */
        MX0 = DM(S_S);
```

第4章 交流异步电动机的 ADSP 矢量控制

```
MY0 = DM(SIN_THETA);
MR = MX0 * MY0(SU);
DM(SIN_THETA) = MR0;
MX0 = DM(S_C);
MY0 = DM(COS_THETA);
MR = MX0 * MY0(SU);
DM(COS_THETA) = MR0;                /* 修改值的符号,Q14 */
MX0 = DM(SET_V);
MY0 = DM(COS_THETA);
MR = MX0 * MY0(US);                 /* 计算 $U_A$,Q14×Q14 */
DM(UA) = MR1;                       /* $U_A$ */
MY0 = DM(SIN_THETA);
MR = MX0 * MY0(US);
DM(UB) = MR1;                       /* $U_B$ */
MX0 = DM(THETA_R);                  /* 计算扇区数,Q12×Q15 */
MY0 = DM(THETA_S);
MR = MX0 * MY0(UU);
SI = MR1;
SR = LSHIFT SI BY 5(LO);
DM(SECTOR) = SR1;                   /* 左移 5 位,扇区数,Q0 */
I1 = NZ_;                           /* 根据扇区数查逆阵值 */
AX0 = DM(SECTOR);
SI = AX0;
SR = LSHIFT SI BY 2(LO);            /* 扇区数乘 4 */
DM(TEMP0) = SR0;
M1 = SR0;                           /* 查表第 1 个,$M(1,1)$ */
MR0 = DM(I1 + M1);
MY0 = DM(UA);
SR = MR0 * MY0(SS);                 /* $U_A \times M(1,1)$,Q14×Q12 */
AX0 = DM(TEMP0);
AY0 = 1;
AR = AX0 + AY0;
M1 = AR;
MR0 = DM(I1 + M1);                  /* 查 $M(1,2)$ */
MY0 = DM(UB);
MR = MR0 * MY0(SS);                 /* $U_B \times M(1,2)$ */
AX0 = MR0;
AX1 = MR1;
AR = SR0 + AX0;
```

```
        AR = SR1 + AX1 + C;              /* $U_A \times M(1,1) + U_B \times M(1,2)$ */
        IF GE JUMP WW1;
        AR = 0;
WW1:
        DM(TEMP) = AR;                   /* 保存后成 Q10 */
        MX0 = AR;
        MY0 = DM(T1_PERIODS);
        MR = MX0 * MY0(SU);              /* 计算 $0.5 \times C1$, $Q10 \times Q2$ */
        SI = MR1;
        SR = ASHIFT SI BY 4 (HI);
        SI = MR0;
        SR = SR OR LSHIFT SI BY 4 (LO);  /* 左移 2 位变 Q0 */
        DM(CMP_1) = SR1;                 /* 保存 CMP_1 */
        MX0 = DM(UA);
        I1 = NZ_;
        AX0 = DM(TEMP0);
        AY0 = 2;
        AR = AX0 + AY0;
        M1 = AR;
        MY0 = DM(I1 + M1);
        SR = MY0 * MX0(SS);              /* $U_A \times M(2,1)$ */
        MX0 = DM(UB);
        AX0 = DM(TEMP0);
        AY0 = 3;
        AR = AX0 + AY0;
        M1 = AR;
        MY0 = DM(I1 + M1);
        MR = MY0 * MX0(SS);              /* $U_B \times M(2,2)$ */
        AX0 = MR0;                       /* 相加同上 */
        AX1 = MR1;
        AR = SR0 + AX0;
        AR = SR1 + AX1 + C;              /* 出现 FFFF */
        IF GE JUMP WW2;                  /* 大于 0 跳 */
        AR = 0;
WW2:
        DM(TEMP) = AR;
        MX0 = AR;
        MY0 = DM(T1_PERIODS);
        MR = MX0 * MY0(SU);              /* $Q10 \times Q2$, */
```

第4章 交流异步电动机的 ADSP 矢量控制

```
    SI = MR1;
    SR = ASHIFT SI BY 4 (HI);
    SI = MR0;
    SR = SR OR LSHIFT SI BY 4 (LO);
    DM(CMP_2) = SR1;                        /* 保存 CMP_2 */
    AX0 = 5000;                             /* 计算 CMP_0 */
    AY0 = DM(CMP_1);
    AY1 = DM(CMP_2);
    AR = AX0 - AY0;
    AR = AR - AY1 + C - 1;
    IF GE JUMP WW3;                         /* 大于 0 跳 */
    AR = 0;
WW3:
    SI = AR;
    SR = LSHIFT SI BY 15 (LO);
    DM(CMP_0) = SR1;                        /* 左移 15 位保存高 16 位,相当于除 2,得到 0.25×
                                               C0×TP,送 CMP_0 */
    SR0 = DM(CMP_0);
    AY0 = 2500;
    AR = SR0 - AY0;
    AX0 = AR;
    AY0 = 100;
    AR = AX0 + AY0;
    SR0 = AR;
    AR = DM(SECTOR);                        /* 下面 3 段程序是根据所在扇区数送入不同数组 */
    AY0 = 0;
    AR = AY0 - AR;
    IF EQ JUMP TT0;                         /* 判断是否等于 0 */
    AR = DM(SECTOR);
    AY0 = 5;
    AR = AY0 - AR;
    IF EQ JUMP TT0;
    AR = DM(SECTOR);
    AY0 = 4;
    AR = AY0 - AR;
    IF EQ JUMP TT2;
    AR = DM(SECTOR);
    AY0 = 3;
    AR = AY0 - AR;
```

```
        IF EQ JUMP TT2;
        AR = DM(SECTOR);
        AY0 = 2;
        AR = AY0 - AR;
        IF EQ JUMP TT1;
        JUMP TT1;
TT0:
        IO(PWM0_CHA) = SR0;
        JUMP PP1;
TT1:
        IO(PWM0_CHB) = SR0;
        JUMP PP1;
TT2:
        IO(PWM0_CHC) = SR0;
        JUMP PP1;
PP1:
        AX0 = DM(CMP_0);            /* 将 CMP_1 + CMP_0 送到第 2 个占空比寄存器 */
        AY0 = DM(CMP_1);
        AR = AY0 + AX0;
        SR0 = AR;
        AY0 = 2500;
        AR = SR0 - AY0;
        AX0 = AR;
        AY0 = 100;
        AR = AX0 + AY0;
        SR0 = AR;
        AR = DM(SECTOR);
        AY0 = 0;
        AR = AY0 - AR;
        IF EQ JUMP TT4;
        AR = DM(SECTOR);
        AY0 = 5;
        AR = AY0 - AR;
        IF EQ JUMP TT5;
        AR = DM(SECTOR);
        AY0 = 4;
        AR = AY0 - AR;
        IF EQ JUMP TT3;
        AR = DM(SECTOR);
```

```
        AY0 = 3;
        AR = AY0 - AR;
        IF EQ JUMP TT4;
        AR = DM(SECTOR);
        AY0 = 2;
        AR = AY0 - AR;
        IF EQ JUMP TT5;
        JUMP TT3;
TT3:
        IO(PWM0_CHA) = SR0;
        JUMP PP2;
TT4:
        IO(PWM0_CHB) = SR0;
        JUMP PP2;
TT5:
        IO(PWM0_CHC) = SR0;
        JUMP PP2;
PP2:
        AX1 = DM(CMP_0);
        AY1 = DM(CMP_1);                    /*3个相加后除2,送第3个寄存器*/
        SR0 = DM(CMP_2);
        AR = AX1 + AY1;
        AR = AR + SR0 + C;
        SR0 = AR;
        AY0 = 2500;
        AR = SR0 - AY0;
        AX0 = AR;
        AY0 = 100;
        AR = AX0 + AY0;
        SR0 = AR;
        AR = DM(SECTOR);
        AY0 = 0;
        AR = AY0 - AR;
        IF EQ JUMP TT8;
        AR = DM(SECTOR);
        AY0 = 5;
        AR = AY0 - AR;
        IF EQ JUMP TT7;
        AR = DM(SECTOR);
```

```
        AY0 = 4;
        AR = AY0 - AR;
        IF EQ JUMP TT7;
        AR = DM(SECTOR);
        AY0 = 3;
        AR = AY0 - AR;
        IF EQ JUMP TT6;
        AR = DM(SECTOR);
        AY0 = 2;
        AR = AY0 - AR;
        IF EQ JUMP TT6;
        JUMP TT8;
TT6:
        IO(PWM0_CHA) = SR0;
        JUMP VV;
TT7:
        IO(PWM0_CHB) = SR0;
        JUMP VV;
TT8:
        IO(PWM0_CHC) = SR0;
        JUMP VV;
VV:
        AR = 0x0200;                        /*清中断标志*/
        IO(PWM0_STAT) = AR;
        RTI;
/*---------------------------查表子程序---------------------------*/
find_table:
        SI = DM(TETA_E1);                   /*TETA_E 范围为 0~360°的 Q12*/
        SR = LSHIFT SI BY -4(LO);           /*范围变为 0~255*/
        AX0 = SR0;
        AX1 = 0x0ff;
        AR = AX0 AND AX1;
        DM(INDEX) = AR;                     /*生成查表指针*/
        I0 = SINTAB;                        /*表地址*/
        M0 = DM(INDEX);
        MX0 = DM(I0 + M0);
        DM(SIN) = MX0;                      /*保存 sin*/
        AX0 = DM(INDEX);
        AY0 = 0x040;
```

第4章 交流异步电动机的ADSP矢量控制

```
        AR = AX0 + AY0;
        AX0 = AR;
        AX1 = 0x0FF;
        AR = AX0 AND AX1;
        DM(INDEX) = AR;
        M0 = DM(INDEX);
        MX0 = DM(I0 + M0);
        DM(COS) = MX0;                              /* 保存 cos */
        RTS;
/*-------------------Park 逆变换子程序--------------------------------*/
_reverce_park:
        MX0 = DM(VMREF);
        MY0 = DM(SIN);
        MR = MX0 * MY0(SS);
        MX1 = DM(VTREF);
        MY1 = DM(COS);
        MR = MR + MX1 * MY1(SS);                    /* 计算 VMRER × SIN + VTREF × COS */
        SI = MR1;
        SR = ASHIFT SI BY 4(HI);
        SI = MR0;
        SR = SR OR LSHIFT SI BY 4(LO);
        DM(UB) = SR1;                               /* 输出 B 轴参考电压 Q12 */
        MX0 = DM(VMREF);
        MY0 = DM(COS);
        MR = MX0 * MY0(SS);
        MX1 = DM(VTREF);
        MY1 = DM(SIN);
        MR = MR - MX1 * MY1(SS);                    /* 计算 VMREF × COS - VTRER × SIN */
        SI = MR1;
        SR = ASHIFT SI BY 4(HI);
        SI = MR0;
        SR = SR OR LSHIFT SI BY 4(LO);
        DM(UA) = SR1;                               /* 输出 A 轴参考电压 Q12 */
        RTS;
/*---------------------速度采样子程序-----------------------------------*/
speed_comp:
        IOPG = EIU0_Page;
        ENA M_MODE;
        AX0 = IO(EIU0_CNT_LO);                      /* 读编码器脉冲数,计算转角增量 */
```

```
    DM(_EIU_) = AX0;
    AX0 = DM(_EIU_);
    AY0 = DM(ENCODEROLD);              /* 前一个周期测的脉冲数 */
    AR = AX0 - AY0;
    DM(ENCINCR) = AR;                  /* 脉冲增量 */
    AX0 = DM(_EIU_);
    DM(ENCODEROLD) = AX0;              /* 更新 ENCODEROLD */
    MX0 = DM(ENCINCR);
    MY0 = DM(KSPEED);                  /* Q20 */
    MR = MX0 * MY0(UU);
    SI = MR1;
    SR = ASHIFT SI BY 8(HI);
    SI = MR0;
    SR = SR OR LSHIFT SI BY 8(LO);
    DM(N) = SR1;                       /* 计算速度,Q12 */
    AX0 = 9;
    DM(_adjust) = AX0;
    RTS;
/* -------------------- 速度调节子程序 -------------------------- */
_speed_adjust:
    AX0 = DM(N_REF);
    AY0 = DM(N);
    AR = AX0 - AY0;
    DM(EPISPEED) = AR;                 /* 转速偏差,Q12 */
    SI = DM(XISPEED);
    SR = LSHIFT SI BY 12(LO);
    MR1 = SR1;
    MR0 = SR0;
    MX0 = DM(EPISPEED);
    MY0 = DM(KPN);                     /* 乘比例系数,Q12 */
    MR = MR + MX0 * MY0(SU);
    SI = MR1;
    SR = ASHIFT SI BY 4(HI);
    SI = MR0;
    SR = SR OR LSHIFT SI BY 4(LO);
    DM(UPI) = SR1;                     /* PI 调节器输出,Q12 */
    AX0 = SR1;
    AR = AX0 - 0;
    IF GE JUMP UPIMAGZEROS;            /* 判断输出正负,正则跳转 */
```

```
        AX0 = DM(ITREFMIN);              /*判断是否超过电流下限*/
        AY0 = DM(UPI);
        AR = AX0 - AY0;
        IF GT JUMP NEG_SAT;               /*超过,跳转*/
        AY0 = DM(UPI);
        DM(TEMP1) = AY0;
        JUMP LIMITERS;
NEG_SAT:
        AX0 = DM(ITREFMIN);              /*取下限值*/
        DM(TEMP1) = AX0;
        JUMP LIMITERS;
UPIMAGZEROS:
        AX0 = DM(ITREFMAX);              /*判断是否超过上限,是,跳转*/
        AY0 = DM(UPI);
        AR = AX0 - AY0;
        IF LT JUMP POS_SAT;
        AX0 = DM(UPI);
        DM(TEMP1) = AX0;
        JUMP LIMITERS;
POS_SAT:
        AX0 = DM(ITREFMAX);              /*取上限,Q12*/
        DM(TEMP1) = AX0;
LIMITERS:
        AX0 = DM(TEMP1);
        DM(ITREF) = AX0;                  /*输出 ITREF,Q12*/
        AY0 = DM(UPI);
        AR = AX0 - AY0;
        DM(ELPI) = AR;                    /*求极限偏差*/
        MX0 = DM(ELPI);
        MY0 = DM(KCN);
        MR = MX0 * MY0(SU);
        MX1 = DM(EPISPEED);
        MY1 = DM(KIN);                    /*积分修正系数,Q12*/
        MR = MR + MX1 * MY1(SU);
        SI = DM(XISPEED);
        SR = LSHIFT SI BY 12(LO);
        AR = MR0 + SR0;
        AY0 = AR;
        AR = MR1 + SR1 + C;
```

```
        AY1 = AR;
        SR = ASHIFT AY1 BY 4(HI);
        SR = SR OR LSHIFT AY0 BY 4(LO);
        DM(XISPEED) = SR1;                  /* 更新调节器积分累计量,Q12 */
        RTS;
/* ---------------------- T 轴电流调节子程序 ---------------------- */
T_cur_adjust:
        AX0 = DM(ITREF);
        AY0 = DM(IT);
        AR = AX0 - AY0;
        DM(EPIT) = AR;                      /* 计算 T 轴电流偏差,Q12 */
        SI = DM(XIT);
        SR = LSHIFT SI BY 12(LO);           /* 电流调节积分累计量,Q12 */
        MR1 = SR1;
        MR0 = SR0;
        MX0 = DM(EPIT);
        MY0 = DM(KP);                       /* 比例系数,Q12 */
        MR = MR + MX0 * MY0(SU);            /* 调节器输出值计算 */
        SI = MR1;
        SR = ASHIFT SI BY 4(HI);
        SI = MR0;
        SR = SR OR LSHIFT SI BY 4(LO);
        DM(UPI) = SR1;
        AR = DM(UPI);
        AR = AR - 0;
        IF GT JUMP UPIMAGZEROT;             /* 输出正则跳转 */
        AX0 = DM(VMIN);                     /* 判断是否超过下限 */
        AY0 = DM(UPI);
        AR = AX0 - AY0;
        IF GT JUMP NEG_SATT;
        AX0 = DM(UPI);
        DM(TEMP0) = AX0;
        JUMP LIMITERT;
NEG_SATT:
        AX0 = DM(VMIN);
        DM(TEMP0) = AX0;                    /* 使用下限值,Q12 */
        JUMP LIMITERT;
UPIMAGZEROT:
        AX0 = DM(VMAX);                     /* 判断是否超过上限 */
```

```
        AX0 = DM(UPI);
        AR = AX0 - AY0;
        IF LT JUMP POS_SATT;
        AX0 = DM(UPI);
        DM(TEMP0) = AX0;
        JUMP LIMITERT;
POS_SATT:
        AX0 = DM(VMAX);                    /* 使用上限,Q12 */
        DM(TEMP0) = AX0;
LIMITERT:
        AX0 = DM(TEMP0);
        DM(VTREF) = AX0;                   /* T 轴电压参考量输出 */
        AY0 = DM(UPI);
        AR = AX0 - AY0;
        DM(ELPI) = AR;                     /* 极限偏差 Q12 */
        MX0 = AR;
        MY0 = DM(KC);                      /* 积分修正系数,Q12 */
        MR = MX0 * MY0(SU);
        MX1 = DM(EPIT);
        MY1 = DM(KI);                      /* 积分系数,Q12 */
        MR = MR + MX1 * MY1(SU);
        SI = DM(XIT);
        SR = LSHIFT SI BY 12(LO);
        AR = SR0 + MR0;
        MR0 = AR;
        AR = SR1 + MR1 + C;
        MR1 = AR;
        SI = MR1;
        SR = ASHIFT SI BY 4(HI);
        SI = MR0;
        SR = SR OR LSHIFT SI BY 4(LO);
        DM(XIT) = SR1;                     /* 更新调节器积分累计量,Q12 */
        RTS;
/* ------------------------- M 轴电流调节子程序 -------------------------------- */
M_cur_adjust:
        AX0 = DM(IMREF);
        AY0 = DM(IM);
        AR = AX0 - AY0;
        DM(EPIM) = AR;                     /* M 轴电流偏差,Q12 */
```

```
    SI = DM(XIM);
    SR = LSHIFT SI BY 12(LO);
    MR1 = SR1;
    MR0 = SR0;
    MX0 = DM(EPIM);
    MY0 = DM(KP);                          /* 比例系数,Q12 */
    MR = MR + MX0 * MY0(SU);
    SI = MR1;
    SR = ASHIFT SI BY 4(HI);
    SI = MR0;
    SR = SR OR LSHIFT SI BY 4(LO);
    DM(UPI) = SR1;
    AR = SR1;
    AR = AR - 0;
    IF GT JUMP UPIMAGZEROM;                /* 检测调节器输出正负 */
    AX0 = DM(VMIN);
    AY0 = DM(UPI);
    AR = AX0 - AY0;
    IF GT JUMP NEG_SATM;
    AY1 = DM(UPI);
    JUMP LIMITERM;
NEG_SATM:
    AY1 = DM(VMIN);                        /* 使用电压下限值,Q12 */
    JUMP LIMITERM;
UPIMAGZEROM:
    AX0 = DM(VMAX);
    AY0 = DM(UPI);
    AR = AX0 - AY0;
    IF LT JUMP POS_SATM;
    AY1 = DM(UPI);
    JUMP LIMITERM;
POS_SATM:
    AY1 = DM(VMAX);                        /* 使用电压上限值,Q12 */
LIMITERM:
    DM(VMREF) = AY1;                       /* M 轴电压输出 */
    AX0 = DM(UPI);
    AR = AY1 - AX0;
    DM(ELPI) = AR;
    MX0 = DM(ELPI);
```

第4章 交流异步电动机的 ADSP 矢量控制

```
    MY0 = DM(KC);
    MR = MX0 * MY0(SU);
    MX1 = DM(EPIM);
    MY1 = DM(KI);
    MR = MR + MX1 * MY1(SU);
    SI = DM(XIM);
    SR = LSHIFT SI BY 12(LO);
    AR = MR0 + SR0;
    MR0 = AR;
    AR = MR1 + SR1 + C;
    MR1 = AR;
    SI = MR1;
    SR = ASHIFT SI BY 4(HI);
    SI = MR0;
    SR = SR OR LSHIFT SI BY 4(LO);
    DM(XIM) = SR1;                  /* 更新调节器积分累计量,Q12 */
    RTS;
/*------------------------- Clarke 变换子程序 -------------------------*/
clarke_conversion:
    MX0 = DM(IA);
    MY0 = 5018;                     /* √3/2 = 5018,Q12 */
    MR = MX0 * MY0(SU);
    SI = MR1;
    SR = ASHIFT SI BY 4(HI);
    SI = MR0;
    SR = SR OR LSHIFT SI BY 4(LO);
    DM(IALFA) = SR1;                /* 保存 IALFA,IALFA = √3/2 × $I_A$,Q12 */
    MX0 = DM(IA);
    MY0 = 2896;                     /* √2/2 = 2896,Q12 */
    MR = MX0 * MY0(SU);
    MX1 = DM(IB);
    MY1 = 5792;                     /* √2 = 5792,Q12 */
    MR = MR + MX1 * MY1(SU);
    SI = MR1;
    SR = ASHIFT SI BY 4(HI);
    SI = MR0;
    SR = SR OR LSHIFT SI BY 4(LO);
    DM(IBETA) = SR1;                /* 保存 IBETA,Q12 */
    RTS;
```

```
/* ----------------------- Park 变换子程序 ------------------------------ */
park_conversion:
    MX0 = DM(IBETA);
    MY0 = DM(SIN);
    MR = MX0 * MY0(SS);
    MX1 = DM(COS);
    MY1 = DM(IALFA);
    MR = MR + MX1 * MY1(SS);              /* 计算 IBETA × SIN + IALFA × COS */
    SI = MR1;
    SR = ASHIFT SI BY 4(HI);
    SI = MR0;
    SR = SR OR LSHIFT SI BY 4(LO);
    DM(IM) = SR1;                          /* 输出 $I_M$,Q12 */
    MX0 = DM(IBETA);
    MY0 = DM(COS);
    MR = MX0 * MY0(SS);
    MX1 = DM(IALFA);
    MY1 = DM(SIN);
    MR = MR - MX1 * MY1(SS);              /* 计算 IBETA × COS - IALFA × SIN */
    SI = MR1;
    SR = ASHIFT SI BY 4(HI);
    SI = MR0;
    SR = SR OR LSHIFT SI BY 4(LO);
    DM(IT) = SR1;                          /* 输出 $I_T$,Q12 */
    RTS;
/* ------------------- 磁链位置计算子程序 ------------------------------ */
position_cal:
    AX0 = DM(IM);                          /* Q12 */
    AY0 = DM(IDK);                         /* Q12 */
    AR = AX0 - AY0;
    MX0 = AR;
    MY0 = DM(KR);                          /* Q15 */
    MR = MX0 * MY0(SU);                    /* KR × (IM - IDK),Q27 */
    SI = MR1;
    SR = ASHIFT SI BY 1(HI);
    SI = MR0;
    SR = SR OR LSHIFT SI BY 1(LO);
    AX0 = SR1;
    AY0 = DM(IDK);
```

```
        AR = AX0 + AY0;
        DM(IDK) = AR;                           /* IDK = INK + KR × (IM - IDK),Q12 */
        IF NE JUMP IDKOTZERO;                   /* 如果不等于 0 则跳转 */
        AX0 = 0;
        DM(TEMP) = AX0;                         /* 如果 IDK = 0,则 TEMP = IT/IDK = 0 */
        JUMP ITPOS;
IDKOTZERO:
        AR = DM(IDK);
        SI = AR;
        AR = ABS SI;
        DM(TEMP1) = AR;                         /* 除数 IDK,Q12 */
        SI = DM(IT);
        SR = ASHIFT SI BY 2(LO);                /* Q14 */
        AY1 = SR1;                              /* 被除数高 16 位 */
        AY0 = SR0;                              /* 被除数低 16 位 */
        SR = ASHIFT AY1 BY 1(HI);
        SR = SR OR LSHIFT AY0 BY 1(LO);
        AY1 = SR1;
        AY0 = SR0;                              /* 商 */
        AX1 = DM(TEMP1);                        /* 除数 */
        DIVS AY1, AX1;
        DIVQ AX1; DIVQ AX1; DIVQ AX1; DIVQ AX1; DIVQ AX1;
        DIVQ AX1; DIVQ AX1; DIVQ AX1; DIVQ AX1; DIVQ AX1;
        DIVQ AX1; DIVQ AX1; DIVQ AX1; DIVQ AX1; DIVQ AX1;
        DM(TEMP) = AY0;                         /* TEMP = IT/IDK Q2 */
        AR = DM(IDK);
        AR = AR - 0;
        IF GT JUMP ITPOS;                       /* 如果 IT>0,则跳转 */
        AX0 = DM(TEMP);                         /* 否则取反 */
        AR = - AX0;
        DM(TEMP) = AR;
ITPOS:
        MX0 = DM(TEMP);
        MY0 = DM(KT);                           /* Q10 */
        MR = MX0 * MY0(SU);                     /* TEMP × KT,Q12 */
        AY0 = DM(N);
        AR = MR0 + AY0;
        SI = AR;
        SR = ASHIFT SI BY - 1(LO);              /* 除 2,变成机械转速比 */
```

```
        DM(FS) = SR0;                         /* FS = N + KT × (IT/IDK),Q12 */
        SI = DM(FS);
        AR = ABS SI;
        DM(TEMP) = AR;
        MX0 = DM(TEMP);
        MY0 = DM(K);                          /* 系数,Q0 */
        MR = MX0 * MY0(UU);                   /* 计算 TETA - E = TETA - E + K × FS */
        SI = MR1;
        SR = ASHIFT SI BY 4(HI);
        SI = MR0;
        SR = SR OR LSHIFT SI BY 4(LO);
        AR = DM(FS);
        AR = AR - 0;
        IF LT JUMP FS_NEG;                    /* 根据 FS 的正负调整 */
        AX0 = DM(TETAINCR);
        AY0 = DM(TETA_E);
        AR = AX0 + AY0;
        DM(TETA_E) = AR;
        JUMP FS_POS;
FS_NEG:
        AX0 = DM(TETA_E);
        AY0 = DM(TETAINCR);
        AR = AX0 - AY0;
        DM(TETA_E) = AR;
FS_POS:
        SI = DM(TETA_E);
        SR = ASHIFT SI BY - 4(HI);            /* 范围变成 0～4 096 */
        DM(TETA_E1) = SR0;                    /* 保存角度 */
        AX0 = 4096;                           /* 判断是否超出 360° */
        AY0 = DM(TETA_E1);
        AR = AY0 - AX0;
        IF LT JUMP OUT;
        DM(TETA_E1) = AR;
OUT:
        RTS;
```

第 5 章

三相永磁同步伺服电动机的 ADSP 控制

三相永磁同步伺服电动机(Permanent Magnet Synchronous Motor,PMSM)是从绕线式转子同步伺服电动机发展而来的。它用强抗退磁的永磁转子代替了绕线式转子,因而淘汰了易出故障的绕线式转子同步伺服电动机的电刷,克服了交流同步伺服电动机的致命弱点,同时它兼有体积小、重量轻、惯性低、效率高、转子无发热问题的特点。因此它一经出现,便在高性能的伺服系统中得到了广泛的应用,应用于如工业机器人、数控机床、柔性制造系统、各种自动化设备等领域。

5.1 三相永磁同步伺服电动机的结构和工作原理

永磁同步伺服电动机的定子与绕线式的定子基本相同,但根据转子结构可分为凸极式和嵌入式两类。凸极式转子是将永磁铁安装在转子轴的表面,如图 5-1(a)所示。因为永磁材料的磁导率十分接近空气的磁导率,所以在交轴(q 轴)、直轴(d 轴)上的电感基本相同。嵌入式转子则是将永磁铁嵌入在转子轴的内部,如图 5-1(b)所示,因此交轴的电感大于直轴的电感。并且,除了电磁转矩外,还有磁阻转矩存在。

为了使永磁同步伺服电动机具有正弦波感应电动势波形,其转子磁钢形状呈抛物线状,使其气隙中产生的磁通密度尽量呈正弦分布;定子电枢绕组采用短距分布式绕组,能最大限度地消除谐波磁动势。

永磁体转子产生恒定的电磁场。当定子通以三相对称的正弦波交流电时,则产生旋转的磁场。两种磁场相互作用产生电磁力,推动转子旋转。如果能改变定子三相电源的频率和相位,就可以改变转子的转速和位置。因此,对三相永磁同步伺服电动机的控制也和对三相异步电动机的控制相似,采用矢量控制。

在三相永磁同步伺服电动机的转子上通常要安装一个位置传感器,用来测量转子的位置。这样通过检测转子的实际位置就可以得到转子的磁通位置,从而使三相永磁同步伺服电动机的矢量控制比三相异步电动机的矢量控制简单。

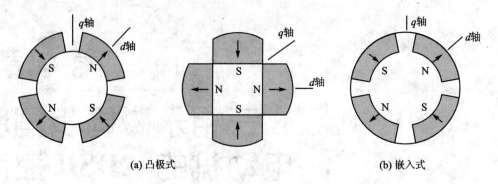

(a) 凸极式　　　　　　　　　　　(b) 嵌入式

图 5-1　永磁转子结构（两对磁极）

5.2　转子磁场定向矢量控制与弱磁控制

三相永磁同步伺服电动机的模型是一个多变量、非线性、强耦合系统。为了实现转矩线性化控制，就必须要对转矩的控制参数实现解耦。转子磁场定向控制是一种常用的解耦控制方法。

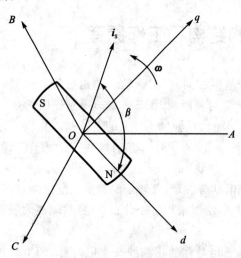

图 5-2　永磁同步电动机定子 ABC 坐标系
　　　　与转子 dq 坐标系的关系

转子磁场定向控制实际上是将 dq 同步旋转坐标系放在转子上，随转子同步旋转。其 d 轴（直轴）与转子的磁场方向重合（定向），q 轴（交轴）逆时针超前 d 轴 90°电角度，如图 5-2 所示。

图 5-2（图中转子的磁极对数为 1）表示转子磁场定向后，定子三相不动坐标系 ABC 与转子同步旋转坐标系 dq 的位置关系。定子电流矢量 i_S 在 dq 坐标系上的投影为 i_d、i_q。i_d、i_q 可以通过第 4 章介绍的对 i_A、i_B、i_C 的 Clarke 变换（3/2 变换）和 Park 变换（交/直变换）求得，因此 i_d、i_q 是直流量。

三相永磁同步伺服电动机的转矩方程为：

$$T_m = p(\psi_d i_q - \psi_q i_d) = p[\psi_f i_q - (L_d - L_q)i_d i_q] \tag{5-1}$$

式中，ψ_d、ψ_q 为定子磁链在 d、q 轴的分量；ψ_f 为转子磁钢在定子上的耦合磁链，它只在 d 轴上存在；p 为转子的磁极对数；L_d、L_q 为永磁同步电动机 d、q 轴的主电感。

式（5-1）说明了转矩由两项组成，括号中的第 1 项是由三相旋转磁场和永磁磁场相互作用所产生的电磁转矩;第 2 项是由凸极效应引起的磁阻转矩。

对于嵌入式转子,$L_d<L_q$,电磁转矩和磁阻转矩同时存在。可以灵活有效地利用这个磁阻转矩,通过调整和控制 β 角,用最小的电流幅值来获得最大的输出转矩。

对于凸极式转子,$L_d=L_q$,因此只存在电磁转矩,而不存在磁阻转矩。转矩方程变为:

$$T_m = p\psi_f i_q = p\psi_f i_s \sin\beta \tag{5-2}$$

由式(5-2)可以明显看出,当三相合成的电流矢量 i_s 与 d 轴的夹角 β 等于 90°时可以获得最大转矩,也就是说 i_s 与 q 轴重合时转矩最大。这时,$i_d=i_s\cos\beta=0$;$i_q=i_s\sin\beta=i_s$。式(5-2)可以改写为:

$$T_m = p\psi_f i_q = p\psi_f i_s \tag{5-3}$$

因为是永磁转子,ψ_f 是一个不变的值,所以式(5-3)说明只要保持 i_s 与 d 轴垂直,就可以像直流电动机控制那样,通过调整直流量 i_q 来控制转矩,从而实现三相永磁同步伺服电动机的控制参数的解耦,实现三相永磁同步伺服电动机转矩的线性化控制。

当电动机超过基速以上运行时,因永磁转子的励磁磁链为常数,所以电动机的感应电动势随电动机转速的增加而增加,同时电动机的端电压也随之增加。但端电压要受逆变器最高电压 U_{DC} 的限制。通过削弱磁场的方法可以在保持端电压不变的情况下提高转速,这种控制方法称为弱磁控制,这是在基速以上进行调速时经常采用的方法。

i_d、i_q 两个直流量各有不同的作用,i_q 用于产生转矩;i_d 用于产生磁场。当 $\beta>90°$ 时,i_d 为负值,即负的励磁电流,i_d 起去磁(弱磁)作用,i_d 越大去磁作用越强。

因为电动机的定子电流也受限制,所以在弱磁控制中,增大 i_d 的同时也要减小 i_q。减小 i_q 的结果是减小了输出转矩,因此在弱磁控制时(基速以上调速时)的电动机机械特性表现为恒功率特性。而在基速以下调速时仍然是恒转矩特性,如图 5-3 所示。

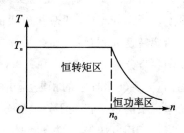

图 5-3 机械特性

5.3 三相永磁同步伺服电动机的 ADSP 控制

5.3.1 三相永磁同步伺服电动机的 ADSP 控制系统

三相永磁同步伺服电动机采用 ADSP 全数字控制,其结构图如图 5-4 所示。

通过电流传感器测量逆变器输出的定子电流 i_A、i_B,经过 ADSP 的 A/D 转换器转换成数字量,并利用式 $i_C=-(i_A+i_B)$ 计算出 i_C。

通过 Clarke 变换和 Park 变换将电流 i_A、i_B、i_C 变换成旋转坐标系中的直流分量 i_{Sq}、i_{Sd},i_{Sq}、i_{Sd} 作为电流环的负反馈量。

电动机的 ADSP 控制——ADI 公司 ADSP 应用

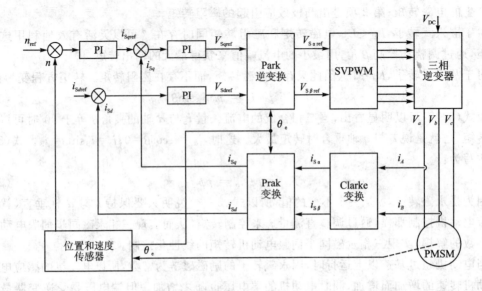

图 5-4 三相永磁同步伺服电动机磁场定向矢量控制系统结构图

利用增量式编码器测量电动机的机械转角位移 θ_m，并将其转换成电角度 θ_e 和转速 n。电角度 θ_e 用于参与 Park 变换和逆变换的计算；转速 n 作为速度环的负反馈量。

给定转速 n_{ref} 与转速反馈量 n 的偏差经过速度 PI 调节器，其输出作为用于转矩控制的电流 q 轴参考分量 i_{Sqref}。i_{Sqref} 和 i_{Sdref}（等于零）与电流反馈量 i_{Sq}、i_{Sd} 的偏差经过电流 PI 调节器，分别输出 dq 旋转坐标系的相电压分量 V_{Sqref} 和 V_{Sdref}。V_{Sqref} 和 V_{Sdref} 再通过 Park 逆变换转换成 $\alpha\beta$ 直角坐标系的定子相电压矢量的分量 $V_{S\alpha ref}$ 和 $V_{S\beta ref}$。

当定子相电压矢量的分量 $V_{S\alpha ref}$、$V_{S\beta ref}$ 和其所在的扇区数已知时，就可以利用第 3 章所介绍的电压空间矢量 SVPWM 技术，产生 PWM 控制信号来控制逆变器。

以上操作可以全部采用软件来完成，从而实现三相永磁同步伺服电动机的全数字实时控制。

5.3.2 三相永磁同步伺服电动机的 ADSP 控制编程例子

根据图 5-4 的控制结构，设计一个用 ADSP 来控制三相永磁同步伺服电动机的程序例子。

1. 转子相位初始化

因为在电动机转动之前，转子的位置是未知的。而转子磁场定向控制要求转子的位置必须是已知的，因此，在电动机转动之前必须要对转子的相位进行初始化。

转子相位初始化采用磁定位的方法，它是通过给定子通以一个已知大小和方向的直流电，这样使定子产生一个恒定的磁场。这个磁场与转子的恒定磁场相互作用，迫使转子转到两个磁链成一线的位置而停止，从而得到转子的相位。

转子相位初始化还可以通过图 5-5 来进行详细说明。

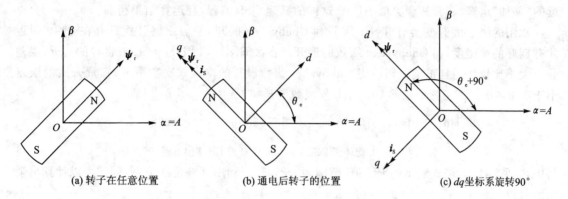

(a) 转子在任意位置　　　(b) 通电后转子的位置　　　(c) dq 坐标系旋转 $90°$

图 5-5　转子相位初始化

图 5-5(a)表示转子处于一个未知位置。这时给定子通一个直流电流 i_S，这个电流 i_S 的 d 轴分量 $i_d=0$、q 轴分量 $i_q=i_n$，并且 dq 坐标系的相位为 θ_e。i_S 所产生的磁场与转子磁场作用，使转子转到图 5-5(b)的位置。但是这个位置并不是我们希望的转子磁场定向位置，因为转子的磁场方向没有与 d 轴重合。所以需要将 dq 坐标系在 θ_e 的基础上再转 $90°$，如图 5-5(c)所示，实现转子磁场定向。

电动机自身带有霍尔传感器，输出相位差为 $120°$ 的 U、V、W 三路信号。将一个电角度周期分为 6 个区域，U、V、W 信号与电角度区域的对应关系见表 5-1。根据 U、V、W 检测信号，可以判定转子初始相位角位于哪一个区域。选定该区域的中点作为转子的初始相位角 θ_e，并施加一个 q 轴初始电流（此电流的大小可由 0 逐步增大，直到电机转子转动）、d 轴电流为 0、相位为 θ_e 的直流电。这样使定子产生一个恒定的磁场，这个磁场与转子的恒定磁场相互作用，迫使转子转到两个磁链成一线的位置而停止，这个位置就是 θ_e，从而完成转子的强制磁定位。

由于这个角度区域较小，在这个定位过程中，转子最多可转动 $30°$ 电角度（如果转子磁极对数等于 4，换算成机械角度就是 $7.5°$），所以转子会很快完成定位。

表 5-1　UVW 霍尔信号与电角度区域对应关系

UVW 信号	对应区域/(°)	施加电角度/(°)	Q15 格式	UVW 信号	对应区域/(°)	施加电角度/(°)	Q15 格式
010	0~60	30	0x1555	101	-180~-120	-150	0x9555
011	60~120	90	0x4000	100	-120~-60	-90	0xC000
001	120~180	150	0x6AAB	110	-60~0	-30	0xEAAB

2. sin θ 和 cos θ 的计算

Park 变换和逆变换以及 SVPWM 的扇区计算都需要用到 sin θ 和 cos θ 值,常用于微处理器的三角函数处理法有插值法、查表法、级数展开法等。级数展开法以其简单的运算流程、连续的"乘加"运算,非常适合类似 ADSP 这样的高速 DSP 编程,且运算结果精确。

常用的级数展开变换有 Tyler 展开和 Chebyshev 展开。Tyler 展开式只有在 $x=0$ 附近才有良好的精确度;而 Chebyshev 级数的展开却在区间 $[-1,1]$ 上与 $f(x)$ 有良好的逼近,误差分布大小比较均匀且正负交错。当 Chebyshev 级数展开的多项式次数取 9 时,展开式的误差小于 1.2×10^{-8}。正弦函数的 Chebyshev 级数展开如下:

$$\sin\left(\frac{\pi}{2}x\right)\approx 1.5707963x - 0.64596336x^3 + 0.07968475x^5$$
$$- 0.0046722203x^7 + 0.0001501716x^9 \tag{5-4}$$

其中,x 采用 Q15 格式表示的 PU 值,范围为 $[-1,1]$。利用互补角的关系,同样可以计算出余弦函数值。

3. 增量式编码器

增量编码器只能测量转角的增量,因此它是相对于转子相位初始化时转子位置来计数的。

本例中所使用的增量编码器每转可产生 2500 个脉冲。其输出 A、B、Z 信号线直接接入 ADSP 的编码器接口 EIA、EIB 和 EIZ 引脚。ADSP 的编码信号处理电路自动地利用每个 A、B 信号脉冲的 4 个沿(2 个上升沿和 2 个下降沿)对输入的信号 4 倍频,这样就可以使每转得到 10000 个脉冲,提高了分辨率。

若编码器线数为 N,则此编码器分辨率为 $1/(4N)$。当转子旋转、编码器脉冲计数器计数值为 Δn 时,则电动机转子机械角度增量 $\Delta\theta$ 为:

$$\Delta\theta = \frac{\Delta n}{4N}2\pi \tag{5-5}$$

若 ADSP 采用 16 位二进制计数,即用 0x8000~0x7FFF 表示 $-\pi\sim\pi$ 的电角度范围,则由式 5-5 得出电角度增量的 Q15 格式 PU 值为:

$$\Delta\theta_{eQ15} = \frac{\Delta\theta}{2\pi}p\times 2^{15} = \frac{\Delta n}{4N}p\times 2^{15} \tag{5-6}$$

其中,p 为永磁电动机极对数。通过读编码器计数器中的值可获取采样脉冲数,两次采样脉冲数之差就是本次 PWM 周期的脉冲增量,即转子机械转角增量。通过对这些脉冲增量的累计就可以得到转子的机械角速度和电角度。

相邻两次实际转子电角度增量计算要考虑计数器的上溢和下溢问题。如果电动机正转,脉冲计数器向上计数,相邻两次采样读数分别为 n_1 和 n_2。若 $n_1 < n_2$,则计数器没有溢出;若 $n_1 > n_2$,即出现上溢情况,则转子电角度增量为:

$$\Delta n = n_2 + 4N - n_1 \tag{5-7}$$

同样地,如果电动机反转,即脉冲计数器向下计数。若 $n_1 < n_2$,则出现下溢情况,此时转子电

角度增量为：

$$\Delta n = n_2 - 4N - n_1 \quad (5-8)$$

以上角度修正过程可以在作为旋转一周标志的 Z 信号锁存中断中执行。当产生 Z 信号锁存中断时，首先通过编码器单元的方向标志为判断转子旋转方向；然后依照式 5-7 和式 5-8 对角度增量（或记录上一次编码器数据的变量 n_1）进行修正。并且由于累计误差的存在，在对机械角度修正的同时也要对电角度进行修正。可根据电动机说明书或用示波器对 Z 脉冲与转子相电压进行同步观察，找到 Z 脉冲所对应的电角度值（本例所用电动机的 Z 脉冲对应 0 电角度），在 Z 信号锁存中断中强行施加规定电角度。

由于惯性较大，机械系统响应的时间常数远大于电系统响应的时间常数。因此，速度采样并不是在每个 PWM 周期内进行。本例中取每 10 个 PWM 周期对速度采样一次。机械速度的采样是通过对速度采样周期期间的脉冲增量乘以系数 Encoder_ElecAngle_Coeff 计算而得到的。电角度是先通过相邻两次编码器脉冲增量值乘以系数 Encoder_ElecAngle_Coeff 算出电角度增量，再将结果加上一次电角度值而得到的。

4. 各参数的确定

(1) 电动机参数

本例中所用的三相永磁同步伺服电动机参数如下：

电机型号：　　　　　　　　AC SERVO MOTOR 60BL 3 A20-30 ST
磁极对数：　　　　　　　　4
额定转矩：　　　　　　　　0.637 N·m
额定转速：　　　　　　　　3000 r/min
额定功率：　　　　　　　　200 W
机械时间常数：　　　　　　1.26 ms
电时间常数：　　　　　　　1.35 ms
转矩常数：　　　　　　　　0.411 N·m/A
电势系数：　　　　　　　　0.411 Vs/rad
增量式编码器的参数：　　　2500 P/r
电枢绕组（线间）电阻：　　15.42 Ω
电枢绕组（线间）电感：　　30.08 mH
转子惯量：　　　　　　　　0.138×10^{-4} kg·m^2
额定线电流有效值：　　　　1.265 A
额定线电压有效值：　　　　119.8 V
霍尔位置传感器：　　　　　有

(2) 变 量

由于 ADSP 是定点的控制器，如果使用 Q 格式数据，精度越高表示数的范围越小。例如，

Q15 格式只能表示 $-1\sim +1$。

为了既能满足高精度又能满足宽范围的要求,在定点运算中通常采用 PU(Per Unit)模式,即使用一个数的 PU 值来代替其实际值。一个数的 PU 值等于它的实际值与其额定值或基值之比。例如电流的 PU 值 $I_{PU}=I/I_n$。这样,当 I 在 $-I_n\sim +I_n$ 范围内变化时,I_{PU} 只在 $-1\sim +1$ 范围内变化,因此,可以用最高精度的 Q15 格式表示 I_{PU},达到高精度表示 I 的目的。

对于电流和电压,更经常用基值而不用额定值。在本例中的基值为:

$$I_{base}=\sqrt{2}I_n=\sqrt{2}\times 1.265 \text{ A}=1.789 \text{ A}$$

$$V_{base}=\sqrt{2}V_n=\sqrt{2}\times 119.8 \text{ V}=169.423 \text{ V}$$

基值的选择除了与电机的额定参数有关外,还与外部电路的设计有关。在过渡过程中,某些参量可能超出基值,因此可根据实际需要选择合适的量。

本例中的变量多采用 Q15 格式的 PU 值表示。电流变量的参考基值是 $\sqrt{2}I_n$;电流矢量的参考基值是 I_n;电压矢量的参考基值是 U_n;机械角速度的参考基值是 3000 r/min;电角度参考基值是 2π。

(3) 常　数

SET_SPEED:角速度设定值,最大值为 3000,单位为 r/min,Q0 格式。

SPEED_COEF:将设定角速度转换成角速度 PU 值的转换系数。速度的参考基值为电动机的额定转速,本例为 3000。为扩大表示精度,将角速度转换系数表示为 Q22 格式,即:

$$\frac{1}{3000}\times 2^{22}=0x0577$$

EET_Velocity_Coeff:将编码器采样值增量转换成机械角速度 PU 值的转换系数。本例中的速度采样频率为 0.5 kHz,即每 2 ms 完成一次速度调节。如果电动机的最大转速为 3000 r/min,采用 2500 线编码器 4 倍频采样模式,则在 2 ms 内编码器最大采样值增量为:

$$\frac{3000\times 2500\times 4}{60}\times 2\times 10^{-3}=1000$$

则可得转化系数的 Q18 格式 PU 值为:

$$\frac{1}{1000}\times 2^{18}=0x0106$$

Encoder_ElecAngle_Coeff:将编码器采样值转换成电角度 PU 值的转换系数。永磁同步电动机的转子转过电角度的大小与编码器读数值的大小成正比。当电动机磁极对数为 4,编码器为 2500 线 4 倍频时,则转过的电角度 θ_e 与编码器读数 n 的关系为:

$$\frac{\theta_e}{4\times 2\pi}=\frac{n}{4\times 2500} \quad \text{也即} \quad \frac{\theta_e}{2\pi}=\frac{1}{2500}\times n$$

其中 1/2500 就是转换系数,它的 Q15 格式为:$2^{15}/2500=0x000D$。

PI 调节系数均采用 Q6 格式。数组 crntQAdjustorCoeff[3]、crntDAdjustorCoeff[3]、

第5章 三相永磁同步伺服电动机的 ADSP 控制

speedAdjustorCoeff[3]分别存放 Q 轴电流、D 轴电流和速度的 PI 调节系数。

程序中各变量和常数的含义见表 5-2。

表 5-2 各变量和常数的含义

变量名	含 义	Q 格式
mechSpeedSet	设定参考机械角速度 PU 值	Q15
elecAngle	电角度，表示范围为 $-\pi \sim \pi$	Q15
sinCosVal[2]	正、余弦三角函数值	Q15
crntQSet	q 轴电流矢量设定值	Q15
dqVolt[2]	d、q 轴电压矢量值	Q15
crntABFb[2]	A、B 两相电流采样值	Q15
crntDQFb[2]	电流采样值在旋转直角坐标系下的等效值	Q15
speedAdjustor[2]	速度调节器计算的[k]和[k-1]时刻的值	Q15
crntDAdjustor[2]	D 轴电流调节器计算的[k]和[k-1]时刻的值	Q15
crntQAdjustor[2]	Q 轴电流调节器计算的[k]和[k-1]时刻的值	Q15
_DIR_eiuElecCntrPre	用于电角度计算的[k-1]时刻编码器采样值	Q0
_DIR_eiuMechCntrPre	用于机械角速度计算的[k-1]时刻编码器采样值	Q0
_DIR_pwmCH[3]	PWM 输出占空比寄存器中值	Q0
_DIR_refframe_temp[4]	用于矢量变换的临时变量	Q15
_DIR_Timer	记录 PWM 周期数	Q0
state	系统状态	
SET_SPEED	角速度设定值	Q0
SPEED_COEF	设定角速度转换成角速度 PU 值的转换系数	Q22
EET_Velocity_Coeff	编码器采样值增量与机械角速度 PU 值的转换系数	Q18
Encoder_ElecAngle_Coeff	编码器采样值与电角度 PU 值的转换系数	Q15
crntQAdjustorCoeff[3]	Q 轴电流调节增量式 PI 算法系数	Q6
crntDAdjustorCoeff[3]	D 轴电流调节增量式 PI 算法系数	Q6
speedAdjustorCoeff[3]	转速调节增量式 PI 算法系数	Q6

5. 源程序

程序主要由主程序、PWM 同步中断子程序、编码器定时器中断子程序和 Z 信号锁存中断子程序组成。

主程序主要完成系统和参数初始化、永磁同步电动机转子相位初始化。主程序框图见图 5-6。系统基本配置见表 5-3。

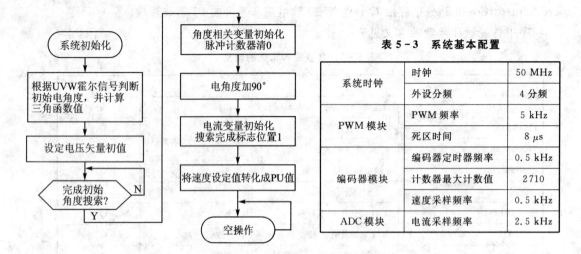

表 5-3　系统基本配置

系统时钟	时钟	50 MHz
	外设分频	4 分频
PWM 模块	PWM 频率	5 kHz
	死区时间	8 μs
编码器模块	编码器定时器频率	0.5 kHz
	计数器最大计数值	2710
	速度采样频率	0.5 kHz
ADC 模块	电流采样频率	2.5 kHz

图 5-6　主程序框图

PWM 同步中断子程序主要完成电流采样、电角度计算、电流调节（每 2 个 PWM 周期调节一次）、矢量变换和 SVPWM 操作。PWM 同步中断子程序框图见图 5-7。

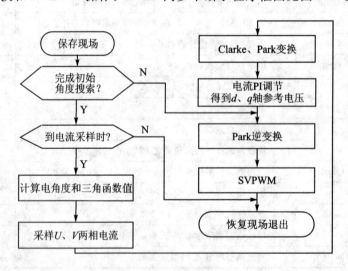

图 5-7　PWM 同步中断子程序框图

编码器定时器中断子程序主要完成转子速度采样、速度调节，由此得到 q 轴参考电流。编码器定时器中断子程序框图见图 5-8。

Z 信号锁存中断子程序主要完成角度校正和电角度归零。Z 信号锁存中断子程序框图见图 5-9。

第5章 三相永磁同步伺服电动机的ADSP控制

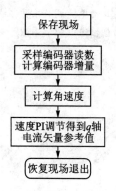

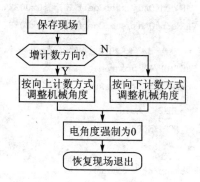

图 5-8 编码器定时器中断子程序框图   图 5-9 Z 信号锁存中断子程序框图

程序清单 5-1 三相永磁同步伺服电动机磁场定向速度控制程序

```
#include <adsp-21990.h>
#include "constant.h"

/***************变量定义***************/
.SECTION/DM data1;
.VAR elecAngle;                              //电角度值
.VAR sinCosVal[2];                           //三角函数值
.VAR mechSpeedSet;                           //机械角速度设定值
.VAR crntQSet;                               //Q 轴电流设定值
.VAR crntDQFb[2];                            //D、Q 轴电流值
.VAR crntABFb[2] = {0, 0};                   //A、B 相反馈电流
.VAR dqVolt[2] = {0, 0x0780};                //D、Q 轴电压值
.VAR speedAdjustor[2] = {0, 0};              //速度调节器
.VAR crntDAdjustor[2] = {0, 0};              //D 轴电流调节器
.VAR crntQAdjustor[2] = {0, 0};              //Q 轴电流调节器
.VAR _DIR_eiuElecCntrPre = 0;                //记录上一次电角度采样时的编码器值
.VAR _DIR_eiuMechCntrPre = 0;                //记录上一次速度采样时的编码器值
.VAR _DIR_pwmCH[3] = {0xFFFF, 0xFFFF, 0xFFFF};//PWM 占空比寄存器值
.VAR _DIR_Timer = 0;                         //记录调节时刻
.VAR state = 0;                              //位 4~7 表示系统状态,位 0 表示电流调节标志
/************* 常量定义 ***************/
.SECTION/PM data2;
.VAR speedAdjustorCoeff[3] = {0x000B, 0x0004, 6}; //速度调节系数
```

```
.VAR crntDAdjustorCoeff[3] = {0x0033, 0x000, 6};        //D 轴电流调节系数
.VAR crntQAdjustorCoeff[3] = {0x0033, 0x0001, 6};       //Q 轴电流调节系数
/************中断向量定义*************/
.SECTION/PM program;
.section/code IVreset;

    JUMP __main;
    NOP; NOP;
__reset.end;
.section/code IVint4;
    //PWM 错误中断
    JUMP _pwmErr_ISR(DB);
    ENA SEC_REG;
    ENA SEC_DAG;
    RTI; RTI; RTI; RTI; RTI; RTI; RTI; RTI; RTI; RTI; RTI; RTI;
    RTI; RTI; RTI; RTI; RTI; RTI; RTI; RTI; RTI; RTI; RTI; RTI; RTI;

.section/code IVint5;
    //Z 信号锁存中断
    JUMP _zeroFlag_ISR(DB);
    ENA SEC_REG;
    ENA SEC_DAG;
    RTI; RTI; RTI; RTI; RTI; RTI; RTI; RTI; RTI; RTI; RTI; RTI;
    RTI; RTI; RTI; RTI; RTI; RTI; RTI; RTI; RTI; RTI; RTI; RTI; RTI;

.section/code IVint6;
    //EIU 错误中断
    JUMP _eiuErr_ISR(DB);
    ENA SEC_REG;
    ENA SEC_DAG;
    RTI; RTI; RTI; RTI; RTI; RTI; RTI; RTI; RTI; RTI; RTI; RTI;
    RTI; RTI; RTI; RTI; RTI; RTI; RTI; RTI; RTI; RTI; RTI; RTI; RTI;

.section/code IVint7;
    //编码器定时器中断
    JUMP _eiuTimer_ISR(DB);
    ENA SEC_REG;
    ENA SEC_DAG;
    RTI; RTI; RTI; RTI; RTI; RTI; RTI; RTI; RTI; RTI; RTI; RTI;
    RTI; RTI; RTI; RTI; RTI; RTI; RTI; RTI; RTI; RTI; RTI; RTI; RTI;

.section/code IVint8;
```

```
    //PWM 同步中断
    JUMP _pwmSynchro_ISR(DB);
    ENA SEC_REG;
    ENA SEC_DAG;
    RTI; RTI; RTI; RTI; RTI; RTI; RTI; RTI; RTI; RTI; RTI; RTI;
    RTI; RTI; RTI; RTI; RTI; RTI; RTI; RTI; RTI; RTI; RTI; RTI; RTI;
/************中断服务子程序***************/
.section/pm program;
/********* PWM 错误中断子程序 ************/
_pwmErr_ISR:
    IOPG = PWM0_Page;
    AX1 = 0xFFFF;
    IO(PWM0_SEG) = AX1;
    AX1 = IO(PWM0_CTRL);
    AR = AX1 AND 0xFFFE;
    IO(PWM0_CTRL) = AR;

    IOPG = FIO_Page;
    AR = IO(FIO_FLAGS);
    AR = SETBIT 13 OF AR;
    IO(FIO_FLAGS) = AR;

    DIS INT;

    RTI(DB);
    DIS SEC_REG;
    DIS SEC_DAG;
_pwmErr_ISR.end:
/******** PWM 同步中断子程序 **************/
_pwmSynchro_ISR:
    IOPG = PWM0_Page;
    AR = IO(PWM0_STAT);
    AR = SETBIT 9 OF AR;
    IO(PWM0_STAT) = AR;

    //调节时间减 1
    AY0 = DM(_DIR_Timer);
    AF = PASS AY0;
    IF GT AR = AY0 - 1;
    DM(_DIR_Timer) = AR;
```

```
//判断是否完成初始化
AX0 = DM(state);
AR = TSTBIT 4 OF AX0;
IF EQ JUMP __svpwm;

//判断是否进行电流调节
AX0 = DM(state);
AR = TGLBIT 0 OF AX0;
AR = TSTBIT 0 OF AR;
IF EQ JUMP __notAdjustCrnt;

//计算电角度
IOPG = EIU0_Page;
AR = IO(EET0_CNT_LO);
AY0 = DM(_DIR_eiuElecCntrPre);
DM(_DIR_eiuElecCntrPre) = AR;
AR = AR - AY0;
AY0 = Encoder_ElecAngle_Coeff;
MR = AR * AY0(SU);

AR = DM(elecAngle);
AR = MR0 + AR;
DM(elecAngle) = AR;

//求三角函数值
AX1 = AR;
CALL _sinFuc;
DM(sinCosVal) = AX1;
AX1 = DM(elecAngle);
CALL _cosFuc;
DM(sinCosVal + 1) = AX1;

//读电流值
IOPG = ADC_Page;
MX0 = IO(ADC_XTRA0);
DM(crntABFb) = MX0;
MX0 = IO(ADC_XTRA4);
DM(crntABFb + 1) = MX0;

//Clarke 和 Park 变换
AX1 = crntABFb;
AY1 = sinCosVal;
SI = crntDQFb;
```

第 5 章　三相永磁同步伺服电动机的 ADSP 控制

```
        CALL _forwardClarkePark;
        //D 轴电流调节
        AR = DM(crntDQFb);
        AR = - AR;
        DM(crntDAdjustor) = AR;

        I1 = crntDAdjustor;
        I6 = crntDAdjustorCoeff;
        CALL _incPI32;
        AR = DM(dqVolt);
        AR = AR + AX1;
        //判断上下限
        AY0 = 0x1000;
        NONE = AR - AY0;
        IF LT JUMP __limit_up3;
        AR = 0x2000;
__limit_up3:
        AY0 = 0xE000;
        NONE = AR - AY0;
        IF GT JUMP __limit_down3;
        AR = 0xE000;
__limit_down3:
        DM(dqVolt) = AR;

        //Q 轴电流调节
        AR = crntQSet;
        AY0 = DM(crntDQFb + 1);
        AR = AR - AY0;
        DM(crntQAdjustor) = AR;

        I1 = crntQAdjustor;
        I6 = crntQAdjustorCoeff;
        CALL _incPI32;
        AR = DM(dqVolt + 1);
        AR = AR + AX1;
        //判断上下限
        AY0 = 0x1000;
        NONE = AR - AY0;
        IF LT JUMP __limit_up2;
        AR = 0x2000;
__limit_up2:
```

```
        AY0 = 0xE000;
        NONE = AR - AY0;
        IF GT JUMP __limit_down2;
        AR = 0xE000;
__limit_down2:
        DM(dqVolt + 1) = AR;
__svpwm:
      //SVPWM
        AX1 = dqVolt;
        AY1 = sinCosVal;
        SI = _DIR_pwmCH;
        CALL _svpwm;

        //送入占空比
        IOPG = PWM0_Page;
        AY0 = PWM_Deadtime_register;

        AR = DM(_DIR_pwmCH + 0);
        AR = AR - AY0;
        IO(PWM0_CHA) = AR;
        AR = DM(_DIR_pwmCH + 1);
        AR = AR - AY0;
        IO(PWM0_CHB) = AR;
        AR = DM(_DIR_pwmCH + 2);
        AR = AR - AY0;
        IO(PWM0_CHC) = AR;

__notAdjustCrnt:
        RTI(DB);
        DIS SEC_REG;
        DIS SEC_DAG;
_pwmSynchro_ISR.end;
/************Z信号锁存中断子程序*************/
_zeroFlag_ISR:
        IOPG = EIU0_Page;
        //清过零中断位
        AR = IO(EIU0_STAT);
        AR = SETBIT 6 OF AR;
        IO(EIU0_STAT) = AR;

        //过零时对last_count的调整
        AX0 = IO(EIZ0_LATCH_LO);
```

第5章 三相永磁同步伺服电动机的ADSP控制

```
    AY0 = DM(_DIR_eiuMechCntrPre);
    //电角度处理
    AR = PASS 0;
    DM(_DIR_eiuElecCntrPre) = AR;
    DM(elecAngle) = AR;
    //机械角度处理
    AR = IO(EIU0_STAT);
    AR = TSTBIT 1 OF AR;                          //判断计数方向
    IF EQ JUMP ___sub_count;                      //减计数跳转
___add_count:
    //last_count = L1 - (M + 1)
    AR = AY0 - AX0;
    DM(_DIR_eiuMechCntrPre) = AR;
    JUMP _zeroFlag_end;
___sub_count:
    //last_count = L1 + (M + 1)
    AR = AY0 + AX0;
    DM(_DIR_eiuMechCntrPre) = AR;
_zeroFlag_end:
    RTI(DB);
    DIS SEC_REG;
    DIS SEC_DAG;
_zeroFlag_ISR.end:
/**************编码器定时器中断子程序**************/
_eiuTimer_ISR:
    IOPG = EIU0_Page;
    AR = IO(EIU0_STAT);
    AR = SETBIT 5 OF AR;
    IO(EIU0_STAT) = AR;

    //计算机械角速度 Q15
    AR = IO(EET0_CNT_LO);
    MY0 = DM(_DIR_eiuMechCntrPre);
    DM(_DIR_eiuMechCntrPre) = AR;
    AR = AR - MY0;

    MY0 = EET_Velocity_Coeff;
    MR = MY0 * AR(US);
    SR = ASHIFT MR1 BY -4(HI);
    SR = SR OR LSHIFT MR0 BY -4(LO);              //SR0存放速度反馈值
```

```
    //速度调节
    AR = DM(mechSpeedSet);
    AR = AR - SR0;
    DM(speedAdjustor) = AR;

    I1 = speedAdjustor;
    I6 = speedAdjustorCoeff;
    CALL _incPI32;
    AR = DM(crntQSet);
    AR = AR + AX1;

    AY0 = 0x1000;
    NONE = AR - AY0;
    IF LT JUMP __limit_up1;
    AR = 0x1000;
__limit_up1:
    AY0 = 0xF000;
    NONE = AR - AY0;
    IF GT JUMP __limit_down1;
    AR = 0xF000;
__limit_down1:
    DM(crntQSet) = AR;

    RTI(DB);
    DIS SEC_REG;
    DIS SEC_DAG;
_eiuTimer_ISR.end:
/***********编码器错误中断子程序***********/
_eiuErr_ISR:
    IOPG = EIU0_Page;

    AR = IO(EIU0_STAT);
    AR = SETBIT 4 OF AR;
    IO(EIU0_STAT) = AR;

    //插入处理代码
    RTI(DB);
    DIS SEC_REG;
    DIS SEC_DAG;
_eiuErr_ISR.end:

/*************主程序****************/
.SECTION/PM program;
```

第5章 三相永磁同步伺服电动机的 ADSP 控制

```
__main:
/************* 系统配置 ****************/
___clock_init:
    IOPG = Clock_and_System_Control_Page;
    AR = 0x0190;                              //CCLK = CLKIN/2; HCLK = CCLK/2
    IO(PLLCTL) = AR;
___clock_init.end;
/************* 中断初始化 ***************/
___interrupt_init:
//关 PWM 错误中断 4、Z 信号锁存中断 5、eiu 错误中断 6、
//eiu 定时器中断 7、PWM 同步中断 8
    AR = IMASK;
    AX0 = 0x07E0;
    AR = AR OR AX0;
    IMASK = AR;

    IOPG = Interrupt_Controller_Page;
    AX0 = 0xFF04;
    IO(IPR2) = AX0;
    AX0 = 0xF213;
    IO(IPR3) = AX0;
    AX0 = 0xFFFF;
    IO(IPR0) = AX0;
    IO(IPR1) = AX0;
    IO(IPR4) = AX0;
    IO(IPR5) = AX0;
    IO(IPR6) = AX0;
    IO(IPR7) = AX0;

    IO(PIMASKHI) = AX0;
    IO(PIMASKLO) = AX0;
___interrupt_init.end;
/************* I/O 初始化 *************/
___io_init:
    IOPG = FIO_Page;
    AX0 = 0x2000;
    IO(FIO_DIR) = AX0;                        //13 位输出,用于控制错误中断 LED

    AX0 = 0xFFFF;
    IO(FIO_FLAGC) = AX0;
```

___io_init.end;

/************ PWM 模块初始化 **********/

___pwm_init:

```
    IOPG = PWM0_Page;

    AX1 = 0;
    IO(PWM_SI) = AX1;
    IO(PWM0_GATE) = AX1;
    IO(PWM0_SEG) = AX1;
    AX1 = PWM_Syncwidth_register;
    IO(PWM0_SYNCWT) = AX1;
    AX1 = PWM_Deadtime_register;
    IO(PWM0_DT) = AX1;
    AX1 = PWM_Period_register;
    IO(PWM0_TM) = AX1;
    AR = - AX1;                             //禁止输出
    IO(PWM0_CHA) = AR;
    IO(PWM0_CHB) = AR;
    IO(PWM0_CHC) = AR;
    AX1 = 0x0002;
    IO(PWM0_CTRL) = AX1;
```
___pwm_init.end;

/************** ADC 初始化 ****************/

___ad_init:

```
    IOPG = ADC_Page;

    AX1 = 0x2807;                           //软件启动 ADC
    IO(ADC_CTRL) = AX1;
    AX1 = 0xE4;
    IO(ADC_COUNTA) = AX1;
    IO(ADC_COUNTB) = AX1;
```

___ad_init.end;

/*************编码器初始化 **************/

___eiu_init:

```
    IOPG = EIU0_Page;
    AR = 0x001A;
    IO(EIU0_CTRL) = AR;                     //定时器到锁存 EET,Z 脉冲复位,单复位模式
    AX0 = 0x3;
```

第5章 三相永磁同步伺服电动机的 ADSP 控制

```
    IO(EIU0_FILTER) = AX0;

    AX0 = EET_Period_register;
    IO(EIU0_PERIOD) = AX0;
    IO(EIU0_TIMER) = AX0;

    AX0 = 0;
    IO(EIU0_SCALE) = AX0;                    //Hclock 进行分频

    AX0 = 1;
    IO(EET0_N) = AX0;

    AX0 = 0x0000;
    IO(EIU0_MAXCNT_HI) = AX0;
    AX0 = EIU_Counter_Max;
    IO(EIU0_MAXCNT_LO) = AX0;

___eiu_init.end:
/*************检测初始位置****************/
//读霍尔传感器值
    IOPG = FIO_Page;
    AR = IO(FIO_DATA_IN);
    AX0 = 0x000E;
    AR = AR AND AX0;

    AY0 = 0x0004;
    NONE = AR - AY0;
    IF EQ JUMP __30deg;
    AX0 = 0x000C;
    NONE = AR - AY0;
    IF EQ JUMP __90deg;
    AX0 = 0x0008;
    NONE = AR - AY0;
    IF EQ JUMP __150deg;
    AX0 = 0x000A;
    NONE = AR - AY0;
    IF EQ JUMP __neg150deg;
    AX0 = 0x0002;
    NONE = AR - AY0;
    IF EQ JUMP __neg90deg;
    AX0 = 0x0006;
    NONE = AR - AY0;
    IF EQ JUMP __neg30deg;
```

```
        JUMP __defaultdeg;
    __30deg:
        AX0 = 0x1555;
        DM(elecAngle) = AX0;
        JUMP __initAngle.end;
    __90deg:
        AX0 = 0x4000;
        DM(elecAngle) = AX0;
        JUMP __initAngle.end;
    __150deg:
        AX0 = 0x6AAB;
        DM(elecAngle) = AX0;
        JUMP __initAngle.end;
    __neg150deg:
        AX0 = 0x9555;
        DM(elecAngle) = AX0;
        JUMP __initAngle.end;
    __neg90deg:
        AX0 = 0xC000;
        DM(elecAngle) = AX0;
        JUMP __initAngle.end;
    __neg30deg:
        AX0 = 0xEAAB;
        DM(elecAngle) = AX0;
        JUMP __initAngle.end;
    __defaultdeg:
        AX0 = 0;
        DM(elecAngle) = AX0;

        //求三角函数值
        AX1 = DM(elecAngle);
        CALL _sinFuc;
        DM(sinCosVal) = AX1;

        AX1 = DM(elecAngle);
        CALL _cosFuc;
        DM(sinCosVal + 1) = AX1;

    __initAngle.end:

        //角度强制
```

```
        //启动 PWM
        IOPG = PWM0_Page;
        AR = IO(PWM0_CTRL);
        AX0 = 0x0001;
        AR = AR OR AX0;
        IO(PWM0_CTRL) = AR;
        ENA INT;

        //延时
        AR = 300;
        DM(_DIR_Timer) = AR;
__delaytime:
        AY0 = DM(_DIR_Timer);
        AF = PASS AY0;
        IF NE JUMP    __delaytime;
        DIS INT;

        //电角度加 90°
        AR = DM(elecAngle);
        AR = AR + 0x4000;
        DM(elecAngle) = AR;

        //设定速度
        MY0 = SPEED_SET;
        AR = SPEED_COEF;
        MR = MY0 * AR(US);                        //整数乘法
        SR = ASHIFT MR1 BY -8(HI);
        SR = SR OR LSHIFT MR0 BY -8(LO);
        DM(mechSpeedSet) = SR0;

        //启动 EIU
        IOPG = EIU0_Page;
        AR = PASS 0;
        IO(EIU0_CNT_LO) = AR;
        AR = IO(EIU0_CTRL);
        AX0 = 0x0020;
        AR = AR OR AX0;
        IO(EIU0_CTRL) = AR;

        //启动 ADC
        IOPG = ADC_Page;
        AR = IO(ADC_SOFTCONVST);
```

```
        AX0 = 0x0001;
        AR = AR OR AX0;
        IO(ADC_SOFTCONVST) = AR;

        AX0 = DM(state);                            //进入闭环调节
        AR = SETBIT 4 OF AX0;                       //置标志位
        DM(state) = AR;
        ENA INT;

        do __deadhere Until Forever;
__deadhere:
        nop;
/**************三角函数计算子程序****************/
.SECTION/PM data2;
.VAR sin_coeff[5] = 0x5,0xFF67,0x0A33,0xAD51,0x4910;
.SECTION/PM program;
_cosFuc:
        DIS AR_SAT;
        AX0 = PI_OVER2;
        AR = AX0 - AX1;                             //cos(x) = sin(PI_2 - x)
        AX1 = AR;
_sinFuc:
        I0 = sin_coeff;M0 = 1; L0 = length(sin_coeff);
        AX0 = I0; REG(B0) = AX0;
        AY1 = PI_OVER2;
        NONE = AX1 - AY1;
        IF NE JUMP not_S_PI_2;                      //sin(PI_2)?
        JUMP ___Trigle_end(DB);
        AR = 0x7FFF;
        NOP;
not_S_PI_2:
        AY1 = NE_PI_OVER2;
        NONE = AX1 - AY1;
        IF NE JUMP not_S_nePI_2;                    //sin(-PI_2)?
        JUMP ___Trigle_end(DB);
        AR = 0x8000;
        NOP;
not_S_nePI_2:
        AR = ABS AX1;
        AY0 = PI_OVER2;
```

```
        NONE = AR - AY0;
        IF LE JUMP less;
        AY1 = 0x8000;
        AR = AY1 - AX1;
        AX1 = AR;
less:
        SR = ASHIFT AX1 BY 1(HI);
        MX0 = SR1;
Chev:                                           //Chebyshev 算式
        MR = MX0 * MX0(SS);
        MY0 = MR1;
        AR = DM(I0 + = M0);
        CNTR = 4;
        DO CHE UNTIL CE;
        MR = AR * MY0(SS),AY0 = DM(I0 + = M0);
        CHE: AR = MR1 + AY0;
        MR = AR * MX0(SS);
        SAT MR;
        AR = MX0 + MR1;
___Trigle_end:
        RTS(DB);
        AX1 = AR;
        NOP;
_sinFuc.end:
_cosFuc.end:
/***************Park 逆变换和 SVPWM 子程序 *****************/
.SECTION/DM data1;
.VAR _DIR_refframe_temp[4];                     //矢量运算中的临时变量
.SECTION/PM program;
_svpwm:
_refframe_Reverse_Park:                         //Park 逆变换
        I6 = _DIR_refframe_temp;                //临时变量
        I1 = AX1;
        MY0 = DM(I1 + 0);                       //$V_d$
        MX0 = DM(I1 + 1);                       //$V_q$
        I1 = AY1;
        MY1 = DM(I1 + 0);                       //sin
        MX1 = DM(I1 + 1);                       //cos
```

```
        MR = MX1 * MY0(SS);                    //MR = $V_d \times \cos(p)$
        MR = MR - MX0 * MY1(SS);               //MR = $V_d \times \cos(p) - V_q \times \sin(p)$
        SAT MR;
        AX1 = MR1;                             //x 轴 $V_a$
        MR = MY0 * MY1(SS);                    //MR = $V_d \times \sin(p)$
        MR = MR + MX0 * MX1(SS);               //MR = $V_d \times \sin(p) + V_q \times \cos(p)$
        SAT MR;
        AX0 = MR1;                             //y 轴 $V_b$
_refframe_Reverse_Park.end:
_Calc_Duration_Sector:
        SR = ASHIFT AX1 BY -1(HI);
        AR = AX1 + SR1;                        //$3/2 \times V_x$
        AY1 = AR;
        AX1 = 0;                               //record N_Sector
        AY0 = ROOT3_OVER2;                     //AY0 = 3^0.5/2
        MR = AX0 * AY0(SS);
        MX1 = MR1;                             //MR1 = $3^0.5/2 \times V_y$
        SR = ASHIFT MR1 BY 1(HI);              //X/T
        DM(I6 + 0) = SR1;
        NONE = PASS SR1;
        IF LE JUMP point1;
        AR = AX1 + 1;                          //if>0,N_Sector + 1
        AX1 = AR;
point1:
        AR = MX1 + AY1;                        //MR = $3^0.5 \times V_y + 3/2 \times V_x$
        DM(I6 + 1) = AR;

        NONE = PASS AR;
        IF GE JUMP point2;
        AR = AX1 + 4;                          //if<0,N_Sector + 4
        AX1 = AR;
point2:
        AR = MX1 - AY1;                        //MR = $3^0.5 \times V_y - 3/2 \times V_x$
        DM(I6 + 2) = AR;

        NONE = PASS AR;
        IF GE JUMP point3;
        AR = AX1 + 2;                          //if<0,N_Sector + 2
        AX1 = AR;
point3:
```

```
        DM(I6 + 3) = AX1;                           //Sector
_Calc_Duration_Sector.end:
        I1 = I6;
        I6 = SI;                                    //pwmCH 指针
_Svpwm_Ontimes:
        AY1 = N_Sector;
        AR = DM(I1 + 3);                            //Sector
        AR = AR + AY1;
        I0 = AR;
        JUMP(I0);
N_Sector:
        JUMP Sector0_7;
        JUMP Sector1;
        JUMP Sector2;
        JUMP Sector3;
        JUMP Sector4;
        JUMP Sector5;
        JUMP Sector6;
        JUMP Sector0_7;
Sector1:                                            //S2
        SR0 = DM(I1 + 2);                           //Z
        SR1 = DM(I1 + 1);                           //Y

        AY0 = SR0;
        AY1 = SR1;
        CALL Ontime_calc;
        DM(I6 + = 1) = AY0;                         //Ton2
        DM(I6 + = 1) = AX0;                         //Ton1
        DM(I6 + = 1) = MR1;                         //Ton3
        RTS;
Sector2:                                            //S6
        SR0 = DM(I1 + 1);                           //Y
        SR1 = DM(I1 + 0);

        AR = - SR1;
        SR1 = AR;                                   // - X

        AY0 = SR0;                                  //Y
        AY1 = SR1;                                  // - X
        CALL Ontime_calc;
        DM(I6 + = 1) = AX0;                         //Ton1
```

```
        DM(I6 + = 1) = MR1;                    //Ton3
        DM(I6 + = 1) = AY0;                    //Ton2
        RTS;
    Sector3:                                   //S1
        SR0 = DM(I1 + 2);
        AR = - SR0;
        SR0 = AR;                              // - Z
        SR1 = DM(I1 + 0);                      //X
        AY0 = SR0;
        AY1 = SR1;
        CALL Ontime_calc;
        DM(I6 + = 1) = AX0;                    //Ton1
        DM(I6 + = 1) = AY0;                    //Ton2
        DM(I6 + = 1) = MR1;                    //Ton3
        RTS;
    Sector4:                                   //S4
        SR0 = DM(I1 + 0);
        AR = - SR0;
        SR0 = AR;                              // - X
        SR1 = DM(I1 + 2);                      //Z
        AY0 = SR0;
        AY1 = SR1;
        CALL Ontime_calc;
        DM(I6 + = 1) = MR1;                    //Ton3
        DM(I6 + = 1) = AY0;                    //Ton2
        DM(I6 + = 1) = AX0;                    //Ton1
        RTS;
    Sector5:                                   //S3
        SR0 = DM(I1 + 1);
        AR = - SR0;
        SR0 = AR;                              // - Y
        SR1 = DM(I1 + 0);                      //X
        AY0 = SR1;                             //X
        AY1 = SR0;                             // - Y
        CALL Ontime_calc;
        DM(I6 + = 1) = MR1;                    //Ton3
        DM(I6 + = 1) = AX0;                    //Ton1
```

```
        DM(I6 + = 1) = AY0;                        //Ton2
        RTS;
Sector6:                                           //S5
        SR0 = DM(I1 + 1);                          //Y
        AR = - SR0;
        SR0 = AR;                                  //- Y
        SR1 = DM(I1 + 2);                          //Z

        AR = - SR1;
        SR1 = AR;                                  //- Z
        CALL Ontime_calc(DB);
        AY0 = SR0;                                 //- Y
        AY1 = SR1;                                 //- Z

        DM(I6 + = 1) = AY0;                        //Ton2
        DM(I6 + = 1) = MR1;                        //Ton3
        DM(I6 + = 1) = AX0;                        //Ton1
        RTS;
Sector0_7:
        AR = 0;
        DM(I6 + = 1) = AR;
        DM(I6 + = 1) = AR;
        DM(I6 + = 1) = AR;

        RTS;
_Svpwm_Ontimes.end:
_svpwm.end:

/**************计算占空比寄存器的值子程序************/
Ontime_calc:                                       //IN:AY0、AY1; OUT:AX0、AY0、MR1
        MX1 = PWM_Period_register;                 //MX1 - >Tpwm, AY0 - >T1, AY1 - >T2
        AR = AY0 + AY1;
        SR = ASHIFT AR BY - 1(HI);                 //Ton1
        MR = SR1 * MX1(SU);                        //Ton1 * Tpwm
        AX0 = MR1;                                 //tTon1
        AR = SR1 - AY0;
        AX1 = AR;                                  //Ton2
        MR = AR * MX1(SU);
        AY0 = MR1;                                 //tTon2
        RTS(DB);
        AR = AX1 - AY1;                            //Ton3
        MR = AR * MX1(SU);                         //tTon3
```

```
Ontime_calc.end;
/ ***************Clark 和 Park 变换子程序 ****************/
.SECTION/PM program;
_forwardClarkePark:
_refframe_Forward_Clarke:
    I1 = AX1;
    AR = DM(I1 + 0);                        //$I_t = I_A$
    MY0 = INVERSE_ROOT3;                    //$1/3^{0.5}$
    MX0 = DM(I1 + 1);
    MR = MX0 * MY0(SS);                     //MR = $1/3^{0.5} \times I_A$
    SR = ASHIFT MR1 BY 1(HI);
    SR = SR OR LSHIFT MR0 BY 1(LO);         //$2/3^{0.5} \times I_B$
    SR = SR + AR * MY0(SS);                 //$I_m = 1/3^{0.5} \times (I_A + 2I_B)$
    SAT SR;                                 //$I_m$
_refframe_Forward_Clarke.end;
_refframe_Forward_Park:
    MY0 = DM(I1 + 0);                       //$I_t$
    MX0 = SR1;                              //$I_m$

    I1 = AY1;
    MY1 = DM(I1 + 0);                       //sin
    MX1 = DM(I1 + 1);                       //cos
    I6 = SI;                                //$d_q$ 轴输出电流指针
    MR = MX1 * MY0(SS);                     //MR = $I_t \times \cos(p)$
    MR = MR + MX0 * MY1(SS);                //MR = $I_t \times \cos(p) + I_m \times \sin(p)$
    SAT MR;
    DM(I6 + 0) = MR1;                       //直轴 $I_d$
    MR = MX0 * MX1(SS);                     //MR = $I_t * \sin(p)$
    MR = MR - MY0 * MY1(SS);                //MR = $I_m * \cos(p) - I_t * \sin(p)$
    SAT MR;
    DM(I6 + 1) = MR1;                       //交轴 $I_q$
_refframe_Forward_Park.end;
    RTS;
_forwardClarkePark.end;
/ ***************增量式 PI 调节子程序 ********************/
.SECTION/PM program;
_incPI32:
    M6 = 1;
    MX0 = DM(I1 + 0);                       //Err[$k$]
    MX1 = DM(I1 + 1);                       //Err[$k-1$]
```

```
        AR = MX0 - MX1;                          //delta_Err[k]
        DM(I1 + 1) = MX0;                        //Err[k] -> Err[k-1]

        MY0 = DM(I6 + 0);                        //A0
        MR = AR * MY0(SS);                       //A0 × delta_Err[k]

        MY0 = DM(I6 + 1);                        //A1
        MR = MR + MX0 * MY0(SS);                 //delta_U[k] = A0 × delta_Err[k] + A1 × Err[k]

        MY0 = DM(I6 + 2);
        AR = - MY0;
        AR = AR - 1;
        SE = AR;
        SR = ASHIFT MR1(HI);
        SR = SR OR LSHIFT MR0(LO);
        RTS(DB);
        SAT SR;
        AX1 = SR0;
_incPI32.end:
//end of file
/******************常数定义********************/
#ifndef constant_INCLUDED
#define constant_INCLUDED

/******************常系数定义,Q15格式********************/
#define SPEED_SET 300                            //设定角速度 r/min
#define SPEED_COEF 0x0577                        //将角速度转化为角速度 PU 值

#define PI_OVER2              0x4000             //pi/2
#define NE_PI_OVER2           0xC000             //- pi/2
#define ROOT2_OVER2           0x5A82             //2^0.5/2
#define ROOT3_OVER2           0x6EDA             //3^0.5/2
#define INVERSE_ROOT3         0x49E7             //- 3^0.5
#define NE_1_OVER2            0xC000             //3^0.5
#define POS_1_OVER2           0x4000

#define PI_h 3.14159265                          //用于此头文件计算


/******************控制器参数定义********************/
/* 内核时钟 */
#define  In_Clock 50000                          //Crystal clock frequency [kHz]
#define  H_Clock In_Clock/4                      //[kHz]

/* PWM模块 */
```

```c
#define    PWM_DeadTime 8000                    //Desired deadtime [nsec]
#define    PWM_Freq 5                           //[kHz]
#define    PWM_Syncpulse 440                    //Desired sync pulse time [nsec]
#define    PWM_Period_register H_Clock/PWM_Freq/2    //half of PWM period
#define    PWM_Deadtime_register PWM_DeadTime * H_Clock/1000000/2
#define    PWM_Syncwidth_register PWM_Syncpulse * H_Clock/1000000 - 1

/*EUI 模块*/
#define    EET_Freq 500                         //[Hz]
#define    EET_Clock_Divid_Ratio 1              //H_clock/EET_Freq。设定 EIU0_SCALE
#define    EET_Period_register H_Clock * 1000/EET_Clock_Divid_Ratio/EET_Freq

/*ADC 模块*/
#define    ADC_Clock_Divid_Ratio 16             //H_Clock/ADC_Clock 设定 ADC_CTRL

/******************电动机相关系数********************/
#define    DC_Voltage 314                       //直流母线电压,V

#define    Current_Max 3                        //测量最大电流,A
#define    Pole_Pairs 4                         //极对数

#define    Speed_Max 3000                       //额定转速,r/min
#define    Velocity_Max 314                     //最大角速度,rad/s

#define    Winding_Resistance 15                //电动机绕组电阻,Ω
#define    Unload_Voltage 50                    //永磁体在线圈中产生的电动势,V
#define    Winding_Inductanc 24                 //电动机绕组电感,mH

#define    Encoder_Line 2500                    //编码器线数,线

/********************电流调节器模块*********************/
//绕组电阻计算值,Q15.
#define    Rs_Coeff 32768 * Winding_Resistance * Current_Max/Vector_Max

//空载电动式计算值,Q15.
#define    e0_Coeff 32768 * Unload_Voltage * Current_Max/Vector_Max

//绕组电感计算值,Q15. Pole_Pairs * Velocity_Max 为电角速度最大值
#define    Lq_Coeff 32768 * Winding_Inductanc * Current_Max * \
           Pole_Pairs * Velocity_Max/Vector_Max/1000

/******************角度系数计算模块*******************/
#define    EIU_Counter_Max Encoder_Line * 4 - 1  //编码器计数器最大记录值 Q0
#define    EET_Velocity_Coeff 262                //EET 计数值→机械角速度转化系数(Q18)
                                                 //500 Hz 下 Q8 格式
#define    Encoder_ElecAngle_Coeff 26            //编码器计数值→电角度转化系数(Q15)
#endif
```

第 6 章 步进电动机的 ADSP 控制

步进电动机是纯粹的数字控制电动机,它将电脉冲信号转变成角位移,即给一个脉冲信号,步进电动机就转动一个角度。近 30 年来,数字技术、计算机技术和永磁材料的迅速发展,推动了步进电动机的发展,为步进电动机的应用开辟了广阔的前景。

步进电动机有如下特点:

① 步进电动机的角位移与输入脉冲数严格成正比,因此,当它转一转后,没有累计误差,具有良好的跟随性。

② 由步进电动机与驱动电路组成的开环数控系统,既非常简单、廉价,又非常可靠。同时,它也可以与角度反馈环节组成高性能的闭环数控系统。

③ 步进电动机的动态响应快,易于起停、正反转及变速。

④ 速度可在相当宽的范围内平滑调节,低速下仍能保证获得大转矩,因此,一般可以不用减速器而直接驱动负载。

⑤ 步进电动机只能通过脉冲电源供电才能运行,它不能直接使用交流电源和直流电源。

⑥ 步进电动机存在振荡和失步现象,必须对控制系统和机械负载采取相应的措施。

⑦ 步进电动机自身的噪声和振动较大,带惯性负载的能力较差。

6.1 步进电动机的工作原理

6.1.1 步进电动机的结构

1. 步进电动机的分类

步进电动机可分为 3 大类:

① 反应式步进电动机(Variable Reluctance,VR)。反应式步进电动机的转子是由软磁材料制成的,转子中没有绕组。它的结构简单,成本低,步距角可以做得很小,但动态性能较差。

② 永磁式步进电动机(Permanent Magnet,PM)。永磁式步进电动机的转子是用永磁材

料制成的,转子本身就是一个磁源。它的输出转矩大,动态性能好。转子的极数与定子的极数相同,因此步距角一般较大,需给该电动机提供正负脉冲信号。

③ 混合式步进电动机(Hybrid,Hb)。混合式步进电动机综合了反应式和永磁式两者的优点,它的输出转矩大,动态性能好,步距角小,但结构复杂,成本较高。

2. 步进电动机的结构

图 6-1 是一个三相反应式步进电动机结构图。从图中可以看出,它分成转子和定子两部分。定子是由硅钢片叠成的,有 6 个磁极(大极),每两个相对的磁极(N、S 极)组成一对,共有 3 对。每对磁极都缠有同一绕组,也即形成一相,这样三对磁极有三个绕组,形成三相。可以得出,四相步进电动机有四对磁极、四相绕组;五相步进电动机有五对磁极、五相绕组……依此类推。每个磁极的内表面都分布着多个小齿,它们大小相等,间距相同。

转子是由软磁材料制成的,其外表面也均匀分布着小齿。这些小齿与定子磁极上小齿的齿距相同,形状相似。

由于小齿的齿距相同,所以不管是定子还是转子,它们的齿距角都可以由下式来计算:

$$\theta_z = 2\pi/Z \tag{6-1}$$

式中:Z 为转子的齿数。

反应式步进电动机运动的动力来自于电磁力。在电磁力的作用下,转子被强行推动到最大磁导率(或者最小磁阻)的位置,如图 6-2(b)所示,即定子小齿与转子小齿对齐的位置,并处于平衡状态。对三相步进电动机来说,当某一相的磁极处于最大磁导位置时,另外两相必须处于非最大磁导位置,如图 6-2(a)所示,即定子小齿与转子小齿不对齐的位置。

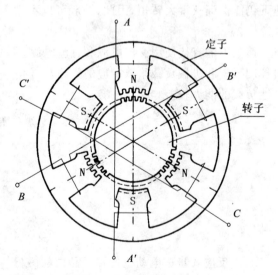

图 6-1 三相反应式步进电动机结构

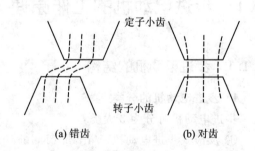

图 6-2 定子齿与转子齿间的磁导现象

把定子小齿与转子小齿对齐的状态称为对齿;把定子小齿与转子小齿不对齐的状态称为错齿;错齿的存在是步进电动机能够旋转的前提条件。因此,在步进电动机的结构中必须保证有错齿存在,也就是说,当某一相处于对齿状态时,其他相必须处于错齿状态。

定子的齿距角与转子相同,所不同的是,转子的齿是圆周分布的,而定子的齿只分布在磁极上,属于不完全齿。当某一相处于对齿状态时,该相磁极上定子的所有小齿都与转子上的小齿对齐。

6.1.2 步进电动机的工作方式

1. 步进电动机的步进原理

如果给处于错齿状态的相通电,则转子在电磁力的作用下,将向磁导率最大(或磁阻最小)的位置转动,即向趋于对齿的状态转动。步进电动机就是基于这一原理转动的。

步进电动机步进的过程也可通过图 6-3 进一步说明。当开关 K_A 合上时,A 相绕组通电,使 A 相磁场建立。A 相定子磁极上的齿与转子的齿形成对齿,同时,B 相、C 相上的齿与转子形成错齿。

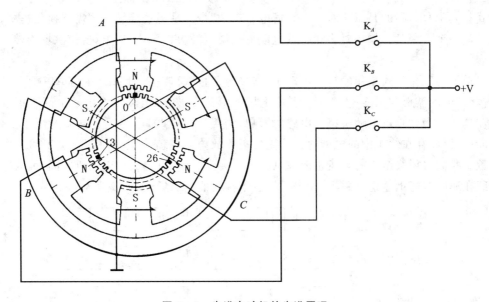

图 6-3 步进电动机的步进原理

将 A 相断电,同时将 K_B 合上,使处于错 1/3 个齿距角的 B 相通电,并建立磁场。转子在电磁力的作用下,向与 B 相成对齿的位置转动。其结果是:转子转动 1/3 个齿距角;B 相与转子形成对齿;C 相与转子错 1/3 个齿距角;A 相与转子错 2/3 个齿距角。

相似地,在 B 相断电的同时,合开关 K_C 给 C 相通电建立磁场。转子又转动 1/3 个齿距角,与 C 相形成对齿,并且 A 相与转子错 1/3 个齿距角,B 相与转子错 2/3 个齿距角。

当 C 相断电,再给 A 相通电时,转子又转动 1/3 个齿距角,与 A 相形成对齿,与 B、C 两相形成错齿。至此,所有的状态与最初时一样,只不过转子累计转过一个齿距。

可见,由于按 A—B—C—A 顺序轮流给各相绕组通电,磁场按 A—B—C 方向转过 360°,转子则沿相同方向转过一个齿距角。

同样,如果改变通电顺序,即按与上面相反的方向(A—C—B—A 的顺序)通电,则转子的转向也改变。

如果对绕组通电一次的操作称为一拍,那么前面所述的三相反应式步进电动机的三相轮流通电就需要三拍。转子每拍走一步,转一个齿距角需要三步。

转子走一步所转过的角度称为步距角 θ_N,可用下式计算:

$$\theta_N = \frac{\theta_Z}{N} = \frac{2\pi}{NZ} \tag{6-2}$$

式中:N 为步进电动机的工作拍数。

2. 单三拍工作方式

三相步进电动机如果按 A—B—C—A 方式循环通电工作,就称这种工作方式为单三拍工作方式。其中"单"指的是每次对一个相通电;"三拍"指的是磁场旋转一周需要换相三次,此时转子转动一个齿距角。如果对多相步进电动机来说,每次只对一相通电,要使磁场旋转一周就需要多拍。

以单三拍工作方式工作的步进电动机,其步距角按式(6-2)计算。在用单三拍方式工作时,各相通电的波形如图 6-4 所示。其中电压波形是方波;而电流波形则是由两段指数曲线组成。这是因为受步进电动机绕组电感的影响,当绕组通电时,电感阻止电流的快速变化;当绕组断电时,储存在绕组中的电能通过续流二极管放电。电流的上升时间取决于回路中的时间常数。我们希望绕组中的电流也能像电压一样突变,这一点与其他电动机不同,因为这样会使绕组在通电时能迅速建立磁场,断电时不会干扰其他相磁场。

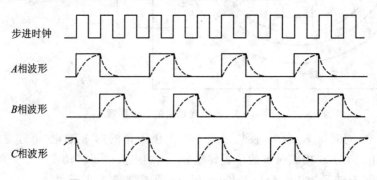

图 6-4 单三拍工作方式时的相电压、电流波形

为了达到这一目的可以有许多方法,在续流二极管回路中串联一个电阻是其中一种有效的方法。该方法可以在绕组断电时,通过续流二极管将储存在绕组中的电能消耗在电阻上,表现为电流波形下降的速度加快,下降时间减小。

3. 双三拍工作方式

三相步进电动机的各相除了采用单三拍方式通电工作外,还可以有其他通电方式。双三拍是其中之一。

双三拍的工作方式是每次对两相同时通电,即所谓"双";磁场旋转一周需要换相三次,即所谓"三拍",转子转动一个齿距角,这与单三拍是一样的。在双三拍工作方式中,步进电动机正转的通电顺序为 $AB-BC-CA$;反转的通电顺序为 $BA-AC-CB$。

因为在双三拍工作方式中,转子转动一个齿距角需要的拍数也是三拍,所以,它的步距角与单三拍时一样,仍然用式(6-2)求得。

在用双三拍方式工作时,各相通电的波形如图 6-5 所示。由图可见,每一拍中,都有两相通电,每一相通电时间都持续两拍。因此,双三拍通电的时间长,消耗的电功率大,当然,获得的电磁转矩也大。

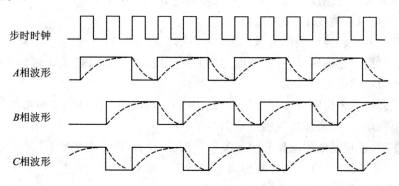

图 6-5 双三拍工作方式的相电压、电流波形

双三拍工作时,所产生的磁场形状与单三拍时不一样,如图 6-6 所示。与单三拍另一个不同之处在于,双三拍工作时的磁导率最大位置并不是转子处于对齿的位置。当某两相通电时,最大磁导率的位置是转子齿与两个通电相磁极的齿分别错 $\pm 1/6$ 个齿距角的位置,而此时转子齿与另一未通电相错 $1/2$ 个齿距角。也就是说,在最大磁导率位置时,没有对齿存在。在这个位置上,两个通电相的磁极所产生的磁场,使定子与转子相互作用的电磁转矩大小相等,方向相反,使转子处于平衡状态。

双三拍方式还有一个优点,这就是不易产生失步。这是因为当两相通电后,两相绕组中的电流幅值不同,产生的电磁力作用方向也不同。因此,其中一相产生的电磁力起了阻尼作用。绕组中电流越大,阻尼作用就越大,这有利于步进电动机在低频区工作。而单三拍由于是单相通电励磁,不会产生阻尼作用。因此当工作在低频区时,由于通电时间长而使能量过大,易产

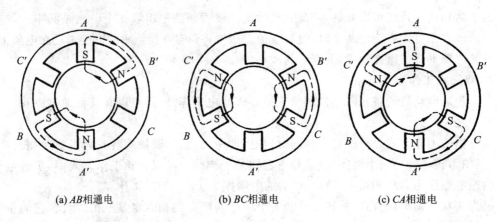

(a) AB相通电　　(b) BC相通电　　(c) CA相通电

图 6-6　双三拍工作时的磁场情况

生失步现象。

4. 六拍工作方式

六拍工作方式是三相步进电动机的另一种通电方式。这是单三拍与双三拍交替使用的一种方法，也称做单双六拍或 1—2 相励磁法。

步进电动机的正转通电顺序为 A—AB—B—BC—C—CA；反转通电顺序为 A—AC—C—CB—B—BA。可见，磁场旋转一周，通电需要换相六次（即六拍），转子才转动一个齿距角，这是与单三拍和双三拍最大的区别。

由于转子转动一个齿距角需要六拍，根据式(6-2)，六拍工作时的步距角要比单三拍和双三拍时的步距角小一半，所以步进精度要高一倍。

六拍工作时，各相通电的电压和电流波形如图 6-7 所示。可以看出，在使用六拍工作方式时，有三拍是单相通电，有三拍是双相通电。对任一相来说，它的电压波形是一个方波，周期为六拍，其中有三拍连续通电，有三拍连续断电。

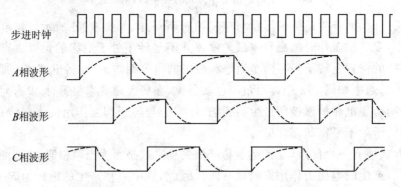

图 6-7　六拍工作方式时的相电压、电流波形

单三拍、双三拍、六拍这3种工作方式的区别见表6-1。

由表6-1可以看出,这3种工作方式的区别较大,一般来说,六拍工作方式的性能最好,单三拍工作方式的性能较差。因此,在步进电动机控制的应用中,选择合适的工作方式非常重要。

表6-1 3种工作方式的比较

工作方式	单三拍	双三拍	六拍	工作方式	单三拍	双三拍	六拍
步进周期	T	T	T	转矩	小	中	大
每相通电时间	T	$2T$	$3T$	电磁阻尼	小	较大	较大
走齿周期	$3T$	$3T$	$6T$	振荡	易	较易	不易
相电流	小	较大	最大	功耗	小	大	中
高频性能	差	较好	较好				

以上介绍了三相步进电动机的工作方式。对于多相步进电动机,也可以有几种工作方式。例如四相步进电动机,有单四拍A—B—C—D、双四拍AB—BC—CD—DA、八拍A—AB—B—BC—C—CD—D—DA,或者AB—ABC—BC—BCD—CD—CDA—DA—DAB。同样,读者可以自己推得五相步进电动机的工作方式。

6.2 步进电动机的ADSP控制方法

步进电动机的驱动电路是根据控制信号工作的。在步进电动机的ADSP控制中,控制信号是由ADSP产生的。其基本控制作用如下:

➤ 控制换相顺序。步进电动机的通电换相顺序是严格按照步进电动机的工作方式进行的。通常我们把通电换相这一过程称为"脉冲分配"。例如,三相步进电动机的单三拍工作方式,其各相通电的顺序为A—B—C,通电控制脉冲必须严格地按照这一顺序分别控制A、B、C相的通电和断电。

➤ 控制步进电动机的转向。通过前面介绍的步进电动机原理已经知道,如果按给定的工作方式正序通电换相,步进电动机就正转;如果按反序通电换相,则电动机就反转。例如四相步进电动机工作在单四拍方式,通电换相的正序是A—B—C—D,电动机就正转;如果按反序A—D—C—B,则电动机就反转。

➤ 控制步进电动机的速度。如果给步进电动机发一个控制脉冲,它就转一个步距角,再发一个脉冲,它会再转一个步距角。两个脉冲的间隔时间越短,步进电动机就转得越快。因此,脉冲的频率f决定了步进电动机的转速。

步进电动机的转速可由下式计算:

$$\omega = \theta_N f \tag{6-3}$$

当步进电动机的工作方式确定之后,调整脉冲的频率 f,就可以对步进电动机进行调速。下面介绍如何用 ADSP 实现上述控制。

6.2.1 步进电动机的脉冲分配

实现脉冲分配(也就是通电换相控制)的方法有两种:软件法和硬件法。

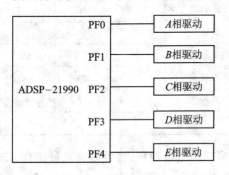

图 6-8 用软件实现脉冲分配的接口示意图

1. 通过软件实现脉冲分配

软件法是完全用软件的方式,按照给定的通电换相顺序,通过 ADSP-21990 的 I/O 口向驱动电路发出控制脉冲。图 6-8 就是用这种方法控制五相步进电动机的硬件接口例子。该例利用 ADSP-21990 的 PF0~PF4 引脚发出占空比 50% 的方波脉冲,向五相步进电动机各相传送控制信号。

下面以五相步进电动机工作在十拍方式为例,来说明如何设计软件。

五相十拍工作方式通电换相的正序为:

AB—ABC—BC—BCD—CD—CDE—DE—DEA—EA—EAB

共有 10 个通电状态。因为 ADSP 的 I/O 口控制需要清 0 寄存器(FLAGC)和置 1 寄存器(FLAGS)共同使用,所以这 10 个通电状态对应 10 对控制字。设计低电平有效,则这 10 对控制字见表 6-2。

利用 ADSP-21990 的定时器作为时钟源,设计定时器 TMR0 周期值为步进脉冲的周期,即 T_PRD0=1/f。当 TMR0 中断时,在中断处理子程序中,通过查表的方法,根据当前状态和转向查得控制字,将这对控制字送入 PF 口,来控制某相通断电,实现换相。

表 6-2 五相十拍工作方式的控制字

通电状态	PF4(E 相)	PF3(D 相)	PF2(C 相)	PF1(B 相)	PF0(A 相)	FLAGC/FLAGS
AB	1	1	1	0	0	0x03/0x1C
ABC	1	1	0	0	0	0x07/0x18
BC	1	1	0	0	1	0x06/0x19
BCD	1	0	0	0	1	0x0E/0x11
CD	1	0	0	1	1	0x0C/0x13
CDE	0	0	0	1	1	0x1C/0x03
DE	0	0	1	1	1	0x18/0x07

第6章 步进电动机的ADSP控制

续表6-2

通电状态	PF4(E 相)	PF3(D 相)	PF2(C 相)	PF1(B 相)	PF0(A 相)	FLAGC/FLAGS
DEA	0	0	1	1	0	0x19/0x06
EA	0	1	1	1	0	0x11/0x0E
EAB	0	1	1	0	0	0x13/0x0C

每送一对控制字,就完成一拍,步进电动机转过一个步距角。依次正序完成10次换相,步进电动机就会正向转动一个齿距角。如果按照控制字的反序查表,就会实现步进电动机的反转。

以下是根据上述原理设计的实现正反转脉冲分配子程序(TMR0 中断子程序)。

用 DIRECTION 作为转向标志,正转为 0,反转为 1;STATE 作为当前通电状态。

程序清单6-1 步进电动机实现正反转脉冲分配子程序(TMR0 中断子程序)

```
.section/data data1;                        //变量初始化
    .VAR DIRECTION = 0;                     //方向标志,0 为正转,1 为反转
    .VAR STATE = 0;                         //换相控制字标志 0~19
    .VAR ABC[] =
        0x03, 0x1C, 0x07, 0x18, 0x06, 0x19, 0x0E, 0x11, 0x0C, 0x13, 0x1C, 0x03, 0x18, 0x07,
        0x19, 0x06, 0x11, 0x0E, 0x13, 0x0C;  //10 对换相控制字
TMR0_IRQ:                                   //TMR0 中断子程序
    ENA SEC_REG, ENA SEC_DAG;               //使能辅助寄存器
    IOPG = FIO_PAGE;
    AX0 = DM(DIRECTION);                    //检测转向
    AR = TSTBIT 0x0 OF AX0;
    IF EQ JUMP CW;                          //0,正转则跳到 CW
    NOP;
CCW:
    AR = DM(STATE);                         //反转,换相控制字减 1
    AR = AR - 1;                            //检测换相控制字是否减到 0
    IF GE JUMP XX;                          //没到,则跳转
    NOP;
    AR = 19;                                //到了,则给 19
XX:
    Call TAB;                               //查表
    Nop;
    Nop;
    IO(FLAGS) = AX0;                        //送控制字
    AR = AR - 1;
```

```
        CALL TAB;                        //查第2个
        NOP;
        NOP;
        IO(FLAGC) = AX0;                 //送控制字
        JUMP ZZ;
    CW:
        AR = DM(STATE);                  //正转,换相控制字加1
        AX0 = 20;
        AR = AR - AX0;                   //检测换相控制字是否超过19
        IF LT JUMP YY;                   //没超过跳转
        NOP;
        AR = 0;                          //超过,则给0
    YY:
        Call TAB;                        //查表
        Nop;
        Nop;
        IO(FLAGC) = AX0;                 //送控制字
        AR = AR + 1;
        CALL TAB;                        //查第2个
        NOP;
        NOP;
        IO(FLAGS) = AX0;                 //送控制字
        AR = AR + 1;
    ZZ: DM(STATE) = AR;
        DIS SEC_REG,DIS SEC_REG;         //禁止辅助寄存器
        RTI;

    TAB:
        I0 = ABC;                        //查表首地址
        M0 = AR;                         //加偏移量
        AX0 = DM(I0 + M0);
        RTS
```

软件法是以牺牲ADSP机时和资源来换取系统的硬件成本降低。

2. 通过硬件实现脉冲分配

所谓硬件法实际上是使用脉冲分配器芯片来进行通电换相控制。脉冲分配器有很多种，如CH250、CH224、PMM8713、PMM8714、PMM8723等。这里介绍一种8713集成电路芯片。8713有几种型号，如三洋公司生产的PMM8713、富士通公司生产的MB8713、国产的5G8713等，它们的功能一样，可以互换。

8713是属于单极性控制，用于控制三相和四相步进电动机，可以选择以下不同的工作

方式:

三相步进电动机:单三拍、双三拍、六拍;

四相步进电动机:单四拍、双四拍、八拍。

8713可以选择单时钟输入或双时钟输入。具有正反转控制、初始化复位、工作方式和输入脉冲状态监视等功能。所有输入端内部都设有斯密特整形电路,以提高抗干扰能力。8713使用4~18 V直流电源,输出电流为20 mA。

8713有16个引脚。各引脚功能见表6-3。

表6-3 8713引脚功能

引脚	功能	说明
1	正转脉冲输入端	第1、2引脚为双时钟输入端
2	反转脉冲输入端	
3	脉冲输入端	第3、4引脚为单时钟输入端
4	转向控制端:0为反转;1为正转	
5	工作方式选择:00为双三(四)拍;01、10为单三(四)拍;11为六(八)拍	
6		
7	三/四相选择:0为三相;1为四相	
8	地	
9	复位端:低电平有效	
10	输出端:四相用第13、12、11、10引脚,分别代表A、B、C、D;三相用第13、12、11引脚,分别代表A、B、C	
11		
12		
13		
14	工作方式监视:0为单三(四)拍;1为双三(四)拍;脉冲为六(八)拍	
15	输入脉冲状态监视:与时钟同步	
16	电源	

8713脉冲分配器与ADSP-21990的接口例子见图6-9。本例8713选择单时钟输入方式。8713的第3引脚为步进脉冲输入端,第4引脚为转向控制端,这两个引脚的输入均可由ADSP-21990的辅助PWM单元输出AUX0和I/O口PF0提供和控制。选择对四相步进电动机进行八拍方式控制,因此8713的第5、6、7引脚均接高电平。

使用21990辅助PWM单元的AUX0,选择独立工作模式,按照设计要求给辅助PWM占空比寄存器AUXCH0和辅助PWM周期寄存器AUXTM0赋值后,就可以按预定要求自动

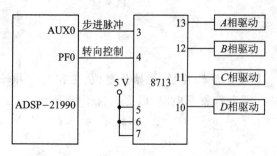

图 6-9　8713 脉冲分配器与 ADSP 接口

地发出 PWM 波。

本例采用系统外设时钟为 50 MHz(时钟周期为 20 ns),步进脉冲周期为 100 μs,占空比 50%,则由式(1-1)得:

$$T_{AUX0} = (AUXTM0 + 1) \times t_{CK} =$$
$$(AUXTM0 + 1) \times 20 \text{ ns} = 100 \text{ }\mu\text{s}$$

可知,辅助 PWM 周期寄存器 AUXTM0 值为 0x1387。

由式(1-3)得:

$$T_{ON,AUX0} = AUXCH0 \times t_{CK} = AUXCH0 \times 20 \text{ ns} = 50 \text{ }\mu\text{s}$$

可求得辅助 PWM 占空比寄存器 AUXCH0 值为 0x09C3。选用 PF0 口控制转向。初始化程序如下:

```
IOPG = FIO_Page;              //FIO 页地址
AX0 = 0x0001;
IO(FIO_DIR) = AX0;            //PF0 口设置为输出
IOPG = 0x0C;                  //辅助 PWM 单元页地址
AX0 = 0x1387;
IO(0x002) = AX0;              //AUXTM0
AX0 = 0x09C3;
IO(0x003) = AX0;              //AUXCH0
AX0 = 0x0111;
IO(0x000) = AX0;              //使能辅助 PWM 输出,独立模式
```

硬件法节约了 ADSP 的机时和资源。

6.2.2　步进电动机的速度控制(双轴联动举例)

如前所述,步进电动机的速度控制是通过控制 ADSP 发出的步进脉冲频率来实现的。不管是对于软脉冲分配方式,还是对于硬脉冲分配方式,都可以通过控制 ADSP 发出的脉冲周期值来控制步进脉冲的频率。周期值越大,步进脉冲的频率就越低,步进电动机的速度越慢。

对于软脉冲分配方式,ADSP 定时器的周期值决定周期中断的时刻,因此也决定执行换相的时刻。控制中只要改变定时器的周期值就可以改变电动机的速度。

对于硬脉冲分配方式,由于要在 AUXx 发出等宽步进脉冲方波,所以还要对辅助 PWM 占空比寄存器 AUXCHx 的值进行设置。采用独立模式输出时,占空比值应该等于周期值的一半,这样可使占空比为 50%。因此,在电动机调速时,除了要改变 AUXTMx 的周期值外,还要改变相应的占空比寄存器 AUXCHx 的值,以保证输出等宽步进脉冲方波。

以下结合多轴联动的例子来介绍步进电动机的速度控制方法。多轴联动指的是多台电动

机同时协调运动、控制空间运动轨迹的方法。它可以提高运动轨迹的精度。在多轴联动应用中,以两轴联动应用得最为普遍,例如绘图仪、XY 工作台等。

下面以两轴联动直线运动为例,介绍用 ADSP-21990 控制两台步进电动机实现两轴联动直线运动的编程方法。

设要控制运动从 A 点(x_A, y_A)运动到 B 点 (x_B, y_B),如图 6-10 所示,其中 A、B 点是四象限上的任意一点。

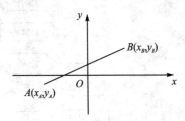

图 6-10 两轴联动直线运动

x 轴电动机运动的距离为 $d_x = x_B - x_A$;y 轴电动机运动的距离为 $d_y = y_B - y_A$;两台电动机同时开始运动,到达 B 点后停止,所用的时间 t 相同。因此,x 轴电动机运动的速度为:

$$d_x/t = n_x k/t \tag{6-4}$$

式中,k 是步进电动机的脉冲当量,单位为 $\mu m/P$;n_x 是 x 轴步进电动机的步数。它们的关系为:

$$n_x = d_x/k \tag{6-5}$$

步进电动机的步进频率为:

$$f_x = n_x/t = d_x/(kt) \tag{6-6}$$

则步进周期为:

$$T_x = 1/f_x = kt/d_x \tag{6-7}$$

对于 y 轴电动机的运动同样有:

$$n_y = d_y/k \tag{6-8}$$

$$T_y = kt/d_y \tag{6-9}$$

这样,只要计算出各电动机的步进周期和步数,就可以控制这两台电动机从 A 点沿直线运动到 B 点。

下面介绍程序设计。

本例中,设计长度为 32 位,单位为 0.1 μm;时间为 16 位,Q3 格式,单位为 s;脉冲当量 $k=0.4\ \mu m/P$,如果取单位为 0.1 $\mu m/P$,则常数 $k=4$;步进电动机的步数也设计为 32 位。

设计 PWM 模块的 AH 输出脉冲控制 x 轴步进电动机,PF0 口控制 x 轴电动机的转向;辅助 PWM 单元的 AUX0 口输出脉冲控制 y 轴电动机,PF1 口控制 y 轴电动机的转向。

设计 PWM 模块的 AH 输出采用单更新模式,方波输出(占空比 50%)。PWMTM(PWM 周期寄存器)和 PWMCHA(PWM 占空比寄存器)的值可根据式(1-6)和式(1-9)来计算。其中,f_{ck} 为系统外设时钟频率,d_{AH} 为占空比值,f_{PWM} 为输出方波频率(1/T),PWMDT 为死区寄存器,这里设为 0。不难看出,方波输出时,PWMCHA 的值为 0。

AUX0 的设计方法前面已介绍,这里不再赘述,要说明的是辅助 PWM 同步中断。与

PWM 同步中断类似,在每个周期产生一个同步信号,在同步中断子程序中计算电机步数。

设计主程序,根据式(6-5)、式(6-8)、式(1-6)、式(1-9)计算 n_x、n_y、PWMTM、AUXTM0、f_{PWM} 的值,以及各电动机的转向控制。主程序框图见图 6-11。

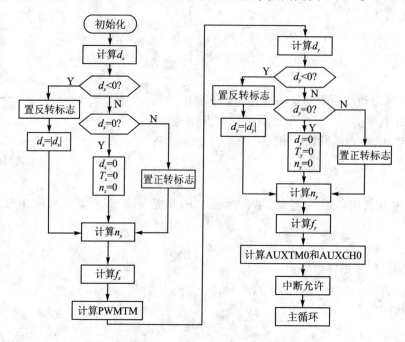

图 6-11 两轴联动主程序框图

设计 PWM 模块和辅助 PWM 同步中断子程序,电动机每走一步,步数减 1,直到步数减到 0 为止。

程序清单 6-2 步进电动机实现两轴联动直线运动程序

```
#include <adsp-21990.h>
.SECTION/PM IVreset;
    JUMP START;
.SECTION/PM IVint4;
    JUMP TRIP_IRQ;
.SECTION/PM IVint5;
    JUMP PWMSYNC_IRQ;
.SECTION/PM IVint6;
    JUMP AUXSYNC_IRQ;
/***************** 变量定义 *****************/
.section/data data1;
    .VAR XAH;                    //A 点横坐标高 16 位,0.1 μm,有符号数
```

```
        .VAR XAL;                       //A 点横坐标低 16 位,0.1 μm,有符号数
        .VAR XBH;                       //B 点横坐标高 16 位,0.1 μm,有符号数
        .VAR XBL;                       //B 点横坐标低 16 位,0.1 μm,有符号数
        .VAR DXH;                       //两点横坐标差值高 16 位
        .VAR DXL;                       //两点横坐标差值低 16 位
        .VAR NXH;                       //x 方向移动总步数高 16 位
        .VAR NXL;                       //x 方向移动总步数低 16 位
        .VAR T;                         //设计时间,单位秒,Q3 格式
        .VAR FCKH;                      //系统外设时钟高字
        .VAR FCKL0;                     //系统外设时钟低字
        .VAR FX;                        //x 轴电机运动频率
        .VAR FY;                        //y 轴电机运动频率
        .VAR YAH;                       //A 点横坐标高 16 位,0.1 μm,有符号数
        .VAR YAL;                       //A 点横坐标低 16 位,0.1 μm,有符号数
        .VAR YBH;                       //B 点横坐标高 16 位,0.1 μm,有符号数
        .VAR YBL;                       //B 点横坐标低 16 位,0.1 μm,有符号数
        .VAR DYH;                       //两点横坐标差值高 16 位
        .VAR DYL;                       //两点横坐标差值低 16 位
        .VAR NYH;                       //y 方向移动总步数高 16 位
        .VAR NYL;                       //y 方向移动总步数低 16 位
/***************** 系统初始化 *************************/
.SECTION/PM program;
START:
        DIS INT;                        //禁止全局中断
        IRPTL = 0;                      //中断锁存寄存器清 0
        IMASK = 0;                      //中断屏蔽寄存器清 0
        ICNTL = 0;                      //中断控制寄存器清 0
        IOPG = Interrupt_Controller_Page;
        AX0 = 0xFF01;                   //给 TRIP 为用户自定义 0,对应屏蔽位为 4
        IO(IPR2) = AX0;                 //PWMSYNC 为 1,对应屏蔽位为 5
        AX0 = 0XF2FF;
        IO(IPR6) = AX0;                 //辅助 PWM 同步中断为用户自定义 2,对应屏蔽位为 6
        AX0 = 0xFFFF;
        IO(IPR0) = AX0;                 //禁止其他中断
        IO(IPR1) = AX0;
        IO(IPR3) = AX0;
        IO(IPR4) = AX0;
        IO(IPR5) = AX0;
        IO(IPR7) = AX0;
```

```
        NOP;
    CLOCK_INT:                              //系统时钟初始化
        IOPG = Clock_and_System_Control_Page;
        AX0 = 0x0100;                       //外设时钟等于内核时钟 50 MHz,BYPASS 模式
        IO(PLLCTL) = AX0;
        NOP;
    FIO_INT:                                //FIO 初始化
        IOPG = FIO_Page;
        AX0 = 0x0003;                       //PF0~PF1 引脚设置为输出,两电机转向控制位
        IO(FIO_DIR) = AX0;
        NOP;
        AX0 = 0xFFFF;                       //清 0 输出引脚
        IO(0X002) = AX0;
        NOP;
    PWM_INT:                                //PWM 模块初始化
        IOPG = PWM0_Page;
        AX0 = 0;                            //死区时间为 0
        IO(PWM0_DT) = AX0;
        AX0 = 0;                            //占空比为 50%
        IO(PWM0_CHA) = AX0;
        AX0 = 0x002F;
        IO(PWM0_SEG) = AX0;                 //使能 AH 输出
        NOP;
        NOP;
/ *********** 计算 $d_x$ *********************/
        ASTAT = 0;
        AX1 = ASTAT;
        AR = SETBIT 0X3 OF AX1;             //清借位
        NOP;
        ASTAT = AR;
        AX0 = DM(XBL);
        AY0 = DM(XAL);
        AR = AX0 - AY0;
        DM(DXL) = AR;                       //计算 DXL
        AX0 = DM(XBH);
        AY0 = DM(XAH);
        AR = AX0 - AY0 + C - 1;
```

第6章 步进电动机的 ADSP 控制

```
        DM(DXH) = AR;
        IF LT JUMP TB1;                         //高位小于零跳转
        NOP;
        IF EQ JUMP TB3;                         //高位等于零跳转
        NOP;
        IOPG = FIO_Page;
        AX0 = 0x0001;
        IO(0x003) = AX0;                        //置正转标志
        NOP;
        JUMP TB2;
TB1:
        IOPG = FIO_Page;
        AX0 = 0x0001;
        IO(0x002) = AX0;                        //置反转标志
        NOP;
        NOP;
        AR = DM(DXH);                           //计算 $|d_x|$
        AR = NOT AR;                            //高位取反
        AX1 = AR;
        AR = DM(DXL);                           //低位取反加 1
        AR = NOT AR;
        AR = AR + 1;
        DM(DXL) = AR;
        AR = AX1 + C;
        DM(DXH) = AR;
TB2:
        SI = DM(DXH);
        SR = ASHIFT SI BY -2(HI);               //计算 $n_x$,$n_x = d_x/4$
        SI = DM(DXL);                           //将 $d_x$ 右移两位即可
        SR = SR OR LSHIFT SI BY -2(LO);
        DM(NXH) = SR1;
        DM(NXL) = SR0;
        SI = DM(NXH);
        SR = ASHIFT SI BY 1(HI);                //求频率 $f_x$,$f_x = n_x/T$
        SI = DM(NXL);
        SR = SR OR LSHIFT SI BY 1(LO);
        AF = PASS SR1;
        AY0 = SR0;
        ASTAT = 0;
```

```
        AX0 = DM(T);                           //运动总时间,Q3 格式
        DIVQ AX0;DIVQ AX0;DIVQ AX0;DIVQ AX0;
        DIVQ AX0;DIVQ AX0;DIVQ AX0;DIVQ AX0;
        DIVQ AX0;DIVQ AX0;DIVQ AX0;DIVQ AX0;
        DIVQ AX0;DIVQ AX0;DIVQ AX0;DIVQ AX0;
        DM(FX) = AY0;

        AX0 = DM(FCKH);                        //计算 PWMTM0,
        AF = PASS AX0;
        AY0 = DM(FCKL);                        //FCK/(2×$f_x$),Q3 格式
        ASTAT = 0;
        AX0 = DM(FX);
        DIVQ AX0;DIVQ AX0;DIVQ AX0;DIVQ AX0;
        DIVQ AX0;DIVQ AX0;DIVQ AX0;DIVQ AX0;
        DIVQ AX0;DIVQ AX0;DIVQ AX0;DIVQ AX0;
        DIVQ AX0;DIVQ AX0;DIVQ AX0;DIVQ AX0;
        SI = AY0;
        SR = LSHIFT SI BY -3(LO);
        IOPG = PWM0_Page;
        IO(PWM0_TM) = SR0;                     //给周期寄存器赋值
        JUMP TB4;
TB3:
        AX0 = 0;
        DM(TX) = AX0;
        DM(NXH) = AX0;                         //无位置偏差
        DM(NXL) = AX0;
TB4:
/ ********** 计算 $d_y$ ********************/
        ASTAT = 0;
        AX1 = ASTAT;
        AR = SETBIT 0X3 OF AX1;                //清借位
        NOP;
        ASTAT = AR;

        AX0 = DM(YBL);                         //计算 DXL
        AY0 = DM(YAL);
        AR = AX0 - AY0;
        DM(DYL) = AR;

        AX0 = DM(YBH);
        AY0 = DM(YAH);
```

```
        AR = AX0 - AY0 + C - 1;
        DM(DYH) = AR;
        IF LT JUMP TB11;                    //高位小于零跳转
        NOP;
        IF EQ JUMP TB13;                    //高位等于零跳转
        NOP;
        IOPG = FIO_Page;
        AR = 0xFFFE;

        IO(0x002) = AR;                     //置正转标志
        NOP;
        JUMP TB12;

TB11:
        IOPG = FIO_Page;
        AR = 0x0002;

        IO(0x003) = AR;                     //置反转标志
        NOP;
        NOP;
        AR = DM(DYH);                       //计算 |d_y|
        AR = NOT AR;                        //高位取反
        AX1 = AR;
        AR = DM(DYL);                       //低位取反加 1
        AR = NOT AR;
        AR = AR + 1;
        DM(DYL) = AR;
        AR = AX1 + C;
        DM(DYH) = AR;
TB12:
        SI = DM(DYH);
        SR = ASHIFT SI BY -2(HI);           //计算 n_y, n_y = d_y/4
        SI = DM(DYL);                       //将 d_y 右移两位即可
        SR = SR OR LSHIFT SI BY -2(LO);
        DM(NYH) = SR1;
        DM(NYL) = SR0;
        SI = DM(NYH);
        SR = ASHIFT SI BY 1(HI);            //求频率 f_y, f_y = n_y/T
        SI = DM(NYL);
        SR = SR OR LSHIFT SI BY 1(LO);
        AF = PASS SR1;                      //被除数 n_y
```

```
        AY0 = SR0;
        ASTAT = 0;
        AX0 = DM(T);                        //除数 T,Q3 格式
        DIVQ AX0;DIVQ AX0;DIVQ AX0;DIVQ AX0;
        DIVQ AX0;DIVQ AX0;DIVQ AX0;DIVQ AX0;
        DIVQ AX0;DIVQ AX0;DIVQ AX0;DIVQ AX0;
        DIVQ AX0;DIVQ AX0;DIVQ AX0;DIVQ AX0;
        DM(FY) = AY0;
        AX0 = DM(FCKH);
        SR = LSHIFT AX0 BY 1(HI);           //计算 FCK/$f_y$,Q3 格式
        AY0 = DM(FCKL);
        SR = SR OR LSHIFT AY0 BY 1(LO);
        AF = PASS SR1;
        AY0 = SR0;
        ASTAT = 0;
        AX0 = DM(FY);
        DIVQ AX0;DIVQ AX0;DIVQ AX0;DIVQ AX0;
        DIVQ AX0;DIVQ AX0;DIVQ AX0;DIVQ AX0;
        DIVQ AX0;DIVQ AX0;DIVQ AX0;DIVQ AX0;
        DIVQ AX0;DIVQ AX0;DIVQ AX0;DIVQ AX0;
        SI = AY0;
        SR = LSHIFT SI BY -3(LO);
        AR = SR0;
        IOPG = 0x0C;                        //辅助 PWMTM0
        IO(0x0002) = AR;
        SR = LSHIFT AR BY -1(LO);
        IO(0x0003) = SR0;                   //辅助 PWMCH0
        JUMP TB14;
TB13:
        AX0 = 0;
        DM(TY) = AX0;
        DM(NYH) = AX0;                      //无位置偏差
        DM(NYL) = AX0;
TB14:
        IOPG = PWM0_Page;
        AX0 = 0x0001;
        IO(PWM0_CTRL) = AX0;                //使能 PWM 脉冲输出
        NOP;
```

第 6 章　步进电动机的 ADSP 控制

```
        IOPG = 0x0C;
        AR = 0x0111;
        IO(0x0000) = AR;                    //使能辅助 PWM 输出
        NOP;

        AX0 = 0x0070;
        IMASK = AX0;                        //解除中断屏蔽
        ENA INT;                            //开总中断
MAIN_LOOP:                                  //主循环,等待中断
        NOP;
        NOP;
        NOP;
        JUMP MAIN_LOOP;
/***************PWM 同步中断子程序**********************/
PWMSYNC_IRQ:
        ENA SEC_REG,ENA SEC_DAG;            //启动辅助寄存器
        IOPG = PWM0_Page;
        AX0 = 0x0200;
        IO(PWM0_STAT) = AX0;                //PWM 同步中断标志位清 0
        NOP;
        NOP;
        NOP;

        AR = DM(NXL);                       //总步数低 16 位减 1
        AR = AR - 1;
        DM(NXL) = AR;
        AR = AR - 0;
        IF NE JUMP H11;                     //低 16 位不等于 0,跳转

        AR = DM(NXH);                       //否则高 16 位减 1
        AR = AR - 1;
        DM(NXH) = AR;
        AR = AR - 0;
        IF GE JUMP H11;                     //高 16 位不等于 0,跳转
        AX0 = 0;
        IO(PWM0_CTRL) = AX0;                //否则禁止 PWM 脉冲输出
H11:
        DIS SEC_REG,DIS SEC_DAG;            //禁止辅助寄存器
        RTI;

/***************AUX0 同步中断子程序**********************/
AUXSYNC_IRQ:
```

```
    ENA SEC_REG,ENA SEC_DAG;        //启动辅助寄存器
    IOPG = 0x0C;
    AX0 = 0x0001;
    IO(0x0001) = AX0;               //AUX0同步中断标志位清0
    NOP;
    NOP;
    NOP;
    AR = DM(NYL);                   //总步数低16位减1
    AR = AR - 1;
    DM(NYL) = AR;
    AR = AR - 0;
    IF NE JUMP H12;                 //低16位不等于0,跳转
    AR = DM(NYH);                   //否则高16位减1
    AR = AR - 1;
    DM(NYH) = AR;
    AR = AR - 0;
    IF GE JUMP H12;                 //高16位不等于0,跳转
    AX0 = 0;
    IO(0x0000) = AX0;               //否则禁止AUX0脉冲输出
H12:
    DIS SEC_REG,DIS SEC_DAG;        //禁止辅助寄存器
    RTI;

/**************TRIP中断子程序***************/
.SECTION/PM program;
TRIP_IRQ:
LOOP2:
    IOPG = PWM0_Page;
    AX0 = 0x0;
    IO(PWM0_CTRL) = AX0;            //PWM关断
    JUMP LOOP2;
    RTI;
```

6.3 步进电动机的驱动

步进电动机的驱动方式有多种,我们可以根据实际需要来选用。下面介绍几种常用驱动的工作原理和与ADSP的接口。

6.3.1 双电压驱动

双电压法的基本思路是:在低频段使用较低的电压驱动,目的是减弱低速时因能量过大而易造成的振荡和过冲现象;在高频段使用较高的电压驱动,以补偿高速时因换相频率过快而造成能量供给不足现象。

双电压驱动原理和与 ADSP-21990 接口电路如图 6-12 所示。当电动机工作在低频时,通过控制 ADSP-21990 的 PWM 模块的 CH 引脚,输出低电平给 T_1,使 T_1 关断。这时电动机的绕组由低电压 V_L 供电,步进脉冲通过 T_2 使绕组得到低压脉冲电源。当电动机工作在高频时,控制 PF1 输出高电平给 T_1,使 T_1 打开。这时二极管 D_2 反向截止,切断低电压电源 V_L,电动机绕组由高电压 V_H 供电,步进脉冲通过 T_2 使绕组得到高压脉冲电源。

这种驱动方法保证了低频段仍然具有单电压驱动的特点,在高频段具有良好的高频性能。

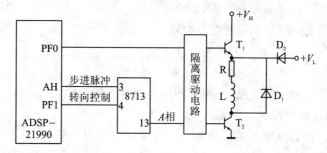

图 6-12 A 相双电压驱动原理和与 ADSP-21990 接口

6.3.2 高低压驱动

高低压法的基本思路是:不论电动机工作的频率如何,在绕组通电的开始用高压供电,使绕组中电流迅速上升,而后用低压来维持绕组中的电流。电流波形的前沿越陡,越有利于绕组磁场的快速建立。

高低压驱动电路的原理图如图 6-13 所示。尽管看起来与双电压法电路非常相似,但它们的原理有很大差别。

如图 6-13(b)所示,高压开关管 T_1 的输入脉冲 u_H 与低压开关管 T_2 的输入脉冲 u_L 同时起步,但脉宽要窄得多。两个脉冲同时使开关管 T_1、T_2 导通,用高电压 V_H 为电动机绕组供电。这使得绕组中电流 i 快速上升,见图 6-13(b)波形,电流波形的前沿很陡。当脉冲 u_H 降为低电平时,高压开关管 T_1 截止,高电压被切断,低电压 V_L 通过二极管 D_2 为绕组继续供电。

为了实现上述控制,可设计 ADSP-21990 的 AUX1 控制开关管 T_1,如图 6-13(a)所示。因为 AUX1 和 AUX0 可以共用同一个外设时钟,因此两者输出的控制脉冲周期相同。如果设置辅助 PWM 单元为独立模式,即它们使用各自的占空比寄存器 AUXCH0 和 AUXCH1,故

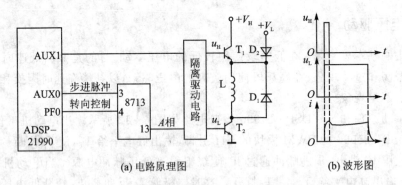

(a) 电路原理图   (b) 波形图

图 6-13　A 相高低压驱动原理及与 ADSP-21990 接口

可输出不同脉宽的控制脉冲信号。这样，在工作中可根据电动机速度的变化，相应地调整 AUXCH1 的值，使高压控制信号 u_H 的脉宽最优。

双电压驱动和高低压驱动都需要两个电源。

6.3.3　斩波驱动

因为步进电动机常用于开环控制，频繁的换相使电流的波形起伏较大，这样会影响转矩的变化，斩波恒流驱动可以解决这个问题。

图 6-14(a) 是斩波恒流驱动的原理图。T_1 是一个高频开关管；T_2 开关管的发射极接一只小电阻 R，电动机绕组的电流经这个电阻到地，所以这个电阻是电流取样电阻；比较器的一端接给定电压 u_c，另一端接取样电阻上的压降，当取样电压为零时，比较器输出高电平。

当控制脉冲 u_i 为低电平时，T_1 和 T_2 两个开关管均截止；当 u_i 为高电平时，T_1 和 T_2 两个开关管均导通，电源向绕组供电。由于绕组电感的作用，R 上的电压逐渐升高，当超过给定电压 u_c 的值时，比较器输出低电平，使"与"门输出低电平，T_1 截止，电源被切断；当取样电阻上的电压小于给定电压时，比较器输出高电平，"与"门也输出高电平，T_1 又导通，电源又开始向绕组供电。这样反复循环，直到 u_i 为低电平。

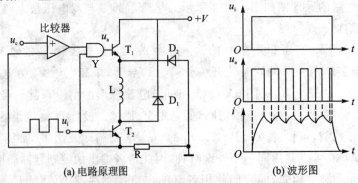

(a) 电路原理图   (b) 波形图

图 6-14　斩波恒流驱动原理图

以上的驱动过程表现为：T_2 每导通一次，T_1 导通多次，绕组的电流波形近似为平顶形，见图 6-14(b)。

在 T_2 导通的时间里，电源是脉冲式供电，如图 6-14(b)所示的 u_a 波形，因此提高了电源效率，并且能有效地抑制共振。由于无需外接影响时间常数的限流电阻，所以提高了高频性能。但是由于电流波形为锯齿形，将会产生较大的电磁噪声。

6.3.4 集成电路驱动

驱动电路集成化已成为一种趋势。目前已有多种步进电动机驱动集成电路芯片，它们大多集驱动和保护于一体。作为小功率步进电动机的专用驱动芯片，广泛用于小型仪表、计算机外设等领域，使用起来非常方便。下面举一例，介绍 UCN5804B 芯片的功能和应用。

UCN5804B 集成电路芯片适用于四相步进电动机的单极性驱动。它最大能输出 1.5 A 电流、35 V 电压。内部集成有驱动电路、脉冲分配器、续流二极管和过热保护电路。它可以选择工作在单四拍、双四拍和八拍方式，上电自行复位，可以控制转向和输出使能。

图 6-15 是这种芯片的一个典型应用。结合图 6-15 可以看出芯片的各引脚功能为第 4、5、12、13 引脚为接地引脚；第 1、3、6、8 引脚为输出引脚；电动机各相的接线如图 6-15 所示。第 14 引脚控制电动机的转向，其中低电平为正转，高电平为反转；第 11 引脚是步进脉冲的输入端；第 9、10 引脚决定工作方式，其真值表见表 6-4。

表 6-4 真值表

工作方式	第 9 引脚	第 10 引脚	工作方式	第 9 引脚	第 10 引脚
双四拍	0	0	单四拍	1	0
八拍	0	1	禁止	1	1

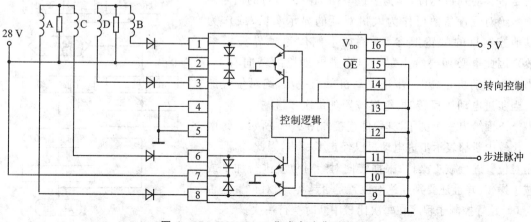

图 6-15 UCN5804B 集成电路典型应用

在图 6-15 所示的应用中,每两相绕组共用一个限流电阻。由于绕组间存在互感,绕组的感应电动势可能会使芯片的输出电压为负,导致芯片有较大电流输出,发生逻辑错误。因此,需要在输出端串接肖特基二极管。

6.4 步进电动机的运行控制

步进电动机的运行控制涉及到位置控制和加减速控制,下面分别来介绍。

6.4.1 步进电动机的位置控制

步进电动机的最主要用途就是实现位置控制。步进电动机的位置控制指的是控制步进电动机带动执行机构从一个位置精确地运行到另一个位置。步进电动机的位置控制是步进电动机的一大优点,它可以用不着借助位置传感器而只需简单的开环控制就能达到足够的位置精度,因此应用很广。

步进电动机的位置控制需要两个参数:
- 第一个参数是步进电动机控制的执行机构当前的位置参数,称为绝对位置。绝对位置是有极限的,其极限是执行机构运动的范围,超越这个极限就应报警。绝对位置一般要折算成步进电动机的步数。
- 第二个参数是从当前位置移动到目标位置的距离,也可以称为相对位置。我们也将这个距离折算成步进电动机的步数,这个参数是从外部输入的。

对步进电动机位置控制的一般作法是步进电动机每走一步,步数减 1。如果没有失步存在,当执行机构到达目标位置时,步数正好减到 0。因此,用步数等于 0 来判断是否移动到目标位,作为步进电动机停止运行的信号。

绝对位置参数可作为人机对话的显示参数,或作为其他控制目的的重要参数(例如本例作为越界报警参数),因此也必须要给出。它与步进电动机的转向有关,当步进电动机正转时,步进电动机每走一步,绝对位置加 1;当步进电动机反转时,绝对位置随每次步进减 1。

下面给出一个例子,其硬件连接如图 6-9 所示。每两次比较中断都表示步进电动机已经走了一步,因此,需要对相对位置进行减 1 操作;根据转向对绝对位置进行加 1 或减 1 操作,并且还要判断绝对位置是否越界,相对位置是否为 0。位置控制子程序在每次比较中断时执行一次。

位置控制子程序框图见图 6-16。程序中的变量为:

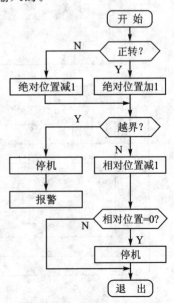

图 6-16 位置控制程序框图

TEST　　　　　　　脉冲状态；
DIRECTION　　　　转向标志；
ABSOLUTEL　　　　低 16 位绝对位置；
ABSOLUTEH　　　　高 16 位绝对位置；
RELATIVE　　　　　相对位置。

程序清单 6 – 3　步进电动机位置控制子程序

```
POS:
    AX0 = DM(DIRECTION);                    //检测转向
    AR = TSTBIT 0x0 OF AX0;                 //反转,跳转
    IF EQ JUMP CCW;
CW:
    ASTAT = 0;                              //清标志位
    AR = DM(ABSOLUTEL);
    AR = AR + 1;                            //正转加 1
    DM(ABSOLUTEL) = AR;
    AX0 = DM(ABSOLUTEH);
    AR = AX0 + C;                           //加进位
    DM(ABSOLUTEH) = AR;
    AX1 = ASTAT;
    AR = TSTBIT 0x3 OF AX1;                 //检测进位位 AC
    IF NE JUMP ALARM;                       //有进位,则越界
    NOP;
    JUMP REL;
CCW:
    ASTAT = 0;
    AX1 = ASTAT;
    AR = SETBIT 0x3 OF AX1;                 //清借位标志
    NOP;
    ASTAT = AR;
    AR = DM(ABSOLUTEL);                     //反转减 1
    AR = AR – 1;
    DM(ABSOLUTEL) = AR;
    AR = DM(ABSOLUTEH);
    AR = AR + C – 1;                        //减借位
    DM(ABSOLUTEH) = AR;
    AX1 = ASTAT;
    AR = TSTBIT 0x3 OF AX1;                 //检测借位位 AC
    IF EQ JUMP ALARM;                       //有借位则越界
```

```
        NOP;
REL:
        AR = DM(RELATIVE);                  //步数减1
        AR = AR - 1;
        DM(RELATIVE) = AR;
        AR = AR - 0;
        IF NE JUMP QUIT;                    //步数不等于0,退出
        JUMP STOP;                          //步数等于0,停机
ALARM:
        IOPG = Timer_Page;
        AX0 = 0x0800;
        IO(T_GSR0) = AX0;                   //清TENABLE位,停机
        IOPG = 0x0;
        CALL BAOJING;                       //调报警子程序
STOP:
        IOPG = Timer_Page;
        AX0 = 0x0800;
        IO(T_GSR0) = AX0;                   //清TENABLE位,停机
QUIT:
        RTS;
```

6.4.2 步进电动机的加减速控制

实际上,多数步进电动机用于开环控制,没有速度调节环节。因此在速度控制中,速度并不是一次升到位。另外,在位置控制中,执行机构的位移也不总是在恒速下进行,它们对运行的速度都有一定的要求。在这一小节中,我们将讨论步进电动机在运行中的加减速问题。

步进电动机驱动执行机构从 A 点到 B 点移动时,要经历升速、恒速和减速过程。如果启动时一次将速度升到给定速度,由于启动频率超过极限启动频率 f_q,步进电动机要发生失步现象,因此会造成不能正常启动。如果到终点时突然停下来,由于惯性作用,步进电动机要发生过冲现象,会造成位置精度降低。如果非常缓慢地升降速,步进电动机虽然不会产生失步和过冲现象,但会影响执行机构的工作效率。因此,对步进电动机的加减速要有严格的要求,那就是保证在不失步和不过冲的前提下,用最快的速度(或最短的时间)移动到指定位置。

为了满足加减速要求,步进电动机运行通常按照加减速曲线进行,图6-17是加减速运行曲线。加减速运行曲线没有一个固定的模式,一般是根据经验和试验得到。

最简单的是匀加速和匀减速曲线,如图6-17(a)所示。其加减速曲线都是直线,因此容易编程实现。在按直线加速时,加速度是不变的,因此要求转矩也应该是不变的。但是,当步进电动机在转速升高时,因感应电动势和绕组电感的作用,绕组电流会逐渐减小,所以电磁转

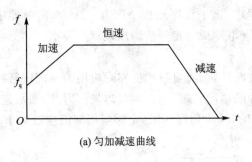 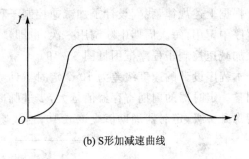

(a) 匀加减速曲线　　　　　　　(b) S形加减速曲线

图 6 - 17　加减速运行曲线

矩随转速的增加而下降，因而实际加速度也随频率的增加而下降。因此，按直线加速时，有可能造成因转矩不足而产生失步现象。

采用指数加减速曲线或 S 形（分段指数曲线）加减速曲线是最好的选择，如图 6 - 17(b) 所示。因为按指数规律升速时，加速度是逐渐下降的，接近步进电动机的输出转矩随转速的变化规律。

步进电动机的运行还可根据距离的长短分如下 3 种情况处理：

➢ 短距离。由于距离较短，来不及升到最高速，因此在这种情况下步进电动机以接近启动频率运行，运行过程没有加减速。

➢ 中短距离。在这样的距离里，步进电动机只有加减速过程，而没有恒速过程。

➢ 中、长距离。不仅有加减速过程，还有恒速过程。由于距离较长，要尽量缩短用时，保证快速反应性。因此，在加速时，尽量用接近启动频率启动。在恒速时，尽量工作在最高速。

下面举例来说明步进电动机加减速控制程序的编制。

图 6 - 18 是近似指数加速曲线。由图可见，离散后速度并不是一直上升的，而是每升一级都要在该级上保持一段时间，因此实际加速轨迹呈阶梯状。如果速度是等间距分布，那么在该速度级上保持的时间不一样长，如图 6 - 18 所示。为了简化，我们用速度级数 N 与一个常数 C 的乘积去模拟，并且保持的时间用步数来代替。因此，速度每升一级，步进电动机都要在该速度级上走 NC 步（其中 N 为该速度级数）。

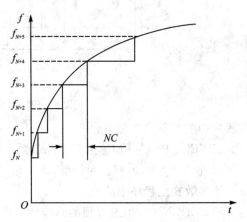

图 6 - 18　加速曲线离散化

为了简化，减速时也采用与加速时相同的方法，只不过其过程是加速时的逆过程。

根据上述规律,我们设计了加减速控制子程序,该子程序放在 ADSP – 21990 定时器中断子程序中调用,每次周期中断调用一次,也即步进电动机每走一步调用该程序一次。

加减速控制子程序框图见图 6 – 19。

本程序设计的速度级差为 10 个定时器计数时钟,读者可以根据实际应用的不同进行相应的调整。定时器的周期寄存器值越大,步进脉冲的周期就越长,速度就越慢。因此,当加速时,速度每升一级,定时器周期值应该减 10;当减速时,速度每降一级,定时器周期值应该加 10。

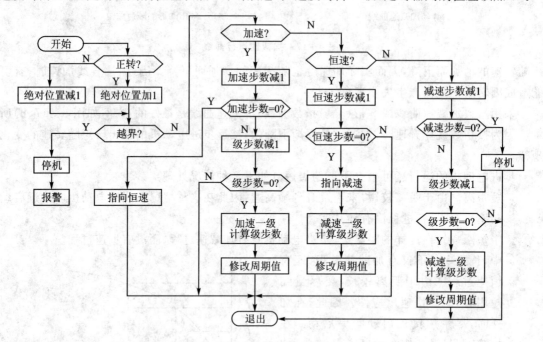

图 6 – 19　加减速控制程序框图

程序中的变量含义如下:

- SPEEDUPN——加速过程的总步数。电动机在升速过程中每走一步,加速总步数就减 1,直到减为 0,加速过程结束,进入恒速过程。加速过程的总步数用一个字长来表示,该参数在主程序中给出。
- SPEEDCN——恒速过程的总步数。电动机在恒速过程中每走一步,恒速总步数就减 1,直到减为 0,恒速过程结束,进入减速过程。恒速过程的总步数用一个字长来表示,该参数在主程序中给出。
- SPEEDWN——减速过程的总步数。电动机在减速过程中每走一步,减速总步数就减 1,直到减为 0,减速过程结束,电动机停止运行。减速过程的总步数用一个字长来表示,该参数在主程序中给出。
- ABC——加减速标志。加减速标志表示当前正在运行的速度状态。加速时 ABC = 1;

恒速时 ABC=2；减速时 ABC=4。当需要改变速度状态标志时（例如从加速到恒速），只需将原标志值左移一位即可。该参数在主程序中给出，初始化为 1。
- SPEEDN——速度级数。速度级数的初值可根据步进电动机的启动频率确定。该参数在主程序中给出，初始化为 0。
- K——常数。K 是用于计算级步数的常数。该参数会影响速度升降的快慢，可根据实际要求确定。该参数在主程序中给出。
- STEP——级步数。级步数是在每级速度上所走的步数。STEP=K×SPEEDN。该参数在主程序中给出初值。
- DIRECTION——转向标志。1 为正转；0 为反转。
- ABSOLUTE——绝对位置。绝对位置用两个字长来表示，ABSOLUTEL 表示低 16 位，ABSOLUTEH 表示高 16 位。读者可根据需要增减位数。

程序清单 6-4　步进电动机加减速控制子程序

```
SPEED:
    AX0 = DM(DIRECTION);              //检测转向
    AR = TSTBIT 0x0 OF AX0;
    IF EQ JUMP CCW;                   //反转则跳转
CW:
    ASTAT = 0;                        //清进位标志
    AR = DM(ABSOLUTEL);
    AR = AR + 1;
    DM(ABSOLUTEL) = AR;               //正转加 1
    AX0 = DM(ABSOLUTEH);
    AR = AX0 + C;                     //加进位
    DM(ABSOLUTEH) = AR;
    AX1 = ASTAT;
    AR = TSTBIT 0x3 OF AX1;           //有进位则越界
    IF NE JUMP ALARM;
    NOP;
    JUMP UP;
CCW:
    ASTAT = 0;
    AX1 = ASTAT;
    AR = SETBIT 0x3 OF AX1;           //清借位
    NOP;
    ASTAT = AR;
    AR = DM(ABSOLUTEL);               //反转减 1
    AR = AR - 1;
```

```
            DM(ABSOLUTEL) = AR;
            AR = DM(ABSOLUTEH);
            AR = AR + C - 1;                        //减借位
            DM(ABSOLUTEH) = AR;
            AX1 = ASTAT;
            AR = TSTBIT 0X3 OF AX1;
            IF NE JUMP UP;                          //无借位则跳转
ALARM:
            IOPG = Timer_Page;
            AX0 = 0x0800;
            IO(T_GSR0) = AX0;                       //清 TENABLE 位,停机
ALARM1:
            CALL BAOJING;
            JUMP ALARM1;
UP:
            AX0 = DM(ABC);
            AR = TSTBIT 0x0 OF AX0;
            IF EQ JUMP CONSTANT;                    //不是加速则跳转
            AR = DM(SPEEDUPN);                      //加速总步数减 1
            AR = AR - 1;
            DM(SPEEDUPN) = AR;
            IF NE JUMP UP1;                         //加速总步数没走完则跳转
            AX0 = DM(ABC);
            SR = LSHIFT AX0 BY 1(LO);               //修改标志,指向恒速
            DM(ABC) = SR0;
            JUMP QUIT;
UP1:
            AR = DM(SSTEP);                         //级步数减 1
            AR = AR - 1;
            DM(SSTEP) = AR;
            IF NE JUMP QUIT;                        //级步数没走完则退出
            AR = DM(SPEEDN);                        //速度级数加 1
            AR = AR + 1;
            DM(SPEEDN) = AR;
            MY0 = DM(K);
            ENA M_MODE;
            MR = AR * MY0(UU);                      //计算级步数
            DM(SSTEP) = MR0;
            IOPG = Timer_Page;
```

第6章 步进电动机的ADSP控制

```
        AX0 = IO(T_PRDL0);
        AY0 = 10;
        AR = AX0 - AY0;                    //周期值减10
        IO(T_PRDL0) = AR;
        SR = LSHIFT AR BY -1(HI);
        AR = SR1;
        IO(T_WLR0) = AR;                   //更新比较值
        JUMP QUIT;
CONSTANT:
        AX0 = DM(ABC);
        AR = TSTBIT 0x1 OF AX0;
        IF EQ JUMP DOWN;                   //不是恒速则跳转
        AR = DM(SPEEDCN);                  //恒速总步数减1
        AR = AR - 1;
        DM(SPEEDCN) = AR;
        IF NE JUMP QUIT;                   //加速总步数没走完则跳转
        AX0 = DM(ABC);
        SR = LSHIFT AX0 BY 1(LO);          //修改标志,指向恒速
        DM(ABC) = SR0;
        JUMP DOWN2;
DOWN:
        AR = DM(SPEEDWN);                  //减速总步数减1
        AR = AR - 1;
        DM(SPEEDWN) = AR;
        IF NE JUMP DOWN1;                  //减速总步数没走完则跳转
        IOPG = Timer_Page;
        AX0 = 0x0800;
        IO(T_GSR0) = AX0;                  //清TENABLE位,停机
        JUMP QUIT;
DOWN1:
        AR = DM(SSTEP);                    //级步数减1
        AR = AR - 1;
        DM(SSTEP) = AR;
        IF NE JUMP QUIT;                   //级步数没走完则退出
DOWN2:
        AR = DM(SPEEDN);                   //速度级数减1
        AR = AR - 1;
        DM(SPEEDN) = AR;
        MY0 = DM(K);
```

```
        MR = AR * MY0(UU);                    //计算级步数
        DM(SSTEP) = MR0;
        IOPG = Timer_Page;
        AX0 = IO(T_PRDL0);
        AY0 = 10;
        AR = AX0 + AY0;                       //周期值减10
        IO(T_PRDL0) = AR;
QUIT:
    RTS;
```

第 7 章
无刷直流电动机的 ADSP 控制

直流电动机具有非常优秀的线性机械特性、宽的调速范围、大的启动转矩、简单的控制电路等优点,长期以来一直广泛地应用在各种驱动装置和伺服系统中。但是直流电动机的电刷和换向器却成为阻碍其发展的障碍。机械电刷和换向器因强迫性接触,造成其结构复杂,可靠性差,变化的接触电阻、火花、噪音等一系列问题,影响了直流电动机的调速精度和性能。因此,长期以来人们一直在寻找一种不用电刷和换向器的直流电动机。随着电子技术、功率半导体技术和高性能的磁性材料制造技术的飞速发展,这种想法已成为现实。无刷直流电动机利用电子换向器取代了机械电刷和机械换向器,因此使这种电动机不仅保留了直流电动机的优点,而且又具有交流电动机的结构简单、运行可靠、维护方便等优点。使它一经出现就以极快的速度发展和普及。从 1962 年问世以来,尤其经过近 20 多年来的发展,目前无刷直流电动机已广泛应用在计算机外围设备(如软驱、硬盘、光驱等)、办公自动化设备(如打印机、复印机、扫描仪、绘图仪、复印机等)、家电(如洗衣机、空调、风扇等)、音像设备(如 VCD、摄像机、录像机等)、汽车、电动自行车、数控机床、机器人、医疗设备等领域。

7.1 无刷直流电动机的结构和原理

本节介绍无刷直流电动机的结构和工作原理。

7.1.1 无刷直流电动机的结构

无刷直流电动机的基本结构如图 7-1 所示,无刷直流电动机的转子是由永磁材料制成并具有一定磁极对数的永磁体。与永磁同步伺服电动机非常类似,转子的结构分为两种,第一种是将瓦片状的永磁体贴在转子外表上,称为凸极式;另一种是将永磁体内嵌到转子铁心中,称为嵌入式,见图 5-1。但与永磁同步伺服电动机的转子有所区别,为了能产生梯形波感应电动势,无刷直流电动机的转子磁钢的形状呈弧形(瓦片形),磁极下定转子气隙均匀,气息磁场呈梯形分布。定子上有电枢,这一点与永磁有刷直流电动机正好相反,永磁有刷直流电动机的电枢装在转子上,而永磁体装在定子上。无刷直流电动机的定子电枢绕组采用整距集中式绕组。绕组的相数有二、三、四、五相,但应用最多的是三相和四相。各相绕组分别与外部的电子开关电路相连,开关电路中的开关管受位置传感器的信号控制。

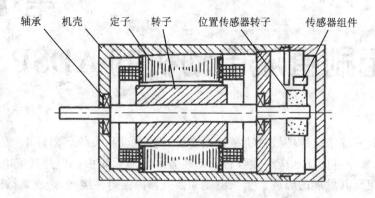

图 7-1 无刷直流电动机结构示意图

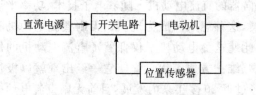

图 7-2 无刷直流电动机的原理框图

无刷直流电动机的工作离不开电子开关电路,因此由电动机本体、转子位置传感器和电子开关电路 3 部分组成无刷直流电动机控制系统。其原理框图如图 7-2 所示。图中,直流电源通过开关电路向电动机定子绕组供电,位置传感器随时检测到转子所处的位置,并根据转子的位置信号来控制开关管的导通和截止,从而自动地控制哪些绕组通电,哪些绕组断电,实现电子换向。

7.1.2 无刷直流电动机的工作原理

普通直流电动机的电枢在转子上,而定子产生固定不动的磁场。为了使直流电动机旋转,需要通过换向器和电刷不断地改变电枢绕组中电流的方向,使两个磁场的方向始终保持相互垂直,从而产生恒定的转矩驱动电动机不断旋转。

无刷直流电动机为了去掉电刷,将电枢放到定子上,而转子做成永磁体,这样的结构正好与普通直流电动机相反。然而即使这样改变还不够,因为定子上的电枢通入直流电以后,只能产生不变的磁场,电动机依然转不起来。为了使电动机的转子转起来,必须使定子电枢各相绕组不断地换相通电,这样才能使定子磁场随着转子的位置在不断地变化,使定子磁场与转子永磁磁场始终保持 90° 左右的空间角,产生转矩推动转子旋转。

为了详细说明无刷直流电动机的工作原理,下面以三相无刷直流电动机为例,来分析它的转动过程。

第7章 无刷直流电动机的ADSP控制

图7-3是三相无刷直流电动机的工作原理图。采用光电式位置传感器,电子开关电路为半桥式驱动。电动机的定子绕组分别为 A 相、B 相、C 相,采用星形联结。因此,光电式位置传感器上也有3个光敏接收元件 V_A、V_B、V_C 与之对应。3个光敏接收元件在空间上间隔 $120°$,分别控制3个开关管 V_1、V_2、V_3,该开关管控制对应相绕组的通电与断电。遮光板安装在转子上,安装的位置与图中转子的位置相对应,并随转子一同旋转,遮光板的透光部分占 $120°$。为了简化,转子只有一对磁极。

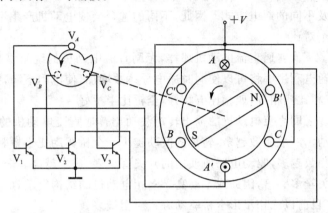

图7-3 无刷直流电动机原理图

当转子处于图7-4(a)所示的位置时,遮光板遮住光敏接收元件 V_B、V_C,只有 V_A 可以透光。因此 V_A 输出高电平使开关管 V_1 导通,A 相绕组通电,而 B、C 两相处于断电状态。A 相绕组通电使定子产生的磁场与转子的永磁磁场相互作用,产生的转矩推动转子逆时针转动。

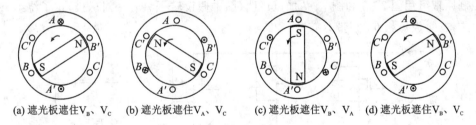

(a) 遮光板遮住V_B、V_C　　(b) 遮光板遮住V_A、V_C　　(c) 遮光板遮住V_B、V_A　　(d) 遮光板遮住V_B、V_C

图7-4 通电绕组与转子位置关系

当转子转到图7-4(b)的位置时,遮光板遮住 V_A,并使 V_B 透光。因此 V_A 输出低电平使开关管 V_1 截止,A 相断电。同时 V_B 输出高电平使开关管 V_2 导通,B 相通电,C 相状态不变。这样由于通电相发生变化,使定子磁场方向也发生变化,与转子永磁磁场相互作用,仍然会产生与前面过程同样大的转矩,推动转子继续逆时针转动。当转子转到图7-4(c)的位置时,遮光板遮住 V_B,同时使 V_C 透光。因此,B 相断电,C 相通电,定子磁场方向又发生变化,继续推动转子转到图7-4(d)的位置,使转子转过一周又回到原来位置。如此循环下去,电动机就转动起来。

上述过程可以看成按一定顺序换相通电的过程,或者说磁场旋转的过程。在换相的过程中,定子各相绕组在工作气隙中所形成的旋转磁场是跳跃式运动的。这种旋转磁场在一周内有 3 种状态,每种磁状态持续 120°。它们跟踪转子,并与转子的磁场相互作用,能够产生推动转子继续转动的转矩。

无刷直流电动机有多相结构,每种电动机可分为半桥驱动和全桥驱动,全桥驱动又可分成星形和角形联结以及不同的通电方式。因此,不同的选择会使电动机产生不同的性能和成本。以下我们对此作一个对比。

> 绕组利用率。不像普通直流电动机那样,无刷直流电动机的绕组是断续通电的。适当地提高绕组通电利用率将可以使同时通电导体数增加,使电阻下降,提高效率。从这个角度来看,三相比四相好,四相比五相好,全桥比半桥好。
> 转矩的波动。无刷直流电动机的输出转矩波动比普通直流电动机的大,因此希望尽量减小转矩波动。一般相数越多,转矩的波动越小。全桥驱动比半桥驱动转矩的波动小。
> 电路成本。相数越多,驱动电路所使用的开关管越多,成本越高。全桥驱动比半桥驱动所使用的开关管多一倍,因此成本要高。多相电动机的结构复杂,成本也高。

综合上述分析,目前以三相星形全桥驱动方式应用最多。

7.2 三相无刷直流电动机星形联结全桥驱动原理

图 7-5 是三相无刷直流电动机星形联结全桥驱动方式。在这种方式下,对驱动电路开关管的控制原理可用图 7-6 和图 7-7 加以说明(图中假设转子只有一对磁极,定子绕组 A、B、C 三相对称,按每极每相 60°相带分布)。

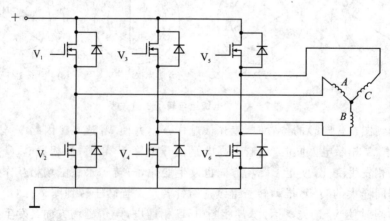

图 7-5 三相星形联结全桥驱动电路

假设当转子处于图 7-6(a)位置时为 0°，相带 A'、B、C' 在 S 极下，相带 A、B'、C 在 N 极下，这时 A 相正向通电，B 相反向通电，C 相不通电，各相通电波形见图 7-7，产生的定子磁场与转子磁场相互作用，使转子逆时针恒速转动。

当转过 60°角后，转子位置如图 7-6(b)所示。这时如果转子继续转下去就进入图 7-6(c)所示的位置，这样就会使同一磁极下的电枢绕组中有部分导体的电流方向不一致，它们相互抵消，削弱磁场，使电磁转矩减小。因此，为了避免出现这样的结果，当转子转到图 7-6(b)所示的位置时，就必须换相，使 B 相断电，C 相反向通电。

转子继续旋转，转过 60°角后到图 7-6(d)所示位置，根据上面讲的道理必须要进行换相，即 A 相断电，B 相正向通电，如图 7-6(e)所示。

转子再转过 60°角，如图 7-6(f)所示位置，再进行换相，使 C 相断电，A 相反向通电，如图 7-6(g)所示。

这样如此下去，转子每转过 60°角就换相一次，相电流按图 7-6 所示的顺序进行断电和通电，电动机就会平稳地旋转下去。

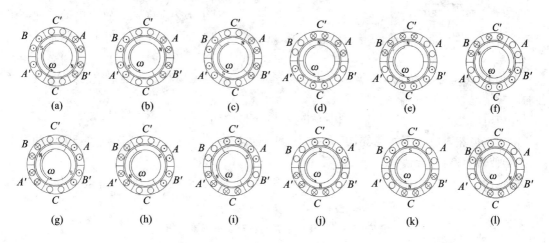

(a) A 相正向通电，B 相反向通电；(b) 转过 60°；(c) 继续旋转
(d) A 相正向通电，C 相反向通电转过 60°；(e) B 相正向通电，C 相反向通电；(f) 转过 60°
(g) B 相正向通电，A 相反向通电；(h) 转过 60°；(i) C 相正向通电，A 相反向通电
(j) 转过 60°；(k) C 相正向通电，B 相反向通电；(l) 转过 60°

图 7-6 无刷直流电动机转子位置与换相的关系

按照图 7-6 的驱动方式，就可以得到图 7-7 所示的电流和感应电动势波形。下面对照图 7-7 中电流波形来分析一下相绕组内感应电动势的波形。

以 A 相为例，在转子位于 0~120°区间内，相带 A 始终在 N 磁极下，相带 A' 始终在 S 磁极下，所以感应电动势 e_A 是恒定的。在转子位于 120~180°区间内，随着 A 相的断电，相带 A 和

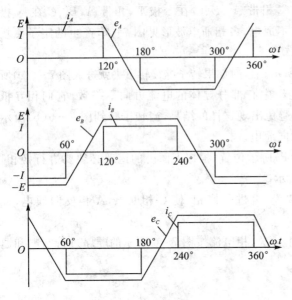

图 7-7 电流与感应电动势波形

相带 A' 分别同时逐渐全部进入 S 磁极下和 N 磁极下,实现换极。由于磁极的改变,使感应电动势的方向也随之改变,e_A 经过零点后变成负值。在转子位于 180°~300° 区间内,A 相反向通电,相带 A 和相带 A' 仍然分别在 S 磁极下和 N 磁极下,获得恒定的负感应电动势。在转子位于 300°~360° 区间内,A 相断电,相带 A 和相带 A' 又进行换极,感应电动势的方向再次改变,e_A 经过过零点后变成正值。因此,感应电动势是梯形波,且其平顶部分恰好包含 120° 电流方波。转子每旋转一周,感应电动势变化一个周期。

对于 B 相和 C 相,感应电动势的波形也是如此,只不过在相位上分别滞后于 A 相 120° 和 240°。

实际上,感应电动势的梯形波形取决于转子永磁体供磁磁场和定子绕组空间分布,以及两者的匹配情况。

感应电动势的梯形波形有利于电动机产生一个恒定的转矩。

由于在换相时电流不能突变,因此实际的相电流波形不是纯粹方波,而是接近方波的梯形波,这会使转矩产生波纹。

根据图 7-6 的通断电顺序,图 7-5 的三相星形联接全桥驱动的通电规律如表 7-1 所列。

表 7-1 三相星形联接全桥驱动的通电规律

通电顺序	正转(逆时针)						反转(顺时针)					
转子位置 (电角度/(°))	0~60	60~120	120~180	180~240	240~300	300~360	360~300	240~300	180~240	120~180	60~120	0~60
开关管	1,4	1,6	3,6	3,2	5,2	5,4	3,6	1,6	1,4	5,4	5,2	3,2
A 相	+	+	−	−				+	+	−	−	
B 相			+	+	−	−	−	−			+	+
C 相	−			+	+	−	−	+	+			−

注:"+"表示正向通电;"−"表示反向通电。

7.3 三相无刷直流电动机的 ADSP 控制

理想的无刷直流电动机的感应电动势和电磁转矩的公式如下:

$$E = \frac{2}{3}\pi N_P Blr\omega \tag{7-1}$$

$$T_e = \frac{4}{3}\pi N_P Blri_S \tag{7-2}$$

式中,N_P 为通电导体数;B 为永磁体产生的气隙磁通密度;l 为转子铁心长度;r 为转子半径;ω 为转子的机械角速度;i_S 为定子电流。

由以上两个公式可见,感应电动势与转子转速成正比,电磁转矩与定子电流成正比,因此无刷直流电动机与有刷直流电动机一样具有良好的控制性能。

7.3.1 三相无刷直流电动机的 ADSP 控制策略

以下结合一个实际例子来说明三相无刷直流电动机调速系统控制方法。本例所用的三相无刷直流电动机有 5 对磁极,采用三相星形联接。额定转速为 3 000 r/min,额定转矩为 0.22 N·m,转矩系数为 0.0522 N·m/A,额定电源电压为 24 V,额定功率为 70 W,额定电流为 5.18 A,三相绕组电阻为 0.488 Ω,三相绕组自感为 1.19 mH,转动惯量为 1.89×10^{-6} kg·m²,电气时间常数为 2.44 ms,机械时间常数为 0.338 ms。

图 7-8 是用 ADSP-21990 实现三相无刷直流电动机调速的控制和驱动电路。

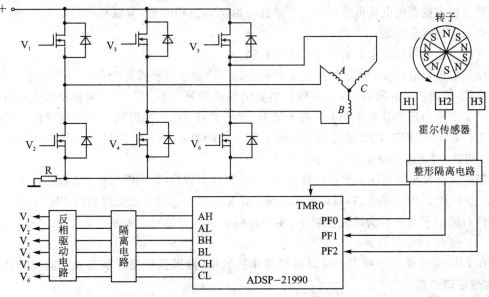

图 7-8 ADSP 控制和驱动电路

在该例中,霍尔传感器 H1、H2、H3 输出信号经整形隔离电路后分别与 ADSP-21990 的 3 个 I/O 口 PF0、PF1 和 PF2 相连,通过产生 FIO 中断来给出换相时刻,同时也给出位置信息。

ADSP-21990 通过 AH~CL 六个引脚经一个反相驱动电路连接到 6 个开关管,实现定频 PWM 和换相控制。

图 7-9 是对本例中三相无刷直流电动机用软件实现全数字速度闭环控制的框图。给定转速与速度反馈量形成偏差,经速度调节后形成 PWM 占空比的控制量,实现电动机的速度控制。速度反馈则是通过霍尔位置传感器输出的位置量,经过计算得到的。位置传感器输出的位置量还用于控制换相。

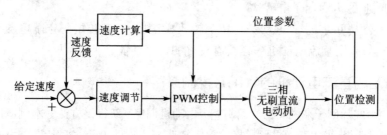

图 7-9　三相无刷直流电动机调整控制框图

7.3.2　位置检测

根据前面讲述的三相无刷直流电动机控制原理,为了保证得到恒定的最大转矩,就必须不断地对三相无刷直流电动机进行换相。掌握好恰当的换相时刻,可以减小转矩的波动。因此位置检测是非常重要的。

下面讨论如何通过位置信号进行换相控制。

位置信号是通过 3 个霍尔传感器得到的。每一个霍尔传感器都会产生 180°电角度脉宽的输出信号,如图 7-10 所示。3 个霍尔传感器的输出信号互差 120°电角度相位差。这样它们在转过 360°电角度中共有 6 个上升或下降沿,正好对应 6 个换相时刻。通过将 ADSP 的 3 个数字 I/O 口 PF0、PF1、PF2 设置为双沿触发 FIO 中断的输入口,分别与 3 个霍尔信号 H1、H2 和 H3 相连,就可以获得这 6 个时刻。

但是只有换相时刻还不能正确换相,还需要知道应该换哪一相。通过检测这 3 个 I/O 口 (PF0、PF1、PF2)的电平状态,就可以知道哪一个霍尔传感器的什么沿触发的 FIO 中断。我们将 I/O 口的电平状态称为换相控制字,换相控制字与换相的对应关系见表 7-2,该表是根据图 7-10 和表 7-1 所得到的。

在 FIO 中断处理子程序中可以测得换相控制字,根据换相控制字查表就能得到换相信息,实现正确换相。

第 7 章 无刷直流电动机的 ADSP 控制

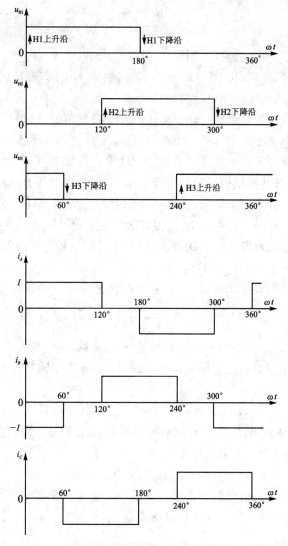

图 7-10 霍尔位置传感器输出波形与电流波形的对应关系

表 7-2 换相控制字与换相的对应关系

H_3	H_2	H_1	正转通电顺序	反转通电顺序	控制字	H_3	H_2	H_1	正转通电顺序	反转通电顺序	控制字
1	0	1	$A+$、$B-$	$B+$、$A-$	0005H	0	1	0	$B+$、$A-$	$A+$、$B-$	0002H
0	0	1	$A+$、$C-$	$C+$、$A-$	0001H	1	1	0	$C+$、$A-$	$A+$、$C-$	0006H
0	1	1	$B+$、$C-$	$C+$、$B-$	0003H	1	0	0	$C+$、$B-$	$B+$、$C-$	0004H

7.3.3 速度计算

位置信号还可以用于产生速度控制量。

任选一路霍尔信号,连到 ADSP-21990 的定时器输入引脚 TMR0,通过定时器的捕捉功能测得霍尔信号周期,从而计算出电动机的转速。

具体实现如下:首先通过设置定时器 T_CFGR0 寄存器的 TMODE 位和 PERIOD_CNT 位,设置 ADSP-21990 的定时器工作在脉冲周期捕获方式(WDTH_CAP)。该模式下,定时器自动将测得的周期值写入到周期寄存器 T_PRD 中。设置 T_CFGR0 寄存器的 IRQ_ENA 位,使定时器在捕获到脉冲周期值后调用中断,在中断子程序里进行速度调节计算。

设捕捉到的周期值为 M,假设选用系统外部时钟频率为 50 MHz,即定时器计数脉冲周期为 $1/(50\ \text{MHz}) = 2 \times 10^{-8}\ \text{s}$。在本例中,使用的无刷直流电动机有 5 对磁极,转子每转动一机械转都对应霍尔传感器发出 5 个周期的方波,则转子转动一转所用时间 T 可表示为:

$$T = 5 \times 2 \times 10^{-8} \times M \tag{7-3}$$

式中,T 的单位为 s/r。假设所求转速为 N,则电机转速为:

$$N = \frac{60}{5 \times 2 \times 10^{-8} \times M} = \frac{6 \times 10^8}{M} \tag{7-4}$$

式中 N 的单位为 r/min。由式(7-4)可知,转速 N 越低则 M 值越大。

通过这样计算所得到的速度值作为速度反馈量,参与速度调节计算。速度调节采用最通用的 PI 算法,以获得最佳的动态效果。计算公式如下:

$$\text{Idcref}_k = \text{Idcref}_{k-1} + K_P(e_k - e_{k-1}) + K_I T e_k \tag{7-5}$$

式中,Idcref 为速度调节输出,它作为电流调节的参考值;e_k 为第 k 次速度偏差;K_P 为速度比例系数;K_I 为速度积分系数;T 为速度调节周期。

本例中,速度调节每 100 个 PWM 周期进行一次。

三相无刷直流电动机在启动时也需要位置信号。通过三个霍尔传感器的输出来判断应该先给那两相通电,并且给出一个不变的供电电流。

7.3.4 无刷直流电动机的 ADSP 控制编程例子

根据以上所述,设计一个用 ADSP-21990 来控制的三相无刷直流电动机调速的例子,采用图 7-8 所示的硬件电路。CPU 时钟频率为 20 MHz,PWM 频率为 20 kHz。

整个程序由主程序、FIO 中断子程序、PWM 同步中断子程序、TMR0 中断子程序以及故障引脚中断子程序组成。

主程序用于初始化、复位 IPM、检测转子初始位置、启动电动机;定时器中断子程序用于获得霍尔信号周期值、计算速度和速度调节;FIO 中断子程序用于检测 I/O 口电平、更新换相控制字;PWM 同步中断子程序用于置速度调节标志、换相控制。

图 7-11 是这个例子的主程序、定时器中断子程序、FIO 中断子程序和 PWM 同步中断子程序框图。

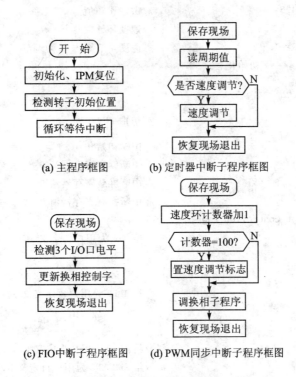

图 7-11 程序框图

程序清单 7-1　无刷直流电动机调速控制程序

```
＃include <adsp-21990.h>              //系统头文件
.SECTION/PM IVreset;                  //复位
    JUMP START;
.SECTION/PM IVint4;                   //故障中断入口
    JUMP TRIP_IRQ;
.SECTION/PM IVint5;                   //FIO 中断入口
    JUMP FIO_IRQ;
.SECTION/PM IVint6;                   //TMR0 中断入口
    JUMP TMR0_IRQ;
.SECTION/PM IVint7;                   //PWM 同步中断入口
    JUMP PWMSYNC_IRQ;
/***************** 变量初始化 *****************/
.section/data data1;
    .VAR CAPT = 1;
```

```
        .VAR N_REF = 0x1250;              //转速参考值
        .VAR KPI = 0x0016;                //速度调节比例系数
        .VAR COMP = -425;                 //占空比初值
        .VAR COUNT = 0;                   //速度环计数器
        .VAR SPEEDFLAG = 0;               //速度调节标志,1为调节
/******************初始化程序************************/
.SECTION/PM program;
START:
        DIS INT;                          //禁止全局中断
INTERRUPT_INT:                            //中断初始化
        IRPTL = 0;                        //中断锁存寄存器清0
        IMASK = 0;                        //中断屏蔽寄存器清0
        ICNTL = 0;                        //中断控制寄存器清0
        IOPG = Interrupt_Controller_Page;
        AX0 = 0xFFF1;                     //给FIO为用户自定义1,对应屏蔽位为5
        IO(IPR6) = AX0;
        NOP;
        AX0 = 0xFFF2;                     //给TMR0为用户自定义2,对应屏蔽位为6
        IO(IPR5) = AX0;
        NOP;
        AX0 = 0xFF03;                     //给TRIP为用户自定义0,对应屏蔽位为4
        IO(IPR2) = AX0;                   //给PWMSYNC为用户自定义3,对应屏蔽位为7
        NOP;
PWM_INT:                                  //PWM模块初始化
        IOPG = 0x08;
        AX0 = 2500;                       //PWM周期100 $\mu s$
        IO(PWM0_TM) = AX0;
        AX0 = 75;                         //死区时间为3 $\mu s$
        IO(PWM0_DT) = AX0;
        AX0 = 0;                          //占空比为50%
        IO(PWM0_CHA) = AX0;
        IO(PWM0_CHB) = AX0;
        IO(PWM0_CHC) = AX0;
        AX0 = 0x01D5;
        IO(0x008) = AX0;                  //使能AL、BL、CL输出,禁止AH、BH、CH输出,给IPM上
                                          //电,使能交叉特性
        NOP;
        NOP;
```

第7章 无刷直流电动机的 ADSP 控制

```
CLOCK_INT:                                  //时钟初始化
    IOPG = Clock_and_System_Control_Page;
    AX0 = 0x0100;                           //外设时钟等于内核时钟 50 MHz,BYPASS 模式
    IO(PLLCTL) = AX0;
    NOP;

FIO_INT:                                    //FIO 初始化
    IOPG = FIO_Page;
    AX0 = 0xFFF8;                           //PF0~PF2 引脚设置为输入,
    IO(FIO_DIR) = AX0;
    NOP;
    NOP;
    AX0 = 0x0007;                           //PF0~PF2 为边沿触发,
    IO(FIO_EDGE) = AX0;
    NOP;
    IO(FIO_BOTH) = AX0;                     //PF0~PF2 为双沿触发,获得 6 个换相信号
    NOP;
    AX0 = 0x0000;                           //PF0~PF2 为高电平有效
    IO(FIO_POLAR) = AX0;
    NOP;
    NOP;
    NOP;
    NOP;
    AX0 = 0x0007;
    IO(FIO_MASKAS) = AX0;                   //使能 PF0~PF2 引脚作为触发 FIO 中断的中断源
    NOP;
    NOP;

TMR0_INT:
    IOPG = Timer_Page;
    AX0 = 0x001E;
    IO(T_CFGR0) = AX0;                      //定时器 0 设为周期捕捉模式,高电平有效,中断请求
                                            //使能
    NOP;
    NOP;
/************IPM 充电初始化**********/
IPM_INT:
    IOPG = 0x08;
    AX0 = 0x03;
    IO(PWM0_CTRL) = AX0;                    //PWM 和内部同步信号使能,单更新模式
```

```
            NOP;
        START_CHONG_DIAN:
            CNTR = 0x00FF;                      //循环体内共10个NOP指令,对应6.55 ms的时间
            DO END_C_D UNTIL CE;
            NOP;
            NOP;
            NOP;
            NOP;
            NOP;
            NOP;
            NOP;
            NOP;
            NOP;
        END_C_D:
            NOP;
        START_F_W:
            IOPG = 0x08;
            AX0 = 0x0000;
            IO(PWM0_CHA) = AX0;
            NOP;
            IO(PWM0_CHB) = AX0;
            NOP;
            IO(PWM0_CHC) = AX0;
            AY0 = 0x002A;
            IO(PWM0_SEG) = AY0;                 //给IPM上桥臂一个很小的ON信号,让其复位。不使
                                                //能交叉模式,使能AH、BH、CH输出,禁止AL、BL、CL输出
            NOP;
            CNTR = 0x2710;                      //0.2 ms,相当于2个PWM周期复位时间
            NOP;
            DO END_F_W UNTIL CE;
            NOP;
        END_F_W:
            NOP;
            NOP;
            NOP;
        HER_CHU_STATUE:
            IOPG = 0x06;
            AY1 = IO(FIO_DATA_IN);              //检测霍尔初始位置
            DM(CAPT) = AY1;
```

第 7 章 无刷直流电动机的 ADSP 控制

```
        NOP;
        IOPG = Timer_Page;
        AX0 = 0x0100;
        IO(T_GSR0) = AX0;              //使能定时器 0
        IMASK = 0X00F0;
        ENA INT;                       //上桥臂自举电容充电及给上桥臂复位信号已经结束,
                                       //开始使能全局中断,响应同步中断,一个 PWM 周期后,
                                       //电动机启动,定时器开始计数
/************** 主循环 ******************/
MAIN_LOOP:
        NOP;
        NOP;
        NOP;
        NOP;
        JUMP MAIN_LOOP;
/************FIO 中断子程序 ****************/
.SECTION/PM program;
FIO_IRQ:
        ENA SEC_REG,ENA SEC_DAG;       //使能辅助寄存器
        IOPG = FIO_Page;
        AX0 = 0xFFFF;                  //清中断标志
        IO(FIO_FLAGC) = AX0;
        MX0 = IO(FIO_DATA_IN);         //读位置信号
        MY0 = 0x0007;
        AR = MX0 AND MY0;
        DM(CAPT) = AR;
        NOP;
        DIS SEC_REG,DIS SEC_DAG;       //禁止辅助寄存器
        RTI;
/*************定时器中断子程序 ****************/
.SECTION/PM program;
TMR0_IRQ:
        ENA SEC_REG,ENA SEC_DAG;       //使能辅助寄存器
        IOPG = Timer_Page;
        AX0 = 0x0001;
        IO(T_GSR0) = AX0;              //清中断标志
        NOP;
        NOP;
```

```
        AX0 = IO(T_PRDL0);              //读 TMR0 周期寄存器值
        AX1 = IO(T_PRDH0);
        AR = DM(SPEEDFLAG);              //是否进行速度调节
        AR = AR - 0;
        IF EQ JUMP TMR_OK;               //等于 0,跳转,不进行速度调节
        NOP;
        AX0 = 0;                         //等于 1,速度调节
        DM(SPEEDFLAG) = AX0;             //清标志
        SR = ASHIFT AX1 BY -7(HI);       //周期寄存器右移 7 位,
        SR = SR OR LSHIFT AX0 BY -7(LO); //转速在 600～3000 r/min,周期值在 20～22 位之间
        AX0 = DM(N_REF);                 //速度给定值
        AR = AX0 - SR0;                  //参考值 - 反馈值
        MY0 = DM(KPI);                   //速度比例调节系数,Q11
        MR = AR * MY0(SU);
        SR = ASHIFT MR1 BY 5(HI);        //左移 5 位
        SR = SR OR LSHIFT MR0 BY 5(LO);
        AX0 = SR1;                       //保存高字,Q0 格式
        AY0 = DM(COMP);
        AR = SR1 + AY0;
        DM(COMP) = AR;
        AX1 = AR;
        AX0 = -425;                      //占空比下限值
        AR = AR - AX0;
        IF GT JUMP COMP_ADD;
        NOP;
        DM(COMP) = AX0;
        NOP;
        NOP;
        JUMP TMR_OK;
COMP_ADD:
        AX0 = 2000;                      //占空比上限
        AR = AX1 - AX0;
        IF LT JUMP TMR_OK;
        NOP;
        DM(COMP) = AX0;
        NOP;
        NOP;
TMR_OK:
        DIS SEC_REG,DIS SEC_DAG;         //禁止辅助寄存器
```

```
        RTI;

/ **************PWMSYNC 中断子程序 ***************/
.SECTION/PM program;
PWMSYNC_IRQ:
        ENA SEC_REG,ENA SEC_DAG;              //使能辅助寄存器
        IOPG = PWM0_Page;
        AX0 = 0x0200;                          //清中断标志
        IO(PWM0_STAT) = AX0;
        NOP;
        NOP;
        NOP;
        AR = DM(COUNT);                        //速度环计数器加 1
        AR = AR + 1;
        DM(COUNT) = AR;
        AX0 = 100;
        AR = AR – AX0;
        IF NE JUMP HUANXIANG1;
        NOP;
        AX0 = 1;
        DM(SPEEDFLAG) = AX0;                   //速度调节标志
HUANXIANG1:
        MX1 = DM(COMP);
        CALL HUANXIANG;                        //调换相子程序
        NOP;
        NOP;
        DIS SEC_REG,DIS SEC_DAG;               //禁止辅助寄存器
        RTI;
/ *********换相子程序 ***************/
.SECTION/PM program;
HUANXIANG:
        I0 = CAPT_DETER;                       //表起始地址
        AR = DM(CAPT);                         //根据换相控制字跳转
        AR = AR – 1;
        M0 = AR;
        NOP;
        NOP;
        MODIFY(I0 + = M0);
        NOP;
```

```
        NOP;
        NOP;
        JUMP (I0);
.SECTION/PM program;
CAPT_DETER:
        JUMP F3;                        //H3 下降沿
        JUMP F1;                        //H1 下降沿
        JUMP R2;                        //H2 上升沿
        JUMP F2;                        //H2 下降沿
        JUMP R1;                        //H1 上升沿
        JUMP R3;                        //H3 上升沿
F3:
        IOPG = 0x08;
        IO(PWM0_CHA) = MX1;
        IO(PWM0_CHC) = MX1;
        MY1 = 0X006D;
        IO(PWM0_SEG) = MY1;             /*使能 AH、CL 引脚输出,禁止 AL、BH、BL、CH 输出,使能
                                         C 通道交叉特性,即输出到 CH 引脚的 PWM 信号交叉
                                         输出到 CL 引脚上*/
        JUMP RESTO;                     //从调用子程序返回
F1:
        IOPG = 0x08;
        IO(PWM0_CHA) = MX1;
        IO(PWM0_CHB) = MX1;
        MY1 = 0X011B;
        IO(PWM0_SEG) = MY1;             /*使能 AL、BH 引脚输出,禁止 AH、BL、CH、CL 输出,使能
                                         A 通道交叉特性,即输出到 AH 引脚的 PWM 信号交
                                         叉输出到 AL 引脚上*/
        JUMP RESTO;                     //从调用子程序返回
R2:
        IOPG = 0x08;
        IO(PWM0_CHB) = MX1;
        IO(PWM0_CHC) = MX1;
        MY1 = 0X0079;
        IO(PWM0_SEG) = MY1;             /*使能 BH、CL 引脚输出,禁止 AH、AL、BL、CH 输出,使能
                                         C 通道交叉特性,即输出到 CH 引脚的 PWM 信号交叉
                                         输出到 CL 引脚上*/
        JUMP RESTO;                     /*从调用子程序返回*/
```

```
F2:
    IOPG = 0x08;
    IO(PWM0_CHB) = MX1;
    IO(PWM0_CHC) = MX1;
    MY1 = 0X00B6;
    IO(PWM0_SEG) = MY1;            /* 使能 BL、CH 引脚输出,禁止 AH、AL、BH、CL 输出,使能
                                      B 通道交叉特性,即输出到 BH 引脚的 PWM 信号交叉
                                      输出到 BL 引脚上 */

    JUMP RESTO;                    /* 从调用子程序返回 */
R1:
    IOPG = 0x08;
    IO(PWM0_CHA) = MX1;
    IO(PWM0_CHB) = MX1;
    MY1 = 0X00A7;
    IO(PWM0_SEG) = MY1;            /* 使能 AH、BL 引脚输出,禁止 AL、BH、CH、CL 输出,使能
                                      B 通道交叉特性,即输出到 BH 引脚的 PWM 信号交叉
                                      输出到 BL 引脚上 */

    JUMP RESTO;                    /* 从调用子程序返回 */
R3:
    IOPG = 0x08;
    IO(PWM0_CHA) = MX1;
    IO(PWM0_CHC) = MX1;
    MY1 = 0X011E;
    IO(PWM0_SEG) = MY1;            /* 使能 AL、CH 引脚输出,禁止 AH、BH、BL、CL 输出,使能
                                      A 通道交叉特性,即输出到 AH 引脚的 PWM 信号交叉
                                      输出到 AL 引脚上 */

RESTO:
    RTS;                           /* 从调用子程序返回 */
/************TRIP 中断子程序**************/
.SECTION/PM program;
TRIP_IRQ:
LOOP2:
    IOPG = PWM0_Page;
    AX0 = 0X0;
    IO(PWM0_CTRL) = AX0;           /* PWM 关断 */
    JUMP LOOP2;
    RTI;
```

7.4 无位置传感器的无刷直流电动机 ADSP 控制

位置传感器虽然为转子位置提供了最直接有效的检测方法,但是它也使电动机增加了体积,需要多条信号线,更增加了电动机制造的工艺要求和成本。在某些场合(如高温高压),位置传感器工作不可靠。因此,近年来推出了几种无刷直流电动机的无位置传感器控制方法,其中感应电动势法是最常见和应用最广泛的一种方法。本节介绍这种方法的工作原理以及用 ADSP 实现的例子。

7.4.1 利用感应电动势检测转子位置原理

三相无刷直流电动机每转 60°电角度就需要换相一次,每转 360°电角度就需要换相 6 次,因此需要 6 个换相信号。我们在图 7-7 中发现,每相的感应电动势都有 2 个过零点,这样三相共有 6 个过零点。如果能够通过一种方法测量和计算出这 6 个过零点,再将其延迟 30°,就可以获得 6 个换相信号。感应电动势位置检测法正是利用这一原理来实现位置检测。

那么怎样测量和计算出这 6 个过零点?

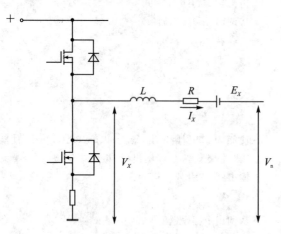

图 7-12 电动机定子某一相电模型

图 7-12 给出了电动机某一相的模型。图中,L 为相电感;R 为相电阻;E_X 为相感应电动势;I_X 为相电流;V_X 为相电压;V_n 为星形连接中性点电压。

根据图 7-12,可以列出相电压方程:

$$V_X = RI_X + L\frac{dI_X}{dt} + E_X + V_n \quad (7-6)$$

对于三相无刷直流电动机,每次只有两相通电,两相通电电流方向相反,同时另一相断电,相电流为零。因此,利用这个特点,将 X 分别等于 A、B、C 代入式(7-6),列出 A、B、C 三相的电压方程,并将三个方程相加,使 RI_X 项和 $L\frac{dI_X}{dt}$ 项相抵消,可以得到:

$$V_A + V_B + V_C = E_A + E_B + E_C + 3V_n \quad (7-7)$$

由图 7-7 可见,无论哪个相的感应电动势的过零点,$E_A + E_B + E_C = 0$ 的关系都成立。因此在感应电动势过零点有:

$$V_A + V_B + V_C = 3V_n \quad (7-8)$$

对于断电的那一相，$I_X=0$，因此根据式(7-6)，其感应电动势为：
$$E_X = V_X - V_n \tag{7-9}$$

所以，只要测量出各相的相电压 V_A、V_B、V_C，根据式(7-8)计算出 V_n，就可以通过式(7-9)计算出任一断电相的感应电动势。通过判断感应电动势的符号变化，来确定过零点时刻。

7.4.2 用 ADSP 实现无位置传感器无刷直流电动机控制的方法

以下也结合一个例子来说明用 ADSP 实现无位置传感器的三相无刷直流电动机调速系统控制方法。

1. 硬件系统

本例所用的三相无刷直流电动机参数如下：额定功率为 70 W，额定转速为 3 000 r/min，额定转矩为 0.22 N·m，额定电流为 5.18 A，额定电源电压为 24 V，5 对磁极，电枢绕组电阻为 0.488 Ω，电枢绕组电感为 1.19 mH，转动惯量为 1.89×10^{-6} kg·m²，转矩系数为 0.0522 N·m/A，电气时间常数为 2.44 ms，机械时间常数为 0.338 ms。感应电动势波形为梯形。

图 7-13 是采用 ADSP-21990 实现无位置传感器无刷直流电动机调速的控制电路和驱动电路。

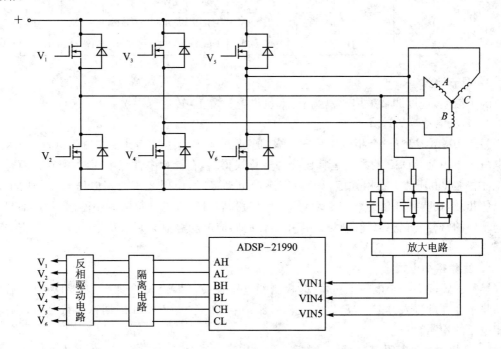

图 7-13 ADSP 控制和驱动电路

为了计算不通电相的感应电动势,需要测量三个相电压。与有位置传感器的硬件电路不同的是,这里增加了相电压测量电路来取代位置传感器和测量电路。采用廉价的分压电阻和滤波电容组成相电压测量电路。各相电压信号经过放大后,分别与 ADSP 的 VIN1、VIN4、VIN5 通道相连。

2. 对开关管的控制方式

本例采用单极性 PWM 控制方式,即受控的两个对角开关管中的上桥臂开关管采用定频 PWM 控制,另一个开关管常开。这样使开关管的工作状态与换相的对应关系如表 7-3 所列。

为了对应程序中的分支关系(跳转关系),换相控制字依次取 0、1、2、3、4、5。

表 7-3 开关管的工作状态与换相的对应关系

换相控制字	相当于有位置传感器的沿状态	各开关管工作状态					
		V_1	V_2	V_3	V_4	V_5	V_6
0	H1 上升沿	PWM	OFF	OFF	ON	OFF	OFF
1	H3 下降沿	PWM	OFF	OFF	OFF	OFF	ON
2	H2 上升沿	OFF	OFF	PWM	OFF	OFF	ON
3	H1 下降沿	OFF	ON	PWM	OFF	OFF	OFF
4	H3 上升沿	OFF	ON	OFF	OFF	PWM	OFF
5	H2 下降沿	OFF	OFF	OFF	ON	PWM	OFF

3. 调节计算

为了简明,速度调节采用比例调节,本例设置为每 10 转进行一次。

4. 感应电动势的计算

每个 100 μs 都对三个相电压采样一次,通过 ADC 转换成数字量。根据式(7-8)求得中性点电压。因为 ADSP 的乘法运算比除法运算快得多,在计算中性点电压时不除 3,而是保留 3 倍的中性点电压值。在用式(7-9)计算感应电动势时,使用 3 倍的相电压与 3 倍的中性点电压值相减,而得到 3 倍的感应电动势值。因为我们对感应电动势的大小不感兴趣,而只对感应电动势的符号变化感兴趣,所以直接用 3 倍的感应电动势值去判断符号的变化,而省去除法运算。

5. 滤除换相干扰

换相的瞬间会产生电磁干扰,这时检测相电压容易产生较大的误差。又因为换相后感应电动势不会立即进入过零点,所以在换相后加一个延时(3 个 PWM 周期),等待延时过后再进行相电压的检测。

6. 换相时刻计算及其补偿

由图 7-7 可见,过零点与换相点间隔 30°电角度,折合成机械角度为 6°。这就是说,在测得过零点后,还要延迟一段时间(或者 30°电角度)才能换相。这个时间称为延迟时间。

在程序中,延迟时间是采用以下方法估算的:测得转子刚转过 1°电角度转所用的时间,将这个时间除 12 就可以得到转过 30°所用的平均时间,用这个平均时间作为下一转的 6 个过零点与相应的换相点之间的延迟时间。

当速度发生变化时,采用这种估算延迟时间的方法会在系统动态响应中产生一个负反馈作用:即当电动机减速时,估算的延迟时间要比实际所需的时间短,使换相点提前,造成电动机加速;当电动机加速时,估算的延迟时间要比实际所需的时间长,使换相点滞后,造成电动机减速。因此这种延迟时间的估算对速度控制影响不大。

但是,毕竟是估算,因此存在一定的误差。此外,滤波器也会造成相移,因此需要补偿。通过试验,得到补偿角与转速的对应关系见表 7-4。

表 7-4 电动势过零点补偿方案

速度/(r·min^{-1})	1000	1000~2000	2000~3000
相位提前补偿角/(°)	2	1	0

7. 电动机的启动

本例采用磁定位的方法启动无位置传感器无刷直流电动机。启动时,对任意两相通电,使其转到与定子磁场一致的位置。通过一个延时来等待电动机轴停止振荡。

使用感应电动势过零检测法时,由于转速越低其相电压越小,越不易测量,因此电动机的最低转速一般不低于 30 r/min。启动时的速度参考值的设置应考虑这个问题。

在磁定位期间,不对速度进行调节,不对延迟时间进行估算,其他操作与正常时一样。

延迟时间采用一个初值,这个初值可由如下方法确定:

根据动力学方程:

$$J \frac{\mathrm{d}^2 \theta}{\mathrm{d}t} = \sum T_i$$

解得电动机转 1 转所需的时间为:

$$t = \frac{1}{2}\sqrt{\frac{4J\pi}{\sum T_i}} \tag{7-10}$$

式中,J 和 $\sum T_i$ 看做常量。延迟时间的初值可根据式(7-10)来设计。

7.4.3 ADSP 控制编程例子

根据图 7-13 设计了软件结构。软件由主程序和 PWM 同步中断子程序组成。

PWM 采用单更新模式,频率为 20 kHz,每个 PWM 周期都产生一个 PWMSYNC 同步信号,同步信号的上升沿触发 PWM 同步中断。在 PWM 同步中断子程序中,主要进行速度调节、读 A/D 转换结果、中性点电压计算、延迟时间计算、感应电动势符号判别和换相准备的操作。PWM 同步中断子程序框图如图 7-14 所示。

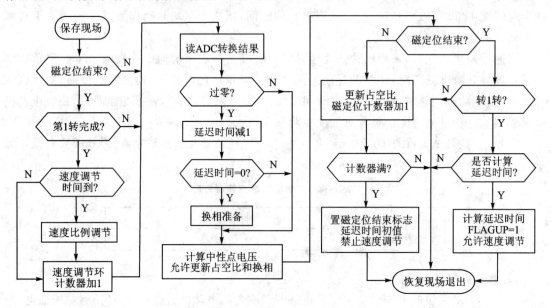

图 7-14 PWM 同步中断子程序框图

主程序框图见图 7-15,初始化后进行磁定位启动电动机操作。之后的主循环程序主要进行换相操作和更新 PWM 占空比操作。这些操作是通过调用更新占空比和换相子程序来实现的,该程序框图见图 7-16。

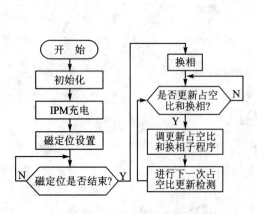

图 7-15 主程序框图

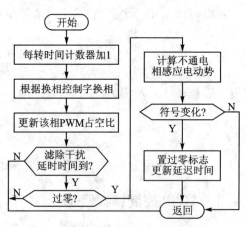

图 7-16 更新占空比和换相子程序框图

程序清单 7-2 无位置传感器的无刷直流电动机调速控制程序

```
#include <adsp-21990.h>
.SECTION/PM IVreset;
    JUMP START;                         //复位
.SECTION/PM IVint4;
    JUMP TRIP_IRQ;                      //故障
.SECTION/PM IVint5;
    JUMP PWMSYNC_IRQ;                   //PWM 同步中断
/**************** 变量初始化 ****************/
.section/data data1;
    .VAR STALL = 0;                     //磁定位结束标志,1 为结束,0 为没结束
    .VAR COMP = 0;                      //占空比值
    .VAR CAPT = 0;                      //换相控制字
    .VAR TIME = 0;                      //每转时间计数器
    .VAR V1 = 0;                        //三相电压
    .VAR V2 = 0;
    .VAR V3 = 0;
    .VAR NEUTRAL = 0;                   //中性点电压
    .VAR BCOUNT = 0;                    //磁定位时临时变量,延迟时间更新值
    .VAR FLAG = 0;                      //反电动势过零标志,1 为过零
    .VAR ASYM = 0;                      //滤除换相干扰延时
    .VAR FLAGUP = 0;                    //转 1 转标志,1 为转 1 转
    .VAR B2COUNT = 0;                   //延迟时间
    .VAR FLAGCUR = 0;                   //允许更新占空比和换相标志,0 为禁止
    .VAR SPEEDFLAG = 1;                 //速度调节标志,1 为禁止,0 为允许
    .VAR SPEED_REF = 145;               //速度参考值
    .VAR SPEED_COUNT = 0;               //速度环计数器
    .VAR KP = 0x007D;                   //速度调节比例系数,Q11 格式
    .VAR S_K = 0;
/**************** 初始化程序 ************************/
.SECTION/PM program;
START:
    DIS INT;                            //禁止全局中断

INTERRUPT_INT:                          //中断初始化
    IRPTL = 0;                          //中断锁存寄存器清 0
    IMASK = 0;                          //中断屏蔽寄存器清 0
    ICNTL = 0;                          //中断控制寄存器清 0
    IOPG = Interrupt_Controller_Page;
    AX0 = 0xFF01;                       //给 TRIP 为用户自定义 0,对应屏蔽位为 4
```

```
        IO(IPR2) = AX0;              //PWMSYNC 为用户自定义 1,对应屏蔽位为 5
        AX0 = 0xFFFF;
        IO(IPR5) = AX0;
        IO(IPR3) = AX0;              //禁止其他中断
        IO(IPR0) = AX0;
        IO(IPR1) = AX0;
PWM_INT:                             //PWM 模块初始化
        IOPG = 0x08;
        AX0 = 2500;                  //PWM 周期 100 μs
        IO(PWM0_TM) = AX0;
        AX0 = 75;                    //死区时间为 3 μs
        IO(PWM0_DT) = AX0;
        AX0 = 0;                     //占空比近似为 100%
        IO(PWM0_CHA) = AX0;
        IO(PWM0_CHB) = AX0;
        IO(PWM0_CHC) = AX0;
        AX0 = 0x01D5;
        IO(0x008) = AX0;             /* 使能 AL、BL、CL 输出,禁止 AH、BH、CH 输出,IPM 充电,使能
                                        交叉特性 */
        NOP;
        NOP;
CLOCK_INT:                           //时钟初始化
        IOPG = Clock_and_System_Control_Page;
        AX0 = 0x0100;                //外设时钟等于内核时钟 50 MHz,BYPASS 模式
        IO(PLLCTL) = AX0;
        NOP;
ADC_INT:                             //ADC 初始化
        IOPG = ADC_Page;
        AX0 = 0x0200;
        IO(ADC_CTRL) = AX0;          /* 选择 OT R 位;PWM 同步信号的上升沿触发 A/D 转换;转换
                                        结束后触发 A/D 中断;转换的时钟频率为 HCLK/4;选择
                                        同步采样模式 */
        NOP;
        NOP;
        NOP;
TMR_INT:                             //定时器初始化
        IOPG = Timer_Page;
        AX0 = 0x001E;
```

```
        IO(T_CFGR0) = AX0;              //定时器0设为周期捕捉模式,高电平有效
        NOP;
        NOP;
/****************** IPM 充电 ******************/
.SECTION/PM program;
IPM_INT:
        IOPG = 0x08;
        AX0 = 0x03;
        IO(PWM0_CTRL) = AX0;            //PWM和内部同步信号使能,单更新模式
        NOP;
START_CHONG_DIAN:
        CNTR = 0x0F;                    //循环体内共10个NOP指令,对应6.55 ms的时间
        DO END_C_D UNTIL CE;
        NOP;
        NOP;
        NOP;
        NOP;
        NOP;
        NOP;
        NOP;
        NOP;
        NOP;
END_C_D:
        NOP;
START_F_W:
        IOPG = 0x08;
        AX0 = 0x0000;
        IO(PWM0_CHA) = AX0;
        NOP;
        IO(PWM0_CHB) = AX0;
        NOP;
        IO(PWM0_CHC) = AX0;
        AY0 = 0x002A;
        IO(PWM0_SEG) = AY0;             /* 给IPM上桥臂一个很小的ON信号,让其复位。不使能交
                                           叉模式,使能AH、BH、CH输出,禁止AL、BL、CL输出 */
        NOP;
        CNTR = 0x2710;                  //上桥臂开关管复位
        NOP;
        DO END_F_W UNTIL CE;
```

```
        NOP;
END_F_W:
        NOP;
        NOP;
        NOP;
/************** 准备磁定位 ****************/
.SECTION/PM program;
        IOPG = 0x08;
        AX0 = DM(COMP);                    //给 AC 两相通电
        IO(PWM0_CHA) = AX0;
        IO(PWM0_CHC) = AX0;
        AX0 = 0x006D;
        IO(PWM0_SEG) = AX0;                /* 使能 AH,CL 输出,禁止 AL,BH,BL,CH 输出,使能 C 通道交
                                              叉特性,使 CH 发出的信号交叉到 CL 上输出 */
        NOP;
        IOPG = Timer_Page;
        AX0 = 0x0100;
        IO(T_GSR0) = AX0;                  //使能定时器 0
        IMASK = 0x0070;                    //相应位置 1,解除对应的中断屏蔽位
        ENA INT;                           //开总中断
        NOP;
MAGSTALL:
        NOP;
        NOP;
        NOP;
        AR = DM(STALL);
        NOP;                               //磁定位是否结束,STALL = 1 结束
        AR = AR - 0;
        NOP;
        IF EQ JUMP MAGSTALL;               //没结束则继续循环
        NOP;
        NOP;
/*********** 磁定位结束换相 ***********/
FINSH:
        IOPG = 0x08;
        AX0 = DM(COMP);
        IO(PWM0_CHB) = AX0;                //磁定位结束换成 BC 两相通电
        IO(PWM0_CHC) = AX0;
        AX0 = 0x0079;
```

```
        IO(PWM0_SEG) = AX0;        /* R2,使能 BH、CL 输出,禁止其余输出;使能 C 通道交叉特
                                      性,使 CH 发出的信号交叉到 CL 上输出 */

        AX0 = 2;
        DM(CAPT) = AX0;            //换相控制字初值为 2
/******* 主循环 ***********/
LOOP1:
        NOP;
        NOP;
        NOP;
        NOP;
        NOP;
        NOP;
        AR = DM(FLAGCUR);          //是否更新占空比
        AR = AR - 0;
        IF EQ JUMP LOOP1;          //0 为不更新,继续循环
        NOP;
        AX0 = 0;
        DM(FLAGCUR) = AX0;         //否则更新,同时清标志位
        CALL SEQUENCE;             //调更新占空比和换相子程序
        NOP;
        JUMP LOOP1;
/*********** 更新占空比和换相子程序 ****************/
.SECTION/PM program;
SEQUENCE:
        AR = DM(TIME);             //每转时间计数器加 1
        AR = AR + 1;
        DM(TIME) = AR;
        ENA M_MODE;                //使能整数模式
        I0 = CAPT_DETER;           //表起始地址
        AR = DM(CAPT);             //偏移量,换相控制字
        NOP;
        M0 = AR;
        NOP;
        NOP;
        MODIFY(I0 + = M0);         //修改查表地址
        NOP;
        NOP;
        NOP;
```

```
        JUMP (I0);                      //根据换相控制字跳转
    CAPT_DETER:                         //表
        JUMP R1;
        JUMP F3;
        JUMP R2;
        JUMP F1;
        JUMP R3;
        JUMP F2;
    R2:
        IOPG = 0x08;
        MX1 = DM(COMP);
        IO(PWM0_CHB) = MX1;             //给定通电顺序 B—C
        IO(PWM0_CHC) = MX1;
        AX0 = 0x0079;
        IO(PWM0_SEG) = AX0;
        AR = DM(ASYM);                  //延时计数器加 1
        AR = AR + 1;
        DM(ASYM) = AR;
        AX0 = 3;
        AR = AR - AX0;
        IF LE JUMP END_EXCH;            //延时没到,退出
        NOP;
        AX0 = 3;
        DM(ASYM) = AX0;
    COM_FLAG_R2:
        AR = DM(FLAG);                  //判断是否过零
        AR = AR - 0;
        IF NE JUMP END_EXCH;            //过零,退出
        NOP;
        MX0 = DM(V1);
        MY0 = 3;
        ASTAT = 0;
        ENA M_MODE;
        AR = DM(NEUTRAL);               //没过零,计算 $3V_1 - 3V_n$
        MR = MX0 * MY0(UU);
        AR = MR0 - AR;
        IF GE JUMP END_EXCH;            //没变号,退出
        NOP;
```

第 7 章　无刷直流电动机的 ADSP 控制

```
        AX0 = 1;                          //变了,置过零标志
        DM(FLAG) = AX0;
        AX0 = DM(BCOUNT);
        DM(B2COUNT) = AX0;                //换相延时计数器值
        JUMP END_EXCH;
F2:
        IOPG = 0x08;
        MX1 = DM(COMP);
        IO(PWM0_CHB) = MX1;               //给 C—B 通电
        IO(PWM0_CHC) = MX1;
        AX0 = 0x00B6;
        IO(PWM0_SEG) = AX0;

        AR = DM(ASYM);                    //延时计数器加 1
        AR = AR + 1;
        DM(ASYM) = AR;

        AX0 = 3;
        AR = AR - AX0;
        IF LE JUMP END_EXCH;              //延时没到,退出
        NOP;
        AX0 = 3;
        DM(ASYM) = AX0;

COM_FLAG_F2:
        AR = DM(FLAG);                    //判断是否过零
        AR = AR - 0;
        IF NE JUMP END_EXCH;
        NOP;
        MY0 = DM(V1);
        MX0 = 3;
        ASTAT = 0;
        AR = DM(NEUTRAL);
        ENA M_MODE;
        MR = MX0 * MY0(UU);
        AR = MR0 - AR;
        IF LE JUMP END_EXCH;              //小于 0,没变号,退出
        NOP;
        AX0 = 1;
        DM(FLAG) = AX0;                   //置过零标志
        A X0 = DM(BCOUNT);
```

```
            DM(B2COUNT) = A X0;            //换相延时计数器值
            JUMP END_EXCH;
        R3:
            IOPG = 0x08;
            MX1 = DM(COMP);
            IO(PWM0_CHA) = MX1;             //给定通电顺序 C—A
            IO(PWM0_CHC) = MX1;
            AX0 = 0x011E;
            IO(PWM0_SEG) = AX0;
            AR = DM(ASYM);                  //延时计数器加 1
            AR = AR + 1;
            DM(ASYM) = AR;
            AX0 = 3;
            AR = AR - AX0;
            IF LE JUMP END_EXCH;            //延时没到,退出
            NOP;
            AX0 = 3;
            DM(ASYM) = AX0;
        COM_FLAG_R3:
            AR = DM(FLAG);                  //判断是否过零
            AR = AR - 0;
            IF NE JUMP END_EXCH;            //过零,退出
            NOP;
            MX0 = DM(V2);
            MY0 = 3;
            ASTAT = 0;
            ENA M_MODE;
            AR = DM(NEUTRAL);               //没过零,计算 $3V_2 - 3V_n$
            MR = MX0 * MY0(UU);
            AR = MR0 - AR;
            IF GE JUMP END_EXCH;            //没变号,退出
            NOP;
            AX0 = 1;                        //变了,置过零标志
            DM(FLAG) = AX0;
            AX0 = DM(BCOUNT);
            DM(B2COUNT) = AX0;              //换相延时计数器值
            JUMP END_EXCH;
        F3:
```

```
        IOPG = 0x08;
        MX1 = DM(COMP);
        IO(PWM0_CHA) = MX1;           //给定通电顺序 A—C
        IO(PWM0_CHC) = MX1;
        AX0 = 0x006D;
        IO(PWM0_SEG) = AX0;

        AR = DM(ASYM);                //延时计数器加 1
        AR = AR + 1;
        DM(ASYM) = AR;

        AX0 = 3;
        AR = AR - AX0;
        IF LE JUMP END_EXCH;          //延时没到,退出
        NOP;
        AX0 = 3;
        DM(ASYM) = AX0;

COM_FLAG_F3:
        AR = DM(FLAG);                //判断是否过零
        AR = AR - 0;
        IF NE JUMP END_EXCH;          //过零,退出
        NOP;
        MX0 = DM(V2);
        MY0 = 3;
        ASTAT = 0;
        ENA M_MODE;
        AR = DM(NEUTRAL);             //没过零,计算 $3V_2 - 3V_n$
        MR = MX0 * MY0(UU);
        AR = MR0 - AR;
        IF LE JUMP END_EXCH;          //没变号,退出
        NOP;
        AX0 = 1;                      //变了,置过零标志
        DM(FLAG) = AX0;
        A X0 = DM(BCOUNT);
        DM(B2COUNT) = A X0;           //换相延时计数器值
        JUMP END_EXCH;
R1:
        IOPG = 0x08;
        MX1 = DM(COMP);
        IO(PWM0_CHA) = MX1;           //给定通电顺序 A—B
```

```
        IO(PWM0_CHB) = MX1;
        AX0 = 0x00A7;
        IO(PWM0_SEG) = AX0;
        AR = DM(ASYM);                  //延时计数器加1
        AR = AR + 1;
        DM(ASYM) = AR;
        AX0 = 3;
        AR = AR - AX0;
        IF LE JUMP END_EXCH;            //延时没到,退出
        NOP;
        AX0 = 3;
        DM(ASYM) = AX0;
    COM_FLAG_R1:
        AR = DM(FLAG);                  //判断是否过零
        AR = AR - 0;
        IF NE JUMP END_EXCH;            //过零,退出
        NOP;
        MX0 = DM(V3);
        MY0 = 3;
        ASTAT = 0;
        ENA M_MODE;
        AR = DM(NEUTRAL);               //没过零,计算 $3V_3 - 3V_n$
        MR = MX0 * MY0(UU);
        AR = MR0 - AR;
        IF GE JUMP END_EXCH;            //没变号,退出
        NOP;
        AX0 = 1;                        //变了,置过零标志
        DM(FLAG) = AX0;
        AX0 = DM(BCOUNT);
        DM(B2COUNT) = AX0;              //换相延时计数器值
        JUMP END_EXCH;
    F1:
        IOPG = 0x08;
        MX1 = DM(COMP);
        IO(PWM0_CHA) = MX1;             //给定通电顺序 B—A
        IO(PWM0_CHB) = MX1;
        AX0 = 0x011B;
        IO(PWM0_SEG) = AX0;
```

```
        AR = DM(ASYM);                    //延时计数器加 1
        AR = AR + 1;
        DM(ASYM) = AR;
        AX0 = 3;
        AR = AR - AX0;
        IF LE JUMP END_EXCH;              //延时没到,退出
        NOP;
        AX0 = 3;
        DM(ASYM) = AX0;
        AX0 = 1;
        DM(FLAGUP) = AX0;                 //转过 1 转标志置 1,即转过 1 转
COM_FLAG_F1:
        AR = DM(FLAG);                    //判断是否过零
        AR = AR - 0;
        IF NE JUMP END_EXCH;              //过零,退出
        NOP;
        MX0 = DM(V3);
        MY0 = 3;
        ASTAT = 0;
        ENA M_MODE;
        AR = DM(NEUTRAL);                 //没过零,计算 $3V_3 - 3V_n$
        MR = MX0 * MY0(UU);
        AR = MR0 - AR;
        IF LE JUMP END_EXCH;              //没变号,退出
        NOP;
        AX0 = 1;                          //变了,置过零标志
        DM(FLAG) = AX0;
        A X0 = DM(BCOUNT);
        DM(B2COUNT) = A X0;               //换相延时计数器值
END_EXCH:
        RTS;
/***************PWM 同步中断子程序***************/
.SECTION/PM program;
PWMSYNC_IRQ:
        ENA SEC_REG,ENA SEC_DAG;          //使能辅助寄存器
        IOPG = PWM0_Page;
        AX0 = 0x0200;
        IO(PWM0_STAT) = AX0;              //清中断标志
```

```
            NOP;
            NOP;
            NOP;
/********** 速度调节与否 ***************/
            AR = DM(STALL);
            AR = AR - 0;                        //检测 STALL = 0
            IF EQ JUMP VDC_IDC;                 //磁定位没完成,不进行速度调节
            NOP;
            AR = DM(SPEEDFLAG);
            AR = AR - 0;                        //SPEEDFLAG = 1
            IF NE JUMP VDC_IDC;                 //没转完 1 转,禁止速度调节
            NOP;
            AR = DM(SPEED_COUNT);
            AY0 = 2000;
            AR = AR - AY0;                      //每 10 转进行一次速度调节
            IF NE JUMP NO_SPEED_REG;             //速度调节时间没到,速度调节计数器加 1
            NOP;
            CALL SPEED_REG;                     //到了,调速度调节子程序
NO_SPEED_REG:
            AR = DM(SPEED_COUNT);
            AR = AR + 1;
            DM(SPEED_COUNT) = AR;
/********* 读 A/D 转换结果 ****************/
VDC_IDC:
            IOPG = ADC_Page;
            AX0 = IO(ADC_DATA1);                //Vin1——U
            SI = AX0;
            SR = LSHIFT SI BY -2(LO);           //右移 2 位
            DM(V1) = SR0;
            AX0 = IO(ADC_DATA4);                //Vin4——V
            SI = AX0;
            SR = LSHIFT SI BY -2(LO);           //右移 2 位
            DM(V2) = SR0;
            AX0 = IO(ADC_DATA5);                //Vin5——W
            SI = AX0;
            SR = LSHIFT SI BY -2(LO);           //右移 2 位
            DM(V3) = SR0;
/*********** 准备换相 ****************/
```

```
COMP_OK:
    AR = DM(FLAG);              //检测是否过零
    AR = AR - 0;
    IF EQ JUMP NEU;             //0 为没过零,直接计算中性点电压
    NOP;
    AR = DM(B2COUNT);           //1 为过零,执行延迟时间
    AR = AR - 1;
    DM(B2COUNT) = AR;
    IF GE JUMP NEU;             //延迟时间没到,跳转
    NOP;
    AR = DM(CAPT);              //换相控制字加 1
    AR = AR + 1;
    DM(CAPT) = AR;
    AY0 = 5;
    AR = AR - AY0;              //判断换相控制字是否超限,相应处理
    IF LE JUMP OKCAPT;
    NOP;
    AR = 0;
    DM(CAPT) = AR;
OKCAPT:
    AX0 = 0;
    DM(FLAG) = AX0;             //清过零标志
    DM(ASYM) = AX0;             //虑除换相干扰延时计数器清 0
/********中性点电压计算**********/
.SECTION/PM program;
NEU:
    AR = DM(V1);                //3$V_n$
    AX0 = DM(V2);
    AR = AR + AX0;
    AY0 = DM(V3);
    AR = AR + AY0;
    DM(NEUTRAL) = AR;
    AR = 1;
    DM(FLAGCUR) = AR;           //允许更新占空比和换相标志置1,允许更新
    AR = DM(STALL);
    AR = AR - 0;
    IF NE JUMP SPEEDUP;         //磁定位已完成,跳到计算延迟时间
    NOP;
```

```
/******** 磁定位更新占空比 ***************/
    AR = DM(BCOUNT);
    AR = AR + 1;
    DM(BCOUNT) = AR;
    AY0 = 0x00FF;
    AR = AR - AY0;
    IF LE JUMP RESTO;              //磁定位没完成退出
    NOP;
    AX0 = 0;
    DM(TIME) = AX0;                //每转时间计数器清 0
    AX0 = 48;
    DM(BCOUNT) = AX0;              //延迟时间初值为 48
    AX0 = 1;
    DM(STALL) = AX0;               //置磁定位完成标志
    DM(SPEEDFLAG) = AX0;           //禁止速度调节
    JUMP RESTO;
/************* 计算延迟时间 *****************/
SPEEDUP:

    AR = DM(CAPT);
    AY0 = 2;                       //没到 2,没转过 1 转,退出
    AR = AR - AY0;
    IF NE JUMP RESTO;              //到 2 了,看 1 转标志是否为 1
    NOP;
    AR = DM(FLAGUP);
    AR = AR - 0;
    IF EQ JUMP RESTO;              //1 转标志为 0,没转过 1 转,退出
    NOP;
    AX0 = 0;
    DM(SPEEDFLAG) = AX0;           //允许速度调节
    AF = PASS 0;                   //到了,速度计算
    ASTAT = 0;
    AY0 = DM(TIME);                //被除数
    SR = LSHIFT AY0 BY 1(LO);      //被除数左移 1 位
    AY0 = SR0;
    AX0 = 12;                      //除以 12
    DIVQ AX0; DIVQ AX0; DIVQ AX0; DIVQ AX0;
    DIVQ AX0; DIVQ AX0; DIVQ AX0; DIVQ AX0;
```

第7章 无刷直流电动机的 ADSP 控制

```
        DIVQ AX0; DIVQ AX0; DIVQ AX0; DIVQ AX0;
        DIVQ AX0; DIVQ AX0; DIVQ AX0; DIVQ AX0;
        DM(BCOUNT) = AY0;              //延迟时间
        AX0 = 5;
        AR = AX0 - AY0;                //与2000 r/min 相比
        IF GT JUMP RESTO;              //大于2000 r/min,不补偿
        NOP;
        AX0 = 10;
        AR = AX0 - AY0;
        IF GT JUMP BUCHANG1;           //1000 r/min 以下,补偿2个PWM周期
        NOP;
        AR = DM(BCOUNT);
        AR = AR + 1;
        DM(BCOUNT) = AR;
BUCHANG1:
        AR = DM(BCOUNT);               //1000~2000 r/min 之间,补偿1个PWM周期
        AR = AR + 1;
        DM(BCOUNT) = AR;
RESTO:
        AX0 = 0;
        DM(TIME) = AX0;                //每转时间计数器清0
        DM(FLAGUP) = AX0;              //1转标志清0
        DIS SEC_REG,DIS SEC_DAG;       //禁止辅助寄存器
        RTI;
/****************速度调节子程序******************/
SPEED_REG:
        AX0 = 0;
        DM(SPEED_COUNT) = AX0;         //速度环计数器清0
        ASTAT = 0;
        AF = PASS 0;
        AY0 = 0X0FFFF;                 //被除数
        AX0 = DM(BCOUNT);              //除数
        SR = LSHIFT AX0 BY -1(HI);     //除数右移1位,保证结果的正确
        AX0 = SR1;
        DIVQ AX0;DIVQ AX0;DIVQ AX0;DIVQ AX0;
        DIVQ AX0;DIVQ AX0;DIVQ AX0;DIVQ AX0;
        DIVQ AX0;DIVQ AX0;DIVQ AX0;DIVQ AX0;
        DIVQ AX0;DIVQ AX0;DIVQ AX0;DIVQ AX0;
        AR = DM(SPEED_REF);
```

```
        AR = AR - AY0;                      //速度偏差
        MY0 = DM(KP);                       //速度调节比例系数
        MR = AR * MY0(SU);
        SR = ASHIFT MR1 BY 5(HI);           //左移 5 位
        SR = SR OR LSHIFT MR0 BY 5(LO);
        AX0 = SR1;                          //保存高字 Q0 格式
        AR = DM(COMP);
        AR = AR + AX0;
        DM(COMP) = AR;
        IF LT JUMP SUB;
        NOP;
        AX0 = 2000;
        AR = AR - AX0;
        IF LE JUMP SPEED_END;               //是否小于上限
        NOP;
        DM(COMP) = AX0;
        JUMP SPEED_END;
SUB:
        AX0 = -425;
        AR = AR - AX0;
        IF GE JUMP SPEED_END;               //是否大于下限
        NOP;
        DM(COMP) = AX0;
SPEED_END:
        RTS;
/**************TRIP 中断子程序**************/
.SECTION/PM program;
TRIP_IRQ:
LOOP2:
        AX0 = 0x0000;
        IO(0x000) = AX0;                    //PWM 关断
        JUMP LOOP2;
        RTI;
```

第 8 章 开关磁阻电动机的 ADSP 控制

开关磁阻电动机与步进电动机一样属于利用磁阻工作的电动机。磁阻式电动机早在 100 多年以前就出现了,但由于其性能不高,因此很少采用。通过最近 20 多年来的研究和改进,使其性能有了很大的提高。其结构简单、工作可靠、效率高的特点引起人们广泛的关注,已开始应用在电动车驱动、工业控制和家电产品中。其良好的发展前景使其成为当今电气传动领域最热门的课题之一。

8.1 开关磁阻电动机的结构、工作原理和特点

开关磁阻电动机的定、转子采用双凸极结构,图 8-1 是一台四相电动机的结构原理图。电动机的定、转子凸极均由普通矽钢片叠压而成。在转子上既无绕组也无永磁体,也不像步进电动机那样分布许多小齿,因此结构简单成本低。在定子上径向相对的磁极对采用同一绕组,称为一相,如图 8-1 所示。转子凸极数要少于定子凸极数,根据相数的不同而不同。通常三者的关系可参见表 8-1。

表 8-1 相数、定子极数与转子极数的关系

相数 m	3	4	5	6	7	8
定子极数 N_S	6	8	10	12	14	16
转子极数 N_r	4	6	8	10	12	14

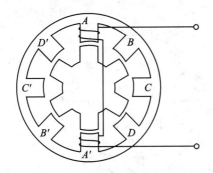

图 8-1 四相 8/6 开关磁阻电动机结构(只画一相绕组)

根据相数、定子凸极数和转子凸极数的不同,形成了对不同结构的开关磁阻电动机的习惯称呼,例如三相 6/4 结构、五相 10/8 结构。

开关磁阻电动机的极距角和步距角的计算方法与步进电动机的齿距角和步距角的计算方法一样。开关磁阻电动机的相数越多,步距角越小,越有利于减小输出转矩的波动。但电动机的结构复杂,驱动电路的开关器件数增多,成本也增加。常用的电动机为三相 6/4 结构和四相 8/6 结构。开关磁阻电动机是根据磁阻工作的,与步进电动机一样,它也遵循"磁阻最小原则",即磁通总是沿着磁阻最小的路径闭合,从而迫使磁路上的导磁体运动到使磁阻最小的位置为止。

如图 8-2 所示是一台四相电动机。当 A 相绕组单独通电时,通过导磁体的转子凸极在 $A—A'$ 轴线上建立磁路,并迫使转子凸极转到与 $A—A'$ 轴线重合的位置,如图 8-2(a)所示。这时将 A 相断电,B 相通电,就会通过转子凸极在 $B—B'$ 轴线上建立磁路,因为此时转子并不处于磁阻最小的位置,磁阻转矩驱动转子继续转动到图 8-2(b)所示位置。这时将 B 相断电,C 相通电,根据"磁阻最小原则",转子转到图 8-2(c)所示位置。当 C 相断电,D 相通电后,转子又转到图 8-2(d)所示位置。这样,四相绕组按 $A—B—C—D$ 顺序轮流通电,磁场旋转一周,转子逆时针转过一个极距角。不断按照这个顺序换相通电,电动机就会连续转动。

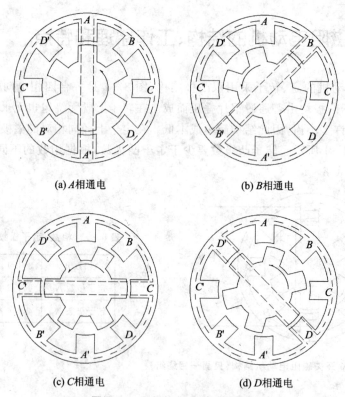

(a) A 相通电　　　　　　　　(b) B 相通电

(c) C 相通电　　　　　　　　(d) D 相通电

图 8-2　四相轮流通电示意图

第8章 开关磁阻电动机的 ADSP 控制

若改变换相通电顺序为 D—C—B—A，则电动机就会反转。由此还可以得出一个结论：改变电动机转向与电流方向无关，而只与通电顺序有关。

若改变相电流的大小，就会改变电动机的转矩，从而改变电动机的转速。因此，如果能控制开关磁阻电动机的换相、换相顺序和电流的大小，就能达到控制该电动机的目的。

换相是使开关磁阻电动机能够正常运行所必须的重要环节。为了能够正确地换相，必须知道转子运行到什么位置，这就需要转子位置传感器。转子位置传感器是开关磁阻电动机必不可少的重要组成部分之一。

能够作为开关磁阻电动机转子位置传感器的种类有许多，如霍尔传感器、光电式传感器、接近开关式传感器、谐振式传感器和高频耦合式传感器。

根据开关磁阻电动机的结构和性能，可以得出该电动机具有以下特点：

- 电动机结构简单、成本低。开关磁阻电动机的结构比鼠笼式异步电动机的结构还要简单。其转子没有绕组和永磁体，也不用像鼠笼式异步电动机那样要求较高的铸造工艺，因此转子机械强度极高，可用于高速运行。电损耗发热主要在定子上，定子易于冷却。
- 驱动电路简单可靠。由于电动机的转矩方向与相电流的方向无关，因此每相驱动电路可以实现只用一个功率开关管，这使得驱动电路简单，成本低。另外，功率开关管直接与相绕组串联，不会产生直通短路故障，增加了可靠性。
- 电动机系统可靠性高。电动机的各相绕组能够独立工作，各相控制和驱动电路也是独立工作的，因此当有一相绕组或电路发生故障时，不会影响其他相工作。这时只需停止故障相的工作，除了使电动机的总输出有所减少外，不会妨碍电动机的正常运行，因此其系统的可靠性极高，可用于航空等高可靠性要求的场合。
- 效率高，损耗小。当开关磁阻电动机以效率为目标优化控制参数时，可以获得比其他电动机高得多的效率。其系统效率在很宽的调速和功率范围内都能达到87%以上。
- 可以实现高启动转矩和低启动电流。可以实现低启动电流但却能获得高启动转矩。典型对比为：为了获得相当于100%额定转矩的启动转矩，开关磁阻电动机所用的启动电流为15%额定电流；直流电动机所用的启动电流为100%额定电流；鼠笼式异步电动机所用的启动电流为300%额定电流。
- 可控参数多，可灵活掌握。电动机的可控参数包括开通角、关断角、相电流幅值和相电压。各种参数的单独控制可产生不同的控制功能，可根据具体应用要求灵活运用，或者组合运用。
- 适用于频繁起停和正反转运行。电动机具有完全相同的四象限运行能力，具有较强的再生制动能力，加上启动电流小的特点，可适用于频繁起停和正反转运行的场合。
- 转矩波动大，噪声大。转矩波动大是其最大的缺点。因转矩波动所导致的噪声以及在特定频率下的共振问题也较为突出，这些已成为了今后需要改进的课题之一。

8.2 开关磁阻电动机的功率驱动电路

开关磁阻电动机的功率驱动电路是用于开关磁阻电动机运行时为其提供所需能量的。它在整个系统中所占的成本最高,因此一个最优的开关磁阻电动机的功率驱动电路应该是使用尽可能少的开关器件,有尽可能高的工作效率和可靠性,满足尽可能多的应用要求,尽可能广的使用范围。

目前使用的开关磁阻电动机的功率驱动电路有许多种,以下介绍常用的 3 种电路。

1. 双绕组型驱动电路

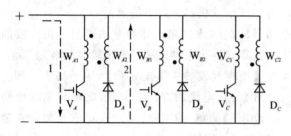

图 8-3 双绕组型驱动电路

三相双绕组型驱动电路如图 8-3 所示。电动机每相有两个绕组,主绕组 W_1 和辅助绕组 W_2。主绕组和辅助绕组采用双股并绕,使它们可以紧密地耦合在一起。工作时,当开关管 V 接通时,电源通过开关管 V 向主绕组 W_1 供电,如图中虚线 1 所示;当开关管 V 断开时,磁场蓄能通过辅助绕组 W_2 经续流二极管 D 向电源回馈,如图中虚线 2 所示。

双绕组型驱动电路的优点是每相只用一个开关管,电路简单成本低。其缺点是电动机结构复杂化,铜线利用率低;开关管要承受 2 倍的电源电压和漏电感引起的尖峰电压,为消除尖峰电压还要增加缓冲电路。尽管如此,由于驱动电路简单,多用于电源电压低的应用场合。

2. 双开关管型驱动电路

三相双开关管型驱动电路如图 8-4 所示。该电路的每一相都是由两个开关管 V_1、V_2 和两个续流二极管 D_1、D_2 组成。工作时,两个开关管可以控制同时通断,也可以使一个开关管常开,另一个开关管受控通断。

在采用两个开关管同时通断的控制方式中,当 V_1、V_2 导通时,电源通过开关管向相绕组供电,如图 8-4 中虚线 1 所示;当开关管 V_1、V_2 断开时,磁场蓄能经续流二极管 D_1、D_2 续流,如图 8-4 中虚线 2 所示。

在单个开关管受控通断的控制方式中,V_2 开关管常开,V_1 开关管受控。与双开关管同时受控不同的是,当 V_1 关断时,通过 D_1、V_2 组成续流回路,如图 8-4 中虚线 3 所示。

双开关管型驱动电路的优点是每个开关管只承受额定电源电压,相与相之间的电路是完全独立的,适用性较强;其缺点是每相使用两个开关管,成本高。但由于两个开关管与相绕组是串联关系,不存在上下桥臂直通的故障忧患。因此,这种电路适用于高压、大功率、相数少的场合。

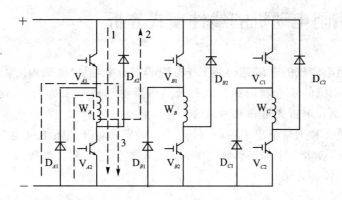

图 8-4 双开关管型驱动电路

3. 共用电容储能型驱动电路

四相共用电容储能型驱动电路如图 8-5 所示。该电路中的每一相都由一个开关管和一个续流二极管组成。图中的双电源是通过两个电容器分压而成的。以 A 相为例,当开关管 V_A 导通时,A 相通电,电容 C_1 放电,电流如图中虚线 1 所示流动;当开关管 V_A 断电时,续流经二极管 D_A 向电容 C_2 充电,如图中虚线 2 所示。换到 B 相时正好与 A 相相反,当开关管 V_B 导通时,B 相通电,电容 C_2 放电;当开关管 V_B 断电时,续流经二极管 D_B 向电容 C_1 充电。

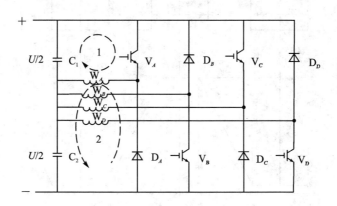

图 8-5 电容储能型驱动电路

当四相轮流平衡工作时,将使 C_1、C_2 电压相等。如果长时间使用一相,电路将不会正常工作。因此,在电动机启动时,一般采用相邻两相同时通电的方式。

共用电容储能型驱动电路的特点是加到相绕组两端的电压均是电容 C_1、C_2 上的电压,它们是电源电压的 1/2。电路虽然简单,但要求使用价格较贵的大容量电容器。因此只适用于偶数相电动机且能够保证相邻相在工作时能够平衡的应用场合。

8.3 开关磁阻电动机的线性模式分析

尽管开关磁阻电动机的电磁结构和工作原理非常简单,但电动机内磁场的分布比较复杂。因此,传统交流电动机的基本理论和方法对开关磁阻电动机不太适用,因而要得到一个简单的、统一的数学模型和解析式是非常困难的。

有许多研究论文和书籍给出了各种分析方法,本节只对开关磁阻电动机进行线性模式分析,其目的是至少给读者一个关于影响开关磁阻电动机运行的相关参数的定性分析,从而找出开关磁阻电动机的控制方法。

8.3.1 开关磁阻电动机理想的相电感线性分析

如果不计电动机磁饱和的影响,并假设相绕组的电感与电流的大小无关,而只与转子位置角 θ 有关,这样的相电感称为理想化的相电感。理想化的相电感随转子位置角 θ 变化的规律可用图 8-6 来说明。

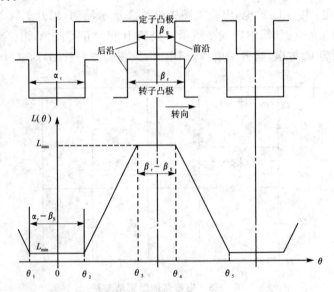

图 8-6 相绕组电感波形

如图 8-6 所示,设定子凸极中心与转子凹槽中心重合的位置为 $\theta=0$ 的位置。这时相电感最小,且由于在 $\theta_1 \sim \theta_2$ 范围内转子凸极与定子凸极不重叠,相电感始终保持最小值,此时磁阻最大。当转子转到 θ_2 位置后,转子凸极的前沿开始与定子凸极的后沿对齐,两者开始随着转子角的增加而部分重叠,相电感开始线性增加,直到 θ_3 位置为止,此时转子凸极的前沿与定子凸极的前沿对齐。由于转子与定子凸极全部重合,相电感最大,磁阻最小,这种状况一直保持

到 θ_4 位置。θ_4 是转子凸极的后沿与定子凸极的后沿对齐位置,转过 θ_4 后,两者开始随着转子角的增加而部分重叠,相电感开始线性下降,直到转子凸极的后沿与定子凸极的前沿对齐,即 θ_5 位置。之后,转子凹槽开始进入定子凸极区域,相电感重新减到最小值,磁阻最大。如此下去又进入新一轮循环。

理想化相电感的线性方程式为:

$$L(\theta) = \begin{cases} L_{\min} & (\theta_1 \leqslant \theta < \theta_2) \\ K(\theta - \theta_2) + L_{\min} & (\theta_2 \leqslant \theta < \theta_3) \\ L_{\max} & (\theta_3 \leqslant \theta < \theta_4) \\ L_{\max} - K(\theta - \theta_4) & (\theta_4 \leqslant \theta < \theta_5) \end{cases} \quad (8-1)$$

式中,$K = (L_{\max} - L_{\min})/\beta_s$。

8.3.2 开关磁阻电动机转矩的定性分析

当使用恒定直流电源 U 供电时,如果忽略绕组电阻压降,则某一相的电压方程为:

$$\pm U = \frac{d\psi}{dt} \quad (8-2)$$

式中,$+U$ 表示功率器件开通时绕组的端电压;$-U$ 表示功率器件断开时绕组的端电压;ψ 是绕组磁链,如果假设磁路是线性磁路,可用下式表示 ψ:

$$\psi(\theta) = L(\theta)i(\theta) \quad (8-3)$$

将式(8-3)代入式(8-2)可得:

$$\pm U = \frac{d\psi}{dt} = L\frac{di}{dt} + i\frac{dL}{dt} = L\frac{di}{dt} + i\frac{dL}{d\theta}\frac{d\theta}{dt} \quad (8-4)$$

式(8-3)等号两边同乘绕组电流 i,可得功率平衡方程:

$$P = \frac{d}{dt}\left(\frac{1}{2}Li^2\right) + \frac{1}{2}i^2\frac{dL}{d\theta}\omega_r \quad (8-5)$$

该式表明,当电动机通电时,输入电功率一部分用于增加绕组的储能 $Li^2/2$,另一部分转换为机械功率输出 $\frac{1}{2}i^2\omega_r dL/d\theta$,而后者是相绕组电流 i 与定子电路的旋转电动势 $\frac{1}{2}i\omega_r dL/d\theta$ 之积。

当在电感上升区域 $\theta_2 \sim \theta_3$ 内绕组通电时,旋转电动势为正,产生电动转矩(或正向磁阻转矩),电源提供的电能一部分转换为机械能输出,一部分则以磁能的形式储存在绕组中。如果通电绕组在 $\theta_2 \sim \theta_3$ 内断电,则储存的磁能一部分转换为机械能,另一部分回馈给电源,这时转子仍受电动转矩的作用。

在电感为最大的 $\theta_3 \sim \theta_4$ 区域,旋转电动势为 0,如果绕组在这个区域有电流流过,只能回馈给电源,不产生磁阻转矩。

如果绕组电流在电感下降区域 $\theta_4 \sim \theta_5$ 内流动,因旋转电动势为负,产生制动转矩(即反向磁阻转矩),这时回馈给电源的能量既有绕组释放的磁能,也有制动转矩产生的机械能,即电动机运行在再生发电状态。

以上分析可知,在不同的电感区域中通电和断电,可以得到正转、反转、正向制动和反向制动的不同结果,可以控制开关磁阻电动机工作在四个象限上。

显然,为得到较大的有效转矩,一方面,在绕组电感随转子位置上升区域应尽可能地流过较大的电流,因此,开通角 θ_{on} 通常设计在 θ_2 之前;另一方面,应尽量减少制动转矩,即在绕组电感开始随转子位置减小之前应尽快使绕组电流衰减到 0,因此,关断角 θ_{off} 通常设计在 θ_3 之前。主开关器件关断后,反极性的电压($-U$)加至绕组两端,使绕组电流迅速下降,以保证在电感下降区域内流动的电流很小。

8.4 开关磁阻电动机的控制方法

影响开关磁阻电动机调速的参数较多,对这些参数进行单独控制或组合控制就会产生各种不同的控制方法,以下介绍几种常用的控制方法。

1. 角度控制法

角度控制法是指对开通角 θ_{on} 和关断角 θ_{off} 的控制,通过对它们的控制来改变电流波形以及电流波形与绕组电感波形的相对位置。在电动机电动运行时,应使电流波形的主要部分位于电感波形的上升段;在电动机制动运行时,应使电流波形位于电感波形的下降段。

改变开通角 θ_{on},可以改变电流波形的宽度、峰值和有效值大小,以及改变电流波形与电感波形的相对位置。这样就可以改变电动机的转矩,从而改变电动机的转速。图 8-7 是不同开通角所对应的电流波形。

改变关断角 θ_{off} 一般不影响电流峰值,但可以影响电流波形宽度以及与电感曲线的相对位置,电流有效值也随之变化。因此 θ_{off} 同样对电动机的转矩和转速产生影响,只是其影响程度没有 θ_{on} 那么大。图 8-8 给出了不同关断角对电流波形的影响。

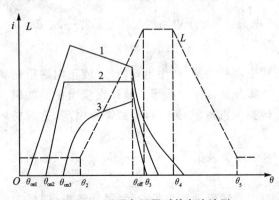

图 8-7 开通角不同时的电流波形

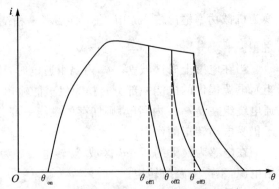

图 8-8 关断角不同时的电流波形

角度控制产生的结果是复杂的。如图 8-9 所示,虽然两个不同的开通角 θ_{on} 会产生两个差异很大的电流波形,但其所产生的转矩却是相同的。这是因为当电流波形不同时,对应的绕组铜损耗和电动机效率也会不同。因此,就会有以效率最优的 θ_{on}、θ_{off} 角度优化控制,以及以输出转矩最优的 θ_{on}、θ_{off} 角度优化控制。寻优过程可通过计算机辅助分析实现,也可通过实验方法完成。

角度控制的优点是转矩调节范围大,可允许多相同时通电,以增加电动机输出转矩,且转矩脉动较小,可实现效率最优控制或转矩最优控制。角度控制不适用于低速,因为转速降低时,旋转电动势减小,使电流峰值增大,必须进行限流,因此角度控制一般用于转速较高的应用场合。

2. 电流斩波控制

电流斩波控制方法如图 8-10 所示。在这种控制方式中,θ_{on} 和 θ_{off} 保持不变,主要靠控制 i_t 的大小来调节电流的峰值,从而起到调节电动机转矩和转速的作用。

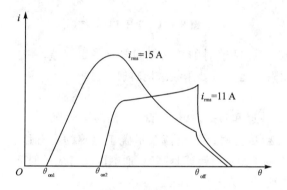
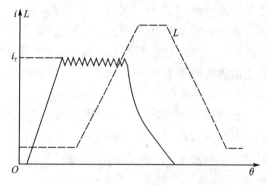

图 8-9 产生同样转矩的两个电流波形　　　　图 8-10 电流斩波控制

电流斩波控制的优点是适用于电动机低速调速系统,电流斩波控制可限制电流峰值的增长,并起到良好有效的调节效果。因为每个电流波形呈较宽的平顶状,故产生的转矩也比较平稳,电动机转矩脉动一般也比采用其他控制方式时要明显减小。

电流斩波控制抗负载扰动的动态响应较慢,在负载扰动下的转速响应速度与系统自然机械特性硬度有非常大的关系。由于在电流斩波控制中电流的峰值受限制,当电动机转速在负载扰动作用下发生变化时,电流峰值无法相应地自动改变,电机转矩也无法自动地改变,使之成为特性非常软的系统,因此系统在负载扰动下的动态响应十分缓慢。

3. 电压 PWM 控制

电压 PWM 控制也是在保持 θ_{on} 和 θ_{off} 不变的前提下,通过调整占空比,来调整相绕组的平均电压,以改变相绕组电流的大小,从而实现转速和转矩的调节。PWM 控制的电压和电流波形如图 8-11 所示。

电压 PWM 控制的特点是，电压 PWM 控制通过调节相绕组电压的平均值，进而能间接地限制和调节相电流。因此既能用于高速调速系统，又能用于低速调速系统，而且控制简单。但调速范围小，低速运行时转矩脉动较大。

4. 组合控制

开关磁阻电动机调速系统可使用多种控制方式，并根据不同的应用要求可选用几种控制方式的组合，以下是两种常用的组合控制方式。

（1）高速角度控制和低速电流斩波控制组合

高速时采用角度控制，低速时采用电流斩波控制，以利于发挥二者的优点。这种控制方法的缺点是在中速时的过渡不容易掌握。因此，要注意在两种方式转换时参数的对应关系，避免存在较大的不

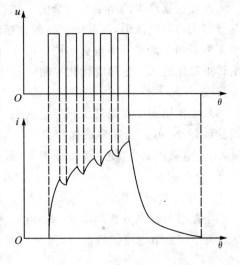

图 8-11 电压 PWM 控制

连续转矩。并且注意两种方式在升速时的转换点和在降速时的转换点间要有一定回差，一般应使前者略高于后者，一定避免电动机在该速度附近运行时处于频繁地转换。

（2）变角度电压 PWM 控制组合

这种控制方式是靠电压 PWM 调节电动机的转速和转矩，并使 θ_{on} 和 θ_{off} 随转速改变。

由于开关磁阻电动机的特点，所以工作时希望尽量将绕组电流波形置于电感的上升段。但是电流的建立过程和续流消失过程是需要一定时间的，当转速越高时，通电区间对应的时间越短，电流波形滞后的就越多，因此通过使 θ_{on} 提前的方法来加以纠正。

在这种工作方式下，转速和转矩的调节范围大，高速和低速均有较好的电动机性能，且不存在两种不同控制方式互相转换的问题，因此得到普遍采用。其缺点是控制方式的实现稍显复杂。

8.5 开关磁阻电动机的 ADSP 控制及编程例子

以下结合一个实例来说明如何用 ADSP-21990 对开关磁阻电动机进行控制。
开关磁阻电动机参数如下：
相数为 4；
定子磁极数为 8；
转子磁极数为 6；
额定电压为 24 V；
额定电流为 3 A；

额定功率为 370 W；

转速范围为 100～1200 r/min

内置光电传感器。

1. 驱动电路和控制电路的设计

四相 8/6 结构的开关磁阻电动机驱动电路和控制电路如图 8-12 所示。

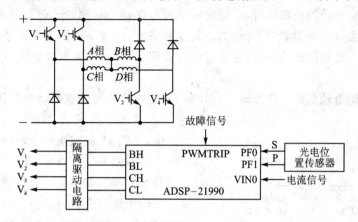

图 8-12 四相 8/6 结构开关磁阻电动机硬件控制电路

由于该开关磁阻电动机内部 A、B、C、D 各相有一个联接点，因此采用 H 桥型驱动电路，只需要 4 个开关管即可。这种驱动电路适用于四相或四的倍数相的开关磁阻电动机。这里选择专用的智能功率模块 IPM 作为功率开关器件。

各相通电顺序与开关管的开通关系见表 8-2。

表 8-2 各相通电顺序与开关管的开通关系

逆时针转时各相通电顺序	AD	AB	BC	CD
	$V_1 V_4$	$V_1 V_2$	$V_2 V_3$	$V_3 V_4$
顺时针转时各相通电顺序	AD	CD	BC	AB
	$V_1 V_4$	$V_3 V_4$	$V_2 V_3$	$V_1 V_2$

利用 ADSP-21990 PWM 模块的 4 个 PWM 输出作为 4 个开关管控制端，即 BH、BL、CH 和 CL 分别控制 A、B、C 和 D 四相。如果将 ADSP 的 PWMSR 引脚接地，则 PWM 模块就进入开关磁阻 SR 模式。ADSP 特有的开关磁阻工作模式是专为开关磁阻电动机的控制而设计的。在该模式中，PWM 死区时间寄存器 PWMDT 不能使用。本例采用 SR 模式 4 种工作方式中的下开软斩波工作方式。在这种工作方式下，BL 和 CL 引脚输出的占空比可以通过对 PWMCHBL 和 PWMCHCL 下桥臂占空比寄存器单独进行控制。

本例采用在主回路中串联一个小电阻，作为廉价的电流传感器。输出的模拟电压经过隔离采样后,连接到 ADSP 的 ADC 输入通道 VIN0,作为电流的反馈信号。在本例中,该电流反馈信号仅用于限流保护。

2. 位置、速度检测与换相控制

为了使电动机持续运转并获得恒定的最大转矩,就必须不断地对开关磁阻电动机换相。掌握好恰当的换相时刻,可以减小转矩的波动,使电动机平稳运行。因此位置检测是非常重要的。

为了保证正确地获得换相信号,必须使用位置传感器来检测转子位置。本例电动机自带两个固定在定子上且夹角为 75°的光电脉冲发生器 S、P,以及一个固定在转子上、齿槽数与凹槽数都为 6 且均匀分布的转盘,组成电动机的位置传感器,可以输出两路相位差为 15°的方波信号。

根据开关磁阻电动机的工作原理,当四相 8/6 结构的开关磁阻电动机采用双相通电工作时,其步距角等于 360°/6/4=15°。也就是说,每隔 15°机械角必须要换相一次。

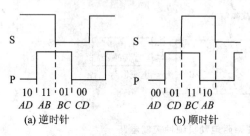

图 8-13 逆时针和顺时针转动时 S、P 的输出

本例采用 I/O 口 PF0、PF1 作为位置信号 S、P 输入端。在一个位置信号周期(相当于转子转过 60°机械角)内,S、P 产生的两路逻辑信号可组合成 4 种不同的状态,分别代表电动机四相绕组不同的参考位置。用换相控制字 CAPT 代表这 4 种状态。图 8-13 给出了逆时针和顺时针转动时 S、P 的输出。由此可得电动机的通电逻辑如表 8-3 所列。

表 8-3 四相 8/6 结构的开关磁阻电动机的通电逻辑

换相控制字	位置信号		应励磁的相	
CAPT	PF0(S)	PF1(P)	逆时针	顺时针
0	0	0	CD	AD
1	0	1	BC	CD
2	1	0	AD	AB
3	1	1	AB	BC

将 I/O 口 PF0、PF1 设置为输入方式,双沿触发 FIO 中断。当从一个通电状态转到下一个通电状态时,S、P 逻辑信号就会相应发生变化,从而触发 FIO 中断。在 FIO 中断子程序中,根据转向标志和当前通电相判断出下一个通电状态,实现换相控制。

这里的位置信号除用于换相控制外,还可用于转速计算。1 个位置信号周期相当于转子转过 60°机械角,转子转动一周就会产生 6 个位置信号周期。只要测得转过 1 个位置信号周期所用时间 Δt,就可根据 $\omega = 60°/\Delta t$,计算电动机的平均转速。因此,选择其中一路位置信号 S,

连接到 ADSP-21990 的定时器输入引脚 TMR0,通过设置定时器为计数器,即可测出 Δt,从而计算出转子速度。

首先对定时器配置寄存器 T_CFGR0 的 TMODE 位进行设置,设置为脉宽计数捕捉模式(WDTH_CAP)。在该模式下,T_CNT 计数器先由 TMR0 输入引脚的脉冲边沿触发开始计数。在检测到下一个边沿时,将 T_CNT 的值写入 T_WR 寄存器,然后计数器继续累加。当再下一个边沿到来时,将计数器值写入 T_PRD 寄存器,接着 T_CNT 置为 0,等待下一次计数开始。设置 T_CFGR0 寄存器的 PERIOD_CNT 位在捕捉到脉冲周期值后调用中断,这样当写入 T_PRD 寄存器后触发定时器 0 中断。

假设 T_PRD 寄存器中的值为 n,系统时钟频率为 50 MHz,则电动机转一转所用时间 T 可由下式计算:

$$T = 6 \times n \times t_{CK} = \frac{6n}{50 \times 10^6} \text{ s} \tag{8-6}$$

设所求转速为 $M(\text{r/min})$,可得:

$$\frac{M}{60} = \frac{50 \times 10^6}{6n} \tag{8-7}$$

则电动机转速为:

$$M = \frac{5 \times 10^8}{n} \text{ r/min} \tag{8-8}$$

这样所得到的速度值作为速度反馈量参与速度调节计算。

3. 控制方法

在本例中,为了简明,使用了定角度(即使用固定 15°的通电角)电压 PWM 组合控制方法,控制框图见图 8-14。

单速度环反馈的速度与速度给定值产生偏差,通过比例调节控制产生 PWM 的占空比来控制转速。位置信息还对开关磁阻电动机进行换相控制。

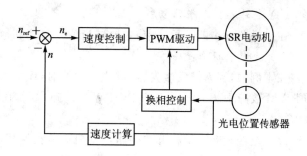

图 8-14 控制框图

4. 程序设计

程序主要由主程序、FIO 中断子程序、定时器 0 中断子程序和故障中断子程序组成。程序框图见 8-15。

(1) 主程序

主程序主要包括变量和系统设置初始化、转子起始位置检测、IPM 自举电容充电和电动机启动。

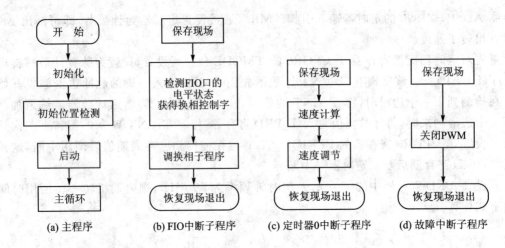

图 8-15 程序框图

对系统的设置包括:开中断,BYPASS 模式,外设时钟等于内核时钟;定时器 TMR0 设置为脉宽计数捕捉模式;FIO 口设置 PF0、PF1 引脚为输入引脚,双沿触发中断;PWM 模块设置为开关磁阻模式中的下开软斩波工作方式,PWM 频率为 3 kHz(参考 IPM 的最佳工作频率)。

(2) FIO 中断子程序

在 FIO 中断子程序中,主要读取换相控制字 CAPT,然后根据换相控制字调换相子程序,进行相应的换相操作。

(3) 定时器 0 中断子程序

在定时器 0 中断子程序中,主要进行速度计算和速度调节,并设计上下限防止速度超限。

(4) 故障中断子程序

在本例中,当系统发生欠压、过流和短路时,IPM 便会发出低电平信号,该信号送至 ADSP 的 PWM 故障引脚 PWMtrip,引发 PWM 故障中断,在故障中断处理子程序中立即关闭 PWM 输出。

以下是四相 8/6 结构开关磁阻电动机调速控制程序。

程序清单 8-1　四相 8/6 结构开关磁阻电动机调速控制程序

```
#include <adsp-21990.h>          //头文件
.SECTION/PM IVreset;              //复位
    JUMP START;
.SECTION/PM IVint4;
    JUMP TRIP_IRQ;                //PWM 故障中断入口地址
.SECTION/PM IVint5;
    JUMP FIO_IRQ;                 //FIO 中断入口地址
.SECTION/PM IVint6;
```

```
        JUMP TMR0_IRQ;                          //定时器 0 中断入口地址
/***************变量初始化***************/
.section/data data1;
        .VAR CAPT = 0;                          //定义换相控制字
        .VAR COMP = 3000;                       //占空比
        .VAR N_REF = 0x4C4B;                    //参考速度
        .VAR KPI = 0x006F;                      //PI 比例系数
        .VAR DIRR = 0;                          //转向标志:1 为正转,0 为反转
/****************初始化程序************************/
.SECTION/PM program;
START:
/*******中断初始化********/
        DIS INT;                                //禁止全局中断

INTERRUPT_INT:
        IRPTL = 0;                              //中断锁存寄存器清 0
        IMASK = 0;                              //中断屏蔽寄存器清 0
        ICNTL = 0;                              //中断控制寄存器清 0
        IOPG = Interrupt_Controller_Page;

        AX0 = 0xFFF1;                           //给 FIO 中断定义为用户自定义 1,对应屏蔽位为 5
        IO(IPR6) = AX0;
        NOP;
        AX0 = 0xFFF2;                           //给 TMR0 中断定义为用户自定义 2,对应屏蔽位为 6
        IO(IPR5) = AX0;
        NOP;
        AX0 = 0xFF0F;                           //给 TRIP 中断定义为用户自定义 0,对应屏蔽位为 4
        IO(IPR2) = AX0;
        NOP;

CLOCK_INT:
        IOPG = Clock_and_System_Control_Page;
        AX0 = 0x0100;                           //外设时钟等于内核时钟频率 50 MHz,BYPASS 模式
        IO(PLLCTL) = AX0;
        NOP;

FIO_INT:
        IOPG = FIO_Page;
        AX0 = 0xFFFC;                           //PF0~PF1 引脚设置为输入
        IO(FIO_DIR) = AX0;
        NOP;
```

```
        NOP;
        AX0 = 0x0003;                   //PF0~PF1 为边沿触发
        IO(FIO_EDGE) = AX0;
        NOP;

        IO(FIO_BOTH) = AX0;             //PF0~PF1 为双沿触发,获得 4 个换相信号
        NOP;

        AX0 = 0x0000;                   //PF0~PF1 为高电平有效
        IO(FIO_POLAR) = AX0;
        NOP;
        NOP;
        NOP;
        NOP;
        NOP;

        AX0 = 0x0003;
        IO(FIO_MASKAS) = AX0;           //使能 PF0~PF1 引脚,作为触发 FIO_IRQ 中断的中断源
        NOP;
        NOP;

PWM_INT:
        IOPG = PWM0_Page;
        AX0 = 0x208C;                   //PWM 频率 3 kHz
        IO(PWM0_TM) = AX0;
        AX0 = 4166;                     //占空比为 100%
        IO(PWM0_CHCL) = AX0;
        IO(PWM0_CHBL) = AX0;
        IO(PWM0_CHC) = AX0;
        IO(PWM0_CHB) = AX0;
        AX0 = 0x0035 ;
        IO(PWM0_SEG) = AX0;             //使能 BL、CL 输出,禁止其他输出,禁止交叉特性,
                                        //准备给 IPM 上电
        NOP;
        NOP;

TMR0_INT:
        IOPG = Timer_Page;
        AX0 = 0x001E;
        IO(T_CFGR0) = AX0;              //定时器 0 设为脉宽计数捕捉模式,高电平有效
        NOP;                            //计数到周期末结束,中断请求使能
        NOP;
        NOP;
```

第8章 开关磁阻电动机的 ADSP 控制

```
/*************** IPM 自举电容充电 ***********/
IPM_INT:
    IOPG = PWM0_Page;
    AX0 = 0x03;
    IO(PWM0_CTRL) = AX0;              //PWM 和内部同步信号使能,单更新模式
    NOP;
START_CHONG_DIAN:
    CNTR = 0X7FFF;                    //循环体内共 10 个 NOP 指令,对应 3.27 ms 的时间
    DO END_C_D UNTIL CE;
    NOP;
    NOP;
    NOP;
    NOP;
    NOP;
    NOP;
    NOP;
    NOP;
    NOP;
END_C_D:
    NOP;
HER_CHU_STATUE:
    IOPG = FIO_Page;
    AX0 = IO(FIO_DATA_IN);            //检测霍尔初始位置
    AY0 = 0x0003;
    AR = AX0 AND AY0;                 //屏蔽高位
    DM(CAPT) = AR;
    NOP;

    IOPG = Timer_Page;
    AX0 = 0x0100;
    IO(T_GSR0) = AX0;                 //使能定时器 0
    IMASK = 0x0070;                   //中断屏蔽解除
    ENA INT;
    CALL HUANXIANG;                   //调用换相子程序启动
/*************** 主循环 *****************/
MAIN_LOOP:
    NOP;
    NOP;
    NOP;
```

```
        NOP;
        JUMP MAIN_LOOP;
/************FIO 中断子程序****************/
.SECTION/PM program;
FIO_IRQ:
        IOPG = FIO_Page;
        AX0 = 0x0003;
        IO(FIO_FLAGC) = AX0;                        //清中断标志
        MX0 = IO(FIO_DATA_IN);                      //读位置信号
        MY0 = 0x0003;
        AR = MX0 AND MY0;                           //屏蔽高位
        DM(CAPT) = AR;
        CALL HUANXIANG;                             //调换相子程序
        RTI;
/**************定时器 0 中断子程序*****************/
.SECTION/PM program;
TMR0_IRQ:
        IOPG = Timer_Page;
        AX0 = 0x0001;
        IO(T_GSR0) = AX0;                           //清中断标志
        NOP;
        NOP;
        AX0 = IO(T_PRDL0);                          //读周期值
        AX1 = IO(T_PRDH0);
        SR = ASHIFT AX1 BY -8(HI);
        SR = SR OR LSHIFT AX0 BY -8(LO);            //周期寄存器右移 8 位
        AX0 = DM(N_REF);                            //速度给定值
        AR = AX0 - SR0;                             //参考值-反馈值
        MY0 = DM(KPI);                              //速度比例调节系数,Q11
        MR = AR * MY0(SU);
        SR = ASHIFT MR1 BY 5(HI);                   //左移 5 位
        SR = SR OR LSHIFT MR0 BY 5(LO);
        AX0 = SR1;                                  //保存高字,Q0 格式
        AY0 = DM(COMP);
        AR = SR1 + AY0;
        DM(COMP) = AR;
        AX1 = AR;
        AX0 = 800;                                  //占空比下限值
        AR = AR - AX0;
```

```
        IF GT JUMP COMP_ADD;
        NOP;
        DM(COMP) = AX0;
        NOP;
        NOP;
        JUMP TMR_OK;
COMP_ADD:
        AX0 = 8000;                             //占空比上限值
        AR = AX1 - AX0;
        IF LT JUMP TMR_OK;
        NOP;
        DM(COMP) = AX0;
        NOP;
        NOP;
TMR_OK:
        RTI;
/*********换相子程序***************/
.SECTION/PM program;
HUANXIANG:
        AR = DM(DIRR);                          //转向标志
        AR = AR - 0;
        IF EQ JUMP ZHENG;                       //0,正转
        NOP;
        I0 = CAPT_DETER1;                       //换相控制字首地址
        JUMP CHANGE;
ZHENG:
        I0 = CAPT_DETER2;                       //换相控制字首地址
CHANGE:
        M0 = DM(CAPT);                          //偏移量
        NOP;
        NOP;
        MODIFY(I0 + = M0);                      //修改地址
        NOP;
        NOP;
        NOP;
        JUMP (I0);                              //根据换相控制字跳转
CAPT_DETER1:
        JUMP CDFF;
        JUMP CBFF;
```

```
        JUMP ADFF;
        JUMP ABFF;
CAPT_DETER2:
        JUMP ADFF;
        JUMP CDFF;
        JUMP ABFF;
        JUMP CBFF;
ADFF:
        IOPG = PWM0_Page;
        IO(PWM0_CHB) = AX0;
        AX0 = 4166;
        IO(PWM0_CHCL) = AX0;
        MY1 = 0x0039;
        IO(PWM0_SEG) = MY1;            //使能 BH、CL 引脚输出
        JUMP RESTO;

CDFF:
        IOPG = PWM0_Page;
        IO(PWM0_CHC) = AX0;
        AX0 = 4166;
        IO(PWM0_CHCL) = AX0;
        MY1 = 0x003C;
        IO(PWM0_SEG) = MY1;            //使能 CH、CL 引脚输出
        JUMP RESTO;

ABFF:
        IOPG = PWM0_Page;
        IO(PWM0_CHB) = AX0;
        AX0 = 4166;
        IO(PWM0_CHBL) = AX0;
        MY1 = 0x0033;
        IO(PWM0_SEG) = MY1;            //使能 BH、BL 引脚输出
        JUMP RESTO;

CBFF:
        IOPG = PWM0_Page;
        IO(PWM0_CHC) = AX0;
        AX0 = 4166;
        IO(PWM0_CHBL) = AX0;
        MY1 = 0x0036;
        IO(PWM0_SEG) = MY1;            //使能 CH、BL 引脚输出
```

```
        JUMP RESTO;
RESTO:
    RTS;
/*************故障中断子程序**************/
.SECTION/PM program;
TRIP_IRQ:
LOOP2:
    IOPG = PWM0_Page;
    AX0 = 0X0;
    IO(PWM0_CTRL) = AX0;                //PWM 关断
    JUMP LOOP2;
    RTI;
```

附录 A

ADSP-219x 指令集说明及举例

ADSP-21990 DSP 采用 ADSP-219x 指令集。指令格式中的符号含义见表 A-1。

表 A-1　指令格式中的符号含义

符号	描述
Term	循环中止条件
Reg	4个寄存器组（数据寄存器列阵（Reg0 也称 DREG）、第 1 组（Reg1 也称 D1REG）、第 2 组（Reg2 也称 D2REG）、第 3 组（Reg3 也称 D3REG））中的任何一个寄存器,详见表 A-14
DREG	数据寄存器列阵（AX0、AX1、AY0、AY1、AR、MX0、MX1、MY0、MY1、MR0、MR1、MR2、SR0、SR1、SR2 和 SI）
DREG1、DREG2	数据寄存器列阵中的任何一个寄存器
Ireg	DAG 索引寄存器（I0～I7）
Mreg	DAG 修改寄存器（M0～M7）
Lreg	DAG 长度寄存器（L0～L7）
Breg	DAG 基地址寄存器（B0～B7）
XOP	有条件的算术逻辑运算 ALU 指令,乘法器运算 MAC 指令,含有 ALU、MAC 操作的多功能指令中的 ALU 操作,MAC 操作的 X 输入操作数
YOP	有条件的算术逻辑运算 ALU 指令,乘法器运算 MAC 指令,含有 ALU、MAC 操作的多功能指令中的 ALU 操作,MAC 操作的 Y 输入操作数
<Datan>	(n 位)立即数
<Immn>	(n 位)修正数
constant	常数
C	进位位
(DB)	延迟分支标志

续表 A-1

符 号	描 述
;	一条指令结束标志
{Option1, Option2}	列举用逗号隔开的选项
[Option1]	该项可选
Compute	应用于算术逻辑运算 ALU、乘法器 MAC、移位器 SHIFT 及多功能操作中
ALU、MAC、SHIFT	算术逻辑运算 ALU、乘法器 MAC、移位器 SHIFT 操作
COND	条件

可将 ADSP-219x 指令集分成 7 大部分，以下进行详细介绍。

A.1 ALU 指令

A.1.1 相关内容

1. 输入寄存器

无条件的单功能 ALU 指令可以使用数据寄存器列阵 AX0、AX1、AY0、AY1、AR、MX0、MX1、MY0、MY1、MR0、MR1、MR2、SR0、SR1、SR2 和 SI 中的任何一个作为 X 和 Y 输入操作数。

有条件的单功能 ALU 指令和含有 ALU 操作的多功能指令，可使用寄存器 AX0、AX1、AR、MR0、MR1、MR2、SR0 或 SR1 作为 ALU 操作的 X 输入操作数 XOP，可使用寄存器 AY0、AY1、AF 或 0 作为 ALU 操作的 Y 输入操作数 YOP。

2. 输出寄存器

有 2 个输出寄存器可供 ALU 指令使用：

- ➤ AF(ALU 反馈寄存器)。可在下一个有条件的 ALU 操作中直接用其作为 Y 输入。
- ➤ AR(AU 结果寄存器)。该寄存器还可在下一个有条件的 ALU、MAC 或移位器操作中作为 X 输入，或者在下一无条件的 ALU、MAC 或移位器操作中作为 X 或 Y 输入。

3. 常数

在 ALU 单功能指令中(加法操作、减法操作、位逻辑操作、清除操作)可以使用常数。常数的有效范围为 -32768(0x8000) ~ +32767(0x7FFF)。

4. 条件

表 A-2 列出了条件指令 IF COND 中使用的条件和对应的操作码。除了这些条件(主要与 ALU、乘法器、计数器相关的状态)之外，还可能利用 SWCOND、NOT SWCOND 条件和在 CCONDE 寄存器中值来测试其他 DSP 状态条件，详见表 A-3。另外，也能使用 TSTBIT

指令检测位状态来产生条件,详见 A.1.2 中的"5. 位操作 TSTBIT、SETBIT、CLRBIT 和 TGLBIT"。

表 A-2 条件代码汇总

代码	条件	描述	代码	条件	描述
0000	EQ	ALU 运算结果 AR、AF 等于 0	1000	AC	进位标志位 AC 置 1
0001	NE	ALU 运算结果 AR、AF 不等于 0	1001	NOT AC	进位标志位 AC 置 0
0010	GT	ALU 运算结果 AR、AF 大于 0	1010	SWCOND	详见表 A-3
0011	LE	ALU 运算结果 AR、AF 小于或等于 0	1011	NOT SWCOND	详见表 A-3
0100	LT	ALU 运算结果 AR、AF 小于 0	1100	MV	MAC 溢出标志位 MV 置 1
0101	GE	ALU 运算结果 AR、AF 大于或等于 0	1101	NOT MV	MAC 溢出标志位 MV 置 0
0110	AV	ALU 溢出标志位 AV 置 1	1110	NOT CE	计数器非空
0111	NOT AV	ALU 溢出标志位 AV 置 0	1111	TRUE	恒真

5. 以计数器为基础的条件

IF COND 条件指令和 DO UNTIL 循环指令在使用计数器条件 CE 时存在区别。在 IF COND 条件中,为了执行 NOT CE 条件,在执行条件指令之前,DSP 递减并且测试循环计算器寄存器 CNTR 中的值,条件结束的标志是测试循环计数器寄存器 CNTR 中是否包含一个大于 1 的值;在 DO UNTIL 循环指令中,为了执行 CE 条件,在循环的开始,DSP 自动把循环计数器寄存器 CNTR 中的数据压入循环计数器堆栈栈顶的单元中,接下来,在每一次循环之后,递减和测试循环计数器堆栈栈顶单元中的数据,循环结束的标志是 DSP 测试循环计数器堆栈栈顶单元中的数据是否等于 0。

6. 条件代码寄存器 CCODE

表 A-3 列出了用于测试 SWCOND 和 NOT SWCOND 软件条件的条件代码寄存器 CCODE 的值。这些值(除 0x08 和 0x09 之外)映射为 IMASK 和 IRPTL 寄存器中的软件中断位。为了测试软件条件,首先装载 CCODE 寄存器,然后测试真实或者错误的状态。

表 A-3 条件代码寄存器(CCODE)

CCODE 值	软件条件	
	SWCOND(1010)	NOT SWCOND(1011)
0x00	PF0 引脚高电平	PF0 引脚低电平
0x01	PF1 引脚高电平	PF1 引脚低电平
0x02	PF2 引脚高电平	PF2 引脚低电平

续表 A-3

CCODE 值	软件条件	
	SWCOND(1010)	NOT SWCOND(1011)
0x03	PF3 引脚高电平	PF3 引脚低电平
0x04	PF4 引脚高电平	PF4 引脚低电平
0x05	PF5 引脚高电平	PF5 引脚低电平
0x06	PF6 引脚高电平	PF6 引脚低电平
0x07	PF7 引脚高电平	PF7 引脚低电平
0x08	ALU X 输入操作数符号标志位 AS 置 1	ALU X 输入操作数符号标志位 AS 置 0
0x09	移位器溢出标志位 SV 置 1	移位器溢出标志位 SV 置 0
0x0A	PF8 引脚高电平	PF8 引脚低电平
0x0B	PF9 引脚高电平	PF9 引脚低电平
0x0C	PF10 引脚高电平	PF10 引脚低电平
0x0D	PF11 引脚高电平	PF11 引脚低电平
0x0E	PF12 引脚高电平	PF12 引脚低电平
0x0F	PF13 引脚高电平	PF13 引脚低电平

A.1.2 ALU 指令的格式与功能

1. 加法与带进位加法

指令格式：

$$\begin{bmatrix} AR \\ AF \end{bmatrix} = DREG1 + \begin{bmatrix} DREG2 \\ DREG+C \\ C \end{bmatrix};$$

$$[IF\ COND]\ \begin{bmatrix} AR \\ AF \end{bmatrix} = XOP + \begin{bmatrix} YOP \\ YOP+C \\ C \\ constant \\ constant+C \end{bmatrix};$$

功能：

　　如果条件成立（可选），则将输入操作数相加并且将结果存储在 AR 或 AF 中。Y 输入操作数可以是常数，也可以是负数。影响状态位见表 A-4。

表 A-4　加减法运算状态位

受影响的标志位	不受影响的标志位
AZ、AN、AV、AC	AS、AQ、MV、SS、SV

例 1

```
AX0 = 0x8000;
AY1 = 0xF000;
CCODE = 0x00;
AR = AX0 + AY1;              /* AR = 0x7000,进位标志位 AC 置 1,ALU 溢出标志位 AV 置 1 */
IF AV AR = AX0 + C;          /* AR = 0x8001 */
IF SWCOND AR = PASS 0;       /* PF0 引脚高电平则 AR = 0 */
```

2. 减法 X—Y 和带借位减法 X—Y

指令格式：

$$\begin{bmatrix} AR \\ AF \end{bmatrix} = DREG1 - \begin{bmatrix} DREG2 \\ DREG+C-1 \\ +C-1 \end{bmatrix};$$

$$[IF\ COND]\ \begin{bmatrix} AR \\ AF \end{bmatrix} = XOP - \begin{bmatrix} YOP \\ YOP+C-1 \\ +C-1 \\ constant \\ constant+C-1 \end{bmatrix};$$

功能：

　　如果条件成立(可选)，则将 X 输入与 Y 输入操作数相减，并将结果存储在 AR 或 AF 中。Y 输入操作数可以是常数。如果运行结果产生借位,则进位标志 AC 置 0；否则置 1。影响状态位见表 A-4。

例 2

```
AX0 = 0x8000;
AY1 = 0xF000;
AR = AY1 - AX0;              /* AR = 0x7000,进位标志位 AC 置 1,ALU 结果标志位 AN 置 0 */
IF GT AF = AX0 + C - 1       /* AF = 0x8000 */
```

3. 减法 Y—X 和带借位减法 Y—X

指令格式：

$$\begin{bmatrix} AR \\ AF \end{bmatrix} = DREG2 - \begin{bmatrix} DREG1 \\ DREG1+C-1 \end{bmatrix};$$

$$[\text{IF COND}] \begin{bmatrix} AR \\ AF \end{bmatrix} = YOP - \begin{bmatrix} XOP \\ XOP+C-1 \end{bmatrix};$$

功能：

与"减法 X－Y 和带借位减法 X－Y"指令用法几乎完全一样,只是 X－Y 换成了 Y－X。应用实例可参考例 2。

4. 逻辑运算 AND、OR 和 XOR

指令格式：

$$\begin{bmatrix} AR \\ AF \end{bmatrix} = DREG1 \begin{bmatrix} AND \\ OR \\ XOR \end{bmatrix} DREG2;$$

$$[\text{IF COND}] \begin{bmatrix} AR \\ AF \end{bmatrix} = XOP \begin{bmatrix} AND \\ OR \\ XOR \end{bmatrix} \begin{bmatrix} YOP \\ constant \end{bmatrix};$$

功能：

如果条件成立(可选),则执行指定的逻辑运算 AND、OR 或 XOR,并将结果存储到 AR 或 AF 中。只有在有条件的操作时,Y 输入才可以是常数。影响状态位见表 A－5。

表 A－5 逻辑运算状态位

受影响的标志位	不受影响的标志位
AZ、AN、AV(清 0)和 AC(清 0)	AS、AQ、MV、SS 和 SV

例 3

```
AX0 = 0xAAAA;
AX1 = 0x5555;
AY0 = 0xAAAA;
AY1 = 0x5555;
CCODE = 0x00;
AR = AX0 AND AX1;              /* AR = 0 */
AF = AY0 OR AY1;               /* AF = 0xFFFF */
AR = AX0 XOR AY0;              /* AR = 0 */
IF EQ AR = AX0 AND AY0;        /* AR = 0xAAAA */
CCODE = 0x00;
IF LT AF = AX1 OR AY0;         /* AF = 0xFFFF */
IF SWCOND AR = AX0 XOR 0x1000; /* 若 PF0 引脚为高电平,则 AR = 0xBAAA */
```

5. 位操作 TSTBIT、SETBIT、CLRBIT 和 TGLBIT

指令格式：

$$[IF\ COND]\begin{bmatrix}AR\\AF\end{bmatrix}=\begin{bmatrix}TSTBIT\\SETBIT\\CLRBIT\\TGLBIT\end{bmatrix}n\ OF\ XOP;$$

功能：

如果条件成立（可选），则针对 X 操作数的第 n 位进行位操作，结果存储到 AR 或 AF 中，位操作后 X 操作数不变。

TSTBIT：用 1 和位 n 进行"与"操作。

SETBIT：将位 n 置 1。

CLRBIT：将位 n 清 0。

TGLBIT：用 1 和位 n 进行"异或"操作。

影响状态位见表 A-5。

例 4

```
AX0 = 0xAAAA;
AR = TSTBIT 0x5 OF AX0;        /* AR = 0xAAAA */
AF = SETBIT 0x4 OF AX0;        /* AF = 0xAABA */
AF = CLRBIT 0xB OF AX0;        /* AF = 0xA2AA */
AR = TGLBIT 0xF OF AX0;        /* AR = 0x2AAA */
```

6. PASS

指令格式：

$$\begin{bmatrix}AR\\AF\end{bmatrix}=PASS\begin{bmatrix}DREG\\constant\end{bmatrix};$$

$$\begin{bmatrix}AR\\AF\end{bmatrix}=[PASS]0;$$

$$[IF\ COND]\begin{bmatrix}AR\\AF\end{bmatrix}=PASS\begin{bmatrix}XOP\\YOP\\constant\end{bmatrix};$$

功能：

如果条件成立（可选），则 PASS 指令将源操作数送到 AR 或 AF 中。源操作数是存储在数据寄存器中的数或一个常数。它不同于移动寄存器指令，该指令影响 ASTAT 状态标志位。PASS 0 提供另一种清除 AR 寄存器的方法。影响状态位见表 A-5。

例 5

```
SI = 0x8000;
```

```
AR = PASS SI;            /* AR = 0x8000 */
AF = PASS 1024;          /* AF = 1024 */
AR = PASS 0;             /* AR 寄存器清 0 */
AX1 = 0x8000;
IF EQ AR = PASS AX1;     /* AR = 0x8000 */
IF LT AR = PASS 1024;    /* AR = 1024 */
```

7. 取反 NOT

指令格式：

$$\begin{bmatrix}AR\\AF\end{bmatrix}=\text{NOT DREG};$$

$$[\text{IF COND}]\quad\begin{bmatrix}AR\\AF\end{bmatrix}=\text{NOT}\begin{bmatrix}XOP\\YOP\end{bmatrix};$$

功能：

如果条件成立(可选)，则对源操作数逐位取反，并将结果存储在结果寄存器 AR 或 AF 中。影响标志位见表 A-5。

例 6

```
SI = 0xFFFF;
AX0 = SI;
AR = NOT SI;             /* AR = 0x0000 */
IF EQ AR = NOT AX0;
```

8. 绝对值 ABS

指令格式：

$$\begin{bmatrix}AR\\AF\end{bmatrix}=\text{ABS DREG};$$

$$[\text{IF COND}]\quad\begin{bmatrix}AR\\AF\end{bmatrix}=\text{ABS XOP};$$

功能：

如果条件成立(可选)，则对 X 输入操作数取绝对值，并将其存储在 AR 或 AF 中。影响标志位见表 A-6。

表 A-6 绝对值运算状态位

受影响的标志位	不受影响的标志位
AZ、AN：如果 X 操作数等于 0x8000，则置 1； AV：如果 X 操作数等于 0x8000，则置 1；AC 清 0； AS：如果 X 操作数为负，则置 1	AQ、MV、SS 和 SV

例 7

```
SI = 0xFFFF;
AX0 = SI;
AR = ABS SI;              /* AR = 0x0001 */
IF GT AR = ABS AX0;
```

9. 加 1

指令格式：

$$\begin{bmatrix} AR \\ AF \end{bmatrix} = DREG + 1;$$

$$[IF\ COND]\ \begin{bmatrix} AR \\ AF \end{bmatrix} = YOP + 1;$$

功能：

如果条件成立（可选），则输入操作数加 1，并将其存储在 AR 或 AF 中。影响状态位见表 A-4。

例 8

```
SI = 0x0001;
AY0 = SI;
AR = SI + 1;              /* AR = 0x0002 */
IF GT AF = AY0 + 1;       /* AF = 0x0002 */
```

10. 减 1

指令格式：

$$\begin{bmatrix} AR \\ AF \end{bmatrix} = DREG - 1;$$

$$[IF\ COND]\ \begin{bmatrix} AR \\ AF \end{bmatrix} = YOP - 1;$$

功能：

与加 1 指令意义几乎完全相同，只是将加 1 换成减 1。

例 9

```
SI = 0x0002;
AY0 = SI;
AR = SI - 1;              /* AR = 0x0001 */
IF GT AF = AY0 - 1;       /* AF = 0x0001 */
```

11. 除法 DIVS 和 DIVQ

指令格式：

$$\text{DIVS YOP, XOP;}$$
$$\text{DIVQ XOP;}$$

功能：

该除法可直接进行 32 位被除数与 16 位除数的单精度除法操作。被除数放入 Y 输入中，除数放入 X 输入中，除法操作结束后，商存放在 AY0 中，余数存放在 AF 中。有符号数和无符号数都可进行除法运算，但除数和被除数必须是相同格式。如果是有符号数除法运算，则先用 DIVS 确定商的符号位，然后每用一次 DIVQ 计算一位商（对有符号单精度的除法，需执行 DIVS 一次和 DIVQ 十五次）。对于无符号数除法运算，只需多次使用 DIVQ 指令（对无符号单精度的除法，执行 DIVQ 十六次）。注意在除法之前，必须将算术状态寄存器 ASTAT 的商符号标志位 AQ 清 0。

单精度除法（32 位除 16 位）操作需要 16 个周期，高精度除法需要更多的周期。在单精度无符号除法中，AF 用于存放被除数的高 16 位，AY0 用于存放被除数的低 16 位；在单精度有符号除法中，AF 或 AY1 用于存放被除数的高 16 位，AY0 用于存放被除数的低 16 位。除数可存放在 AX0、AX1、AR、MR0、MR1、MR2、SR0 和 SR1 中。注意，余数值是不正确的，如果需要使用它，则必须编写算法纠正它。

如果被除数的格式是 $M.N$，除数的格式是 $O.P$，则商的格式是 $M-O+1.N-P-1$。因此，在除法之前，需要确定商格式的有效性。例如，32.0 格式的被除数除以 1.15 格式的除数，则商的格式为 32.−16，显然格式无效。

整数除法有一例外，需要调整，这就是 32.0 格式的被除数除以 16.0 格式的除数。如果要得到 16.0 格式的整数商，则在除法之前，需要将被除数左移 1 位变成 31.1 格式。

在保证格式正确的同时，还要使商的数据不要溢出。例如，16.16 格式的被除数 16 384（0x4000）除以 1.15 格式的除数 0.25（0x2000），则商为 65 536，显然不适合 16.0 格式。

在有符号的除法中，不能使用负数作为除数。如果除数是负数，那么在除法之前先将其取绝对值，并且除法运算结束后将商的符号取反才能得到正确的结果。

在无符号的除法中，除数不要大于 0x7FFF。如果除数必须大于 0x7FFF，则在做除法之前可以将除数和被除数都右移 1 位。

除了上面应该注意的之外，还要保证除数不为 0。影响状态位见表 A-7。

表 A-7 除法运算状态位

受影响的标志位	不受影响的标志位
AQ	AZ、AN、AV、AC、AS、MV、SS 和 SV

例 10

单精度有符号的整数除法子程序。
输入：AY1 存放被除数高 16 位，AY0 存放被除数低 16 位，除数存放在 AR；
输出：商存放在 AR；临时寄存器：MR0 和 AF。

```
signed_div:
MR0 = AR, AR = ABS AR;              /* 保存除数,保证除数为正 */
DIVS AY1, AR; DIVQ AR; DIVQ AR; DIVQ AR;
DIVQ AR; DIVQ AR; DIVQ AR; DIVQ AR; DIVQ AR; DIVQ AR;
DIVQ AR; DIVQ AR; DIVQ AR; DIVQ AR; DIVQ AR; DIVQ AR;
AR = AY0, AF = PASS MR0;            /* 取除数符号 */
IF LT AR = - AY0;                   /* 如果为负对商的符号进行处理 */
RTS;
```

12. 仅仅产生 ALU 状态 NONE

指令格式：

$$NONE=<ALU\ Operation>;$$

功能：

该指令执行无条件的 ALU 操作,但不改变 AR 或 AF 寄存器中的内容,只产生 ALU 状态标志。并不是所有 ALU 操作都可以使用 NONE 指令,以下是在 NONE 指令中不能使用的 ALU 操作：

- NONE=⟨XOP⟩+⟨constant⟩；
- NONE=⟨XOP⟩-⟨constant⟩ 或 NONE=-⟨XOP⟩+⟨constant⟩；
- NONE=PASS⟨constant⟩,除了常数-1、0、1；
- NONE=⟨XOP⟩⟨AND/OR/XOR⟩⟨constant⟩；
- 位操作指令 TSTBIT、SETBIT、CLRBIT 和 TGLBIT；
- 除法指令 DIVS 或 DIVQ。

影响状态位见表 A-8。

表 A-8 NONE 操作状态位

受影响的标志位	不受影响的标志位
依赖于 ALU 操作-AZ、AN、AV、AC、AS 和 AQ	MV、SS 和 SV

例 11

```
NONE = PASS 0;                      /* ALU 操作的标志位 AZ 置 1 */
```

A.2 MAC 指令

A.2.1 相关内容

1. MAC 输入寄存器

无条件的单功能 MAC 指令可使用数据寄存器列阵全部 16 个 16 位数据寄存器作为 X 和 Y 操作数输入。

有条件的 MAC 指令和含有 MAC 指令的多功能指令可使用寄存器 AR、MX0、MX1、MR0、MR1、MR2、SR0 和 SR1 作为 MAC 操作的 X 输入操作数 XOP,使用寄存器 MY0、MY1、SR1 和数字 0 作为 MAC 操作的 Y 输入操作数 YOP。

2. MAC 输出寄存器

所有 MAC 指令的计算结果都存储在 MR 或 SR 寄存器中。其中 SR 寄存器还可为乘法操作提供累加功能。

3. 数据格式选项

- (RND)选项,舍入结果寄存器中的值。DSP 提供有偏差和无偏差 2 种舍入模式。
- (SS)选项,表示 2 个有符号的单精度数的乘法或 2 个有符号的多精度数高半部分的乘法。
- (SU)选项,表示 X 操作数是有符号数,Y 操作数是无符号数。
- (UU)选项,表示 2 个操作数都是无符号数。

A.2.2 MAC 指令的格式与功能

1. 乘法

指令格式:

$$\begin{bmatrix} MR \\ SR \end{bmatrix} = DREG1 * DREG2 \begin{bmatrix} RND \\ SS \\ SU \\ US \\ UU \end{bmatrix};$$

$$[IF\ COND]\ \begin{bmatrix} MR \\ SR \end{bmatrix} = XOP * \begin{bmatrix} YOP \\ XOP \end{bmatrix} \left(\begin{bmatrix} RND \\ SS \\ SU \\ US \\ UU \end{bmatrix} \right);$$

功能：

如果条件成立(可选)，则输入操作数相乘并将结果存储在 MR 或 SR 寄存器中。该指令提供平方运算功能(X∗X 和 DREG1∗DREG1)。影响状态位见表 A-9。

表 A-9 乘法运算状态位

受影响的标志位	不受影响的标志位
MV(若用 MR)、SV(若用 SR)	AZ、AN、AV、AC、AS、AQ 和 SS

例 12

```
AY1 = 0x8000;
MR0 = 0x0001;
ICNTL = 0x080;          /*有偏差舍入*/
ENA M_MODE;             /*整数模式*/
MR = MR0 * AY1(RND);    /*MR 的结果：0x0000010000*/
SR = MR0 * AY1(UU);     /*SR 的结果：0x0000008000*/
MR = MR0 * MR0(US);     /*MR 的结果：0x0000000001*/
```

2. 带累加乘法

指令格式：

$$\begin{bmatrix} MR \\ SR \end{bmatrix} = \begin{bmatrix} MR \\ SR \end{bmatrix} + DREG1 * DREG2 \left(\begin{bmatrix} RND \\ SS \\ SU \\ US \\ UU \end{bmatrix} \right);$$

$$[IF\ COND]\begin{bmatrix} MR \\ SR \end{bmatrix} = \begin{bmatrix} MR \\ SR \end{bmatrix} + \begin{bmatrix} XOP \\ YOP \end{bmatrix} * \begin{bmatrix} YOP \\ XOP \end{bmatrix} \left(\begin{bmatrix} RND \\ SS \\ SU \\ US \\ UU \end{bmatrix} \right);$$

功能：

如果条件成立(可选)，则输入操作数相乘，乘积与 MR 或 SR 寄存器的当前内容相加，然后将结果存储在相应的结果寄存器中。其他功能与乘法指令相同。

例 13

```
AY1 = 0x8000;
ENA M_MODE;.            /*整数模式*/
MR0 = 0x0001;
SR = 0;                 /*SR 寄存器清 0*/
```

```
SR = SR + MR0 * MR0(UU);           /* MR 的结果：0x0000000001 */
ICNTL = 0x080;                      /* 有偏差舍入 */
ENA M_MODE;                         /* 整数模式 */
MR = 0;                             /* MR 寄存器清 0 */
MR = MR + MR0 * AY1(RND);           /* MR 的结果：0x0000008000 */
```

3. 带累减乘法

指令格式：

$$\begin{bmatrix} MR \\ SR \end{bmatrix} = \begin{bmatrix} MR \\ SR \end{bmatrix} - DREG1 * DREG2 \left(\begin{matrix} RND \\ SS \\ SU \\ US \\ UU \end{matrix} \right);$$

$$[IF\ COND]\ \begin{bmatrix} MR \\ SR \end{bmatrix} = \begin{bmatrix} MR \\ SR \end{bmatrix} - \begin{bmatrix} XOP \\ YOP \end{bmatrix} * \begin{bmatrix} YOP \\ XOP \end{bmatrix} \left(\begin{matrix} RND \\ SS \\ SU \\ US \\ UU \end{matrix} \right);$$

功能：

　　如果条件成立（可选），则输入的操作数相乘，从 MR 或 SR 当前内容中减去乘积，然后将结果存储在相应的结果寄存器中。

例 14

```
AY1 = 0x0001;
MR0 = 0x0001;
MR1 = 0x0002;
MR2 = 0x0000;
SR = 0;
ICNTL = 0x080;
ENA M_MODE;
SR = SR - MR0 * MR0(UU);           /* SR 的结果：0xFFFFFFFFFF */
MR = MR - MR0 * AY1(RND);          /* MR 的结果：0x0000028000 */
```

4. MAC 清除

指令格式：

$$[IF\ COND]\ \begin{bmatrix} MR \\ SR \end{bmatrix} = 0;$$

功能：

　　如果条件成立（可选），则将 MR 或 SR 寄存器清 0。

例 15

```
MR = 0;              /* MR 寄存器清 0 */
SR = 0;              /* SR 寄存器清 0 */
```

5. MAC 舍入

指令格式:

[IF COND]　MR=MR (RND);
[IF COND]　SR=SR (RND);

功能:

如果条件成立(可选),则执行带累加的乘法操作。在这个操作中,Y 操作数为 0,并将乘积 0 与 MR 或 SR 寄存器中的值相加,结果存到指定的结果寄存器中且进行舍入(RND)操作。

例 16

```
ICNTL = 0x080;
MR0 = 0x8000;
MR1 = 0x0000;
MR2 = 0x0000;
MR = MR(RND);        /* MR 的结果：0x0000010000 */
```

6. MAC 饱和

指令格式:

SAT MR;
SAT SR;

功能:

测试 MR 或 SR 寄存器的高 9 位,如果这高 9 位的值相同,则乘法器什么也不做;否则,低 32 位控制 MR2：MR1：MR0 或 SR2：SR1：SR0 寄存器是否被饱和成 0x00007FFFFFFF(最大的正数)或 0xFFFF80000000(最小的负数)。

该指令操作与 MV 或 SV 位无关。

MAC 饱和指令提供控制乘积上溢或下溢的功能。

该指令不能连续地防止溢出,而是每执行一次起一次作用。通常在一系列乘加运算后,使用该指令防止累加器上溢。

每一次操作都可能使乘法器产生溢出状态信号 MV(对 SR 寄存器是 SV),如果 MV=1,说明有符号位从 MR1 进入 MR2。

该指令不影响状态位。

饱和状态位与结果寄存器的关系见表 A-10。

附录 A ADSP-219x 指令集说明及举例

表 A-10 饱和状态位与结果寄存器的关系

溢出标志位 MV/SV	MR2/SR2 的最高位	MR/SR 寄存器的值
0	0	不变
0	1	不变
1	0	00000000 01111111111111111 1111111111111111
1	1	11111111 10000000000000000 0000000000000000

例 17

```
SAT MR;            /*若溢出标志位 MV 置 1,MR2 的最高位置 1,则 MR 寄存器的值为
                     0xFF80000000 */
```

7. 仅仅产生 MAC 状态 NONE

指令格式：

$$[NONE=]<MAC\ Operation>;$$

功能：

执行无条件的 MAC 操作，但不把结果存储在 MR 或者 SR 中，仅仅产生 MAC 状态标志。影响状态位 MV。

例 18

```
MX0 * MY0;         /*若乘法运算结果溢出,则溢出标志位 MV 置 1,前面乘法运算的 MR 或 SR
                     结果寄存器的值不变 */
```

A.3 移位器指令

1. 算术移位

指令格式：

$$[IF\ COND]\ \ SR=[SR\ OR]\ \ ASHIFT\ DREG\begin{pmatrix}HI\\LO\end{pmatrix};$$

功能：

如果条件成立(可选)，则根据 SE 寄存器中的移位码指定的移动位数和移动方向对操作数进行算术移位，并将结果存储在 SR 中。

移位码是正值时左移，是负值时右移。向右移位时，左面空出的位用符号位来填充；向左移时，右面空出的位用 0 来填充。

移位针对 32 位数的高 16 位(HI)或低 16 位(LO)，选择[SR OR]选项时，移位器把 SR 寄

存器的当前内容和移位输出进行"或"操作,并将结果存储在 SR 中。

如果对双精度数进行移位,则要分 2 次进行。在第 1 个周期,用 ASHIFT 加(HI)选项对高 16 位数进行移位;在第 2 个周期,用 LSHIFT 加(LO)[SR OR]选项对低 16 位进行移位。影响状态位见表 A-11。

表 A-11 移位操作状态位

受影响的标志位	不受影响的标志位
SV	AZ、AN、AV、AC、AS、AQ、SS 和 MV

例 19

```
AR = 3;
SE = AR;                /* 左移 3 位 */
SI = 0xF001;            /* 双精度二进制补码数的高 16 位 */
SR = ASHIFT SI(HI);     /* SR 的结果:0xFF80080000 */
```

2. 立即数算术移位
指令格式:

$$SR = [SR\ OR]\ ASHIFT\ DREG\ BY <Imm8> \left(\begin{matrix} HI \\ LO \end{matrix}\right);$$

功能:

根据立即数给定的移动位数和移动方向对操作数进行算术移位。立即数的有效范围是 $-128 \sim +127$,正值左移,负值右移。影响状态位见表 A-11。

例 20

```
SI = 0xF001;                    /* 双精度二进制补码数的高 16 位 */
SR = ASHIFT SI BY 3 (HI);       /* 左移 3 位,SR 的结果:0xFF80080000 */
```

3. 逻辑移位
指令格式:

$$[IF\ COND]\ SR = [SR\ OR]\ LSHIFT\ DREG \left(\begin{matrix} HI \\ LO \end{matrix}\right);$$

功能:

如果条件成立(可选),则根据 SE 寄存器中的移位码指定的移动位数和移动方向对操作数进行逻辑移位,并将结果存储在 SR 中。移位码是正值时左移,是负值时右移。不管是向右移位还是向左移位,空出的位都用 0 来填充,其他同算术位移。影响状态位见表 A-11。

例 21

```
AR = 3;
```

```
        SE = AR;                    /* 左移 3 位 */
        AX0 = 0xF001;                /* 双精度二进制补码数的低 16 位 */
        SR = LSHIFT AX0(LO);         /* SR 的结果：0x0000078008 */
```

4. 立即数逻辑移位

指令格式：

$$SR = [SR\ OR]\ LSHIFT\ BY\ <Imm8>\ \left(\begin{matrix}HI\\LO\end{matrix}\right);$$

功能：

根据立即数给定的移动位数和移动方向对操作数进行逻辑移位。立即数的有效范围是 $-128 \sim +127$，正值左移，负值右移。影响状态位见表 A-11。

例 22

```
        SI = 0xF001;
        SR = SR OR LSHIFT SI BY 3 (LO);      /* 左移 3 位，SR 的结果：0x0000078008 */
```

5. 正向规格化

指令格式：

$$[IF\ COND]\quad SR=[SR\ OR]\quad NORM\ DREG\ \left(\begin{matrix}HI\\LO\end{matrix}\right);$$

功能：

规格化实质上是一个定点数到浮点数的转换，这个转换产生一个指数和一个尾数。

如果条件成立（可选），则执行正向规格化指令。规格化需要 2 步完成：第 1 步，用 EXP 指令提取指数得到移位码；第 2 步，用 NORM 指令根据移位码对操作数进行移位，移去多余的符号位。

EXP 指令计算多余的符号位的数目，并且将这个值取负存储在 SE 中。NORM 指令将 SE 中的值再次取负，目的是产生正的移位码，以确保左移。

如果选择了[SR OR]选项，那么移位器把 SR 寄存器当前内容和移位输出进行"或"操作，并将结果存储在 SR 中。

（HI）和（LO）选项决定了如何填充不用的位：若选择 HI，则右端空出的位都用 0 来填充；若选择 LO，则左端空出的位都用 0 来填充。

如果要规格化双精度数，则先用 EXP 指令提取移位码，然后在第一个周期中，用带（HI）选项的 NORM 指令规格化高 16 位，在下一个周期中，用带（LO）和 [SR OR] 选项的 NORM 指令规格化低 16 位。影响状态位见表 A-11。

例 23　正向规格化双精度二进制补码数。

```
        AX1 = 0xFFFF;
        AX0 = 0x0001;
```

```
SE = EXP AX1 (HI);
SE = EXP AX0 (LO);                    /* SE = -15 */
SR = NORM   AX1 (HI);                 /* SR 的结果：0xFF80000000 */
SR = SR OR NORM AX0 (LO);             /* SR 的结果：0xFF80008000 */
```

6. 立即数正向规格化

指令格式：

$$SR = [SR\ OR]\quad NORM\ DREG\quad BY\ <Imm8>\left(\begin{bmatrix}HI\\LO\end{bmatrix}\right);$$

功能：

与正向规格化指令相同，只不过使用一个正的常数作为移位码，进行左移操作。

例 24 立即数正向规格化双精度二进制补码数。

```
AX1 = 0xFFFF;
AX0 = 0x0001;
SR = NORM AX1 BY 15 (HI);             /* SR 寄存器的结果：0xFF80000000 */
SR = SR OR NORM AX0 BY 15 (LO);       /* SR 寄存器的结果：0xFF80008000 */
```

7. 提取指数

指令格式：

$$[IF\ COND]\quad SE = EXP\quad DREG\left(\begin{bmatrix}HIX\\HI\\LO\end{bmatrix}\right);$$

功能：

如果条件成立（可选），则执行取指操作。提取操作数有效指数的目的是产生正向规格化指令中所需要的移位码。

对于双精度有符号数，用(HI)或(HIX)选项提取高 16 位的指数。如果高 16 位全部是符号位，那么还必须用(LO)选项对低 16 位提取指数，这样才能得到正确的移位码。影响状态位见表 A-12。

表 A-12 提取指数操作状态位

受影响的标志位	不受影响的标志位
SS(只受 HI 和 HIX 选项的影响。 当 AV=0 时，被操作数的最高位置 1； 当 AV=1 时，被操作数的最高位取反置 1(HIX 选项时))	AZ、AN、AV、AC、AS、AQ、SV 和 MV

例 25

```
AX1 = 0xFFFF;                         /* 双精度二进制补码数的高 16 位 */
```

```
           SE = EXP AX1 (HI);              /* SE = -15 */
```

8. 块指数调整

指令格式：

$$[IF\ COND]\quad SB = EXPADJ\quad DREG;$$

功能：

如果条件成立（可选），则提取块中最大数的有效指数。用这个值作为下面 NORM 指令的移位码，可以正向规格化块中的每一个数。

该指令在 HI 模式下提取指数，并且只对有符号双精度数有效。EXPADJ 指令操作的结果应在 -15～0 之间。该指令不影响标志位。为了提取一个数据块的有效指数，必须按如下步骤进行：

> 初始化 SB 寄存器为 -16。
> 对块中的每一个数都提取有效指数。每一次提取操作，移位器都将新提取的指数与 SB 中的当前值比较，如果新值大，则将新值存储在 SB 中。
> 将 SB 的内容传送到 SE。

例 26

```
AX1 = 0xF6D4;                /* 双精度二进制补码数的高 16 位 */
AX0 = 0x04A2;                /* 双精度二进制补码数的低 16 位 */
SB = -16;
SB = EXPADJ AX1;             /* SB = -3 */
SB = EXPADJ AX0;             /* SB = -3 */
SE = SB;                     /* SE = -3 */
SR = NORM AX1 (HI);
SR = SR OR NORM AX0 (LO);    /* SR 寄存器的结果：0xFFB6A02510 */
```

9. 反向规格化

功能：

反向规格化是浮点到定点的转换过程。这是一个移位过程，用事先定义的指数来决定移位的位数和方向。

所要求的一系列移位操作如下：

> 用 EXP 指令提取指数的移位码，或者直接将移位码写入 SE。在反向规格化操作中，不能使用立即算术移位 ASHIFT 或立即逻辑移位 LSHIFT 指令。
> 用 ASHIFT 指令移位单精度数或双精度数的高 16 位。
> 用 LSHIFT 指令移位双精度数的低 16 位。

例 27　反向规格化有符号双精度数。

```
MX1 = -3;
```

```
SE = MX1;                          /* SE = -3 */
AX1 = 0xB6A3;                      /* 双精度二进制补码数的高 16 位 */
AX0 = 0x765D;                      /* 双精度二进制补码数的低 16 位 */
SR = ASHIFT AX1 (HI);
SR = SR OR LSHIFT AX0 (LO);        /* SR 寄存器的结果：0xF6D47ECB */
```

A.4 多功能指令

多功能指令就是在单个指令周期内执行多个指令。能够实现多功能指令的是数据移动指令和计算指令。多功能指令由单个指令组成，单个指令之间用逗号隔开，并用分号结束。使用多功能指令提高了 DSP 的效率和性能。

A.4.1 相关内容

1. 多功能操作的执行顺序

DSP 读操作一般在指令流水线的开始处，而写操作在指令流水线的结束时。正常的指令语法是从左到右读取的，这意味着多功能指令的执行顺序。

例 28

① MR = MR + MX0 * MY0(UU),MX0 = DM(I0 + = M0),MY0 = PM(I4 + = M4);
② DM(I0 + = M0) = AR,AR = AX0 + AY0;
③ AR = AX0 - AY0,AX0 = MR1;

对于存储器的读，DSP 一般先使用数据寄存器的当前数据执行计算操作，然后再从存储器或其他数据寄存器中读出的新数据覆盖当前数据寄存器中的数据（例 28 中的①和③）。

对于存储器的写，DSP 先将数据寄存器的当前数据传送到存储器，然后再把计算结果写入数据寄存器（例 28 中的②）。

如果指令的顺序写的不对，程序仍按正确的顺序执行，且编译器会发出警告（如果使能），但更正的代码是机器码。例如：

MX0 = DM(I0 + = M0),MY0 = PM(I4 + = M4),MR = MR + MX0 * MY0(UU);

该指令书写的顺序正好是指令执行的反序，但 DSP 总是按照先读后写的逻辑执行指令。

DSP 的先读后写逻辑使同一个数据寄存器在多个（≥2）多功能指令值中，既可作为计算操作的源寄存器，又可作为数据移动操作的目的寄存器或源寄存器。然而，除了"带有存储器写的计算"指令之外，同一个数据寄存器不能在多个（≥2）多功能指令中作为目的寄存器。如果那样做将产生不可预测的结果。

2. 多功能指令中 ALU、MAC 和 SHIFT 指令格式

在多功能指令中，不允许使用的 3 种 ALU 指令是"除法（DIVS 和 DIVQ）"、"仅仅产生

ALU 状态(NONE)"以及"位操作(TSTBIT、SETBIT、CLRBIT 和 TGLBIT)";允许使用指令格式中含有 XOP 或 YOP 或 XOP、YOP 的其他 ALU 指令(在指令中,不能用条件选项[IF COND]和常数(constant)),也允许使用 AR(或 AF)＝PASS constant 这条指令(其中constant 可以取－1、0、1)。

在多功能指令中,不允许使用的 2 条 MAC 指令是"MAC 饱和"和"仅仅产生 MAC 状态 NONE";允许使用指令格式中含有 XOP 或 YOP 或 XOP 和 YOP 的其他 MAC 指令(在指令中,不能使用条件选项[IF COND]),也允许使用"MAC 清除"和"MAC 舍入"这 2 条指令(在指令中,不能使用条件选项[IF COND])。

在多功能指令中,不允许使用的 2 条 SHIFT 指令是立即数算术移位和立即数逻辑移位;其他 SHIFT 指令都允许使用(在指令中不能使用条件选项[IF COND])。

A.4.2 多功能指令的格式和功能

1. 带有双存储器读的计算

指令格式:

$$\begin{bmatrix} <\text{ALU}> \\ <\text{MAC}> \end{bmatrix}, \begin{bmatrix} \text{AX0} \\ \text{AX1} \\ \text{MX0} \\ \text{MAX1} \end{bmatrix} = \text{DM}(\begin{bmatrix} \text{I0} \\ \text{I1} \\ \text{I2} \\ \text{I3} \end{bmatrix} += \begin{bmatrix} \text{M0} \\ \text{M1} \\ \text{M2} \\ \text{M3} \end{bmatrix}), \begin{bmatrix} \text{AY0} \\ \text{AY1} \\ \text{MY0} \\ \text{MY1} \end{bmatrix} = \text{PM}(\begin{bmatrix} \text{I4} \\ \text{I5} \\ \text{I6} \\ \text{I7} \end{bmatrix} += \begin{bmatrix} \text{M4} \\ \text{M5} \\ \text{M6} \\ \text{M7} \end{bmatrix});$$

功能:

将 ALU(只能 AR 作为结果寄存器)或 MAC(只能 SR 作为结果寄存器)操作与 16 位 DM 数据总线和 24 位 PM 数据总线的读操作结合起来。存储器读操作间接寻址时使用过修改。

使用数据寄存器中的当前数据作为输入操作数,首先执行计算操作,然后执行存储器读操作,把来自存储器的新数据写入目的数据寄存器。

数据存储器中的数据写入目的数据寄存器 AX0、AX1、MX0 和 MX1,程序存储器中的数据写入目的数据寄存器 AY0、AY1、MY0 和 MY1。

这个多功能指令要求 DSP 从存储器中取 1 条指令和 2 个数据。该指令执行的周期数取决于指令是否产生总线冲突:无冲突时,只需要 1 个周期;数据与数据或者数据与指令发生冲突时,需要 2 个周期;指令与 2 个数据都发生冲突时,需要 3 个周期。

例 29

```
DMPG1 = 0x01;
DMPG2 = 0x02;
I1 = 0x0001;
M3 = 0x0002;
I4 = 0x0005;
M6 = 0x0008;
```

```
AX0 = 0xFFFF;
AY1 = 0x0001;
AR = AX0 + AY1,MX0 = DM(I1 + = M3),MY0 = PM(I4 + = M6);
```
/ * AR = 0x0000,若数据存储器第 1 页 0x0001 存储单元中的数据为 0xFFFF,则 MX0 = 0xFFFF;若程序存储器第 2 页 0x0005 存储单元中的数据为 0x03FFFF,则 MY0 = 0x03FF,PX = 0xFF * /

2. 双存储器读

指令格式：

$$\begin{bmatrix} AX0 \\ AX1 \\ MX0 \\ MAX1 \end{bmatrix} = DM\left(\begin{bmatrix} I0 \\ I1 \\ I2 \\ I3 \end{bmatrix} + = \begin{bmatrix} M0 \\ M1 \\ M2 \\ M3 \end{bmatrix}\right),\begin{bmatrix} AY0 \\ AY1 \\ MY0 \\ MY1 \end{bmatrix} = PM\left(\begin{bmatrix} I4 \\ I5 \\ I6 \\ I7 \end{bmatrix} + = \begin{bmatrix} M4 \\ M5 \\ M6 \\ M7 \end{bmatrix}\right);$$

功能：

所谓双存储器读,是指从 DM 总线读数据存储器的数据和从 PM 总线读程序存储器的数据。与带有双存储器读的计算指令的区别是,该指令没有计算操作。

例 30

```
DMPG1 = 0x01;
DMPG2 = 0x02;
I1 = 0x0001;
M3 = 0x0002;
I4 = 0x0005;
M6 = 0x0008;
MX0 = DM(I1 + = M3),MY0 = PM(I4 + = M6);
```
/ * 若数据存储器第 1 页 0x0001 存储单元中的数据为 0xFFFF,则 MX0 = 0xFFFF;若程序存储器第 2 页 0x0005 存储单元中的数据为 0x03FFFF,则 MY0 = 0x03FF,PX = 0xFF * /

3. 带有存储器读的计算

指令格式：

$$\begin{bmatrix} <ALU> \\ <MAC> \\ <SHIFT> \end{bmatrix},DREG = \begin{bmatrix} DM \\ PM \end{bmatrix}\left(\begin{bmatrix} I0 \\ I1 \\ I2 \\ I3 \\ I4 \\ I5 \\ I6 \\ I7 \end{bmatrix} + = \begin{bmatrix} M0 \\ M1 \\ M2 \\ M3 \\ M4 \\ M5 \\ M6 \\ M7 \end{bmatrix}\right);$$

功能：

把 ALU、MAC 或移位器的操作与读 PM、DM 总线的操作相结合。

使用数据寄存器中的当前数据作为输入操作数,首先执行计算操作,然后将从 16 位 DM 总线读取的新数据写入目的数据寄存器(数据寄存器列阵中的任一寄存器)。存储器读操作间接寻址时使用过修改。

这个多功能指令要求 DSP 从存储器中读取 1 条指令和 1 个数据。执行该指令要求的周期数依赖于是否产生总线冲突:没有总线冲突时,需要 1 个周期;指令与数据有冲突时,需要 2 个周期。

例 31

```
DMPG1 = 0x01;
I1 = 0x0001;
M3 = 0x0002;
AR = 15;
SE = AR;
SI = 0xFFFF;
SR = LSHIFT SI(LO),MX0 = DM(I1 + = M3);
/* SR 寄存器的结果为 0x007FFF8000。若数据存储器第 1 页 0x0001 存储单元中的数据为 0xFFFF,则
    MX0 = 0xFFFF */
```

4. 带有存储器写的计算

指令格式:

$$\begin{bmatrix}DM\\PM\end{bmatrix}\left(\begin{bmatrix}I0\\I1\\I2\\I3\\I4\\I5\\I6\\I7\end{bmatrix}+=\begin{bmatrix}M0\\M1\\M2\\M3\\M4\\M5\\M6\\M7\end{bmatrix}\right)=DREG,\begin{bmatrix}<ALU>\\<MAC>\\<SHIFT>\end{bmatrix};$$

功能:

把 ALU、MAC 或移位器的操作与写 PM、DM 总线的操作相结合。

首先执行存储器写操作,把数据寄存器(数据寄存器列阵中的任一寄存器)中的当前数据写入指定的存储器单元,然后执行计算操作,把计算结果写入目的数据寄存器 AR、AF、MR、SR 或 SE 中。存储器写操作采用过修改寻址。

该多功能指令要求 DSP 从存储器中取 1 条指令,并把 1 个数据写到存储器中。执行指令要求的周期数取决于是否产生总线冲突:没有总线冲突时,需要 1 个周期;指令与数据有冲突时,需要 2 个周期。在计算和存储器写操作中,可使用同一个数据寄存器(除了 SR2 之外),既作为计算操作的结果寄存器,又作为数据移动操作的源寄存器。

例 32

```
DMPG1 = 0x01;
I1 = 0x0001;
M3 = 0x0002;
AR = 15;
SE = AR;
SI = 0xFFFF;
DM(I1 + = M3) = AR,SR = LSHIFT SI(LO);
/* SR 寄存器的结果为 0x007FFF8000,数据寄存器第 1 页 0x0001 存储单元中数据为 0x000F */
```

5. 带有寄存器间传送的计算

指令格式：

$$\begin{bmatrix} <\text{ALU}> \\ <\text{MAC}> \\ <\text{SHIFT}> \end{bmatrix}, \text{DREG1}=\text{DREG2};$$

功能：

把 ALU、MAC 或移位器的操作与寄存器之间的数据传送操作相结合。

首先使用数据寄存器中的当前数据执行计算操作,然后执行数据移动操作。数据移动操作的源寄存器和目的寄存器是数据寄存器列阵中的寄存器。

在计算和数据传送操作中,可使用同一个数据寄存器(除了 SR2 之外),既作为计算操作的结果寄存器,又作为数据传送操作的源寄存器。在数据移动中,如果使用 AR 同时作为源寄存器和目的寄存器(AR＝AR),那么计算操作仅仅产生状态而没有计算结果。

例 33

```
AX0 = 0x0002;
AY1 = 0x0004;
AF = AX0 + AY1,MX0 = AX0;        /* AF = 0x0006,MX0 = 0x0002 */
```

A.5 数据移动指令

数据移动指令是指 DSP 在数据寄存器、存储器、I/O 寄存器和系统控制寄存器之间进行数据传送。

A.5.1 相关内容

表 A-13 列出了 DSP 内核寄存器的类型和功能。

附录A ADSP-219x 指令集说明及举例

表 A-13 DSP 内核寄存器的类型和功能

类　型	寄存器	功　能
ALU 数据寄存器	AX0、AX1、AY0、AY1、AR、AF	AF 是 ALU 反馈寄存器,SE 是移位器指数寄存器,SB 是移位器块寄存器,其他是寄存器列阵的 16 个 16 位寄存器
乘法器数据寄存器	MX0、MX1、MY0、MY1、MR0、MR1、MR2	
移位器数据寄存器	SI、SE、SB、SR0、SR1、SR2	
DAG 地址发生器	I0~I3 I4~I7	DAG1 索引寄存器 DAG2 索引寄存器
	M0~M3 M4~M7	DAG1 修改寄存器 DAG2 修改寄存器
	L0~L3 L4~L7	DAG1 长度寄存器 DAG2 长度寄存器
系统控制寄存器	B0~B7、SYSCTL、CACTL	DAG1 基地址寄存器 B0~B3,DAG2 基地址寄存器 B4~B7、系统控制寄存器和指令缓存控制寄存器
程序流寄存器	CCODE、LPSTACKA、LPSTACKP、STACKA、STACKP	条件代码寄存器、PC 堆栈 A 寄存器、PC 堆栈 P 寄存器、循环堆栈(LOOP)A 寄存器和循环堆栈(LOOP)P 寄存器
中断寄存器	ICNTL、IMASK、IRPTL	中断控制、屏蔽和自锁寄存器
状态寄存器	ASTAT、MSTAT、SSTAT(只读)	算术状态、模式状态和系统状态寄存器
页寄存器	DMPG1、DMPG2、IJPG、IOPG	DAG1、DAG2 页寄存器,间接跳转(或调用)页寄存器、I/O 页寄存器
总线交换	PX	总线交换寄存器(允许数据在 PM 与 DM 总线之间流动)
移位器	SE SB	移位器指数寄存器 移位器块寄存器

表 A-14 给出了 DSP 内核寄存器的分组。大多数是 16 位寄存器,但第 3 组的一些寄存器少于 16 位,它们是 ASTAT[9 位]、MSTAT[7 位]、SSTAT[8 位]、LPSTACKP[8 位]、CCODE[4 位]、PX[8 位]、DMPG1[8 位]、DMPG2[8 位]、IOPG[8 位]、IJPG[8 位]和 STACKP[8 位]。

表 A - 14 DSP 内核寄存器组

数据寄存器列阵 （Reg0 也称 Dreg）	第 1 组 （Reg1 也称 G1reg）	第 2 组 （Reg2 也称 G2reg）	第 3 组 （Reg3 也称 G3reg）
AX0	I0	I4	ASTAT
AX1	I1	I5	MSTAT
MX0	I2	I6	SSTAT
MX1	I3	I7	LPSTACKP
AY0	M0	M4	CCODE
AY1	M1	M5	SE
MY0	M2	M6	SB
MY1	M3	M7	PX
MR2	L0	L4	DMPG1
SR2	L1	L5	DMPG2
AR	L2	L6	IOPG
SI	L3	L7	IJPG
MR1	IMASK	保留	保留
SR1	IRPTL	保留	保留
MR0	ICNTL	CNTR	保留
SR0	STACKA	LPSTACKA	STACKP

正如表 A - 14 中所列，寄存器根据功能分为 4 组：

➤ Reg0(Dreg)　包括数据寄存器列阵的 16 个 16 位控制器。

➤ Reg1(G1reg)　包括 DAG1 寻址寄存器、中断控制寄存器以及 PC 堆栈的 STACKA 寄存器。

➤ Reg2(G2reg)　包括 DAG2 寻址寄存器、循环计数器寄存器以及循环开始堆栈的 LPSTACKA 寄存器。

➤ Reg3(G3reg)　包括状态寄存器、页寄存器、总线交换寄存器、条件代码寄存器、PC 堆栈的 STACKP 寄存器以及循环开始堆栈的 LPSTACKP 寄存器。

A.5.2 数据移动指令的格式与功能

1. 寄存器间的数据移动

指令格式：

$$\begin{bmatrix} \text{Dreg1} \\ \text{G1reg1} \\ \text{G2reg1} \\ \text{G3reg1} \end{bmatrix} = \begin{bmatrix} \text{Dreg2} \\ \text{G1reeg2} \\ \text{G2reg2} \\ \text{G3reg2} \end{bmatrix}$$

功能：

DSP 内核寄存器间的数据传送。

MR1 或 SR1 作为目的寄存器，如果源寄存器中的数据是有符号数，那么符号扩展到 MR2 或 SR2 中，相应的值分别存储在 MR1 和 SR1 中；如果源寄存器中的数据是无符号数，那么 0 扩展到 MR2 或 SR2 中。

如果目的寄存器中数据的宽度（二进制数的位数为 n）小于源寄存器中数据的宽度，那么源寄存器的第 $0 \sim n-1$ 位映射为目的寄存器的第 $0 \sim n-1$ 位，并且源寄存器中的数据的多余位舍弃。

SSTAT 是只读寄存器，因此 SSTAT＝Reg 是个无效指令。

例 34

```
I4 = 0x0002;
DMPG2 = 0x01;
I0 = I4;                /* I0 = 0x0002 */
DMPG2 = I4;             /* DMPG2 = 0x02 */
```

2. 直接存储器读/写（立即寻址）

指令格式：

$$\begin{bmatrix} \text{Dreg} \\ \text{Ireg} \\ \text{Mreg} \end{bmatrix} = \text{DM}(<\text{Imm16}>);$$

$$\text{DM}(<\text{Imm16}>) = \begin{bmatrix} \text{Dreg} \\ \text{Ireg} \\ \text{Mreg} \end{bmatrix}$$

功能：

数据寄存器读操作是把 16 位立即数或变量指定存储器单元内的数据写到目的寄存器。数据存储器写操作是把源寄存器中的数据写到 16 位立即数或变量指定的存储器单元中。DAG 地址发生器的页寄存器 DMPGx 提供 8 位页地址。

例 35

```
DMPG2 = 0x01;              /*当前存储页为第 1 页/*
AX0 = DM(0x0001);          /*如果 0x0001 存储单元中的数据是 8,则 AX0 = 0x0008*/
DM(0x0002) = AX0;          /*0x0002 存储单元中的数据是 0x0008/*
```

3. 直接寄存器装载

指令格式：

$$\begin{bmatrix} \text{Dreg} \\ \text{G1reg} \\ \text{G2reg} \\ \text{G3reg} \end{bmatrix} = \begin{matrix} <\text{Data16}>; \\ <\text{Data12}>; \end{matrix}$$

功能：

把 16 位立即数或 16 位变量写入数据寄存器列阵、第 1 组和第 2 组寄存器中，把 12 位立即数写入第 3 组寄存器中。如果 16 位立即数写入寄存器 MR1 或 SR1，那么 MR1 和 SR1 各自符号位扩展进入 MR2 和 SR2。如果 12 位立即数写入 16 位寄存器 SE 或 SB，那么该寄存器的高位填 0。

例 36

```
        M4 = 0x0002;
        AX0 = AA;
AA:
        IOPG = 0x03;
```

4. 间接 16 位存储器读/写(过修改寻址)

指令格式：

$$\begin{bmatrix} \text{Dreg} \\ \text{G1reg} \\ \text{G2reg} \\ \text{G3reg} \end{bmatrix} = \text{DM}(\text{Ireg} + = \text{Mreg});$$

$$\text{DM}(\text{Ireg} + = \text{Mreg}) = \begin{bmatrix} \text{Dreg} \\ \text{G1reg} \\ \text{G2reg} \\ \text{G3reg} \end{bmatrix};$$

功能：

数据寄存器和核心寄存器(数据寄存器列阵、第 1 组、第 2 组和第 3 组寄存器)之间进行 16 位数据存储访问，采用过修改寻址。如果目的寄存器的宽度少于 16 位，那么舍弃与数据无关的高位。如果传送数据的寄存器的位数少于 16 位，那么存储单元中数据的高位填 0。

如果这个指令操作参考 24 位数据空间，那么读操作把存储单元中的数据的位 23～8 写入

16 位寄存器的位 15~0,或者位 23~16 写入 8 位寄存器位 7~0,且忽略存储单元中数据的低位;写操作把 16 位寄存器的位 15~0 写入 24 位存储单元位 23~8,并且低位 7~0 填 0,见图 A-1。

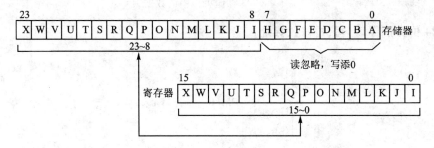

图 A-1 对 24 位数据存储器的读/写操作

例 37

```
DMPG2 = 0x01;              /* 当前存储器页为第 1 页 /*
I4 = 0x0002;
M6 = 0x0001;
ASTAT = DM(I4 + = M6);     /* 若 0x0002 存储单元中的数据为 0x2201,则 ASTAT = 0x001/*
NOP;
DM(I4 + = M6) = ASTAT;     /* 0x0003 存储单元中的数据为 0x0001/*
```

5. 间接 16 位存储器读/写(预修改寻址)

指令格式:

$$\begin{bmatrix} Dreg \\ G1reg \\ G2reg \\ G3reg \end{bmatrix} = DM(Ireg + Mreg);$$

$$DM(Ireg + Mreg) = \begin{bmatrix} Dreg \\ G1reg \\ G2reg \\ G3reg \end{bmatrix};$$

功能:

与间接 16 位存储器读/写(过修改寻址)意义几乎完全相同,只是间接 16 位存储器读/写指令中采用预修改寻址。

例 38

```
DMPG2 = 0x01;              /* 当前存储器页为第 1 页 /*
I4 = 0x0002;
```

```
        M6 = 0x0001;
        ASTAT = DM(I4 + M6);        /*若 0x0003 存储单元中的数据为 0x2201,则 ASTAT = 0x001/*
        NOP;
        DM(I4 + M6) = ASTAT;        /*0x0003 存储单元中的数据为 0x0001/*
```

6. 间接 24 位存储器读/写(过修改寻址)

指令格式:

$$\begin{bmatrix} \text{Dreg} \\ \text{G1reg} \\ \text{G2reg} \\ \text{G3reg} \end{bmatrix} = \text{PM}(\text{Ireg} + = \text{Mreg});$$

$$\text{PM}(\text{Ireg} + = \text{Mreg}) = \begin{bmatrix} \text{Dreg} \\ \text{G1reg} \\ \text{G2reg} \\ \text{G3reg} \end{bmatrix};$$

功能:

程序存储器和核心寄存器(数据寄存器列阵、第 1 组、第 2 组和第 3 组寄存器)之间进行 24 位数据存储访问。采用过修改寻址,除非这个指令已经在指令缓存器中,否则它会造成一个周期的延迟。

8 位 PX 寄存器存储程序存储器与核心寄存器之间传送 24 位数据的低 8 位。执行把程序存储器存储单元中的数据写入核心寄存器操作时,存储单元中数据的位 8 映射为核心寄存器的位 0。如果核心寄存器的宽度少于 16 位,那么多余的高位舍弃;PX 寄存器自动存储 24 位数据的低 8 位。执行把核心寄存器中数据写入程序存储器的存储单元中的操作时,核心寄存器中数据的位 0 映射为存储单元的位 8。如果核心寄存器的宽度少于 16 位,那么存储单元应在相应的高位添 0;8 位 PX 寄存器的数据自动写入存储单元的低 8 位,注意执行操作前应把需要的 24 位数据的低 8 位写入 PX 寄存器。

例 39

```
        DMPG2 = 0x01;               /*当前存储页为第 1 页*/
        I4 = 0x0002;
        M6 = 0x0001;
        AY0 = 0x0005;
        STACKP = 0x11;
        AX0 = PM(I4 + = M6);        /*若 0x0002 单元的数据为 0x222201,则 AX0 = 0x2222,PX = 0x01*/
        IOPG = PM(I4 + = M6);       /*若 0x0003 单元的数据为 0x332201,则 IOPG = 0x22,PX = 0x01*/
        PM(I4 + = M6) = AY0;        /*0x0004 存储单元中的数据为 0x000501*/
        PM(I4 + = M6) = STACKP;     /*0x0005 存储单元中的数据为 0x001101*/
```

7. 间接 24 位存储器读/写(预修改寻址)

指令格式：

$$\begin{bmatrix} \text{Dreg} \\ \text{G1reg} \\ \text{G2reg} \\ \text{G3reg} \end{bmatrix} = \text{PM}(\text{Ireg} + = \text{Mreg});$$

$$\text{PM}(\text{Ireg} + = \text{Mreg}) = \begin{bmatrix} \text{Dreg} \\ \text{G1reg} \\ \text{G2reg} \\ \text{G3reg} \end{bmatrix};$$

功能：

与间接 24 位存储器读/写(过修改寻址)意义几乎完全一样，只是间接 24 位存储器读/写指令采用预修改寻址。

例 40

```
DMPG2 = 0x01;            /* 当前存储页为第 1 页 */
I4 = 0x0002;
M6 = 0x0001;
AY0 = 0x0005;
AX0 = PM(I4 + M6);       /* 若 0x0003 单元中的数据为 0x222201,则 AX0 = 0x2222,PX = 0x01 */
PM(I4 + M6) = AY0;       /* 0x0003 存储单元中的数据为 0x000501 */
```

8. 带有 DAG 寄存器移动的间接 DAG 寄存器写(预修改寻址或过修改寻址)

指令格式：

$$\text{DM}\left(\text{Ireg1} \begin{bmatrix} + \\ + = \end{bmatrix} \text{Mreg1}\right) = \begin{bmatrix} \text{Ireg2} \\ \text{Mreg2} \\ \text{Lreg2} \end{bmatrix}, \begin{bmatrix} \text{Ireg2} \\ \text{Mreg2} \\ \text{Lreg2} \end{bmatrix} = \text{Ireg1};$$

功能：

DAG 数据地址发生器(索引寄存器 Ireg2、修改寄存器 Mreg2、长度寄存器 Lreg2)中的数据写入数据存储器，并且把来自同一个 DAG 的其他索引寄存器 Ireg1 的数据送到 DAG 数据地址发生器。采用预修改寻址或过修改寻址，见图 A-2。

例 41

```
DMPG2 = 0x01;            /* 当前存储页为第 1 页 */
I4 = 0x0002;
I5 = 0x0006;
M6 = 0x0001;
DM(I4 + = M6) = I5,I5 = I4;   /* 0x0002 存储单元中的数据为 0x0006,I5 = 0x 0003 */
```

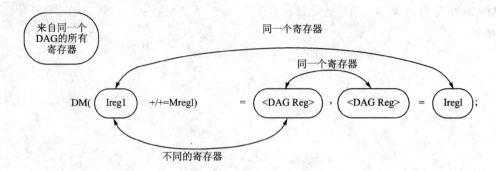

图 A-2　指令功能说明

9. 间接存储器读/写(立即数过修改寻址)

指令格式：

$$Dreg=DM(Ireg+=<Imm8>);$$
$$DM(Ireg+=<Imm8>)=Dreg;$$

功能：

数据存储器和数据寄存器列阵中的寄存器之间进行 16 位数据的存储访问。索引寄存器 Ireg 的当前值提供存储访问的地址，存储访问之后，索引寄存器被 8 位立即数(有效范围为 -128~127)更新。

例 42

```
DMPG2 = 0x01;          /* 当前存储页为第 1 页 */
I4 = 0x0002;
MX0 = DM(I4 + = 0x02); /* 若 0x0002 存储单元中的数据为 0x0006,则 MX0 = 0x0006 */
DM(I4 + = 0x03) = MX0; /* 0x0004 存储单元中的数据位 0x0006 */
```

10. 间接存储器读/写(立即数预修改寻址)

指令格式：

$$Dreg=DM(Ireg+<Imm8>);$$
$$DM(Ireg+<Imm8>)=Dreg;$$

功能：

与间接存储器读/写(立即数过修改寻址)意义几乎完全一样，只是间接存储器读/写(立即预修改寻址)指令中索引寄存器 Ireg 的值和 8 位立即数(有效范围为 -128~127)之和作为存储访问的地址。结束访问后，索引寄存器 Ireg 保持原有的值不变。

如果这个指令操作参考 24 位数据空间,那么读操作把存储单元中数据的位 23~8 写入 16 位寄存器的位 15~0,或把位 23~16 写入 8 位寄存器位 7~0,且忽略存储单元中数据的低位；写操作把 16 位寄存器位 15~0 写入 24 位存储单元位 23~8,且低位 7~0 填 0。

例 43

```
DMPG2 = 0x01;              /* 当前存储页为第 1 页 */
I4 = 0x0002;
MX0 = DM(I4 + 0x02);       /* 若 0x0004 存储单元中的数据为 0x0006,则 MX0 = 0x0006 */
DM(I4 + 0x03) = MX0;       /* 0x0005 存储单元中的数据为 0x0006 */
```

11. 间接 16 位存储器写(立即数)

指令格式：

$$DM(Ireg+=Mreg)=<Data16>;$$

功能：

把 16 位立即数写入数据存储器的存储单元中,采用过修改寻址。该指令是双字节指令,要求至少 2 个执行周期。

例 44

```
DMPG2 = 0x01;              /* 当前存储页为第 1 页 */
I4 = 0x0002;
M4 = 0x0001;
DM(I4 + = M4) = 0x0004;    /* 0x0002 存储单元中的数据为 0x0004 */
```

12. 间接 24 位存储器写(立即数)

指令格式：

$$PM(Ireg+=Mreg)=<Data24>:24;$$

功能：

把 24 位立即数写入程序存储器的存储单元中,采用过修改寻址。该指令是双字节指令,要求至少 2 个执行周期。

例 45

```
DMPG2 = 0x01;                      /* 当前存储页为第 1 页 */
I4 = 0x0002;
M4 = 0x0001;
PM(I4 + = M4) = 0x000004:24;       /* 0x0002 存储单元中的数据为 0x000004 */
```

13. 外部 I/O 口读/写

指令格式：

$$Dreg=IO(<Imm10>);$$
$$IO(<Imm10>)=Dreg;$$

功能：

I/O 存储器与数据寄存器列阵中的寄存器之间进行数据的存储访问。I/O 页寄存器 IOPG(有效范围为 0～255)提供 8 位页地址,10 位立即数(有效范围为 0～1023)或存储映射的寄存器名称提供存储访问的 10 位立即数地址,见图 A-3。

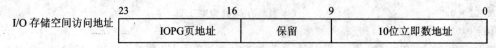

图 A-3　寻址 I/O 存储空间和外围

例 46

```
#define IPR5 0x205        /* 中断优先级寄存器 IPR5 分配到 I/O 存储空间中 */
IOPG = 0x01;              /* I/O 存储器的当前页为第 1 页 */
AX0 = 0x0002;
AY1 = 0x7654;
IO(0x01FF) = AX0;         /* 0x01FF 存储单元中的数据为 0x0002 */
IO(IPR5) = AY1;           /* 外设中断 20~23 定义到中断屏蔽寄存器的用户
                             自定义中断 4~7 */
```

14. 系统控制寄存器读/写

指令格式:

$$Dreg = REG(<Imm8>);$$
$$REG(<Imm8>) = Dreg;$$

功能:

　　内核的系统控制寄存器与数据寄存器列阵中的寄存器之间进行数据传送。8 位立即数或寄存器名称提供数据传送的地址。除了 DAG 基地址寄存器 B0~B7、系统控制寄存器 SYSCTL 和指令缓存控制寄存器 CACTL 之外,其他内核的系统控制寄存器视 ADSP-219x 系列的具体产品而定。

　　系统控制存储器空间包括 256 个单元。这些单元是为基于 DSP 内核的操作或与 DSP 内核通信的外设(如 DMA、串口等)保留的。

例 47

```
AX0 = 0x0800;
REG(B0) = AX0;            /* B0 = 0x0800 */
```

15. 间接修改地址寄存器

指令格式:

$$MODIFY(Ireg + = Mreg);$$

功能:

　　用修改寄存器 Mreg 来更新索引寄存器 Ireg,不执行存储访问。

例 48

```
I2 = 0x0001;
M1 = 0x0001;
MODIFY(I2 + = M1);          /* I2 = 0x0002 */
```

16. 直接修改地址寄存器

指令格式：

$$MODIFY(Ireg + = <Imm8>);$$

功能：

用 8 位立即数更新索引寄存器 Ireg，不执行存储访问。

例 49

```
I2 = 0x0001;
MODIFY(I2 + = 0x05);        /* I2 = 0x0006 */
```

A.6 程序流指令

A.6.1 相关内容

1. 堆栈

循环和其他分支指令使用 DSP 堆栈来执行它们各自的操作。

- PC 堆栈（33×24 位）。保存下一条指令的地址，子程序返回后从该条指令继续顺序执行。只有 CALL、RTI、RTS 和 PUSH/POP PC 指令使用这个堆栈。
- 循环开始堆栈（8×24 位）。保存循环的第一条指令的地址。只有 DO UNTIL 和 PUSH/POP LOOP 指令使用这个堆栈。
- 循环结束堆栈（8×24 位）。保存循环的最后一条指令的地址。只有 DO UNTIL 和 PUSH/POP LOOP 指令使用这个堆栈。
- 循环计数器堆栈（8×16 位）。保存由 CNTR 寄存器装载的循环计数器的当前值。在每次循环结束时，测试和递减循环计数器值。只有 DO UNTIL 和 PUSH/POP LOOP 指令使用这个堆栈。
- 状态堆栈（16×32 位）。保存 ASTAT 和 MSTAT 寄存器的当前值。只有 RTI 和 PUSH/POP STS 指令使用这个堆栈。当全局使能且非屏蔽的中断发生时，DSP 自动保存这两个状态寄存器到这个堆栈。

2. PC 和状态堆栈操作

(1) 子程序调用指令 CALL

当一个调用指令 CALL 执行时,它自动将下一条指令的地址压入 PC 堆栈,在子程序返回后执行。调用指令不会自动保存状态寄存器。

在子程序结束时执行子程序返回指令 RTS,根据调用指令 CALL 采用的是立即分支还是延迟分支来决定执行它后面第 1 条指令还是第 3 条指令。

(2) 中断服务程序 ISR

当全局使能非屏蔽的中断发生时,在进入中断程序之前,DSP 自动保存当前的状态。把下一条指令的地址压入 PC 堆栈,等到从中断返回后再执行。如果该中断的优先级高于当前中断的优先级,则 DSP 把当前指令地址压入 PC 堆栈,并且立即转到中断服务子程序;如果该中断的优先级低于当前中断的优先级,则 DSP 在结束当前中断操作后,再把下一条指令地址压入 PC 堆栈,然后转到中断服务子程序。

把算术状态寄存器 ASTAT、模式状态寄存器 MSTAT 按顺序压入状态堆栈。在中断结束时执行 RTI 指令,弹出 PC 堆栈和状态堆栈。因此,如果在中断子程序中使能模式状态寄存器的某些位,则 RTI 指令会自动清除这些设置。

(3) 压入或弹出 PC 和状态堆栈

当使用嵌套中断时,DSP 自动执行这些操作。DSP 自动把算术状态寄存器 ASTAT 和模式状态寄存器 MSTAT 的当前状态压入或弹出状态堆栈。但压入和弹出 PC 堆栈则涉及 STACKA 和 STACKP 寄存器,因为 16 位 STACKA 寄存器提供或存储 24 位指令地址的低 16 位,8 位 STACKP 寄存器提供或存储高 8 位。

3. 循环堆栈操作

这个堆栈用来执行有限循环和无限循环。

(1) 有限循环 DO<LOOP> UNTIL CE

CE 规定一个有限循环条件。当 DO UNTIL 指令执行前,向循环计数器寄存器 CNTR 中写入数据。当 DO UNTIL 指令执行时,自动将循环开始地址、循环结束地址和循环计数器寄存器 CNTR 分别压入循环开始堆栈、循环结束堆栈和循环计数器堆栈。除非将一个新数据写入循环计数器寄存器 CNTR 或执行 POP LOOP 指令,否则循环计数器寄存器中的数据保持不变。每执行一次循环,循环计数器堆栈栈顶单元中的数据减 1,当该数据递减到 0 时循环结束。

(2) 无限循环 DO<LOOP>[UNTIL FOREVER]

为了结束一个无限循环,需要执行下面 2 个步骤:首先,循环体中放一个条件跳转指令 JUMP 跳出循环;其次,在目标位置的第 1 条指令应该是 POP LOOP 指令(处理循环出栈),第 2 条指令应该是跳转指令 JUMP(跳转到循环结束指令的下一条指令处)。

例 50

```
        AX0 = 0x8000;
        AY0 = 0xFFFF;
        DO END UNTIL FOREVER;
        AR = AX0 + AY0;              /* AR = 0x7FFF 时,ALU 溢出标志位 AV 置 1 */
        IF AV JUMP EXIT_LOOP;
END:
        AR = PASS 0;
        AF = PASS 0;
        ⋮
EXIT_LOOP:
        POP   LOOP;
        JUMP   END + 1;
```

(3) PUSH/POP LOOP

中断一个循环时,恢复且保持循环堆栈是必要的。

- 16 位 STACKA 和 8 位 STACKP 寄存器用于压入或弹出循环开始地址。STACKA 用于 24 位循环开始地址的低 16 位,STACKP 用于高 8 位。

- 16 位 LPSTACKA 和 16 位 LPSTACKP 寄存器用于压入或弹出循环结束地址。LPSTACKP 中的位 15 和位 7～0 是有效位,而位 14～8 总是 0。LPSTACKA 用于 24 位循环结束地址的低 16 位,而 LPSTACKP 将高 8 位存于位 7～0 中,循环中止条件(CE 或者 FOREVER)存于位 15 中。

- 循环计数器堆栈用于保存 16 位循环计数器寄存器 CNTR 的值。执行 POP LOOP 指令后,弹出循环计数器堆栈栈顶单元中的数据到 CNTR。对于无限循环,执行 PUSH LOOP 指令后,循环计数器寄存器 CNTR 的当前值压入循环计数器堆栈,这个值与无限循环无关,但它有利于保持指针在循环计数器堆栈中正确的位置。

4. 跳转/调用(相对于 PC 地址)与长跳转/调用的转换

通常情况下,在使用跳转/调用指令(相对于 PC 地址)之前,要保证分支目标地址不能超出分支指令的地址范围。但使用 VisualDSP+ +3.5Linker and Utilities Manual for 16-Bit Processors 中的汇编器和链接器选项-jcs21,或者在 VisualDSP+ +3.5 开发界面中选择 Project/Project Options/Link/Category/Processor/Branch instruction/Enabled 就能自动地将跳转/调用指令(相对于 PC 地址)转换到长跳转/调用指令。转换规则如下:

- 用绝对地址代替相对于 PC 地址。

- 有延迟分支选项[DB]时,把跳转/调用指令(相对于 PC 地址)后的 2 条 1 字节的指令或 1 条 2 字节的指令插入到长跳转/调用指令之前。

A.6.2 程序流指令的格式与功能

1. 循环(相对于 PC 地址)

指令格式:

$$DO <Imml2> [UNTIL <Term>];$$

功能:

当前 PC 地址为循环地址,当前 PC 地址+12 位修正值(有效值为 1~4095)构成的地址或变量对应的 PC 地址作为循环结束地址。

每个循环堆栈有 8 个单元,所以能嵌套多达 8 个循环。DSP 为每一级嵌套压入循环开始堆栈、循环结束堆栈和循环计数器堆栈。嵌套循环时,遵守如下规则:

➢ 每一个循环都建立一个独立的计数器并且用一个独立的指令结束循环。
➢ 任一个循环内部不要使用中断返回 RTI 或子程序返回 RTS 指令。
➢ 任一个循环的倒数 7 行内不要使用 PUSH 或 POP 指令。整个嵌套循环内也不要使用这些指令。
➢ 任一个无限循环的最后一行可以使用 JUMP 指令。
➢ 用 JUMP 或 CALL 指令中断循环时,应该用 POP LOOP 指令处理循环出栈。

影响状态位见表 A-15。

表 A-15 循环操作状态位

受影响的标志位	不受影响的标志位
LPSTKEMPTY(总是清除)、LPSTKFULL 和 STKOVERFLOW	PCSTKEMPTY,PCSTKFULL,PCSTKLVL 和 STSSTKEMPTY

例 51

```
        CNTR = 30;              /* 循环 30 次 */
        SI = 0xFFFF;
        DO END UNTIL CE;
        AR = NOT SI;            /* AR = 0x0000 */
        IF EQ AR = NOT SI;
END:
        AR = SI;                /* AR = 0xFFFF */
```

2. 直接跳转(相对于 PC 地址)

指令格式:

$$[IF\ COND]JUMP<Imml3>[(DB)];$$

功能：

如果条件成立(可选)，则当前 PC 地址＋13 位修正值(有效值为－4 096～＋4 095)构成的地址或变量对应的 PC 地址作为跳转地址。当采用延迟分支 DB 时，指令执行需要 5 个周期(JUMP 指令＋JUMP 指令后的 2 条指令＋2 个延迟周期)；16 位存储器写(立即数)指令是双字节指令(需要执行 2 个周期)，因此，JUMP 指令后只能放该条指令＋2 个延迟周期。当采用立即分支时，指令执行需要 5 个周期(JUMP 指令＋4 个延迟周期)。

例 52

```
        AR = PASS 0;
        IF EQ JUMP END (DB);            /*跳转前执行下面2条指令＋2个延迟周期*/
        MR = 0;
        SR = 0;
        NOP;
        NOP;
         ⋮
END:
        SI = 0xFFFF;
        AR = NOT SI;
```

3. 调用(相对于 PC 地址)

指令格式：

$$CALL<Imm16>[(DB)];$$

功能：

当前 PC 地址＋16 位修正值(有效值为－32 768～＋32 767)构成的地址或变量对应的 PC 地址作为子程序调用的首地址。当采用延迟分支 DB 时，指令执行需要 5 个周期(CALL 指令＋CALL 指令后的 2 条指令＋2 延迟周期)；16 位存储器写(立即数)指令是双字节指令(需要执行 2 个周期)，因此，CALL 指令后只能放该条指令＋2 个延迟周期；子程序返回后，执行 CALL 指令后的第 3 条指令。当采用立即分支时，指令执行需要 5 个周期(CALL 指令＋4 个延迟周期)；子程序返回后，执行 CALL 指令后的第 1 条指令。影响状态位见表 A－16。

表 A－16 调用操作状态位

受影响的标志位	不受影响的标志位
PCSTKFULL、PCSTKLVL、STKOVERFLOW 和 LPSTKEMPTY	PCSTKEMPTY、LPSTKFULL 和 STSSTKEMPTY

例 53

```
        AR = PASS 0;
```

```
        CALL END (DB);          /* 分支前执行下面 2 条指令,然后分支到子程序 END */
        MR = 0;
        SR = 0;
        SI = 0xFFFF;            /* 子程序调用结束后,从该条指令程序继续顺序执行 */
        AR = NOT SI;
         ⋮
    END:
        AY0 = 0x0005;
        RTS;                    /* 子程序返回 */
```

4. 跳转(相对于 PC 地址)

指令格式:

$$\text{JUMP}<\text{Imm16}>[(\text{DB})];$$

功能:

与调用(相对于 PC 地址)几乎完全相同,只是 JUMP(相对于 PC 地址)无状态标志。

例 54

```
        JUMP END;               /* 跳转前延迟 4 个周期 */
        NOP;
        NOP;
        NOP;
        NOP;
         ⋮
    END:
        AY0 = 0x0005;
```

5. 长调用

指令格式:

$$[\text{IF COND}]\text{LCALL}<\text{mm24}>;$$

功能:

如果条件成立(可选),则 24 位修正值(有效值为 $-16\,777\,216 \sim +16\,777\,215$)构成的绝对地址或变量对应的 PC 地址作为长调用的首地址。该指令是一个双字节指令,因此,指令执行需要 6 个周期(LCALL 指令 + 4 个延迟周期)。子程序返回之后,执行长调用指令 LCALL 后的第一条指令。影响状态位见表 A-17。

表 A-17 长调用操作状态位

受影响的标志位	不受影响的标志位
PCSTKFULL、PCSTKLVL、STKOVERFLOW 和 PCSTKEMPTY	LPSTKEMPTY、LPSTKFULL 和 STSSTKEMPTY

例 55

```
AR = PASS 0;
IF EQ LCALL END;
MR = 0;                    /* 子程序长调用结束后,从该条指令程序继续顺序执行 */
SR = 0;
SI = 0xFFFF;
AR = NOT SI;
  ⋮
END:
AY0 = 0x0005;
RTS;                       /* 子程序长调用返回 */
```

6. 长跳转

指令格式:

$$[IF\ COND]LJUMP<Imm24>;$$

功能:

如果条件成立(可选),则 24 位修正值(有效值为 −16 777 216~+16 777 215)构成的绝对地址或变量对应的 PC 地址作为长跳转的首地址。该指令是双字节指令,执行指令至少需要 6 个周期(LJUMP 指令+4 个延迟周期)。不影响状态位。

例 56

```
AR = PASS 0;
IF EQ LJUMP END;
  ⋮
END:
SI = 0xFFFF;
AR = NOT SI;
```

7. 间接调用

指令格式:

$$[IF\ COND]CALL(<Ireg>)[(DB)];$$

功能:

如果条件成立(可选),则 8 位间接调用页寄存器 IJPG 提供的页地址,和 16 位索引寄存器 I0~I7 提供的 16 位地址作为调用子程序的首地址。当采用延迟分支 DB 时,指令执行需要 5 个周期(CALL 指令+CALL 指令后的 2 条指令+2 个延迟周期);16 位存储器写(立即数)指令是双字节指令(需要执行 2 个周期),因此,CALL 指令后只能放该条指令+2 个延迟周期;子程序返回后,执行间接调用指令 CALL 后的第 3 条指令。当采用立即分支时,指令执行需要 5 个周期(CALL 指令+个延迟周期),子程序返回后,执行调用指令后的第 1 条指令。影响状态位见表 A-18。

表 A-18 间接调用操作状态位

受影响的标志位	不受影响的标志位
PCSTKFULL、PCSTKLVL、STKOVERFLOW 和 PCSTKEMPTY	LPSTKEMPTY、LPSTKFULL 和 STSSTKEMPTY

例 57

```
    I5 = sampling_routine;
    AF = PASS 0;
    IF EQ CALL (I5) (DB);          /* 子程序调用前执行下面 2 条指令 */
    M0 = I5;
    AX1 = 0x00004;
    AR = PASS 0;                   /* 子程序返回后,从该条指令继续顺序执行 */
    NOP;
        ⋮
sampling_routine:
    NOP;
    RTS;                           /* 子程序结束返回 */
```

8. 间接跳转

指令格式:

$$[IF\ COND]JUMP(<Ireg>)[(DB)];$$

功能:

与间接调用指令意义几乎完全相同,只是间接 JUMP 指令不影响状态位。

例 58

```
    I5 = sampling_routine;
    AF = PASS 0;
    IF EQ JUMP (I5) (DB);          /* 跳转前执行下面 2 条指令 */
    M0 = I5;
    AR = 0;
        ⋮
sampling_routine:
    AY0 = 0x0002;
```

9. 中断返回

指令格式:

$$[IF\ COND]RTI[(DB)][(SS)];$$

附录 A ADSP-219x 指令集说明及举例

功能：

如果条件成立（可选），则执行该条指令。当采用延迟分支时，执行指令需要 5 个周期（RTI 指令＋RTI 指令后的 2 条指令＋2 个延迟周期）；16 位存储器写（立即数）指令是双字节指令（需要执行 2 个周期），因此，RTI 指令后只能放该条指令＋2 个延迟周期。当采用立即分支时，执行指令需要 5 个周期（RTI 指令＋4 个延迟周期）。在仿真中，使用单步返回中断选项（SS），在中断返回后执行的第 1 条指令处产生中断。影响状态位见表 A-19。

表 A-19 中断返回操作状态位

受影响的标志位	不受影响的标志位
PCSTKFULL、PCSTKLVL 和 PCSTKEMPTY	LPSTKEMPTY、LPSTKFULL、STKOVERFLOW 和 STSSTKEMPTY

例 59

```
    #define IPR5 0x205          /*中断优先级寄存器 IPR5 分配到 I/O 存储器空间中*/
    AX0 = 0x7654;
    IO(IPR5) = AX0;             /*外设中断 20~23 定义到中断屏蔽寄存器中,允许用户自
                                   定义中断 4~7*/
    IMASK = 0x0010;             /*允许定时器 0 中断*/
    ENA  INT;                   /*使能全局中断*/
wait_here_for_interrupt:
    NOP;
    NOP;
    NOP;
    JUMP  wait_here_for_interrupt;  /*等待定时器中断*/
.SECTION/PM  irq_4;             /*在链接文件 LDF 中把中断矢量地址 0x01C0 作为 irq_4 程
                                   序段的起始地址*/
Timer0_interrupt:
    ENA  SEC_REG, ENA  SEC_DAG;
    NOP;
    NOP;
    NOP;                        /*多少条指令取决于 irq_4 程序段定义的段长*/
    RTI;                        /*中断返回*/
```

10. 子程序返回

指令格式：

[IF COND]RTS[(DB)];

功能：

如果条件成立（可选），则执行该条指令。调用、间接调用及长调用指令使用延迟分支时，

调用子程序返回之后,从它们后面的第 3 条指令开始继续顺序执行;否则,从它们后面的第 1 条指令开始顺序执行。当采用延迟分支时,执行指令需要 5 个周期(RTS 指令+RTS 指令后的 2 条指令+2 个延迟周期);16 位存储器写(立即数)指令是双字节指令(需要执行 2 个周期),因此,RTS 指令后只能放该条指令+2 个延迟周期。当采用立即分支时,执行指令需要 5 个周期(RTS 指令+4 个延迟周期)。影响的状态位见表 A-20。

表 A-20 子程序返回操作状态位

受影响的标志位	不受影响的标志位
PCSTKFULL、PCSTKLVL 和 PCSTKEMPTY	LPSTKEMPTY、LPSTKFULL、STKOVERFLOW 和 STSSTKEMPTY

例 60

```
       AR = PASS 0;
       CALL  END  (DB);           /*分支前执行下面2条指令,然后分支到子程序 END*/
       MR = 0;
       SR = 0;
       SI = 0xFFFF;               /*子程序调用结束后,从该条指令程序继续顺序执行*/
       AR = NOT SI;
        ⋮
END:
       AY0 = 0x0005;
       RTS(DB);
       AY0 = 0xFFFE;
       AX0 = 0x0001;
```

11. 压入或弹出堆栈

指令格式:

$$\begin{bmatrix} PUSH \\ POP \end{bmatrix} \begin{bmatrix} PC \\ LOOP \\ STS \end{bmatrix}$$

功能:

这个指令压入或弹出 PC 堆栈、循环堆栈 LOOP、状态堆栈 STS 栈顶的值。压入或弹出 PC 堆栈时,对堆栈状态寄存器 SSTAT 的所有位都有 1 个周期的延迟(1 个延迟周期后才能读取它们的状态)。压入或弹出循环堆栈 LOOP、状态堆栈 STS 时,仅仅对堆栈状态寄存器 SSTAT 的堆栈溢出标志位 STKOVERFLOW 有 1 个周期延迟(1 个延迟周期后才能读取它的状态)。PC 堆栈和循环开始堆栈共用 STACKA 和 STACKP 寄存器,执行这条"PUSH PC,PUSH LOOP;"指令,则 PC 堆栈和循环开始堆栈栈顶单元内的数据相同;执行这条"POP PC,POP LOOP;"指令,则弹出 PC 堆栈成功而弹出循环开始堆栈失败(循环结束堆栈和循环计数器堆栈正常弹出)。因此,最好不使用那 2 条指令。可以使用这 4 条指令"PUSH LOOP,PUSH STS;"、"PUSH PC,PUSH STS;"、"POP LOOP,POP STS;"、"POP PC,POP STS;"。影响状态位见表 A-21。

表 A-21 PUSH/POP 操作状态位

受影响的标志位	不受影响的标志位
PCSTKLVL、PCSTKEMPTY、STSSTKEMPTY(在弹出受影响)、PCSTKFULL、LPSTKEMPTY、LPSTKFULL 和 STKOVERFLOW	无

例 61

用 PUSH LOOP 建立有限循环。

```
STACKA = 0x0045;
STACKP = 0x03;
CNTR = 30;
LPSTACKA = 0x004C;
LPSTACKP = 0x0003;
PUSH LOOP;              /*循环开始地址 0x030045、结束地址 0x03004C,循环 30 次*/
ASTAT = 0x100;
MSTAT = 0x25;
STACKA = 0x0022;
STACKP = 0x05;
PUSH PC, PUSH STS;      /*保存当前的 PC 堆栈、ASTAT 和 MSTAT 的状态*/
```

12. 擦除指令缓存器

指令格式:

FLUSH CACHE;

功能:

该指令擦除指令缓存器(类似于格式化磁盘)。指令执行需要 6 个以上(包括 6 个)周期。擦除完成后,指令缓存器恢复正常功能。不影响状态标志位。

例 62

```
FLUSH CACHE;            /*擦除指令缓存器*/
```

13. 设置中断(软中断)

指令格式:

SETINT n;

功能：

该指令把中断自锁寄存器 IRPTL 的位 n 置 1，并且响应其指定中断。如果中断屏蔽寄存器 IMASK 的对应位置 1，则执行中断子程序；如果清除中断 CLRINT n，则中断请求被拒绝。影响状态位见表 A-22。

表 A-22 软中断操作状态位

受影响的标志位	不受影响的标志位
PCSTKLVL、PCSTKEMPTY、STSSTKEMPTY、PCSTKFULL 和 STKOVERFLOW	LPSTKEMPTY 和 LPSTKFULL

例 63

   SETINT 12;   /* 中断自锁寄存器位 12 置 1，并且响应其指定中断 */

14. 清除中断

指令格式：

$$\text{CLRINT } n;$$

功能：

该指令把中断自锁寄存器 IRPTL 的位 n 清 0，并且清除其指定中断。使用这个指令的目的是清除中断等待。不影响状态标志位。

例 64

   CLRINT 12   /* 中断自锁寄存器位 12 清 0，并且清除其相关中断 */

15. 空操作

指令格式：

$$\text{NOP};$$

功能：

执行该指令，则 DSP 内核不执行任何操作。

16. 低功耗

指令格式：

$$\text{IDLE};$$

功能：

当 DSP 处闲置状态时，使用低功耗功能可大大减少功率的浪费。无论使用哪一种低功耗模式，DSP 均只需执行一条 IDLE 指令。当 DSP 响应一个中断时，退出相应的低功耗模式，中断结束并且延迟相应的周期后，继续执行 IDLE 指令后的指令。使用 IDLE 指令，DSP 对中断的响应时间是 1 个周期。

17. 模式控制

指令格式：

$$\begin{bmatrix} ENA \\ DIS \end{bmatrix} \begin{bmatrix} SEC\_REG \\ BIT\_REV \\ AV\_LATCH \\ AR\_SAT \\ M\_MODE \\ TIMER \\ SEC\_DAG \\ INT \end{bmatrix}$$

功能：

使能（ENA）或禁止（DIS）1～8 个 DSP 模式（模式状态寄存器 MSTAT 包含的 6 个模式＋全局中断使能模式 INT）。在一条指令中，能使能多个模式，如"ENA AR_SAT;"、"ENA M_MODE;"、"ENA AV_LATCH;"及"ENA SEC_REG;"，或者禁止多个模式，如"DIS AR_SAT;"、"DIS M_MODE;"、"DIS AV_LATCH;"及"DIS SEC_REG;"。但是，使能和禁止指令不能同时出现，例如，"DIS AR_SAT, ENA SEC_REG, ENA M_MODE;"。该指令不需要延迟时间。

例 65

在中断子程序中使能辅助数据寄存器和辅助 DAG 地址发生器。

```
ENA INT;
IMASK = 0x21A0;
ENA SEC_REG, ENA SEC_DAG;
AR = PASS 0;
RTI;
```

附录 B
光盘内容说明

为了帮助读者方便使用和学习本书的程序例子,随书附带的光盘中刻录了书中全部汇编程序代码。此外,光盘还保存有 ADI 公司 ADSP 器件手册及电动机控制方案,以便读者参考。

B.1 "本书程序"子目录

该目录下内容包括:

程序清单 2-1　数字 PI 调节子程序
程序清单 2-2　防积分饱和数字 PI 调节子程序
程序清单 2-3　直流电动机单极性可逆双闭环 PWM 控制程序
程序清单 2-4　直流电动机双极性可逆双闭环 PWM 控制程序
程序清单 3-1　采用不对称规则采样法生成三相 SPWM 波的开环调速控制程序
程序清单 3-2　三相交流电动机 SVPWM 开环调速控制程序
程序清单 4-1　Clarke 变换子程序
程序清单 4-2　Clarke 逆变换子程序
程序清单 4-3　Park 变换子程序
程序清单 4-4　Park 逆变换的子程序
程序清单 4-5　三相交流异步电动机矢量控制程序
程序清单 5-1　三相永磁同步伺服电动机磁场定向速度控制程序
程序清单 6-1　步进电动机实现正反转脉冲分配子程序(TMR0 中断子程序)
程序清单 6-2　步进电动机实现两轴联动直线运动程序
程序清单 6-3　步进电动机位置控制子程序
程序清单 6-4　步进电动机加减速控制子程序
程序清单 7-1　无刷直流电动机调速控制程序
程序清单 7-2　无位置传感器的无刷直流电动机调速控制程序

程序清单 8-1　四相 8/6 结构开关磁阻电动机调速控制程序
　　　　　　　ADSP-2199x 头文件

B.2 "ADI 公司文件"子目录

该目录下内容包括：

（1）ADSP-21990 数据手册

（2）ADSP-2199x 硬件参考手册

（3）ADSP-219x DSP 指令集参考手册

（4）Blackfin® BF50x 处理器：工业应用数字信号处理领域的重大创新

（5）Blackfin® BF50x 处理器：造就新一代便携式医疗设备

（6）Blackfin® BF50x 处理器：利用无传感器矢量控制技术实现超高效率电动机控制

（7）Blackfin® BF50x 处理器：以突破性的性价比将可视化开发和复杂算法扩展到新产品和应用

参考文献

[1] 王晓明. 电动机的单片机控制. 2版.[M]. 北京：北京航空航天大学出版社,2007.
[2] 王晓明. 电动机的DSP控制——TI公司DSP应用. 第2版.[M]. 北京：北京航空航天大学出版社,2009.
[3] 王晓明,庄喜润,孙维涛,崔建. 高性能工业控制DSP——ADSP2199x原理及应用[M]. 北京：北京航空航天大学出版社,2005.
[4] Analog Devices Inc. ADSP-2199x Mixed Signal DSP Controller Hardware Reference. 2003.
[5] Analog Devices Inc. ADSP-219x DSP Instruction Set Reference. 2003.
[6] Analog Devices Inc. Preliminary Technical Data ADSP-21990. 2002.